“十三五”国家重点图书
当代化学学术精品译库

现代药物合成

Modern Drug Synthesis

[美] Jie Jack Li, Douglas S. Johnson 编
胡文浩，刘顺英 译

華東理工大學出版社
EAST CHINA UNIVERSITY OF SCIENCE AND TECHNOLOGY PRESS
·上海·

图书在版编目(CIP)数据

现代药物合成/(美) 李杰(Jie Jack Li),(美)道格拉斯·S. 强森(Douglas S. Johnson)编;胡文浩,刘顺英译. —上海:华东理工大学出版社,2017.3
(当代化学学术精品译库)
书名原文:Modern Drug Synthesis
ISBN 978-7-5628-4903-2

Ⅰ.①现… Ⅱ.①李… ②道… ③胡… ④刘… Ⅲ.①药物化学—有机合成 Ⅳ.①TQ460.31

中国版本图书馆 CIP 数据核字(2017)第 013431 号

项目统筹 / 周 颖
责任编辑 / 陈新征
装帧设计 / 裘幼华
出版发行 / 华东理工大学出版社有限公司
地址:上海市梅陇路 130 号,200237
电话:021-64250306
网址:www.ecustpress.cn
邮箱:zongbianban@ecustpress.cn
印 刷 / 山东鸿君杰文化发展有限公司
开 本 / 710 mm×1000 mm 1/16
印 张 / 21.25
字 数 / 391 千字
版 次 / 2017 年 3 月第 1 版
印 次 / 2017 年 3 月第 1 次
定 价 / 98.00 元

译 者 的 话

《现代药物合成》是原编者继《当代新药合成》和《新药合成艺术》两本专著出版之后编写的药物化学领域的专业书籍。

该书介绍了当前困扰人类的重大疾病抗感染药物、抗肿瘤药物、抗心血管疾病药物、抗神经系统疾病药物和一些治疗当前多发疾病的药物，如骨质疏松和眼科疾病。

该书具有鲜明的特色：

(1) 按照影响人们生活健康和市场需求，对引起广泛关注的重大疾病领域均有所涉及。

(2) 紧跟国际制药行业发展潮流，针对新靶点开发的一些新的化学药物进行了较为系统的论述。

(3) 对药物从开发背景、最初的活性发现到候选药物确定直至最终成药的研发过程进行了较为详细的论述，同时兼具学术性和一定趣味性。

(4) 对实验室开发到工业放大生产过程中的工艺进行了详细探讨，对工艺开发过程中的风险控制进行了重点评述，该书对制药合成工艺研究者具有十分重要的启发作用。

(5) 撰写者均为本领域专业人士，很多为该药物的实际开发参与者，为读者提供了第一手的参考资料。

该书适合药物研发相关行业人员阅读，包括药物化学家、有机合成化学家、工艺研发人员、药理学家、项目主管人员等，可作为有机合成专业研究生、药学专业本科生和研究生等的参考用书，也适合药事管理、新药注册申报专业本科生和研究生进行拓展阅读。

在翻译过程中，为了尽量保持翻译的准确性和文献的可溯性，所有重要的特定专业英文及其缩写均进行了保留，同时保留了原书的索引目录，译者希望通过此举尽量能给读者提供准确信息，以便原始文献的追溯。

本书在翻译过程中，得到了华东师范大学胡文浩教授课题组老师和同学的大力支持，同时，得到了原编者和出版社的大力支持和帮助，我们衷心地表示感谢。文中如有疏漏，欢迎您提出宝贵的建议，以便我们后续改进，从而为读者提供一本更好、更有用的专业参考用书。你可发邮件至：syliu@sist.ecnu.edu.cn。

胡文浩，刘顺英

2016 年 12 月 8 日

前　言

我们最初的两本有关药物合成的书《当代新药合成》和《新药合成艺术》分别于2004年和2007年出版。它们已在化学领域使用。这里，我们将奉献第三本有关药物合成的著作。

这本书分为五个部分。第一部分“感染性疾病”包含了三个药物；第二部分“癌症”综述了五个药物，其中三个为激酶抑制剂；第三部分“心血管疾病和代谢疾病”包含了八个药物；第四部分“中枢神经系统疾病”包含了最近四类药物；第五部分分别总结了两个治疗骨质疏松症和眼科适应证的药物。

在这本有关药物合成的著作中，除药物合成外，我们还将重点放在药物化学的其他方面。因此，每章分为七个板块：

1. 背景
2. 药理学
3. 构效关系(SAR)
4. 药代动力学和药物代谢
5. 药效和安全性
6. 合成方法
7. 参考文献

我们受惠于本书作者的贡献，他们既有来自工业界的也有来自学术界的。他们中的许多人在药物化学领域都具有丰富的经验，尤其有些作者就是他们所评述药物的发现者。因此，他们的工作极大地提升了本书的质量。同时，我们欢迎您的批评和建议，以便使我们完善此书，使其对药物化学/有机化学领域来说更为有用。

Jack Li，Doug Johnson

2010年2月1日

贡 献 者

Dr. Joseph D. Armstrong III
Department of Process Research
Merck & Co. Inc.
PO Box 2000
Rahway, NJ 07065

Dr. Frank R. Busch
Pharmaceutical Sciences
Pfizer Global Research and Development
Eastern Point Rd.
Groton, CT 06340

Dr. Victor J. Cee
Amgen, Inc.
Mailstop 29 - 1 - B
1 Amgen Center Dr.
Thousand Oaks, CA 91320

Dr. Jotham W. Coe
Pfizer Global Research and Development
Eastern Point Rd.
Groton, CT 06340

Dr. Jason Crawford
Centre for Drug Research & Development
364 - 2259 Lower Mall
University of British Columbia
Vancouver, BC, Canada V6T 1Z4

Dr. David J. Edmonds
Pfizer Global Research and Development
Eastern Point Rd.
Groton, CT 06340

Dr. Scott D. Edmondson
Medicinal Chemistry
Merck & Co. Inc.
PO Box 2000
Rahway, NJ 07065

Prof. Arun K. Ghosh
Departments of Chemistry and Medicinal Chemistry
Purdue University
560 Oval Drive
West Lafayette, IN 47907

Dr. David L. Gray
CNS Medicinal Chemistry
Pfizer Global Research and Development
Eastern Point Rd.
Groton, CT 06340

Benjamin S. Greener
Pfizer Global Research and Development
Sandwich Laboratories
Ramsgate Rd.
Sandwich, Kent, UK, CT13 9NJ

Dr. Kevin E. Henegar
Pharmaceutical Sciences
Pfizer Global Research and Development
Eastern Point Rd.
Groton, CT 06340

Dr. R. Jason Herr
Medicinal Chemistry

Albany Molecular Research, Inc.
26 Corporate Cir.
PO Box 15098
Albany, NY 12212 - 5098

Dr. Shuanghua Hu
Discovery Chemistry
Bristol-Myers Squibb Co.
5 Research Parkway
Wallingford, CT 06492

Yazhong Huang
Discovery Chemistry
Bristol-Myers Squibb Company
5 Research Parkway
Wallingford, CT 06492

Dr. Julianne A. Hunt
Franchise and Portfolio Management
Merck & Co., Inc.
Rahway, NJ 07065

Kapil Karki
Pfizer Global Research and Development
Eastern Point Rd.
Groton, CT 06340

Dr. Brian A. Lanman
Amgen, Inc.
Mailstop 29 - 1 - B
1 Amgen Center Drive
Thousand Oaks, CA 91320

Dr. Jie Jack Li
Discovery Chemistry
Bristol-Myers Squibb Co.
5 Research Parkway
Wallingford, CT 06492

Dr. John A. Lowe, III
JL3Pharma LLC
28 Coveside Ln.
Stonington CT 06378

Cuthbert D. Martyr
Department of Chemistry
Purdue University
560 Oval Drive
West Lafayette, IN 47907

Dr. David S. Millan
Pfizer Global Research and Development
Sandwich Laboratories
Ramsgate Rd.
Sandwich, Kent, UK, CT13 9NJ

Dr. Sajiv K. Nair
Pfizer Global Research and Development
10770 Science Center Dr.
La Jolla, CA92121

Dr. Martin Pettersson
Pfizer Global Research and Development
Eastern Point Rd.
Groton, CT 06340

Dr. Marta Piñeiro-Núñez
Eli Lilly and Co.
Lilly Corporate Center
Indianapolis, IN 46285

Dr. David Price
Pfizer Global Research and Development
Eastern Point Rd.
Groton, CT 06340

Dr. Subas Sakya
Pfizer Global Research and Development
Eastern Point Rd.
Groton, CT 06340

Dr. Robert A. Singer

Pharmaceutical Sciences
Pfizer Global Research and Development
Eastern Point Rd.
Groton, CT 06340

Dr. Jennifer A. Van Camp
Hit to Lead Chemistry
Global Pharmaceutical R&D
Abbott Laboratories
200 Abbott Park Rd.
Dept. R4CW, Bldg. AP52N/1177
Abbott Park, IL 60064 - 6217

Dr. Feng Xu
Department of Process Research
Merck & Co. Inc.
PO Box 2000
Rahway, NJ 07065

Dr. Ji Zhang
Process Research and Development
Bristol-Myers Squibb Co.
1 Squibb Dr.
New Brunswick, NJ 08903

目　录

Ⅰ　感染性疾病

① 译者注，原文有误。

Ⅱ　癌　　症

① 译者注，原文有误。

V 多样疾病

I

感染性疾病

1 雷特格韦(艾生特)：第一类艾滋病病毒整合酶抑制剂

3[①]

Julianne A. Hunt

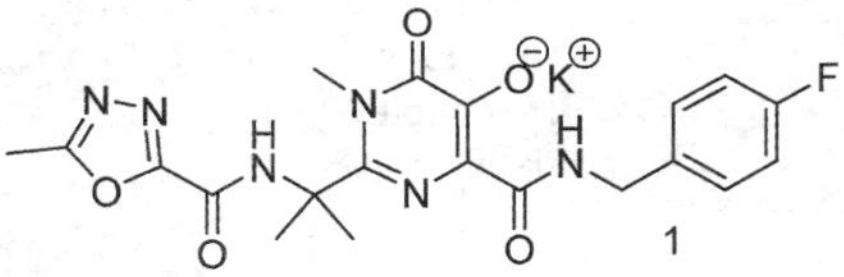

美国通用名: Raltegravir (RAL)
商品名: Isentress®
公司： Merk
上市时间: 2007

1.1 背景

艾滋病是一个全球化的流行病。在将近 30 年针对艾滋病病毒/艾滋病(HIV/AIDS)的研究中，被美国食品与药品监督管理局(FDA)批准的治疗艾滋病的抗逆转录药物就有 20 多种。这些药物的组合，即高活性抗逆转录病毒疗法(HAART)，极大地降低了发病率并延长了患者寿命。[1]尽管如此，艾滋病病毒/艾滋病仍然在全世界范围内具有高的发病率和死亡率。联合国艾滋病规划署估计仅 2007 年，在世界范围内就有超过 3 300 万人携带艾滋病病毒，死亡人数超过 200 万，其中包括 330 000 名儿童。美国疾病控制和预防中心(CDC)估计在 2006 年美国就有超过一百万人携带艾滋病病毒。[2-4]尽管抗逆转录病毒药物不可否认地改变许多艾滋病病毒携带者的生活，但该领域的医疗需求显然是存在的。

雷特格韦(Raltegravir，**1**)，商品名艾生特(Isentress)是 FDA 首个批准的艾滋病病毒整合酶抑制剂。艾滋病病毒/艾滋病药物根据它们的作用方式可分为：作为核苷和核苷酸逆转录酶抑制剂[NRTIs，如泰诺福韦(**2**)]、单核苷酸逆转录酶抑制剂[NNRTIs，如依法韦仑(**3**)]、蛋白酶抑制剂[指令，例如利托那

① 边栏数字为原版图书页码，与索引中的页码对应。

4

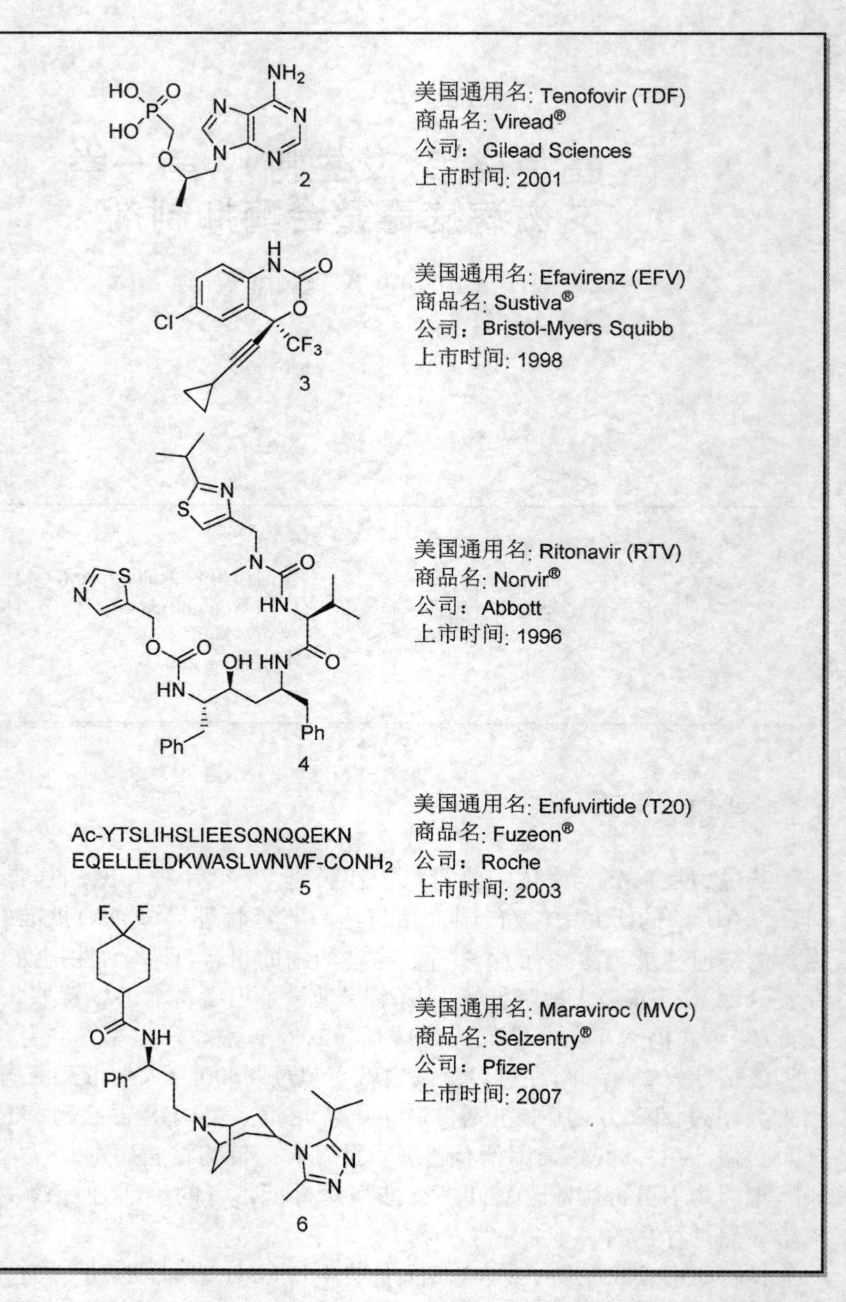

5

韦(**4**)]、融合抑制剂[如恩夫韦地(**5**)]、进入抑制剂[如 CCR5 拮抗剂马拉维若(**6**)]，以及整合酶抑制剂(INSTIs，如雷特格韦)。

直到最近，FDA 核准所有对 HIV/AIDS 治疗的目标不是病毒逆转录酶(RT)或蛋白酶(PR)的酶类，并且治疗指南规定的耐多药混合物的高效抗逆转录病毒治疗应包括一个 NNRTI 或一个 PI 结合两个 NRTIs[5]。这些高效抗逆转录病毒治疗最为重要的两个局限性是药物的毒性和耐药病毒的出现[6]。药物新的作用模式——例如滤过性病毒进入抑制剂和整合酶抑制剂——已经尝试提供给抗逆转录病毒治疗经验丰富的艾滋病患者，他们体内含有耐药性病毒或者经过毒性鸡尾酒疗法有机会实现免疫恢复和病毒学抑制。HIV/AIDS研究人员对整合酶抑制剂尤为关注，因为与逆转录酶和蛋白酶不同，整合酶没有人类同源基因，因此整合酶抑制剂可能在大剂量使用过程中具有更好的耐药性[7]。

雷特格韦(**1**)是第一个商用抗逆转录病毒的整合酶抑制剂；目前，它是唯一被批准应用于临床的整合酶抑制剂。雷特格韦上市于2007年，最初是为了实现在治疗期间成年人身上与其他抗逆转录药物的病毒复制和艾滋病病毒复制耐多药菌株的联合治疗。2009年7月，FDA批准了一个有关雷特格韦包括首次治疗成人患者的扩展适应证，且2009年12月，美国健康与人类服务部门(DHHS)修改了艾滋病病毒治疗指导方针，即为了更好治疗艾滋病患者添加一个雷特格韦联合疗法[5]。在本章中，将对雷特格韦的药理和化学合成进行详细的描述。

1.2 药理学

HIV-1的复制周期包括三个关键的病毒酶，都代表抗逆转录病毒的目标药物：抗病毒逆转录酶(RT)、蛋白酶(PR)和整合酶(IN)。在治疗艾滋病的医疗方法方面，病毒逆转录酶(RT)或蛋白酶(PR)抑制剂都得到了很好的呈现，但直到最近，尽管有了20多年的密集研究，整合酶抑制剂还没有成功地在诊所里得到大规模的利用[8]。

整合酶的机制被大规模地评论[9]。整合酶催化病毒遗传物质插入到人类DNA里面是通过包括3′-历程(从每个病毒DNA切除终端二核苷酸)和链转移(把病毒DNA和主DNA结合起来)的多步过程。两个3′-历程和链转移是由一个三个酸结合二价金属，如Mg^{2+}催化的，D64，D116和E152。二价金属被用于3′-历程，链转移，以及前整合复合物的集合，它允许病毒遗传物质穿过宿主核膜并访问宿主基因组。

雷特格韦(**1**)，就像它的前导化合物1,3-二酮酸(见1.3节)一样，可以抑制整合酶抑制剂的链转移活性[10]。雷特格韦的整合酶抑制剂抑制活性极有可能是由关键辅助因子(二价金属)螯合导致的活性位点功能损伤引起的[11]。雷特格韦既是强有力的(IC_{50}=10 mol/L)又是具有高度选择性抑制剂的整合酶。而其本质上对相关的酶是不活跃的(IC_{50}>50 mol/L)，如丙型肝炎病毒活性(HCV)聚合酶；艾滋病病毒逆转录酶；艾滋病病毒核糖核酸酶和人类α-，β-和γ-聚合酶。在一个多旋回的细胞试验中(人类T-淋巴细胞感染HIV-1的实验室毒株在50%人类血清中)，雷特格韦有效地抑制(IC_{95}=31 nmol/L)感染HIV-1病毒的复制[12]。

6

1.3 构效关系(SAR)

4-芳基-2,4-二酮酸类的整合酶抑制剂(也称为1,3-二酮酸或DKAs)是由来自默克(Merck)和盐野义(Shionogi)公司的研究人员独立发现的,两组的专利是在同一年发表的[13]。通过随机地对250 000多种化合物进行筛选,来自默克的研究组确定了DKAs为最活跃的整合酶抑制剂。化合物**7**在此次筛选中是最具有潜力的化合物(表1-1),在细胞水平的检测中,浓度为10 mol/L时可以完全抑制HIV-1的感染[10]。

盐野义公司的第一篇专利[13d]描述了用等排电子四唑取代羧酸基,得到有争议的但生理上不稳定的药效团化合物(例如,**8**)。化合物**8**也称为5CITEP,能抑制HIV-1 3′-历程以及链转移活动[14],也是第一个和整合酶联合催化的抑制剂[15]。盐野义公司在随后的专利中描述了对5CITEP框架的系统修改,包括各种杂环的替代基团吲哚和四唑根,最终得到第一个临床试验整合酶抑制剂,化合物**9**也称为S-1360[16,17]。S-1360的临床发展由盐野义和GSK两家公司联合开发,当这个化合物在人体疗效实验中失败后,临床研发被迫终止(由于还原三氮唑邻位碳时形成一个不活泼的代谢物)[18]。

默克公司团队致力于为DKA药效团找到一个更稳定的替代基团,因而设计了8-羟基-[1,6]萘啶类化合物,例如化合物**10**。[19]其中三价的酮烯醇酸会被替换为含酚羟基的1,6-萘啶酮。用4-氟苯基酰胺替换苯二氮杂萘酮和在萘啶杂环中心的5位加上一个六元磺酰胺来进一步优化化合物**10**,得到化合物**11**,该化合物作为第二个整合酶抑制剂开发至临床阶段[20]。由于化合物**11**在用狗开展的长期安全性研究中发现具有肝脏毒性,导致其进一步临床研发遭到终止[21]。

7

表1-1 DKAs活性和抗H1V-1整合酶的相关结构

编 号	化 合 物	HIV-1链转移 IC_{50}/(μmol/L)
1	**1**	0.01
2	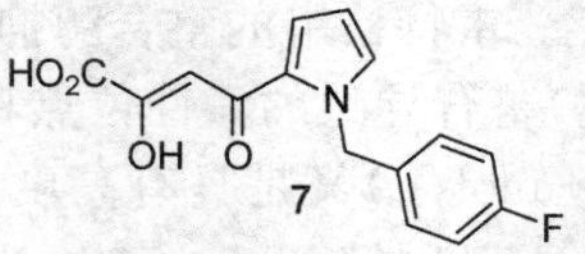 **7**	0.08
3	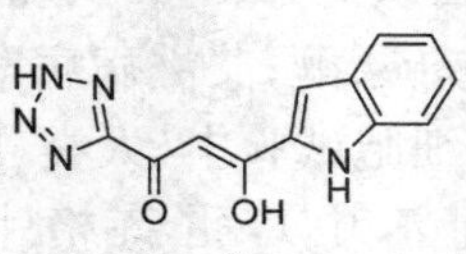 **8**	0.65

续 表

编 号	化 合 物	HIV-1 链转移 IC_{50}/(μmol/L)
4	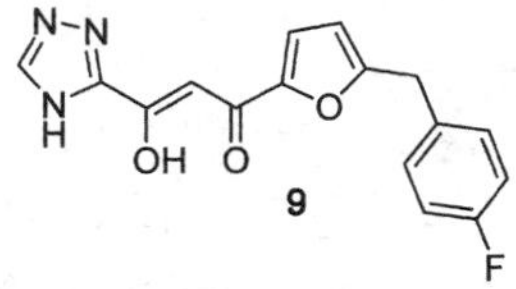 **9**	0.02
5	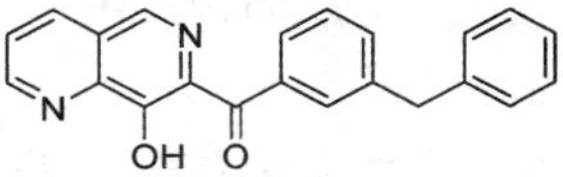 **10**	0.04
6	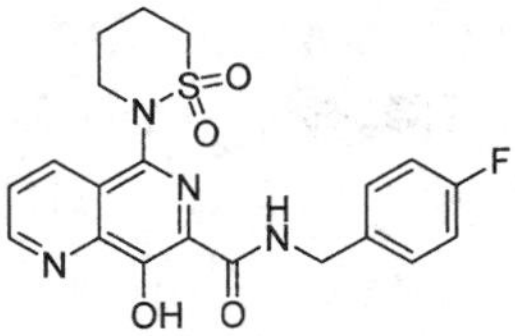 **11**	0.01
7	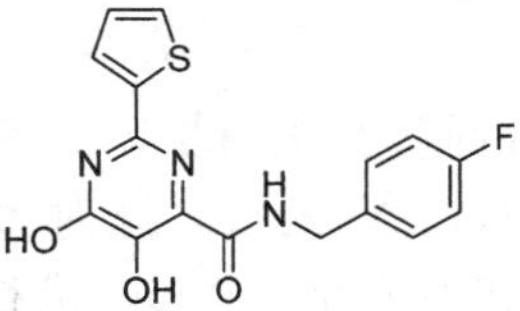 **12**	0.08
8	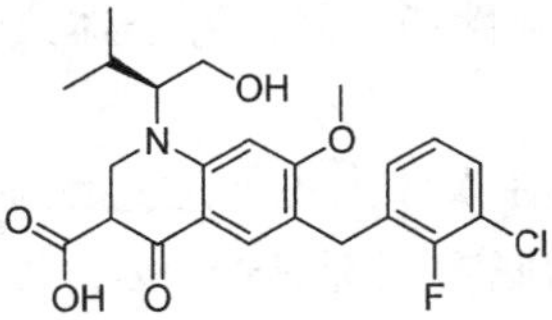 **13**	0.007

在致力于寻找临床可能成功的化合物的同时,另一个默克的独立研究团队开展了丙肝病毒整合酶抑制剂研究,发现羟基嘧啶酰胺 **12**(如表 1-1 中其他化合物所示,由 DKA 先导化合物优化来的)是一个潜在的抑制 HIV-1 病毒链转移的抑制剂,但其是对丙肝病毒完全没有活性[22]。将 2-羟基嘧啶核心骨架修饰到相应的 *N*-甲基嘧啶上,继而从代谢稳定性、药代动力学、抗病毒活性以及基因毒性等方面考虑,对 *N*-甲基嘧啶进行系列衍生优化,从而得到获 FDA 批准上市的第一个整合酶抑制剂——雷特格韦[12]。

自雷特格韦上市以来,另一个整合酶抑制剂开发已经到达三期临床。埃替拉韦(**13**)是一种二羟基喹诺酮酸,这个单酮酸骨架的系列抑制剂原本设想模拟 DKA 先导化合物的酮-烯醇-酸三体结构[24]。与雷特格韦类似,埃替拉韦是一种特定的 HIV－1 链转移抑制剂[25]。

1.4 药代动力学和药物代谢

雷特格韦的血浆半衰期在老鼠体内是 7.5 h,而在狗体内是 13 h。血浆半衰期在两种动物体内都是两期的,包含一个短暂的初始(α)期和一个延长的终端(β)期。雷特格韦主要的新陈代谢途径是葡萄苷酸化;葡糖苷酸被证明是嘧啶环上 C5 与羟基的连接体[12]。

在人体实验中,雷特格韦药物代谢动力学在健康的 HIV 病毒阴性对象和感染 HIV 病毒的病人中都进行了研究。在健康的 HIV 病毒阴性对象中,雷特格韦很快被吸收;与临床前动物体内实验观测结果一致,浓度以一个两期模式从平均最大血浆浓度(c_{max})开始下降,显示一个明显的两期半衰期,包含一个约 1 h 的 α 期和一个显著的 7～12 h 的 β 期。总体来讲,雷特格韦具有很好的剂量耐受性,高达 1 600 mg/d,持续 10 天的剂量。经高于 100 mg 的多重剂量并辅以高于 100 mg 的两天剂量给药,在一个 12 h 的剂量给药间隔末期,雷特格韦的平均血浆浓度超过 33 nmol/L (在 50％人类血清中的体外 IC_{95} 值)[26]。

在一个双盲的、安慰剂对照且剂量变化的临床研究中，选取了 35 名未经抗病毒治疗的艾滋病病毒感染者(004 方案),研究对象被随机接受安慰剂或者四种剂量中的一种(100,200,400 或者 600 mg)进行一天两次,持续 10 天的治疗。雷特格韦用量的药代动力学的数据研究表明 400 mg 最合适,尽管在研究过程中未观察到剂量比例性(可能因为个体之间的区别和少数病人不一样)[27]。

尽管 NRTIs、NNRT 和 PIs 在人体内主要通过细胞色素 P450 新陈代谢,但雷特格韦既不是 CYP450 酶的底物或抑制剂,也不是 CYP3A4 酶的诱导物,表明与其他经由 CYP450 酶代谢的药物联合使用时,不会产生药物相互作用。相反,雷特格韦主要是通过尿苷二磷酸转移酶代谢的(UG1A1)[28]。

1.5 疗效和安全性

雷特格韦(**1**)是一种具有潜力的 HIV 病毒整合酶抑制剂,最初被批准与其他抗逆转录药物联合治疗具有治疗经历且呈现出病毒复制和多药耐药 HIV－1 毒株的成年人 HIV 感染,最近(2009 年 7 月)被批准与其他抗逆转录药物联合治疗未经抗病毒治疗的成年患者。雷特格韦口服剂量是每日两次(400 mg);当与其他抗逆转录药物一起服用时,不需要改变剂量。

雷特格韦的Ⅱ期临床试验在未经治疗的患者(004 方案)和具有治疗经历的患者(005 方案) 中都开展了研究。在 004 方案中，201 个未经治疗的 HIV 患者在泰诺福韦(**2**)和拉米夫定联合治疗背景下，接受雷特格韦或者依法韦仑(**3**，目前对未经治疗患者的标准疗法) 治疗 48 周。用雷特格韦和依法韦仑治疗的患者中有相似的比例完成了 HIV 病毒 RNA 复制水平小于 50 次/mL[29]。而在 005 方案中，179 名有治疗经历且呈现病毒耐药性的 HIV 患者接受雷特格韦治疗，或者接受研究人员优化过的背景治疗(OBT)和安慰剂的联合治疗。雷特格韦治疗组中，57%～67%的患者获得了 HIV 病毒 RNA 复制水平小于 50 次/mL，相比之下，服用安慰剂组中只有 14%[30]。

10

在两个 BENCHMRK 的Ⅲ期临床试验中，699 名具有治疗经历且呈现三重 HIV 病毒耐药性的患者随机接受了雷特格韦(400 mg)外加 OBT 或者只有 OBT 的治疗。在这两种临床治疗中，与使用安慰剂组相比，使用雷特格韦组患者在病毒学(HIV 病毒 RNA 的水平小于 50 次/mL)和免疫学(增加的 CD4＋细胞数量)结果上都有改善[31]。在 STARTMRK 研究的Ⅲ期临床试验中，563 名未经抗病毒治疗的患者随机接受雷特格韦(400 mg)或依法韦仑(600 mg)与替诺福韦酯和恩曲他滨的联合治疗。结果表明，基于雷特格韦的 48 周联合治疗并没有比基于依法韦仑联合治疗的效果好；这项研究是雷特格韦获批准的适应证拓展基础，包括拓展至治疗未经抗病毒治疗的患者[33]。最近，STARTMRK 试验结果分析证明 96 周与 48 周结果一致[32]。最后，与依法韦仑组相比，004 方案中未经抗病毒治疗患者的 96 周结果证实了使用雷特格韦的患者的病毒复制被持续抑制[34]。

据报道，使用雷特格韦的过程中，比例高于 2%的患者发生中度或严重的头疼、恶心、乏力等副反应。有趣的是，STARTMRK 研究表明以雷特格韦为基础的联合治疗的效果受油脂含量的影响明显比以依法韦仑为基础的联合治疗小[32,33]。

1.6　合成方法

雷特格韦的合成[12]，是从氰基化合物 **14** 转化为氨肟化合物 **15** 开始的。**15** 与二乙基乙酰二羧酸反应合成雷特格韦的核心骨架 **16** [35]。然后通过苯甲酰化和甲基化得到 *N*-甲基嘧啶酮 **17**，也会得到少量的 *O*-甲基化的吡啶类似物(没有列出)。通过后续在嘧啶酮的 C4 上氟苄酰胺化，再在 C2 位置上去保护和功能化的合成线路，可合成很多雷特格韦类似物。然而，在雷特格韦的案例中，更好的路线(考虑到纯化过程的可规模化)采用去保护的氨基化合物 **18** 的功能化，在 C2 位上引入噁二唑酰胺进而在 C4 位上氟苄酰胺化得到10 g的 **19**，游离羟基的雷特格韦。用氢氧化钾处理得到雷特格韦的钾盐 **1**。

11

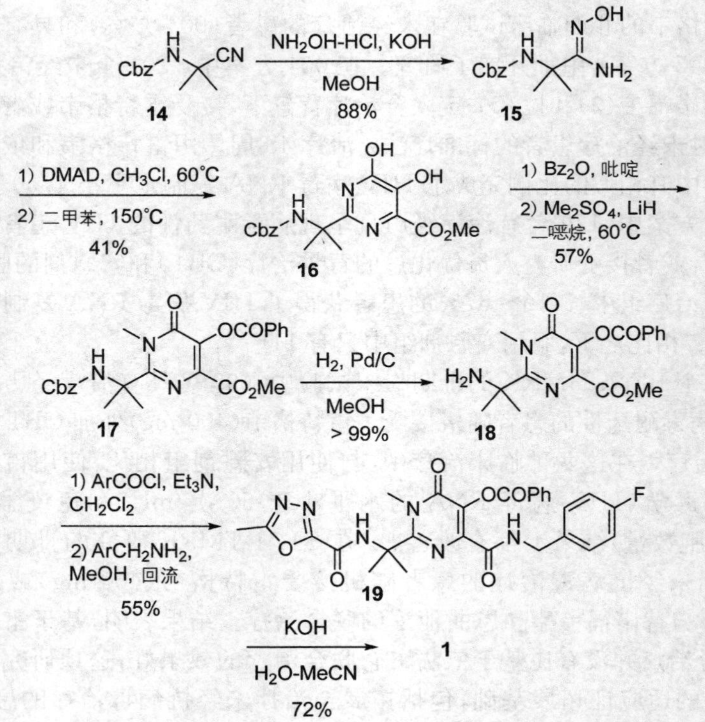

14 → **15**: NH_2OH-HCl, KOH, MeOH, 88%

15 → **16**: 1) DMAD, CH_3Cl, 60°C; 2) 二甲苯, 150°C; 41%

16 → **17**: 1) Bz_2O, 吡啶; 2) Me_2SO_4, LiH, 二噁烷, 60°C; 57%

17 → **18**: H_2, Pd/C, MeOH, > 99%

18 → **19**: 1) ArCOCl, Et_3N, CH_2Cl_2; 2) $ArCH_2NH_2$, MeOH, 回流; 55%

19 → **1**: KOH, H_2O-MeCN, 72%

12

16 → **20**: $Mg(OMe)_2$, MeI, DMSO, 20~60°C, 70%

20 → 21: $ArCH_2NH_2$, EtOH, 72°C, 90%

21 → **22**: H_2 (40 psi), 5% Pd/C, MeOH, MSA, 72°C, 96%

5-甲基四唑 + $ClCOCO_2Et$: 1) Et_3N, 甲苯; 2) KOH, EtOH-H_2O; 91% → **23** (CO_2K)

23 → **1**: 1) $(COCl)_2$, MeCN, DMF, 72°C; 2) **22**, THF, NMM, 0~5°C; 3) KOH, MeCN; 91%

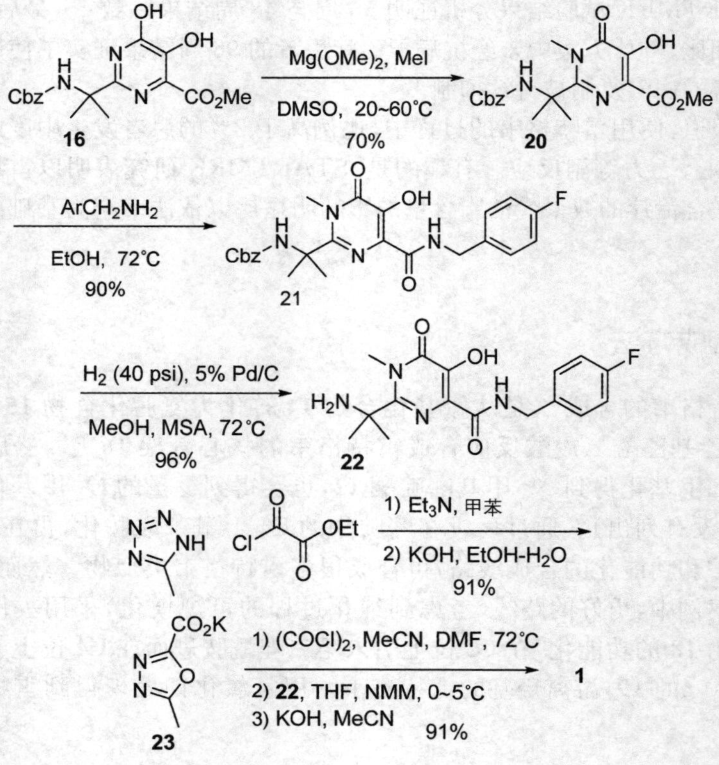

雷特格韦合成采用汇集式合成策略。从2-羟基-2-甲基丙腈合成得到的嘧啶酮胺**22**，在氨水的作用下转化为相应的氨基腈醇(30 psi①，10℃，收率：97%)，然后用氯甲酸苄酯上保护以88%的收率得到Cbz-胺**14**。该合成线路类似于从**14**经**15**合成**16**的合成线路，对二羟基吡啶衍生物来说，收率在某种程度上有所提高(52%)。化合物**16**用甲醇镁去保护后，再用碘甲烷得到*N*-甲基嘧啶酮**20**，伴随有少于0.5%的*O*-甲基嘧啶副产物生成。氟苄酰胺化在乙醇中加热完成，然后重结晶得到化合物**21**，再通过氢化得到Cbz-保护的有机胺化合物**22**。

噁二唑**23**的合成是甲基四唑和乙酰氯作用，生成乙酰四唑的中间体，在甲苯中加热重排离去硝基。得到的粗品乙酯用氢氧化钾皂化得到噁二唑碳酸盐**23**。最后，**23**的酰氯(用乙酰氯制备)和胺化合物**22**反应生成游离氢氧基的雷特格韦，用氢氧化钾处理得到雷特格韦的钾盐。

总而言之，雷特格韦(**1**)从HIV整合酶链转移抑制剂的DKA类抑制剂演绎而来，是FDA首个批准的整合酶抑制剂。该药物最初是用来与其他抗病毒药联合使用，用于治疗具有治疗经历且呈现病毒复制和多药耐药HIV-1毒株的成年患者，但最近FDA批准了一个扩展适应证，用于治疗未经抗病毒治疗的患者，并且DHHS将其增加到未经治疗的成年患者的联合用药的优选方案清单中。对于新的HIV/AIDS药物来说，病毒耐药性是不可避免的。并且，事实上，多种抗雷特格韦的氨基酸突变已经被证实，需要持续寻找不断改善的HIV病毒治疗方案。尽管如此，作为一个全新的药物，雷特格韦为医生和患者都提供了一个非常受欢迎的抗HIV/AIDS病毒的医疗手段。

1.7 参考文献②

1. Mocroft, A.; Vella, S.; Benfiedl, T. L.; Chiesi, A.; Miller, V.; Gargalianos, P.; d'Arminio Monforte, A.; Yust, I.; Bruun, J. N.; Phillips, A. N.; Lundgren, J. D. *Lancet*, **1998**, *353*, 1725-1730.
2. Kallings, L. O. *J. Intern. Med.* **2008**, *263*, 218-243.
3. UNAIDS "2007 AIDS Epidemic Update," http://data.unaids.org/pub/EPISlides/2007/2007_epiupdate_en.pdf; accessed 2009-11-15.
4. CDC, "New estimates of U.S. HIV Prevalence, 2006" http://www.cdc.gov/hiv/topics/surveillance/resources/factsheets/pdf/prevalence.pdf; accessed 2009-11-15.
5. Panel on Antiretroviral Guidelines for Adults and Adolescents. "Guidelines for the Use of Antiretroviral Agents in HIV-1-Infected Adults and Adolescents." DHHS. December 1, 2009; 1-161. http://www.aidsinfo.nih.gov/ContentFiles/AdultandAdolescentGL.pdf;

① 1 psi=6 894.76 Pa。
② 参考文献采用原著格式录入，下同。

accessed 2009 - 12 - 02.

6. Tozzi, V. ; Zaccarelli, M. ; Bonfigli, S. ; Lorenzini, P. ; Liuzzi, G. ; Trotta, M. P. ; Forbici, F. ; Gori, C. ; Bertoli, A. ; Bellagamba, R. ; Narciso, P. ; Perno, C. F. ; Antinori, A. *Antivir. Ther.* **2006**, *11*, 553 - 560.
7. Havlir, D. V. *N. Engl. J. Med.* **2008**, *359*, 416 - 441.
8. Neamati, N. *Exp. Opin. Ther. Pat.* **2002**, 12, 709 - 724.
9. (a) Asante-Appiah, E. ; Skalka, A. M. *Adv. Virus Res.* **1999**, *12*, 2331 - 2338. (b) Esposito, D. ; Craigie, R. *Adv. Virus Res.* **1999**, *52*, 319 - 333. (c) Chiu, T. K. ; Davies, D. R. *Curr. Top. Med. Chem.* **2004**, *4*, 965 - 977. (d) Lewinski, M. K. ; Bushman, F. D. *Adv. Genet.* **2005**, *55*, 147 - 181.
10. Hazuda, D. J. ; Felock P. ; Witmer. M. ; Wolfe, A. ; Stillmock, K. ; Grobler, J. A. ; Espeseth, A. ; Gabryelski, L. ; Schleif, W. ; Blau, C. ; Miller, M. D. *Science* **2000**, *287*, 6466 - 6650.
11. (a) Espeseth, A. S. ; Felock P. ; Wolfe, A. ; Witmer, M. ; Grobler, J. ; Anthony, N. ; Egbertson, M. ; Melamed, J. Y. ; Young, S. ; Hamill, T. ; Cole, J. L. ; Hazuda, D. J. *Proc. Natl. Acad. Sci. USA.* **2000**, *97*, 11244 - 11249. (b) Grobler, J. A. ; Stillmock, K. ; Hu, B. ; Witmer, M. ; Felock, P. ; Espeseth, A. S. ; Wolfe, A. ; Egbertson, M. ; Bourgeois, M. ; Melamed, J. ; Wai, J. S. ; Young, S. ; Vacca, J. ; Hazuda, D. J. ; *Proc. Natl. Acad. Sci. USA.* **2002**, *99*, 6661 - 6666.
12. Summa, V. ; Petrocchi, A. ; Bonelli, F; Crescenzi, B. ; Donghi, M. ; Ferrara, M. ; Fiore, F. ; Gardelli, C. ; Gonzalez Paz, O. ; Hazuda, D. J. ; Jones, P. ; Kinzel, O. ; Laufer, R. ; Monteagudo, E; Muraglia, E. ; Nizi, E. ; Orvieto, F. ; Pace, P. ; Pescatore, G. ; Scarpelli, R. ; Stillmock, K. ; Witmer, M. V. ; Rowley, M. *J. Med. Chem.* **2008**, *51*, 5843 - 5855.
13. (a) Merck & Co. , Inc. WO 9962513 (1999). (b) Merck & Co. , Inc. WO 9962520 (1999); (c) Merck & Co. , Inc. : WO 9962897 (1999). (d) Shionogi & Co. , Ltd. WO 9950245 (1999).
14. Marchand. C. ; Zhang, X. ; Pais, G. C. ; Cowansage, K. ; Neamati, N. ; Burke, T. R. Jr. ; Pommier, Y. *J. Biol. Chem.* **2002**, *277*, 12596 - 12603.
15. Goldgur, Y. ; Craigie, R. ; Cohen, G. H. ; Fujiwara, T. ; Yoshinaga, T. ; Fujishita, T. ; Sugimoto, H. ; Endo, T. ; Murai, H. ; Davies, D. R. *Proc. Natl. Acad. Sci. U. S. A.* **1999**, *96*, 13040 - 13043.
16. Shionogi & Co. Ltd. WO 0039086 (2000).
17. Billich, A. *Curr. Opin. Investig. Drugs* **2003**, *4*, 206 - 209.
18. Rosemond, M. J. ; St John-Williams, L. ; Yamaguchi, T. ; Fujishita, T. ; Walsh, J. S. *Chem. Biol. Interact.* **2004**, *147*, 129 - 139.
19. Zhuang, L. ; Wai, J. S. ; Embrey, M. W. ; Fisher, T. E. ; Egbertson, M. S. ; Payne, L. S. ; Guare, J. P. Jr. ; Vacca, J. P. ; Hazuda, D. J. ; Felock, P. J. ; Wolfe, A. L. ; Stillmock, K. A. ; Witmer, M. V. ; Moyer, G. ; Schleif, W. A. ; Gabryelski, L. J. ; Leonard, Y. M. ; Lynch, J. J. Jr. ; Michelson, S. R. ; Young, S. D. *J. Med. Chem.* **2003**, *46*, 453 - 456.
20. Hazuda, D. J. ; Anthony, N. J. ; Gomez, R. P. ; Jolly, S. M. ; Wai, J. S. ; Zhuang, L. ; Fisher, T. E. ; Embrey, M. ; Guare, J. P. Jr. ; Egbertson, M. S. ; Vacca, J. P. ; Huff, J.

R.; Felock, P. J.; Witmer, M. V.; Stillmock, K. A.; Danovich, R.; Grobler, J.; Miller, M. D.; Espeseth, A. S.; Jin, L.; Chen, I. W.; Lin, J. H.; Kassahun, K.; Ellis, J. D.; Wong, B. K.; Xu, W.; Pearson, P. G.; Schleif, W. A.; Cortese, R.; Emini, E.; Summa, V.; Holloway, M. K.; Young, S. D. *Proc. Natl. Acad. Sci. USA* **2004**, *101*, 11233-11238.

21. Little, S.; Drusano, G.; Schooley, R. Paper presented at 12th Conference on Retroviruses and Opportunistic Infections, Feb. 22-25, 2005, Boston, U. S. A.
22. Summa, V.; Petrocchi, A.; Matassa, V. G.; Gardelli, C.; Muraglia, E.; Rowley, M.; Paz, O. G.; Laufer, R.; Monteagudo, E.; Pace, P. *J. Med. Chem.* **2006**, *49*, 6646-6649.
23. Gardelli, C.; Nizi, E.; Muraglia, E.; Crescenzi, B.; Ferrarra, M.; Orvieto, F.; Pace, P.; Pescatore, G.; Poma, M.; Rico Ferreira, M. R.; Scarpelli, R.; Hommick, C. F.; Ikemoto, N.; Alfieri, A.; Verdirame, M.; Bonelli, F.; Gonzalez Paz, O.; Monteagudo, E.; Taliani, M.; Pesci, S.; Laufer, R.; Felock, P.; Stillmock, K. A.; Hazuda, D.; Rowley, M.; Summa, V. *J. Med. Chem.* **2007**, *50*, 4953-4975.
24. (a) Sato, M.; Motomura, T.; Aramaki, H.; Matsuda, T.; Yamashita, M.; Ito, Y.; Kawakami, H.; Matsuzaki, Y.; Watanabe, W.; Yamataka, K.; Ikeda, S.; Kodama, E.; Matsuoka, M.; Shinkai, H. *J. Med. Chem.* **2006**, *49*, 1506-1506. (b) Sato, M.; Kawakami, H.; Motomura, T.; Aramaki, H.; Matsuda, T.; Yamashita, M.; Ito, Y.; Matsuzaki, Y.; Yamataka, K.; Ikeda, S.; Shinkai, H. *J. Med. Chem.* **2009**, *52*, 4869-4882.
25. DeJesus, E.; Berger, D.; Markowitz, M.; Cohen, C.; Hawkins, T.; Ruane, P.; Elion, R.; Farthring, C.; Zhong, L.; Chen, A. K.; McColl, D.; Kearney, B. P. *J. Acquir. Immune Defic. Syndr.* **2006**, *43*, 1-5.
26. Iwamoto, M.; Wenning, L. A.; Petry, A. S.; Laethem, M.; De Smet, M.; Kost, J. T.; Merschman, S. A.; Strohmaier, K. M.; Ramael, S.; Lasseter, K. C.; Stone, J. A.; Gottesdiener, K. M.; Wagner, J. A. *Clin. Pharmacol. Ther.* **2008**, *83*, 293-299.
27. Markowitz, M.; Morales-Ramirez, J. O.; Nguyen, B.-Y.; Kovacs, C. M.; Steigbigel, R. T.; Cooper, D. A.; Liporace, R.; Schwartz, R.; Isaacs, R.; Gilde, L. R.; Wenning, L.; Zhao, J.; Teppler, H. *J. Acquir. Immune Defic. Syndr.* **2006**, *43*, 509-515. [Erratum *J. Acquir. Immune Defic. Syndr.* **2007**, *44*, 492.]
28. Kassahun, K.; McIntosh, I.; Cui, D.; Hreniuk, D.; Merschman, S.; Lasseter, K.; Azrolan, N.; Iwamoto, M.; Wagner, J. A.; Wenning, L. A. *Drug Metab. Dispos.* **2007**, *35*, 1657-1663.
29. Markowitz, M.; Nguyen, B. Y.; Gotuzzo, E.; Mendo, F.; Ratanasuwan, W.; Kovacs, C.; Prada, G.; Morales-Ramirez, J. O.; Crumpacker, C. S.; Isaacs, R. D.; Gilde, L. R.; Wan, H.; Miller, M. D.; Wenning, L. A.; Teppler, H. *J. Acquir. Immune Defic. Syndr.* **2007**, *46*, 125-133.
30. Grinsztejn, B.; Nguyen, B.-Y.; Katlama, C.; Gatell, J. M.; Lazzarin, A.; Vittecoq, D.; Gonzalez, C. J.; Chen, J.; Harvey, C. M.; Isaacs, R. D. *Lancet* **2007**, *369*, 1261-1269.
31. Steigbigel, R. T.; Cooper, D. A.; Kumar, P. N. Eron, J. E.; Schechter, M.; Markowitz, M.; Loutfy, M. R.; Lennox, J. L.; Gatell, J. M.; Rockstroh, J. K.;

Katlama, C.; Yeni, P.; Lazzarin, A.; Clotet, B.; Zhao, J.; Chen, J.; Ryan, D. M.; Rhodes, R. R.; Killar, J. A.; Gilde, L. R.; Strohmaier, K. M.; Meibohm, A. R.; Miller, M. D.; Hazuda, D. J.; Nessly, M. L.; DiNubile, M. J.; Isaacs, R. D.; Nguyen, B.-Y.; Teppler, H. *N. Engl. J. Med.* **2008**, *359*, 339 - 354.

32. Lennox, J. L.; DeJesus, E.; Lazzarin, A.; Pollard, R. B.; Valdez, J.; Madruga, R.; Berger, D. S.; Zhao, J.; Xu, X.; Williams-Diaz, A.; Rodgers, A. J.; O Barnard, R. J. O.; Miller, M. D.; DiNubile, M. J.; Nguyen, B.-Y.; Leavitt, R.; Sklar, P. Lancet **2009**, *374*, 796 - 806.
33. Lennox, J.; DeJesus, E.; Lazzarin, A.; Berger, D.; Pollard, R.; Madruga, J.; Zhao, J.; Gilbert, C.; Rodgers, A.; Teppler, H.; Nguyen, B.-Y.; Leavitt, R.; Sklar, P. Paper presented at 49th ICCAC, Sept. 12 - 15, 2009.
34. Markowitz, M.; Nguyen, B.-Y.; Gotuzzo, E.; Mendo, F.; Ratanasuwan, W.; Kovacs, C.; Prada, G.; Morales-Ramirez, J. O.; Crumpacker, C. S.; Isaacs, R. D.; Campbell, H.; Strohmaier, K. M.; Wan, H.; Danovich, R. M.; Teppler, H. *J. Acquir. Immune Defic. Syndr.* **2009**, *52*, 350 - 356.
35. Pye, P. J.; Zhong, Y.-L.; Jones, G. O.; Reamer, R. A.; Houk, K. N.; Askin, D. A. *Angew. Chem., Int. Ed.* **2008**, *47*, 4134 - 4136.
36. (a) Merck & Co., Inc.: WO 060712A2 (2006); (b) Liu, K. K.-C.; Sakya, S. M.; O'Donnell, C. J.; Li, J. *Mini-Reviews Med. Chem.* **2008**, *8*, 1526 - 1548.
37. (a) Malet, I.; Delelis, O.; Valantin, M. A.; Montes, B.; Soulie, C.; Wirden, M.; Tchertanov, L.; Peytavin, G.; Reynes, J.; Mouscadet, J. F.; Katlama, C.; Calvez, V.; Marcelin, A. G. *Antimicrob. Agents Chemother.* **2008**, *52*, 1351 - 1358. (b) Goethals, O.; Clayton, R.; Van ginderen, M; Vereycken, I.; Wagemans, E.; Geluykens, P.; Dockx, K.; Strijbos, R.; Smits, V.; Vos, A.; Meersseman, G.; Jochmand, D.; Vermeire, K.; Schols, D.; Hallenberger, S.; Hertogs, K. *J. Virol.* **2008**, *82*, 10366 - 10374.

2 马拉维若(Selzentry)：一种治疗 HIV 的原创性 CCR5 拮抗剂

17

David Price

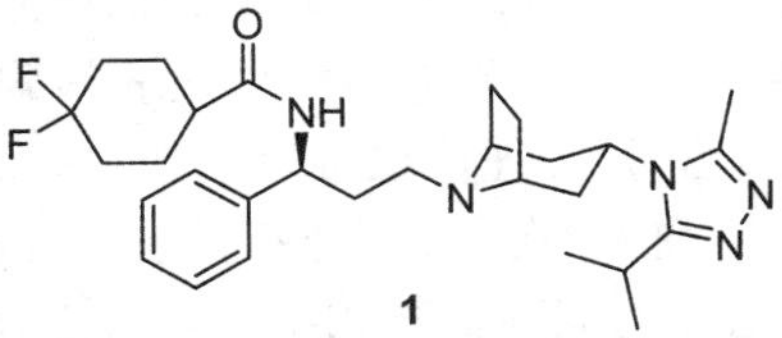

1

美国通用名: Maraviroc
商品名: Selzentry®
公司： Pfizer
上市时间: 2007

2.1 背景

大量的事实证明，感染 HIV 病毒将恶化疾病并导致死亡。在 2004 年，距离 HIV 病毒被发现仅有 23 年，联合国艾滋病病毒(HIV)/艾滋病(ADIS)规划署估计全世界已有 4 200 万人感染了 HIV 病毒，而且有超过 2 000 万患者死于感染初期。此外，发达地区的艾滋病感染率再一次上升[1]。虽然目前高效的抗逆转录酶疗法(HAART)，即利用反转转录酶和蛋白酶拮抗剂的"鸡尾酒疗法"，毫无疑问已是一大进步[2]，但依然对耐受性强、便于控制的抗 HIV/ADIS 药物具有强烈需求[3,4]。

HIV 病毒通过将病毒的脂质膜与宿主细胞的细胞膜相融合的方式侵入宿主细胞，这种融合需要由 HIV 病毒囊状凸起表面的蛋白质与某种细胞膜表面受体相互作用引发。CD4 就是其中一种受体，它是 gp120(一种病毒微粒表面的蛋白质)HIV－1 病毒的主要受体[5]。但是，仅有 CD4 并不足以让 HIV 病毒与细胞膜融合并侵入细胞——还需要 G－蛋白质偶联受体(GPCRs)趋化因子体系中的一种共受体参与。趋化因子受体 CCR5 已经被证实是细胞融合的主要共受体，同时也是巨噬细胞嗜性(R5－嗜性)HIV－1 病毒进入细胞的入口。R5－嗜性毒株在早期无明显症状的感染阶段流行。在病情恶化的同时病毒嗜性发生转变，主要转变为以 CXCR4 作为共受体的 X4 病毒，然而，大约 50%的

18

个体保留着对 CCR5 需求的毒株感染。有证据表明，纯合子的 CCR5 编码区中有一个 32 -碱基对的缺失，这个缺失可以抵抗 R5 -嗜性 HIV - 1 病毒的感染。这些纯合子基因不会在细胞表面表达出功能性的 CCR5 受体，而有 32 -碱基对缺失的杂合子个体基因在有症状感染阶段会明显表现出更长的恶化时间，而且越来越多的证据证明它们可以更好地应对 HAART。此外，CCR5 -不足的个体免疫功能完全正常，表明没有 CCR5 免疫功能可能不会有害，也就是说 CCR5 拮抗剂应该有良好的耐受性。新的作用机制对避免病毒耐药性非常有吸引力，而且 CCR5 拮抗剂在艾滋病病毒领域过去的十年中一直是研究热点，许多不同的研究机构针对此进行了大量化合物的临床试验[6-8]。

Ancriviroc(**2**)是第一个进入临床试验阶段的 CCR5 拮抗剂。在测试最高剂量(400 mg，每天两次)时会对心脏产生副作用(QT 间期延长)，但它依然很安全并且表现出明显的抗病毒效果。有价值的一点是，不同研究小组发现和发展 CCR5 拮抗剂的时间反映了人们对其在 hERG 药理学方面越来越多的关注和了解，而且这两方面密切相关[9]。事实上，关于心脏负担的问题即便采用脱靶药理学(无论经过 hERG 还是其他药理)理论也难以解释，从而使得许多 CCR5 拮抗剂的临床发展受阻。高治疗指数在 HIV 研究领域非常重要，因为对抗 HIV 的药物很少单独释放，它总是与其他药物相结合以防止病毒耐药性的出现。许多能与 CCR5 拮抗剂共同服用的药物被发现可以与细胞色素 P450 酶反应，这可能会影响到治疗方案中其他化合物的循环水平。这一信息，以及抗病毒药物 IC_{90} 对维持血药浓度的要求，推动了对安全的药物治疗窗的较大

19

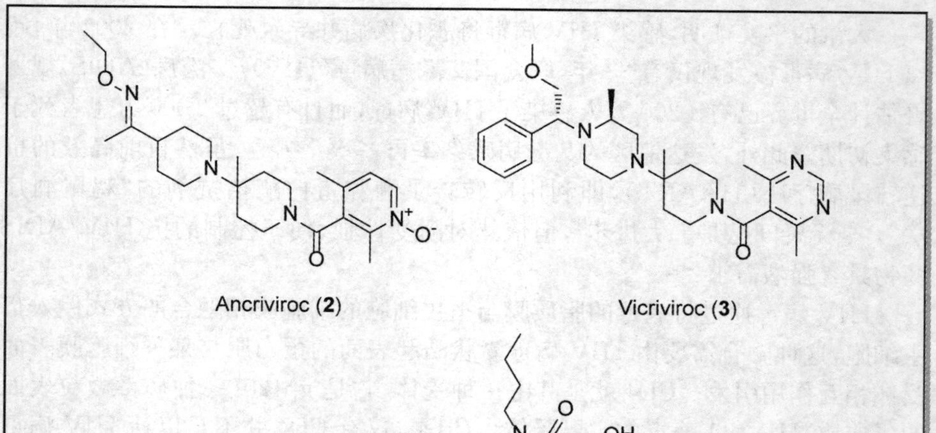

Ancriviroc (**2**)　　Vicriviroc (**3**)

Aplaviroc (**4**)

需求。因此，这个研究最初的一个重要目标就是使 hERG 亲和力具有较高的选择性，从而避免心脏负担。在 2005 年 10 月，几名患者在配合 Aplaviroc(**4**)治疗时发生了严重的肝中毒，这一安全问题终止了对该药物的进一步的研究。此次事件引起了人们对 CCR5 拮抗剂类依赖的长期不利影响的关注，特别是对肝中毒或恶性肿瘤的担忧。马拉维若(Maraviroc，**1**)和 Aplaviroc(**4**)的发展基本上在同一时期进行，随着 Aplaviroc 的研究停止，人们开始对马拉维若的临床数据进行较严格的安全审核。经过分析，马拉维若的数据资料得到了充分的认可，被授予批准代理，并于 2007 年成功推出。Vicriviroc(**3**)的临床历史比较复杂，目前处于研究第三阶段，化合物还没有完全得到，该研究预计将于 2011 年完成。

2.2　构效关系 (SAR)

马拉维若(**1**)的构效关系已经有广泛的报道，特别是关于提供最大化合物治疗时间窗的方法，这种方法可以成功延长 QT 间期(表 2－1 和 2－2)[6,9]。对 hERG 离子通道高通量结合分析法的验证和运用，已成为发现药物过程的一个重要部分。由于要使得化合物结构元素在后期仍可进行不同变化，合成路线的设计已成为发现药物过程中至关重要的一个技巧。特别是保证有大的单体储备可以用于最终反应，从而大范围覆盖所需化合物结构。从最终产物的物化性质角度考虑，选择一个酸性单体的设计标准是非常严格的(lg *D* 为1.5～2.3)，这样制得的化合物最有可能具有良好的药代动力学性质。lg *D* 的确定基于在实验中制得的最合适的化合物的结果分析。单体的结构特点在尽可能多样化的范围使用，用来确认 hERG 通道的可能的不利反应(表 2－2)。

20

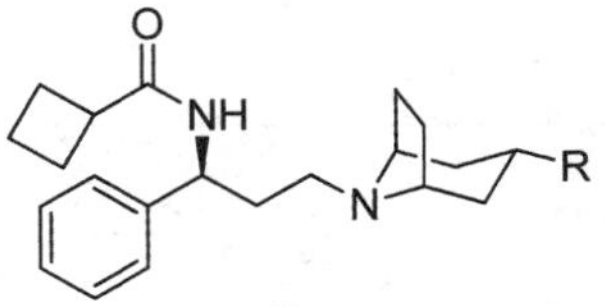

表 2－1　主要杂环化合物的抗病毒活性和 hERG 通道活性

	R	抗病毒活性 IC_{90}[a]/(nmol/L)	HLM /min	lg *D*	hERG[b] (300 nmol/L)/%
5	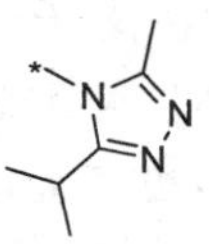	8	55	1.6	30

续 表

	R	抗病毒活性 IC_{90} [a]/(nmol/L)	HLM /min	lg D	hERG[b] (300 nmol/L)/%
6	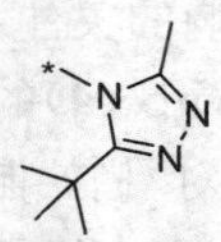	>100	22	2.3	46
7	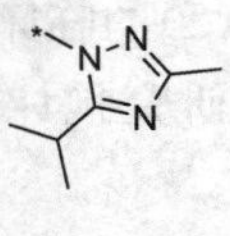	29	56	2.1	65
8	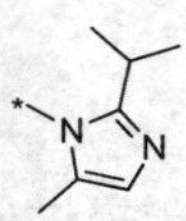	1	13	2.3	85

a. 浓度须达到 90%，从而抑制 PM-1 细胞中 HIV_{BaL}的复制。
b. [^{3}H]-dofetilide 与 hERG 结合后在 HEK-293 细胞上稳定表达的抑制百分比。

表 2-2 主要三唑类化合物的抗病毒活性和 hERG 通道活性

	R	抗病毒活性 IC_{90} [a]/(nmol/L)	hERG[b](300 nmol/L) /%
5	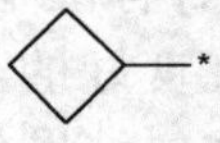	8	30
9	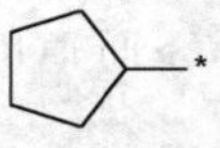	2	18
10	 F_3C	14	14
11	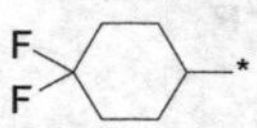 F F	2	0

a. 浓度须达到 90%，从而抑制 PM-1 细胞中 HIV_{BaL}的复制。
b. [^{3}H]-dofetilide 与 hERG 结合后在 HEK-293 细胞上稳定表达的抑制百分比。

5(lg D=1.6)到 **9**(lg D=2.1)的环同系化反应显示，通过微弱下降 hERG 通道的亲和力，而使其抗病毒性增加是可能的(表 2-2)。亲和力的下降可能是因为体积变大的环戊取代基发生的一些不利结构位阻，在离子通道中留下了残余物质。这一结果也证实了，无论整体亲脂性是否增加，关键结构元素都将减少 hERG 的亲和性。化合物 **10**(lg D=1.8)与 **5** 相比，也会显示出较小的 hERG 通道亲和性下降，这表明，氟化的酰胺取代基可能会引起 hERG 亲和性的进一步下降。结合 **9** 和 **10** 的数据，可以得到马拉维若 **1**(lg D=2.1)上 4,4-二氟环己基基团的设计和合成方法，该基团在 300 nmol/L 照射条件下，没有出现与 hERG 通道的结合现象。物质的量浓度(nmol/L)的 IC_{90} 可以表现出很好的抗病毒能力。在三唑系列化合物中，4,4-二氟环己基基团在其抗病毒属性上很独特，而且缺乏对 hERG 通道的亲和性。4,4-二氟环己基基团由于环己基基团的立体构型和二氟基团的偶极化作用，在离子通道内的耐受性明显不佳。马拉维若的水溶性也很高(在 pH 范围内高于 1 mg/mL)，可以作为游离碱或苯磺酸盐重结晶制得。马拉维若稳定多晶的早期鉴定和优化，对于研究的快速发展来说很有价值，而且明显的生物制药属性同样不可小觑。

21

2.3　药代动力学和安全性

在临床前研究中，没有发现 10 μmol/L(微摩尔每升)的马拉维若(**1**)在结合竞争试验和功能试验中所表现出的对一系列药理相关酶、离子通道以及受体的显著活性抑制作用。它在小鼠和大鼠研究中也表现出良好的耐受性，对试验体的中央系统、外周系统、肾以及呼吸系统没有明显影响。用全细胞膜片钳技术对心脏影响进一步研究，特别是针对那些通过 hERG 作用的方式，发现在 10 μmol/L 浓度下抑制率达到了 19%，只有非常微弱的亲和性。在犬类的 Purkinje 纤维隔离测试中，1 μmol/L 的马拉维若在行为电位形态下没有任何影响。当进行到体内心血管评估时，在意识清醒可自由活动，含抗病毒 IC_{90} 马拉维若自由血浆水平高于 100 倍的狗中，没有发现生物学相关或有统计意义的血液动力数值或心电图 ECG 改变。

22

马拉维若口服吸收快，给药后 0.5～4.0 h 内就可达到最大血药峰值时间(T_{max})；经过 7 天连续给药可以达到稳态血药浓度。马拉维若通过药物代谢酶 CYP3A4 代谢，没有发生转变的药物由肾排出。CYP3A4 作为底物，当与 CPY3A4 诱导剂共同服用时，马拉维若的血药浓度下降；当与 CPY3A4 拮抗剂共同服用时，马拉维若血药浓度上升。在较低的剂量范围(3～1 200 mg)研究药代动力学没有比例关系，但是，在浓度达到临床相关剂量时这一点并不明显。马拉维若是转运物质 P-糖蛋白(Pgp)的底物，Pgp 被认为会抑制许多化合物的肠吸收。在马拉维若肠道浓度低的情况下，Pgp 会调节马拉维若流向，使其回到小肠肠腔，这样就限制了马拉维若的吸收。随着马拉维若剂量的增加和在肠腔内浓度的上升，Pgp 流量将开始饱和，这样它对口服生物利用率的限制作用就会降低。马拉维若的剂量达到 900 mg 时耐受性很好，且会出现剂量限制引起的体位性低血压。在相关剂量下，临床上没有发现 QT 间期延长的显著增加。临床相关剂量的马拉维若不改变 CYP2D6 或 CYP3D4 的活性。对于需要与其他抗病毒药剂共同服用的马拉维若来说，这一点非常重要，这样剂量大小就不会影响其他药物 CYP-介导的清除。

2.4 合成方法

马拉维若(**1**)可以简单地切割为 4,4-二氟环己酸(**11**)、苯丙基连接基团 **12** 和莨菪烷三唑基 **13** 三个片段。一旦这些单独的片段制备好后,只需将它们比较直接地连接在一起就可以合成马拉维若。改变片段连接的顺序可以尽量减少产物的纯化问题,并且保证成本(COG)问题不会成为阻碍。药物发现化学家需要在化学范围内研究药物的构效关系,而工艺化学家则要拿出千克数量级的产物。这两种路线的比较经历了一段非常有趣的历史。

23

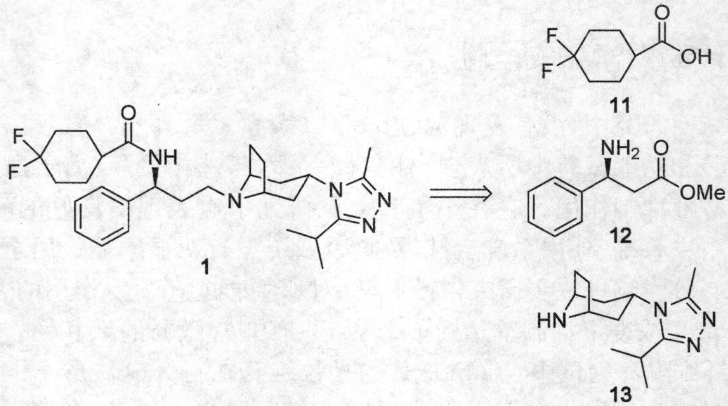

马拉维若第一个合成方法的临床前期研究材料发表在学术期刊[10,11]和专利申请[12]上。药物发现化学家和工艺化学家们相信,大规模合成路线在产率方面的必要提升和大规模的易于操作性是相似的。药物发现化学家和工艺化学家之间的沟通效果非常好,保证了用于提供相对少量的临床前期研究材料的合成路线可以成为主干发展路线。通观整个制药行业,这种药物发现与工艺发展之间的紧密联系是非常值得期待的,因为它使得提供大量原料药(API)不再成为药物开发时间表的速度限制因素。

在化学工艺开发前,药物发现合成小组所面临的挑战是如何优化最佳制备三氮唑的反应条件,以及在酰胺偶联之前最后一步中的 4,4-二氟环己酸的纯化问题。在初始合成的时候,三氮唑合成方法具有很大挑战性,合成的起始材料是市售的 *N*-苄托品(**14**)。肟化反应和单电子还原合成 **16**,在其平伏键位置含有一个必需的伯氨基。酰胺 **17** 在必要的酰氯和 Schotten - Baumann 条件下制备。氨基氯化物由磷酰氯与酰胺 **17** 反应,然后再与乙酸肼反应制备。制备所需的三氮唑 **18** 的环化反应在加热回流的甲苯以及催化量的对甲苯磺酸中完成。苄基保护基可以在转移氢化过程中除去,以获得目标中间体 **13**。三氮唑结构合成需要在工艺研发阶段大力优化。即使基本的断链形式保持不变,改变试剂和条件是成功制备马拉维若必不可少的一步。人们发现,在中间体氨基氯化物与乙酰肼反应以前，特别是用五氯化磷替换磷酰氯，尽量降低中间体的热不稳定性，对反应的成功至关重要[13,14]。

24

Ph N O 14 NH_2OH EtOH Ph N N OH 15 Sodium 戊醇

Ph N NH_2 16 Cl O Ph N N H O 17 1) $POCl_3$ 2) 乙酸肼 pTsOH, PhMe, 回流, 60%

Ph N N N N 18 $Pd(OH)_2$, NH_4HCO_2 EtOH, 80% HN N N N 13

在分子中氟的药理学意义是众所周知的，而且关于引入氟原子的方法已有了广泛的研究。在马拉维若的发现合成方法中，初始制备步骤需要使用二乙基氨基三氟化硫(DAST)。由于 DAST 是市售试剂，虽然它具有热不稳定性，但也不需要小心地特殊处理。初始用 DAST 作为氟化试剂与酮化合物 **19** 反应，可以得到目标产物二氟化合物 **20** 及氟乙烯 **21** 的 1∶1 混合物，不能分离。用 DAST 与酮反应会有氟乙烯同时产生，这一现象在文献中已有报道而且很难控制。

人们希望通过优化反应条件来影响产物比例，包括温度、试剂计量比以及溶剂的筛选，但都没有效果。最后为了马拉维若能尽快开展早期评估，决定在其合成工艺中采用 DAST。在此既定条件下，不可分离的二氟环己基酯 **20** 和 **21** 的混合物在 Upjohn 条件下发生双羟基化反应，得到副产物 **21**。反应过夜后，目标产物二氟环己酯 **20** 就可以用快速柱色谱分离出来，且纯度很高。接着发生皂化反应得到羧酸 **11**，该酸性化合物可以从环己烷中重结晶得到纯度为分析级的物质。

O O OEt 19 DAST CH_2Cl_2 85% F F O OEt 20 + F O OEt 21 OsO_4, NMO 丙酮，水 74%

O OH O OEt 22 + F F O OEt 20 NaOH THF, 水 65% F F O OH 11

25

醛化合物**25**是一个很关键的中间体，可以用市售的酯化合物**24**通过被DIBAL－H的部分还原而大规模制备。反应时需注意控制好温度，避免过度还原生成醇。得到醛后，只需进行简单的还原胺化反应，将马拉维若的两部分连接起来，整个合成就完成了。在整个发现研究的阶段，高通量组合化学被用于任何可能的时候，为下一步的设计环节快速积累信息。基于采用平行合成化学的想法，选择的最终酰胺偶联步骤的试剂，是聚合碳二亚胺的二氯甲烷溶液。一旦酰胺偶联反应完全，只需用一层硅胶过滤就可以得到马拉维若**1**，用甲苯/己烷重结晶可得到分析纯产物。有意思且值得关注的是，在药物发现实验室，对可替代的酰胺偶联试剂也进行了研究。但是，即使在大量反应时(最高达10 g)，聚合试剂还是首选试剂，因为它容易进行后处理，而且用重结晶的方法就可以得到纯度高的产物。对替代的酰胺偶联试剂进行研究后而没有采用，是因为发现应用此类试剂会导致马拉维若样品中含有研究要求所不可接受的杂质。

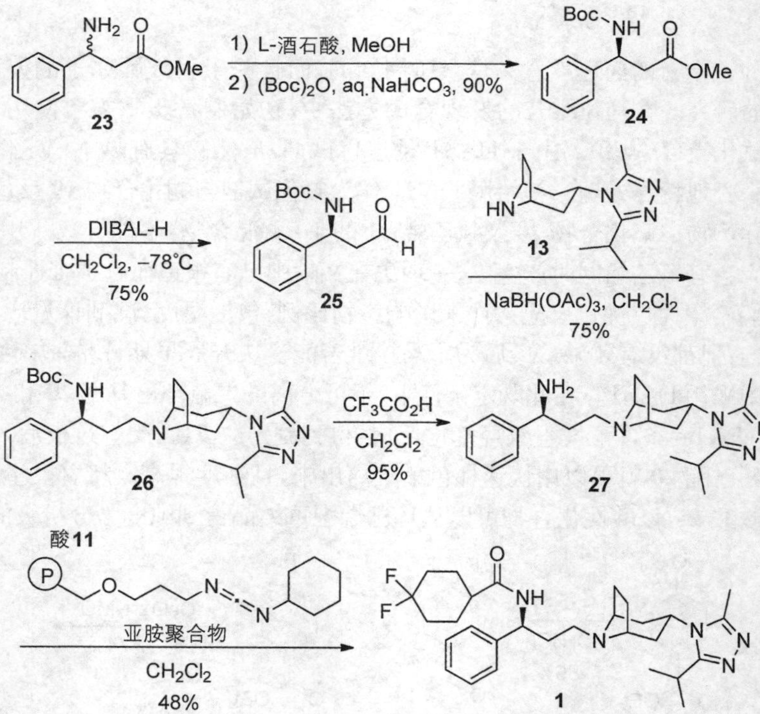

26

在马拉维若的大剂量发展过程中，由于DAST反应的安全性和重复性，以及纯化中间体时对柱色谱的需求，氟化过程需要做一些改进。最终，氟化过程被转移到一家专业公司进行。他们使用相同的原料，但是可以大规模使用HF来生产中间体**28**。苯丙基连接基团的原料是市售的β－氨基酯**29**，它的酰胺化反应产率非常高。随着研究的进行，β－氨基酯**29**的需求量变得很大，该原料通过 L-酒石酸拆分外消旋 β-氨基酯而获得。酯化物 **30** 通过 DIBAL-H 简单一步还原得到目标醛化合物 **32**，但不能成功大规模放大，因为在所有涉及的研究条件下，反应会过度还原而生成醇化合物 **31**。于是研究小组决定采用以下方法：使用硼氢化钠将酯完全还原成醇，然后再将醇氧化为目标醛化合物。不管是在药物发现合成路线还是在药物工艺开发路线中，都采用了一步很关键的还原胺化反应来制备马拉维若。但是，通过改进反应的步骤顺序，4,4-二氟环己基基团得以在合成初期引入。现已能方便制备的 4,4-二氟环己酸使得这一点得以实现，这样，该片段不再像其在发现合成路线中那样，由于高昂的价格而只能在合成的最后一步引入了。

28 + 29 → (aq. Na_2CO_3, EtOAc, 93%) → 30

→ ($NaBH_4$, THF, 回流) → 31 → (TEMPO, NaOCl, CH_2Cl_2, 88%) → 32

→ (胺13, $NaBH(OAc)_3$, EtOAc, 91%) → 1

总而言之，马拉维若的合成是制药行业的有机合成化学家经历的一段充满各种挑战的历史。在药物发现阶段，挑战来自在短时间内，用毫克数量的化合物筛选能够产生具有构效关系化合物的合成路线。在工艺开发阶段，挑战来自开发一条安全和有效成本控制的千克级合成路线方法。将药物发现阶段的马拉维若合成路线转化为适用工厂实验规模，并最终投入生产绝非易事。需要改变试剂和溶剂，消除杂质，并且要鉴定结晶中间体。在非常短的时间内能实现所有这些目标，要归功于有机合成界的创造力和想象力。2000 年，马拉维若首次制备成功并筛选出来，最终于 2007 年获得批准[16]。

2.5 参考文献

1. WHO. "AIDS Epidemic Update", December 2005, UNAIDS/03. 39E, www. who. int/hiv/epi-update2005_en. pdf, accessed June, 2009.
2. Fauci, A. S. *Nat. Med.* **2003**, *9*, 839-843.

3. Maddon, P. J.; Dalgleish, A. G.; McDougal, J. S.; Clapham, P. R.; Weiss, R. A.; Axel, R. *Cell* **1986**, *47*, 33-48.
4. Berger, E. A.; Murphy, P. M.; Farber, J. M. *Annu. Rev. Immunol.* **1999**, *17*, 657-700.
5. Liu, R.; Paxton, W. A.; Choe, S.; Ceradini, D.; Martin, S. R.; Horuk, R.; Macdonald, M. E.; Stuhlmann, H.; Koup, R. A.; Landau, N. R. *Cell* **1996**, *86*, 367-377.
6. Armour, D.; de Groot, M. J.; Edwards, M.; Perros, M.; Price, D. A.; Stammen, B. L.; Wood, A. *ChemMedChem* **2006**, *1*, 706-709.
7. Palani, A.; Tagat, J. R. *J. Med. Chem.* **2006**, *49*, 2851-2855.
8. Armour, D.; de Groot, M. J.; Perros, M.; Price, D. A.; Stammen, B. L.; Wood, A.; Burt, C. *Chem. Biol. Drug. Des.* **2006**, *67*, 305-308.
9. Price, D. A.; Armour, D.; de Groot, M. J.; Leishman, D.; Napier, C.; Perros, M.; Stammen, B. L.; Wood, A. *Bioorg. Med. Chem. Lett.* **2006**, *16*, 4633-4637.
10. Price, D. A.; Gayton, S.; Selby, M. D.; Ahman, J.; Haycock-Lewandowski, S. *Synlett* **2005**, *7*, 1133-1134.
11. Price, D. A.; Gayton, S.; Selby, M. D.; Ahman, J.; Haycock-Lewandowski, S.; Stammen, B. L.; Warren, A. *Tetrahedron Lett.* **2005**, *46*, 5005-5007.
12. Perros, M.; Price, D. A.; Stammen, B. L. C.; Wood, A. PCT Int. Appl. WO 01/90106, **2001**.
13. Haycock-Lewandowski, S. J.; Wilder, A.; Ahman, J. *Org. Process Res. Dev.* **2008**, *12*, 1094-1103.
14. Ahman, J.; Birch, M.; Haycock-Lewandowski, S. J.; Long, J.; Wilder, A. *Org. Process Res. Dev.* **2008**, *12*, 1104-1113.
15. Dorr, P.; Westby, M.; Dobbs, S.; Griffin, P.; Irvine, B.; Macartney, M.; Mori, J.; Rickett, G.; Smoth-Burchnell, C.; Napier, C.; Webster, R.; Armour, D.; Price, D.; Stammen, B.; Wood, A; Perros, M. *Antimicrob. Agents Chemoth.* **2005**, *49*, 4721-4732.
16. Abel, S.; Van der Ryst, E.; Rosario, M. C.; Ridgway, C. E.; Medhurst, C. G.; Taylor-Worth, R. J.; Muirhead, G. J. *Br. J. Pharmacol.* **2008**, *Supp*l. *I*, 5-18.

3 地瑞纳韦(辈力):一种治疗多耐药性的 HIV 的 HIV-1 蛋白酶抑制剂

29

Arun K. Ghosh 和 Cuthbert D. Martyr

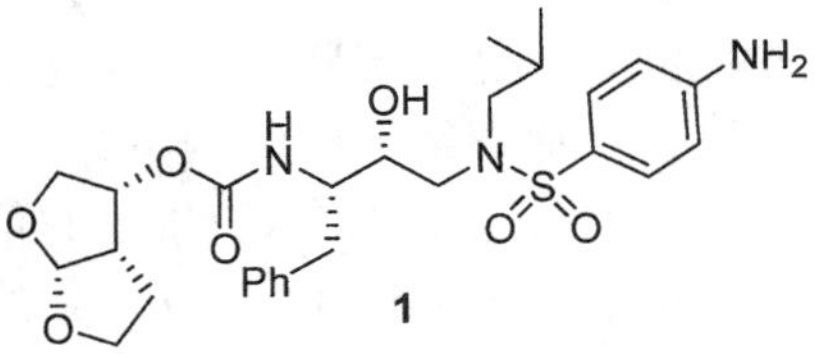

美国通用名:Darunavir
商品名:Prezista®
公司:Tibotec Pharmaceuticals
上市时间:2006

3.1 背景

在 21 世纪,1-型人类艾滋病病毒(HIV-1)感染依然是医学上最主要的全球性挑战。据世界卫生组织(WHO)统计,在 2008 年[1],大约有 3 500 万人感染 HIV/AIDS(呈现免疫缺陷综合征),其中有 250 万为新增感染 HIV 病例。这些统计数据表明,现在 HIV/AIDS 正在全球范围内流行。

在早期,人们在 HIV 复制过程中的关键生化活动中发现一系列在 HIV/AIDS 的药物治疗上很重要的靶点[2]。于是,学术界和工业界通过靶向逆转录酶、RT 逆转录酶(RT)、整合酶(IN)、HIV 蛋白酶(HIV-PR)等开展了一系列药物发现研究,发现了很多抗逆转录酶的治疗方法[3]。最为有意思的是,当 HIV 蛋白酶抑制剂(PIs)和抗逆转录酶抑制剂一起使用时,治疗 HIV/AIDS[2] 具有很高的疗效。图 3-1 是各种获得 FDA 批准的 HIV 蛋白酶抑制剂(PIs)。通过各种联合治疗或是高效的抗逆转录酶的治疗方法(HAART)大大提高了 HIV/AIDS 患者的生活质量,降低了该病的死亡率,也使得包括美国在内的工业化国家的 HIV 蔓延得到了控制[4]。

30

尽管 HAART 的进步使得这些疾病的治疗有了显著的进展,但是 HIV/AIDS 的长期治疗仍然任重道远。其中,包括致衰弱副作用、药物毒性、口服生物利用度低、高治疗剂量以及病毒的耐药性在内的各种缺陷，严重阻碍了HAART疗法的长期疗效。当前统计表明，有40%～50%的患者由于接受HAART治疗在早期获得良好的病毒抑制效果，但由于病毒耐药性而导致持续治疗失败[5]。这其中包括20%～40%的感染HIV-1病毒的患者，这种病毒在HAART的治疗下依然可以进行永久复制，这很有可能是因为耐药性的HIV-1病毒变异造成的[6]。正如前面所提到的，除了耐药性之外，第一代HIV蛋白酶抑制剂(PIs)在使用局限性、药物副作用和药物毒性方面都面临着非常严峻的问题。因此，研发新一代的具有使用广谱性和低副作用的蛋白酶抑制剂，对于现在和将来控制HIV/AIDS的传播和感染具有非常重要的意义。

在这个背景之下，我们的研究重点集中在解决这些问题，从而设计合成了地瑞纳韦(Darunavir，**1**)，新一代的非蛋白PI。地瑞纳韦在高交叉耐药HIV病毒突变体方面显示出色的广谱抗菌活性，极具潜力。2006年，地瑞纳韦被FDA批准用来治疗具有耐药性的HIV/AIDS患者，这些患者因耐药性采用其他药物治疗无效[7]。最近，地瑞纳韦被批准用来治疗HIV/AIDS，包括儿科患者[8]。我们基于"骨架键合"的设计理念设计了地瑞纳韦的结构，这种设计使得抑制剂能够最大程度地与HIV蛋白酶的活性靶点相结合，特别是它能够促进蛋白质骨架分子间形成大量的氢键[9]。地瑞纳韦与HIV配合的X射线衍射结构表明，大量的氢键配合作用贯穿于蛋白酶的活性位点[10]。

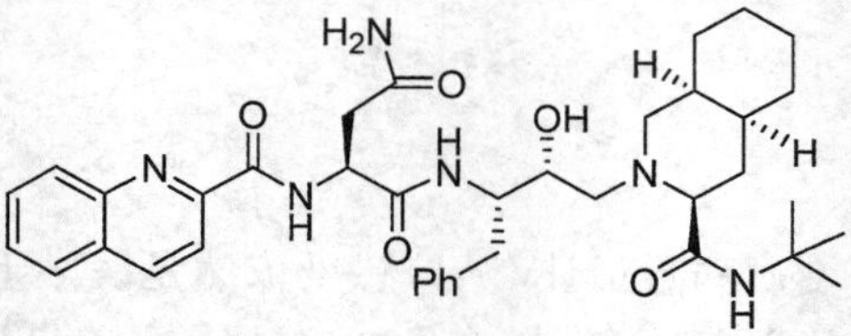

美国通用名: Saquinavir
商品名: Fortovase®
公司: Hoffmann-La Roche
上市时间: 1995

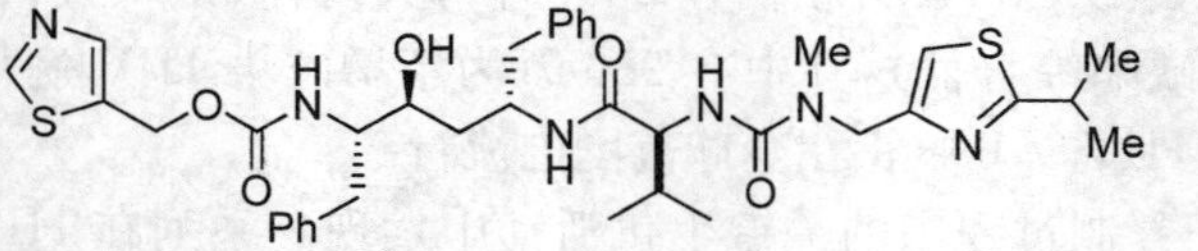

美国通用名: Ritonavir
商品名: Norvir®
公司: Abbott Laboratories
上市时间: 1996

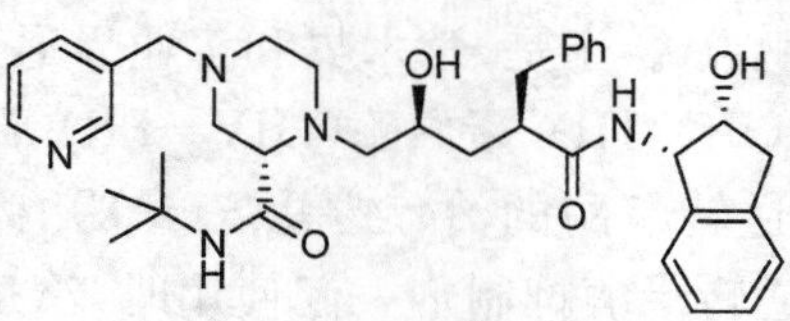

美国通用名: Indinavir
商品名: Crixivan®
公司: Merck & Co.
上市时间: 1996

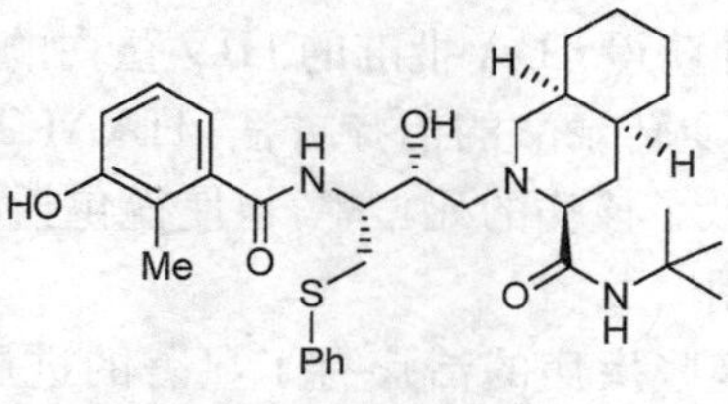

美国通用名: Nelfinavir
商品名: Viracept®
公司: Japan Tobacco/Agouron/Pfizer
上市时间: 1997

图3-1 至2005年，FDA批准的HIV蛋白酶抑制剂(依据批准时间顺序)

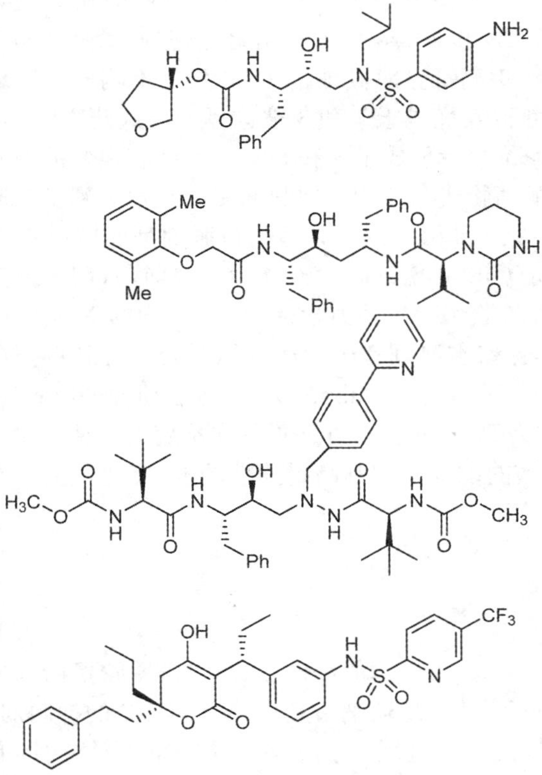

美国通用名：Amprenavir
商品名：Agenerase®
公司：GlaxoSmithKline
上市时间：1999

美国通用名：Lopinavir
商品名：Kaletra®
公司：Abbott Laboratories
上市时间：2000

美国通用名：Atazanavir
商品名：Reyataz®
公司：Bristol-Myers-Squibb
上市时间：2003

美国通用名：Tipranavir
商品名：Aptivus®
公司：Boehringer-Ingelheim
上市时间：2005

图 3-1(续)

3.2 构效关系（SAR）和地瑞纳韦的衍生物

32

地瑞纳韦(**1**)包含了一种新的立体化学结构，这种结构将(3*R*，3*aS*，6*aR*)-并四氢呋喃结构（*bis*-THF）作为 P**2** 配体[11]。我们研究建立的 SAR 结构对蛋白酶抑制剂的药效和抑制范围有着非常重要的影响。我们证明了对很多过渡态的等电子排列体[11]而言，在 S**2** 位点上，*bis*-THF 是一个优势配位体。我们通过 X 射线晶体学对 PIs 于 HIV 蛋白酶作用过程中的分子间相互作用进行了深入研究，提出了“骨架键合”的理念。地瑞纳韦就是基于“骨架捆绑”理念设计的。特别值得一提的是，因为突变体的蛋白酶的骨架构象被最低程度地扭曲，所以可以最大限度地与蛋白酶骨架相结合来提高蛋白酶抑制剂的抑制范围。通过蛋白质-配体的衍射结构，特别是大量氢键贯穿于 HIV-1 蛋白酶的活性位点表明，地瑞纳韦作用广泛。

将并四氢呋喃结构作为 P**2** 配体与羟乙基磺酰胺类等电子体相结合使得蛋白酶抑制剂有了更高的(成药性)潜力和更好的耐药性。如图 3-2 所示，*p*-

甲氧基类似物 **2** 和二氧戊环衍生物 **3** 在抑制一些具有抗药性的初级病毒方面，都表现出了很强的抗病毒活性和非常宽广的抗菌谱，这些病毒是从病人身上分离得到的多耐药性 HIV-1 病毒且对其他抗 HIV 药物不响应。地瑞纳韦以良好的药代动力学性质使得其优先于 **2** 和 **3** 被选择为候选药物[11]。蛋白酶抑制剂 **2** 和 **3** 经过进一步修饰之后形成了 **4** 和 **5**，**4** 和 **5** 都有很好的抑制作用并且在动物体内有着良好的药物代谢性能。抑制剂 **4** 已经发展到了三期临床的阶段[12]。但是进一步的研究工作因为缺乏合适的口服剂型而被迫停止[13]。GS-**8374**(**5**)则由吉利得公司(Gilead Sciences)设计为一个前药，用来提高其在细胞中的保留时间，以及药理学和药代动力学性能[14]。药物的 X 晶体衍射研究表明，其磷酸酯部分依然保留在溶剂和生物酶的结合处。吉利得公司已经将抑制剂 **5** 进行临床研究[15]。蒂博泰克(Tibotec)实验室在研究药物 **6**[16] 过程中，试着将苯并恶唑衍生物作为 P2′配体。这样使得其在抗病毒上具有非常大的广谱性，在 7.5～8.0(pEC_{50})的范围内抑制高耐药性的 PI 突变体上具有很高的活性。

3.3 药理学

地瑞纳韦(**1**)通过抑制 HIV-1 蛋白酶的活性，从而阻碍糖胺聚糖和多蛋白体的分裂，形成无感染性的病毒体。地瑞纳韦是一种极其有效的抑制剂，其体外活性比第一代 PIs 高出好几个数量级。它在治疗从感染 HIV 病毒的患者身上分离出的单独菌株方面，依旧保留着很好的药效，然而大部分已获批准的 PIs 活性都比它更低[17]。地瑞纳韦表现出了一种特殊的双重模式的作用机理。除了对 HIV-1 蛋白酶的抑制活性之外，地瑞纳韦对 HIV-1 的二聚体也有很好的抑制活性[18]。这很有可能是其在防止出现耐药性方面具有更好的活性与持久性的另一个原因。地瑞纳韦与血浆蛋白的结合率大约为 95%。其次，它主要与 α-酸性糖蛋白(AAG 或 AGP)[19]结合。

3.4 药代动力学和药物代谢

药物与餐同食时，可以观察到药物吸收会增加 30%，口服 2.5～4 h 后血药浓度达到峰值。与利托那韦(Ritonavir)联合用药时，整体的半衰期被提高到 15 h[20]。地瑞纳韦(**1**)已被证明是由肝脏代谢酶 CYP450 代谢[21-22]。因此当使用低剂量的利托那韦(一种 CYP450 和蛋白酶抑制剂)生物利用度将从 37%增加到 84%。地瑞纳韦主要是在肠道内通过被动胞内扩散被吸收。地瑞纳韦及其代谢产物主要以粪便和尿液的形式进行排泄[23]。代谢过程主要有氨基甲酸酯水解、脂肪族羟基化、芳香族羟基化和其他代谢过程。

33

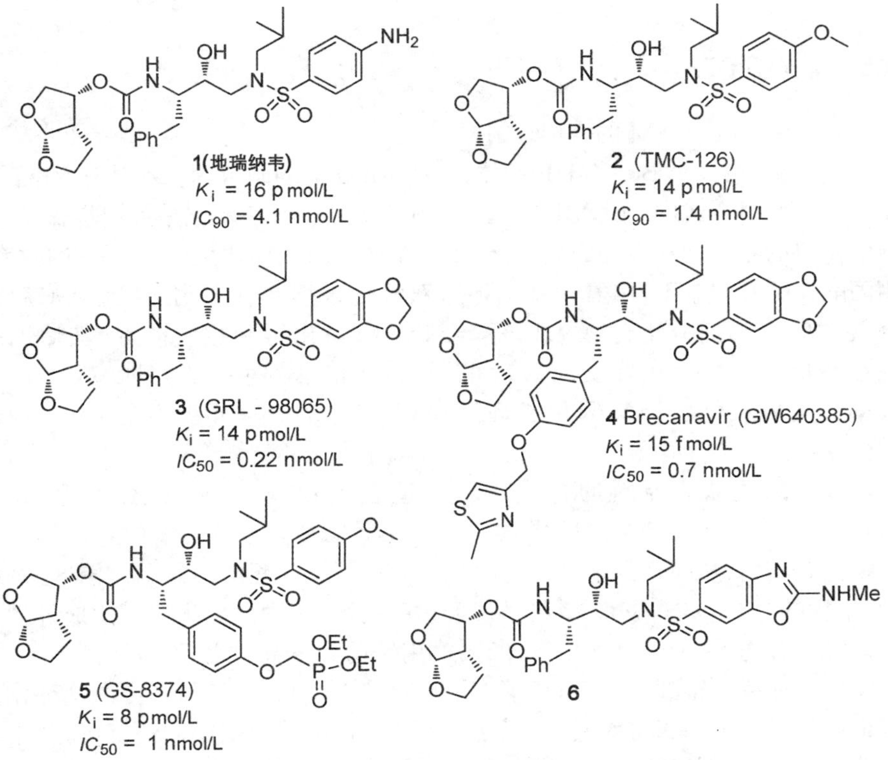

1(地瑞纳韦)
K_i = 16 pmol/L
IC_{90} = 4.1 nmol/L

2 (TMC-126)
K_i = 14 pmol/L
IC_{90} = 1.4 nmol/L

3 (GRL-98065)
K_i = 14 pmol/L
IC_{50} = 0.22 nmol/L

4 Brecanavir (GW640385)
K_i = 15 fmol/L
IC_{50} = 0.7 nmol/L

5 (GS-8374)
K_i = 8 pmol/L
IC_{50} = 1 nmol/L

6

图 3-2 并四氢呋喃结构 (*bis*-THF) 作为 P2 配体的潜在 PIs

3.5 药效和安全性

药效与安全性的研究分别针对治疗经历丰富的和一些未经治疗的患者分成三个不同组 POWER 1～3、TITAN 和 ARTEMIS 进行临床试验。通过研究，地瑞纳韦被用来与低剂量的利托那韦相联合使用(DRV/r)。病人在 POWER 1～2 临床试验末期，与其他蛋白酶抑制剂对照发现，试验患者体内病毒携带量减少 45%，为 50 次/mL，而其他蛋白酶抑制剂的病毒携带量只减少了 12%。最令人印象深刻的是，经 48 周治疗后，观察到 DRV/r 患者 CD4+细胞内有一个很大的反弹，细胞数达到了 92 个/mL，而其他研究结果显示在患者体内的 CD4+细胞水平为 17 个/mL。长期的疗效研究在 600 mg/(100 mg DRV/r b. i. d)下进行(POWER 3)。长期接受治疗的患者体内的 HIV-RNA 数量减少。48 周之后，57%的试验患者减少至 400 次/mL，40%的试验患者显示减少至少于 50 次/mL[24-26]。按照规定，地瑞纳韦对长期接受治疗的患者的使用剂量为一天两次，每次 600 mg/100 mg，对 HIV 初始患者的剂量为800 mg/100 mg[26]。在这些研究数据中，地瑞纳韦最常见的副作用是腹泻和头痛[27]。

34

3.6 合成方法

1）Bis－THF 配体的合成

据报道，第一个 Bis－THF 配体是 Ghosh 和他的同事用二乙基苹果酸酯 **7** 作为起始原料合成的（示意图 3－1）[28]。其中 Seebach 烷基化是关键步骤，经过烯丙基溴的立体选择性加成后，得到 12：1 的非对映体比例以及 85%的收率。用丙酮保护双羟基下，用氢化锂铝还原双酯化合物 **8**，继而用丙酮保护后以 74%的收率得到醇化合物 **9**。该醇经 Swern 氧化得到相应的醛，然后乙缩醛在酸催化下发生成环反应最后得到 4：1 的非对映体比例以及 50%的收率。臭氧氧化后经酸催化成环反应以 74%的收率得到目标 *bis*－THF 配体 **11**。

以苹果酸酯为原料的合成步骤不适合大规模反应。随后，Ghosh 和 Chen[29] 提出了一个三步的消旋合成 *bis*－THF 的方案。通过酶的作用解决了产物消旋问题，从而得到了具有光活性的 *bis*－THF 配体。如示意图 3－2 所示，市售的 2,3－四氢呋喃 **12** 与碘代琥珀酰亚胺，炔丙醇发生反应生成外消旋的炔烃化合物 **13**，产率为 91%～95%。用钴肟和 $NaBH_4$ 在乙醇溶剂中，65℃下发生成环反应得到 *bis*－THF 前体 **14**，产率为 70%～75%。自由基环化反应也可通过三丁基锡与偶氮二异丁腈（AIBN）在甲苯溶剂中回流反应，产率为 75%～80%。经过臭氧氧化和 $NaBH_4$ 还原得到消旋的 *bis*－THF（±）**11** 配体，最后产率为 74%～78%。脂肪酶拆分最终以 42%的收率得到手性体（－）**11**，以及以 45%的收率得到乙酸酯（＋）**15**。经 Mosher 酯分析法得到 **11** 的光学纯度，*ee* 值为 95%。

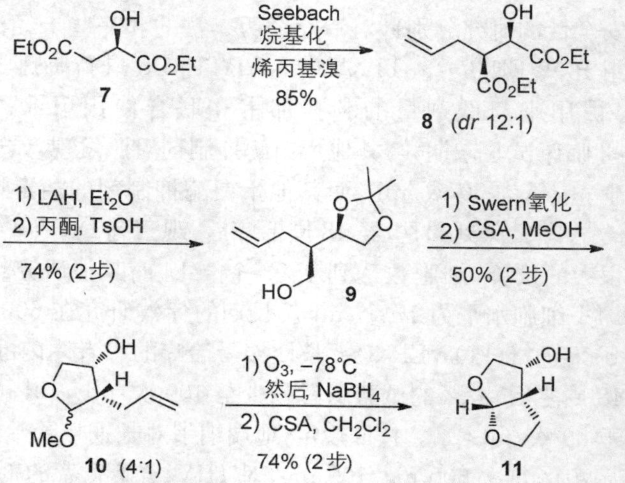

示意图 3－1 苹果酸酯衍生物合成并四氢呋喃醇 11

NIS, CH_2Cl_2

HO

(91%~95%)

12

(±)-13

钴肟

(cat.)

$NaBH_4$, EtOH

(70%~75%)

(±)-14

1) O_3, CH_2Cl_2, Me_2S

2) $NaBH_4$, EtOH

(74%~78%)

(±)-11

脂肪酶

PS30

Ac_2O, DME

(−)-11

(+)-15

示意图 3－2　消旋产物合成及酶拆分线路

Ghosh 研究小组也报道了一种光催化的合成路线来得到具有光活性的 *bis*－THF 配体 **11**[30]。内酯 **16** 在光照条件下，以二氧环戊烷为溶剂与 10%的苯基苄基酮在 0℃下反应 9 h，得到化合物 **17**，得到 *anti*/*syn* 的 *dr* 值为 96∶4，产率为 82%。化合物 **17** 在甲醇中用 10% Pd/C 氢化得到醇化合物 **18**，产率为 89%。化合物 **18** 经过氢化锂铝还原与酸催化成环反应后得到化合物 **19**，两步总产率为 77%。化合物 **19** 经过 Mitsunobu 构型反转之后得到(－)－**11**。另外一种合成方式，化合物 **19** 经过 TPAP/NMO 氧化成相应的酮，然后用 $NaBH_4$还原得到光学纯的单一异构体(－)－**11**。

36

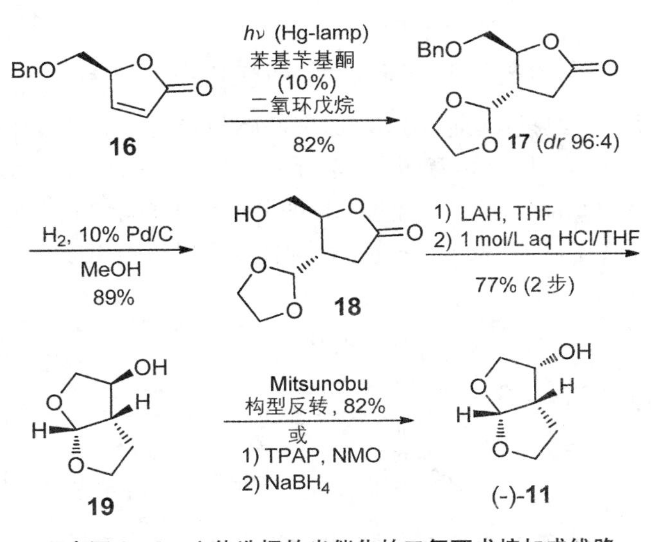

示意图 3－3　立体选择的光催化的二氧环戊烷加成线路

蒂博泰克(Tibotec)公司的 Quaedflieg 报道了两种规模化合成(—)-**11** 的方法[30]。从抗坏血酸中得到的手性合成子 **20** 以 92%的产率和大于 95∶5 的 E/Z 值转化为 α,β-不饱和酯 **21**。硝基甲烷与化合物 **21** 在 DBU 作碱的条件下发生 Michael 加成,以 80%的收率得到 **22**,*syn*/*anti* 比率为 5.7∶1。然后 **22** 发生 Nef 反应生成内酯 **23**(主产物,56%)(α/β=3.8∶1)以及酯 **24**(副产物)的混合物。上一步产物经过异丙醇重结晶之后得到 α-**23**,产率为 37%,*ee* 值>99%。β-**23** 在经过异丙醇重结晶之后使得 α-**23** 的产率再提高了 9%。最为有意思的是,大部分的 **24** 都溶解在水相中。α-**23** 经过硼氢化锂的还原以及酸催化成环之后得到(—)-**11**。

37

示意图 3-4　规模化合成醇化和物 *bis*-THF **11**

据 Yu 研究小组报道,通过 2,3-二氢呋喃与羟乙醛的二聚体在 Lewis 酸催化下合成 *bis*-THF,如示意图 3-5 所示。在 0℃,$Sc(OTf)_3$ 和(S)-**26** 在 CH_2Cl_2 中作为 **11** 的手性配体,经过 GC 的分析结果显示 **11** 的非对映异构体的比例为 85∶15。Cu[Pybox]作为手性配体也可以得到相似的结果。

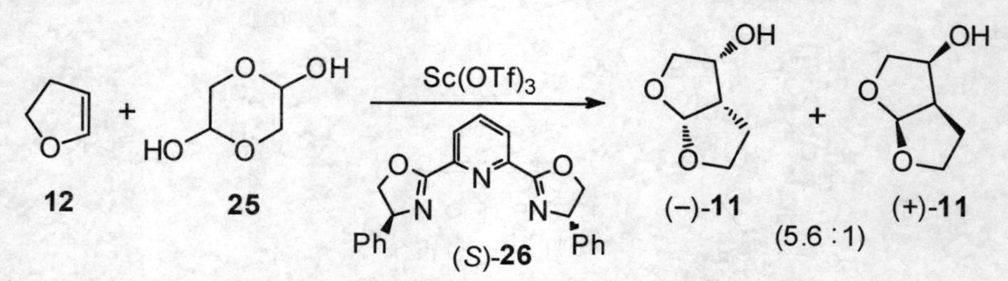

示意图 3-5　Lewis 酸催化合成醇化合物 *bis*-THF **11**

用物质的量浓度为 0.75%的 $Yb(fod)_3$(**27**)在 50℃时可以得到相同的结果(如示意图 3－6)。通过实验可以 60%～65%的产率从 *cis*－**11** 的非对映异构体混合物(65∶35)中分离得到 *trans*－**11** 而作为外消旋原料。要得到这样的结果必须在 $NaBH_4$还原后再经过(TEMPO/NaOCl)氧化，再酰基化保护后通过脂肪酶(PS－C，amino－I)拆分，以 97%～98%的 *ee* 值和 28%～35%的产率得到 *bis*－THF 醇。

示意图 3－6　Lewis 酸催化合成醇化和物 *bis*－THF **11**

蒂博泰克研究人员在合成过程中，通过专利保护了一条合成外消旋的 *bis*－THF 醇 **11** 的线路[33]。这个合成方法用的是 Ghosh 团队改进的多组分反应[34]。如示意图 3－7 所示，二氢呋喃 **12** 和醛酸酯 **28** 的多组分反应以 70%～92%的产率得到 **29**。**29** 经过 $NaBH_4$还原后得到 **30**，产率为 76%。然后经过酸催化环化反应得到(±)－**11**。再经 TEMPO 氧化、$NaBH_4$还原以及酶拆分得到具有光学活性的 *bis*－THF(－)－**11**。

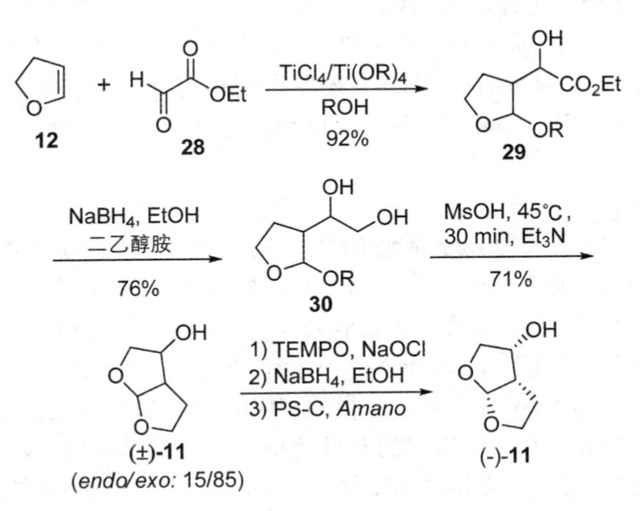

示意图 3－7　利用多组分反应合成醇化合物 *bis*－THF **11**

39

葛兰素史克(GlaxoSmithKline)公司的 Doan 等人在专利中通过 Paterno - Buchi 光化学反应合成化合物 **33**,产率 96%,如示意图 3-8 所示[35]。然后经过氢化和酸催化环化反应之后得到 *bis* - THF 醇(±)- **11** 非对映异构体混合物 **15**。化合物 **15** 经过脂肪酶拆分后去保护生成目标化合物(-)- **11**,*ee* 值为 98%[35]。

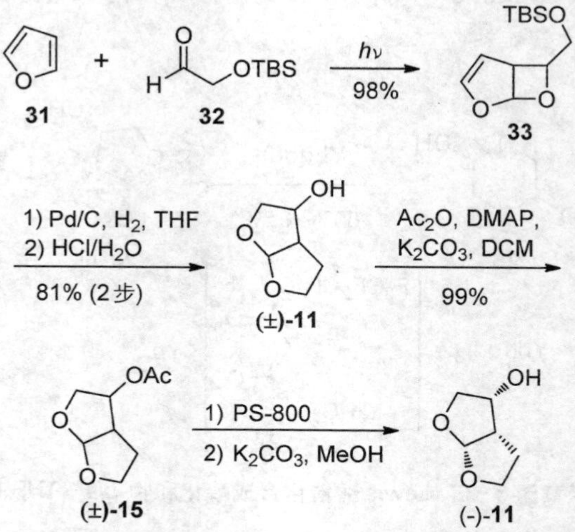

示意图 3-8 Paterno - Buchi 光化学法合成醇化合物 *bis* - THF **11**

Ghosh 等人[36]用逆 Aldol 反应开发了另外一种合成方法,见示意图 3-9。将化合物 **34** 和四氯化钛以及 *N*,*N*-二异丙基乙胺作为反应物,二氯化碳为溶剂,在 0℃下反应生成相应的烯醇化合物。再向该反应液中加入预制的肉桂醛/钛混合物,以 60%的产率得到 4∶1 的非对映异构体,然后用 THP 进行保护得到化合物 **35**。化合物 **35** 继续被 LAH 还原除去手性辅基,定量反应得到化合物 **36**。随后,经过 Swern 氧化和三甲氧基甲烷保护之后得到 **37**。接着在二甲硫醚中进行臭氧分解和 $NaBH_4$ 还原得到相应的二醇。在二醇中加入盐酸脱去保护基 THP,在酸催化下成环得到目标分子 *bis* - THF,产率为 60%,*ee* 值为 99%。

2) 环氧片段的合成

地瑞纳韦主要采用光学活性的环氧化合物 **38** 和醇化和物 *bis* - THF (-)-**11** 进行反应以汇聚式合成策略得到。如示意图 3-10 所示,不对称合成 **38** 的过程中,Sharpless 环氧化反应是关键[37]。苯基溴化镁和市售的丁二烯环氧化合物 **39** 在-78℃下,以 CuCN 作为催化剂,反应生成烯丙基醇 **40**。化合物 **40** 再发生 Sharpless 环氧化反应得到相应的 *R* 构型的环氧化合物(*R*)- **41**。然后再进行如 Sharpless 所描述的开环反应得到叠氮醇 **42**。**42** 在 2-乙酰氧基叔丁酰氯的作用下生成叠氮环氧化合物 **43**,接着在 Boc_2O 存在下发生催化氢化得到环氧化合物 **38**。

40

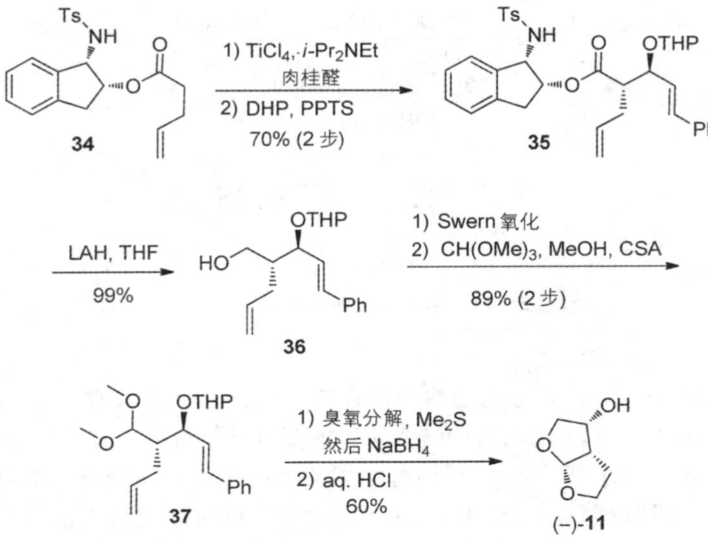

示意图 3－9 Ghosh 等用不对称逆 Aldol 反应合成醇化合物 *bis*－THF **11**

41

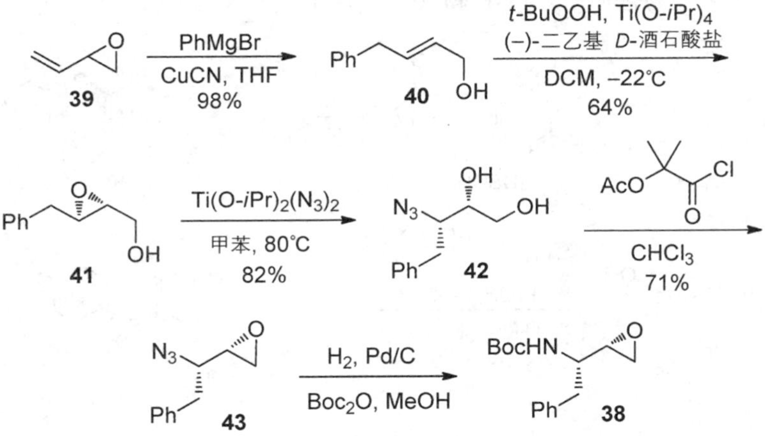

示意图 3－10 不对称合成叠氮环氧化合物 **43** 和环氧化合物 **38**

一种合成环氧化合物 **38** 的比较简单的方法是通过市售的 Boc 保护的苯基丙氨酸为原料来合成的。如示意图 3－11 所示，化合物 **44** 经过三步反应就可以转化为化合物 **45**，其中包括：① 化合物 **44** 与氯甲酸异丁酯以及重氮甲烷发生反应得到相应的重氮甲酮化合物；② 重氮甲酮化合物在 HCl 的作用下生成相应的氯代酮类化合物；③ 酮类化合物经过 $NaBH_4$ 还原，以 52% 的总产率得到化合物 **45**。化合物 **45** 在 KOH 的乙醇溶液中生成环氧化合物 **38**，产率为 99%。

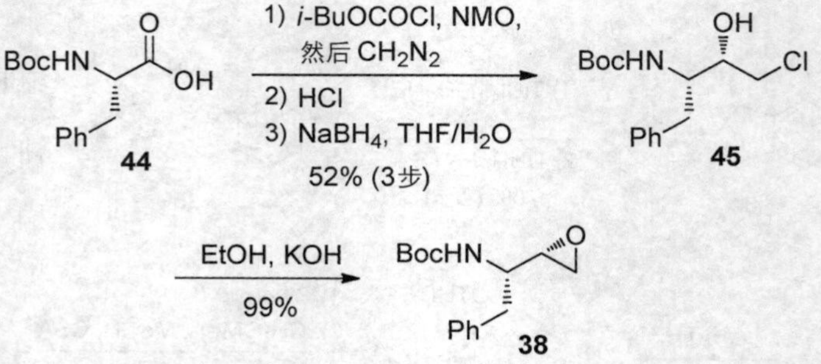

1) i-BuOCOCl, NMO,
然后 CH_2N_2
2) HCl
3) $NaBH_4$, THF/H_2O
52% (3步)
BocHN
OH
Ph
44
Cl
45
EtOH, KOH
99%
38

示意图 3-11 从苯基丙氨酸合成环氧化合物 **38**

3）地瑞纳韦的组装

示意图 3-12 所示为地瑞纳韦的合成过程。在三乙胺存在下，光学活性的 *bis*-THF(—)-**11** 用双琥珀酰亚胺碳酸酯(DSC)活化生成化合物 **46**[30]。环氧化合物 **38** 与异丁基胺在 2-异丙醇中回流反应生成相应的氨基醇，接着氨基醇和对硝基苯磺酰氯在 $NaHCO_3$ 存在下经过两步反应生成磺酰胺类衍生物 **48**，产率为 95%。化合物 **48** 转化为地瑞纳韦需要经过三步反应：① 硝基经过催化
42 氢化还原成氨基；② 在二氯甲烷中，经过三氟乙酸的作用脱去 Boc 保护基；③ 带有氨基的碘代芳烃与 *bis*-THF **46** 发生反应生成地瑞纳韦(**1**)，产率为 85%。

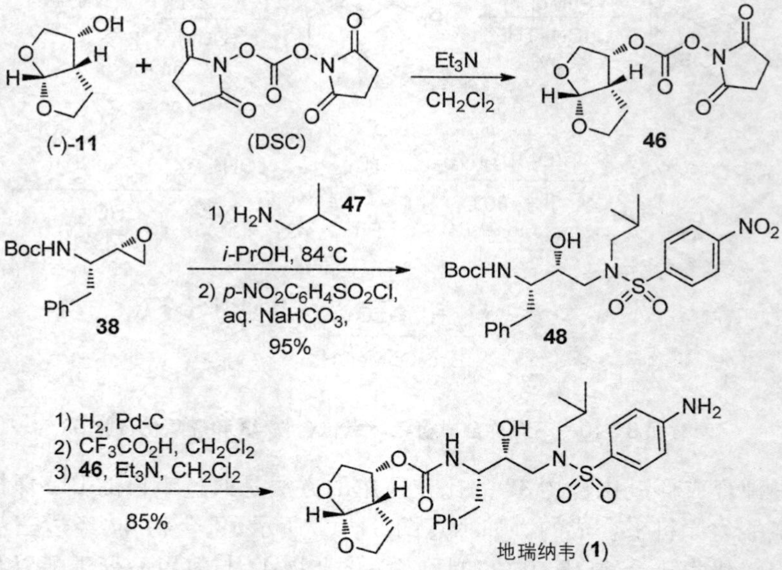

(-)-11
(DSC)
Et_3N
CH_2Cl_2
46
1) H_2N 47
i-PrOH, 84℃
2) $p-NO_2C_6H_4SO_2Cl$,
aq. $NaHCO_3$,
95%
38
48
NO_2
1) H_2, Pd-C
2) CF_3CO_2H, CH_2Cl_2
3) 46, Et_3N, CH_2Cl_2
85%
NH_2
地瑞纳韦 (1)

示意图 3-12 地瑞纳韦(**1**)的合成

3.7 总结

地瑞纳韦药物是一种新的治疗具有耐药性的 HIV 病毒的蛋白酶抑制剂，

本章我们简要讨论了在设计和开发地瑞纳韦药物(**1**)方面的研究工作。地瑞纳韦的设计是基于"骨架键合"的设计理念而提出的。研究已经表明,对于具有很多结构的过渡态而言,*bis*-THF 是一种非常特殊的配体。本文介绍了多种实验室以及工业合成 *bis*-THF 配体的方法来解决合成地瑞纳韦成本高的挑战。我们也对这一重要配体的不同合成方法进行了综述,同时也介绍了羟乙胺的合成以及地瑞纳韦分子的组装。在治疗 HIV/AIDS 方面,地瑞纳韦将继续发挥非常重要的作用。

致谢 感谢美国国立卫生研究院对该文的支持(GM53386)。

3.8 参考文献

1. UNAIDS/WHO. "Report on Annual AIDS Epidemic Update, December 2008." www.unaids.org/en/KnowledgeCentre/HIVData/GlobalReport/2008/2008_Global_report.asp, accessed August 2009.
2. Coffin, J.; Hughes, S.; Varmus, H. *Retroviruses*, New York: Cold Spring Harbor Laboratory Press, **1997**.
3. Clercq, E. D. *J. Med. Chem.* **2005**, *48*, 1297-1313.
4. *Antiviral Agents Bull*. **1995**, *8*, 353-55.
5. Staszewski, S.; Morales-Ramirez, J.; Tashima, K. T.; Rachlis, A.; Skiest, D.; Stanford, J.; Stryker, R.; Johnson, P.; Labriola, D. F.; Farina, D.; Manion, D. J.; Ruiz, N. M. (for the study 006 Team), *N. Engl. J. Med.* **1999**, *341*, 1865-1873.
6. Wainberg, M. A.; Friedland, G. *JAMA* **1998**, *279*, 1977-1983.
7. FDA. "FDA Approves New HIV Treatment for Patients Who Do not Respond to Existing Drugs, June 2006." www.fda.gov/NewsEvents/Newsroom/PressAnnouncements/2006/ucm108676.htm, accessed April 2010.
8. On October 21, 2008, FDA granted traditional approval to Prezista (darunavir), co-administered with ritonavir and with other antiretroviral agents, for the treatment of HIV-1 infection in treatment-experienced adult patients. In addition to the traditional approval, a new dosing regimen for treatment-naive patients was approved.
9. Ghosh, A. K.; Chapsal, B. D.; Weber, I. T.; Mitsuya, H. *Acc. Chem. Res.* **2008**, *41*, 78-86.
10. Kovalevsky, A. Y.; Tie, Y.; Liu, F.; Boross, P. I.; Wang, Y. F.; Leshchenko, S.; Ghosh, A. K.; Harrison, R. W.; Weber, I. T. *J. Med. Chem.* **2006**, *49*, 1379-1387.
11. Ghosh, A. K.; Sridhar, P. R.; Kumaragurubaran, N.; Koh, Y.; Weber, I. T.; Mitsuya, H. *ChemMedChem* **2006**, *1*, 939-950.
12. (a) Miller, J. F.; Andrews, C. W.; Brieger, M.; Furfine, E. S.; Hale, M. R.; Hanlon, M. H.; Hazen, R. J.; Kaldor, I.; et al. *Bioorg. Med. Chem. Lett.* **2006**, *16*, 1788-1794. (b) Ford, S. L.; Reddy, S. S.; Anderson, M. T.; Murray, S. C.; Fernandez, P.; Stein, D. S.; Johnson, M. A. *Antimicrob. Agents Chemother*. **2006**, *50*, 2201-2206.
13. GSK. "Corporate Responsibility Report 2006." www.gsk.com/responsibility/downloads/CR-Report-2006.pdf, accessed April 2010.

14. Cihlar, T.; He, G.-X.; Liu, X.; Chen, J. M.; Hatada, M.; Swaminathan, S.; McDermott, M. J.; Yang, Z.-Y.; et al. *J. Mol. Biol.* **2006**, *363*, 635-647.
15. Callebaut, C.; Stray, K.; Tsai, L.; Xu, L.; Lee, W.; Cihlar, T. Paper presented at 16th International HIV Drug Resistance Workshop, June 12-16, 2007, Barbados.
16. Surleraux, D. L. N. G.; de Kock, B. A.; Verschueren, W. G.; Pille, G. M. E.; Maes, L. J. R.; Peeters, A.; Vendeville, S.; De Meyer, S.; Azijn, H.; Pauwels, R.; de Bethune, M-P.; King, N. M.; Jeyabalan, M. P.; Schiffer, C. A.; Wigernick, P. B. T. P. *J. Med. Chem.* **2005**, *48*, 1965-1973.
17. (a) Koh, Y.; Nakata, H.; Maeda, K.; Ogata, H.; Bilcer, G.; Devasamudram, T.; Kincaid, J. F.; Boross, P.; et al. *Antimicrob. Agents Chemother.* **2003**, *47*, 3123-3129. (b) De Meyer, S.; Azijn, H.; Surleraux, D.; Jochmans, D.; Tahri, A.; Pauwels, R.; Wigerinck, P.; de Bethune, M.-P. *Antimicrob. Agents Chemother.* **2005**, *49*, 2314-2321.

44

18. Koh, Y.; Matsumi, S.; Das, D.; Amano, M.; Davis, D. A.; Li, J. F.; Leschenko, S.; Baldridge, A.; et al. *J. Biol. Chem.* **2007**, *282*, 28709-28720.
19. Fujimoto, H.; Higuchi, M.; Watanabe, H.; Koh, Y.; Ghosh, A. K.; et al. *Biol. Pharm. Bull.* **2009**, *32*, 1588-1593.
20. Rittweger, M.; Arasteh, K.; et al. *Clinical Pharmacokin.* **2007**, 46, 739-56.
21. Benet, L. Z.; Izumi, T.; Zhang, Y.; Silverman, J. A.; Wacher, V. J. *J. Controlled Release* **1999**, *62*, 25-31.
22. Cooper, C. L.; van Heeswijk, R. P.; Gallicano, K.; Cameron, D. W. *Clin. Infect. Dis.* **2003**, *36*, 1585-1592.
23. Vermeir, M.; Lachau-Durand, S; Mannens, G.; Cuyckens, F.; van Hoof, B.; Raoof, A. *Drug Metab. Dispos.* **2009**, *37*, 809-820.
24. Molina, J.-M.; Cohen, C.; Katlama, C.; Grinsztejn, B.; Timerman, A.; Pedro, R.; et al. Abstract P4, Paper presented at the 12th Annual BHIVA, March 29-April 1, 2006, Brighton, UK.
25. Hazen, R.; Harvey, R.; Ferris, R.; Craig, C.; Yates, P.; Griffin, P.; Miller, J.; Laldor, I.; et al. *Antimicrob. Agents Chemother.* **2007**, *51*, 3147-3154.
26. Label information for PREZISTA (Darunavir Ethanolate). www.accessdata.fda.gov/scripts/cder/drugsatfda/index.cfm?fuseaction = Search.Label _ ApprovalHistory, accessed January 2010.
27. McKeage, K.; Perry, C. M.; Keam, S. J. *Drugs* **2009**, *69*, 477-503.
28. Ghosh, A. K.; Kincaid, J. F.; Walters, D. E.; Chen, Y.; Chaudhuri, N. C.; Thompson, W. J.; Culberson, C.; Fitzgerald, P. M. D.; et al. *J. Med. Chem.* **1996**, *39*, 3278-3290.
29. Ghosh, A. K.; Chen, Y. *Tetrahedron Lett.* **1995**, *36*, 505-508.
30. Ghosh, A. K.; Leshchenko, S.; Noetzel, M. *J. Org. Chem.* **2004**, *69*, 7822-7829.
31. Quaedflieg, P. J. L. M.; Kesteleyn, B. R. R.; Wigerinck, P. B. T. P.; Goyvaerts, N. M. F.; Vijn, R. J.; Liebregts, C. S. M.; Kooistra, J. H. M. H.; Cusan, C. *Org. Lett.* **2005**, *7*, 5917-5920.
32. (a) Yu, R. H.; Polniaszek, R. P.; Becker, M. W.; Cook, C. M.; Yu, L. H. L. *Org. Proc. Res. Dev.* **2007**, *11*, 972-980. (b) Black, D. M.; Davis, R.; Doan, B. D.;

Lovelace, T. C.; Millar, A.; Toczko, J. F.; Xie, S. P. *Tetrahedron Asym*. **2008**, *19*, 2015-2019.

33. Lemaire, S. F. E.; Horvath, A.; Aelterman, W. A. A.; Rammeloo, T. J. L. PCT/EP2007/062119, Nov. 9, **2007**.
34. Ghosh, A. K; Kawahama, R. *Tetrahedron Lett*. **1999**, *40*, 1083-1086.
35. Doan, B. D.; Davis, R. D.; Lovelace, T. C. PCT/US02/29315 and WO 03/024974 A2, March 27, **2003**.
36. Ghosh, A. K.; Li, J.; Perali, R. S. *Synthesis* **2006**, 3015-3018.
37. Ghosh, A. K.; Thompson, W. J.; Holloway, M. K.; McKee, S. P.; Duong, T. T.; Lee, H. Y.; Munson, P. M.; Smith, A. M.; Wai, J. M.; Darke, P. L.; et al. *J. Med. Chem*. **1993**, *36*, 2300-2310.
38. Ghosh, A. K.; Bilcer, G.; Schlitz, G. *Synthesis* **2001**, 2203-2229.

II

癌　症

4 地西他滨(达柯)：一种治疗癌症的 DNA 甲基转移酶抑制剂

47

Jennifer A. Van Camp

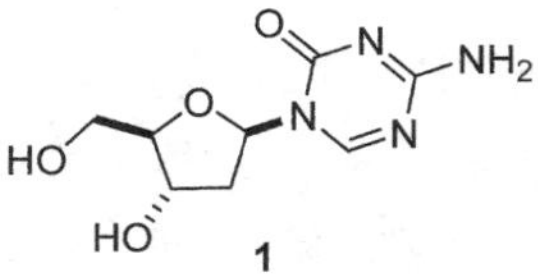

美国通用名: 地西他滨
商品名:达柯®
公司: MGI Pharmachemie / SuperGen公司
上市时间: 2006

4.1 背景

骨髓增生异常综合征(MDS)和很多疾病密切相关,而这些疾病大多源自骨髓里的造血干细胞。对于那些患有 MDS 的患者来说,他们的骨髓停止再造健康血小板,反而产生了不正常的、功能微弱的血小板。MDS 对红细胞、白细胞、血小板或三者的结合体都有影响。在美国,每年诊断出(1.5～2)万个新增病例。患者往往在 60～75 岁。美国 MDS 新增病例正在逐渐增多,一方面是由于老年人占人口的比例在逐渐增加,另一方面是由于患者在第一次癌症治愈后存活期更长。该发病机制主要分为两个部分：一方面归因于骨髓细胞前驱体凋亡的加速,另一方面归因于这些细胞连续地爆炸性增殖和转移,最终转化为急性髓细胞白血病[1-3]。

除了高强度的化疗和异源干细胞的移植,现在对于 MDS 患者来说还没有其他可供选择的治疗方案。大部分的 MDS 患者年龄偏大且不能忍受高强度的化疗,但却没有更加有效的治疗手段。因此,人们最近对使用 DNA 甲基化抑制剂的表观遗传疗法开始进行广泛的研究。FDA 最近批准了两个治疗 MDS 的药物,地西他滨(Decitabine, **1**)和阿扎胞苷(Azacitidine, **2**)。地西他滨的商品名为达柯(Dacogen)。另一个 DNA 甲基转移酶抑制剂 Zebularine

48

(**3**)，是一种核苷类似物，它能够减弱甲基化的活性，然而目前还没有 **3** 的相关临床数据。

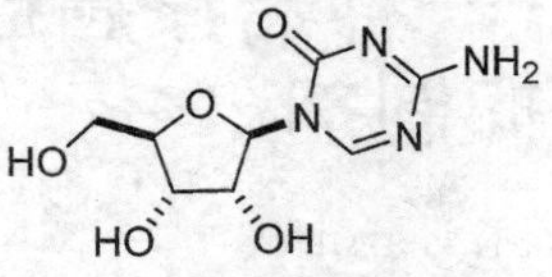

2

美国通用名：Azacitidine
商品名：Vidaza®
公司：Celgene
上市时间：2004

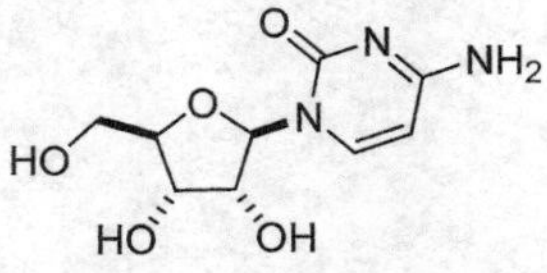

3

美国通用名：Zebularine
NSC-309132
北卡罗来纳大学
临床前研究

DNA 甲基化是通过 DNA 甲基化转移酶（DNMTs）完成的，在 CpG 二核苷酸里这种酶能够催化甲基化进程，让 *S*-腺苷蛋氨酸变成 5-位胞嘧啶。在许多实体肿瘤中，细胞增殖和分化过程中涉及的肿瘤抑制基因启动子区域内，DNA 超甲基化是一种常见的现象[4-5]。

阿扎胞苷（**2**）与地西他滨（**1**）这两个化合物间一个重要的不同之处在于：阿扎胞苷（**2**）能够嵌入 RNA 中，而地西他滨（**1**）在 DNA 表面起作用。在细胞里，地西他滨（**1**）通过脱氧胞苷激酶进行磷酸化，在转化为地西他滨三磷酸腺苷后，它取代脱氧胞嘧啶核苷三磷酸腺苷嵌入 DNA 上。阿扎胞苷（**2**）是通过尿苷-胞苷激酶磷酸化的，最终嵌入 RNA 上，从而抑制了核糖体 RNA 的进程，最终抑制蛋白质的合成。当阿扎胞苷二磷酸腺苷被还原成地西他滨二磷酸腺苷时，阿扎胞苷（**2**）同样可以抑制 DNMTs，进一步由激酶将其磷酸化为地西他滨三磷酸腺苷，然后嵌入 DNA 上。由于这些额外步骤的低效性，化合物 **2** 减弱甲基化的有效性被认为只相当于化合物 **1** 的 1/10～1/5[6-8]。

DNA 甲基转移酶抑制剂代表了有前景的癌症治疗新药。对减弱甲基化活性化合物的批准标志着在治疗 MDS 方面取得了最新的、重要的进步。在这一章节主要描述地西他滨的药理和合成方法。

4.2 药理学

地西他滨（**1**）是一种嘧啶核苷类似物。它和天然核苷脱氧胞苷有所不同，主要是胞嘧啶环的 5-位含有一个氮原子。地西他滨由脱氧核苷激酶磷酸化后形成了一个活泼的中间体 5-氮杂脱氧胞苷三磷酸。这个类似物继而与 DNA 结合。在 5′-位置取代阻止了这个位置的甲基化，从而影响了甲基化沉默基因的转录活性。

为了评估地西他滨抗肿瘤活性，研究了不同浓度的**1**对人类 MDA－MB－231 乳腺癌和 Calu－6 肺癌细胞株的 DNA 复制的影响。对 MDA－MB－231 产生 50%抑制的**1**的浓度是 5 ng/mL，而对 Calu－6 肺癌细胞产生 50%抑制的**1**的浓度是 50 ng/mL，见表 4－1[9]。

表 4－1 1 对 DNA 抑制剂合成的影响

细 胞 株	IC_{50}/(ng/mL)
MDA－MB－231	5
Calu－6	50

为了评估**1**的细胞毒性，研究了不同浓度的地西他滨(**1**)对人类细胞株 MDA－MGB－231、Calu－6 和 DU－145 产生的影响(表 4－2)。**1**对 MDA－MGB－231、Calu－6 和 DU－145 细胞株的 CC_{50}(50%的毒性浓度)值是 50 ng/mL。

表 4－2 1 对细胞系的克隆形成的损失的影响

细 胞 株	CC_{50}/(ng/mL)
MDA－MGB－231①	50
Calu－6	50
DU－145	50

4.3 构效关系(SAR)

总之，DNA 甲基转移酶抑制剂可分为两个亚类：核苷和非核苷类抑制剂。第一类包含地西他滨(**1**)、阿扎胞苷(**2**)和 Zebularine(**3**)。在四种代表淋巴、骨髓或结肠直肠癌的靶点的人类肿瘤细胞株中直接比较这三个抑制剂，通过细胞增殖试验来确定它们的细胞 IC_{20} 浓度。表 4－3 中的结果显示了这些化合物 IC_{20} 浓度的变化[10]。

50

表 4－3 不同肿瘤细胞株的 IC_{20} 浓度(单位：μmol/L)

	TK6	Jurkat	KG－1	HCT116	IC_{20}平均值
地西他滨(**1**)	0.1	0.05	0.1	0.3	0.1
阿扎胞苷(**2**)	0.4	0.1	0.4	0.5	0.4
Zebularine (**3**)	20	10	20	5	10

① 译者注，原文有误。

尽管**1**和**2**的功效极其相似，然而**2**需要嵌入DNA，这种嵌入需要由新陈代谢的路径产生广泛修饰的化合物。另一方面，地西他滨(**1**)可以更直接地与DNA结合，从而产生更加有效的DNA甲基转移酶抑制剂[11]。

4.4 药代动力学和药物代谢

地西他滨(**1**)显示很弱的口服生物利用度，因此要通过静脉注射。在动物体内可以快速消除，在老鼠体内只有30 min的半衰期，在兔子体内的半衰期是42 min，在狗体内的半衰期是75 min。对于兔子和狗来说，稳态表观分布容积是800 mL/kg。该结果在身体总水量的范围内，且与弱的蛋白质结合药物的相关数据一致[12]。

人类的平均最大血药浓度(c_{max})是79 ng/mL，以15 mg/m^{2}单次3 h注射地西他滨，2.67 h后达到c_{max}。在此剂量下的稳态分布容积为148 mL/kg，总血浆清除率是122 L/(kg·m^2)。由于地西他滨主要在肝脏中代谢，终半衰期大约只有35 min，在胞嘧啶核苷脱氨酶的作用下转化为无细胞毒性的5-氮杂-2′-脱氧尿苷。通过尿液排出的未发生改变的地西他滨(**1**)的量很低(为总剂量的0.01%～0.9%)[13]。

4.5 药效和安全性

地西他滨(**1**)是一种抑制甲基化的药物，它通过诱导染色质的表观遗传变化或者重新激活肿瘤抑制基因，显现出潜在的抗白血病的活性。以15 mg/m^{2}持续3 h静脉注射，给药间隔为每8 h一次，连续3天。给药频率为每6周一次。

针对那些具有骨髓增生异常综合征(MDS)的病人，使用药物**1**进行二期临床研究，获得了42%～54%的总体响应率，其中包括20%～28%的患者完全缓解[14,15]。

在随机的、非盲的、多中心的Ⅲ期临床试验中，有170个MDS患者接受了药物**1**或者支持性护理(RBC血红细胞和/或血小板输注和造血集落刺激因子)。接受药物**1**的患者(17%)比接受支持护理的患者(0%)获得了更好的响应率。中值响应时间和响应持续时间分别为3.3个月和10.3个月。此外，接受地西他滨药物的患者与仅仅接受支持护理的患者相比，针对急性髓细胞白血病(AML)的恶化或死亡而言，具有一个更长中值时间的趋势。总之，地西他滨(**1**)因可控的毒性而具有好的耐受性。Ⅲ期临床研究发现，接受地西他滨的患者(69%)相比于接受支持护理的患者(56%)出现更高的不良反应事件概率。最常见的不良反应是骨髓抑制(包括嗜中性白细胞减少症、血小板减少症和贫血)。胃肠道毒性基本上很温和，也很少发生(大于5%的患者)[16]。

4.6 合成方法

在 1964 年，Pliml 和 Sorm 报道了一个多步反应过程，第一次合成了地西他滨(**1**)[17]。在此次初步的探索中，人们通过异氰酸酯 **5** 的环化作用来制备 5-氮杂-2′-脱氧胞苷，而此制备过程是从腈化银和氯化物 **4** 开始的[18,19]。2-甲基异脲与 **5** 加成生成结晶的中间产物 **6**，异缩二脲衍生物 **6** 和原甲酸三乙酯缩合生成晶体三嗪化合物 **7**。室温下延长化合物 **7** 与氨甲醇溶液的反应时间生成了 1-(2-脱氧-D-呋喃核糖基)-5-氮杂胞嘧啶(**8**)，化合物 **8** 是 α 和 β 端基异构体的混合物。由于作者没有对地西他滨(**1**)和它的 α 位的端基化合物进行分离或者区分，因此作者没有报道 **1** 的产率。

52

1970 年，化合物 **1** 是由甲烷硅基化的 5-氮杂胞嘧啶与酰化的 1-卤代糖直接发生糖基化制备的，但是产量很低[20]。在这个反应中，1,3,5-三-*O*-乙酰基-2-脱氧-D-呋喃核糖(**9**)转化为 3,5-二-*O*-乙酰基-2-脱氧-D-呋喃核糖基氯化物(**10**)[21]。5-氮杂胞核嘧啶的三甲基甲硅烷基衍生物(**11**)[22]由通过六甲基二硅氮烷处理过的 4-氨基-6-吡啶来制备，然后在乙腈中与中间产物 **10** 反应 7 天以上，生成了 1-(3,5-二-*O*-乙酰基-2-脱氧-D-呋喃核糖基)-5-氮杂胞嘧啶的端基异构体混合物(**12**)，但总体产量只有 10%。紧接着把端基异构体混合物加到氨乙醇溶液中以除去乙酰基。产生的 α 和 β 差向异构体是通过分布结晶和制备性硅胶薄层色谱法产生纯净的地西他滨(**1**)和 α 位的

AcO, AcO, OAc — 9 —(CH_3COCl; HCl, Et_2O, 0°C)→ AcO, AcO, Cl — 10

11: $(Me)_3Si$–O, HN–$Si(Me)_3$ — (CH_3CN, 10%, 2 步)→ 12: O, N, NH_2, AcO, AcO

(NH_3/ EtOH)→ HO, HO, O, N, NH_2

1: β-端基异构体, 7%
13: α-端基异构体, 52%

端基异构体 **13** 分离的，产量分别为 7%和 52%。

Vorbruggen 的合成方法包含了一个傅克酰基(Friedel - Crafts)化的甲硅烷基的 Hilbert - Johnson 反应，它提供了一种更好的合成 5 -氮杂胞核嘧啶的方法[23]。利用这些反应条件，一种相关的类似物 1 - *O*-乙酰基- 1,3,5 -三- *O*-苯甲酰基- β - D -呋喃核糖(**14**)，2,4 -双(三甲基甲硅烷氧基)- 6 -氮杂尿嘧啶(**15**)和 $SnCl_4$ 在 1,2 -二氯乙烷中以 10 kg 的量反应。在活性的中间产物水解后，通过重结晶得到产率为 93%的 6 -氮尿苷- 2′,3′,5′-三- *O*-苯甲酸酯(**16**)。

53

14: BzO, BzO, OBz, OAc — (15: $(Me)_3Si$–O, O–$Si(Me)_3$; $SnCl_4$,1,2-二氯乙烷, 93%)→ 16: BzO, BzO, OBz, O, H, N, O

以上的例子在糖基中含有一个 2α -酰氧取代基的条件下，只有 *N*1 -核苷的 β -端基异构体可以被检测和分离出来。然而当酰化的 2 -脱氧- D -核糖，以及 2 -位无取代基的苄基化的 D -阿拉伯糖衍生物存在时，就会形成两个端基异构体的核苷。此规律似乎是受立体和电子效应影响，而这种效应是由糖的 C - 1 位置的保护基产生的[24]。芳酰基如苯甲酰基、硝基苯甲酰基、氯代苯甲酰基，特别是甲苯酰基直到现在仍然被成功地应用。由于后者在结晶过程中更易与 β -端基异构体分离，因而被当作更好的保护基[23]。此效应在合成 **1** 的被保护类似物 1 -(2 -脱氧- 3 - 2,5 -二-对-甲苯基- β - D -呋喃核糖)- 4 -氨基-1,2-二氢-1,3,5-三嗪-2-酮(**18**)的过程中是显而易见的。甲烷硅基化的 5-氮杂胞嘧啶 **11** 与结晶的 1α-氯-2-脱氧-3,5-双(对-甲苯酰)-α-D-呋喃核糖氯化物(**17**)[25]反应生成产率为 77%的核苷端基异构体混合物，其中 42%晶体状的 β-端基异构体 **18** 可以轻易地与结晶的 α-端基异构体 **19** 分开。这种条件持续提供 α 和 β 端基异构体的比例为 1∶1。

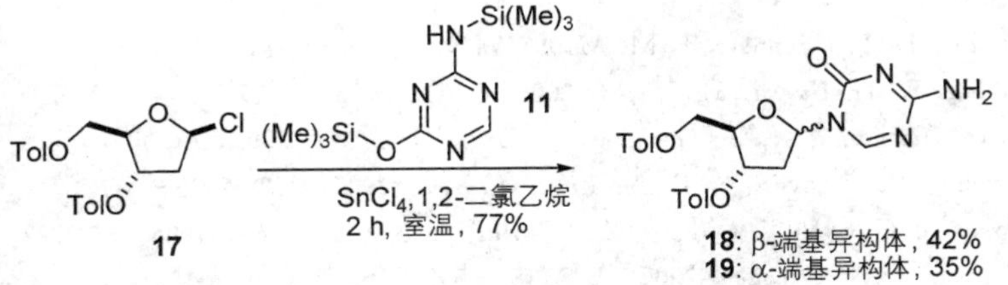

$SnCl_4$,1,2-二氯乙烷
2 h, 室温, 77%

17

18: β-端基异构体, 42%
19: α-端基异构体, 35%

正如 Piskala 报道的那样，在合成 **1** 的过程中，优化直接糖基化过程就会主要生成 β-端基异构体的目标产物[26]。人们发现，在氧化汞和溴存在时乙腈中发生糖基化反应，总产量会略有提高，而且 β-端基异构体将成为混合物的主要部分。

生产制备地西他滨(**1**)的方法由 Piskala 等申请了专利[27]。利用该专利方法合成出来了具有高产量和高纯度的目标产物。此次利用的起始化合物是一种甲基-2-脱氧-3,5-二叔对甲苯酰-D-赤型呋喃戊糖苷 α 和 β 的端基异构体，显著好于前面描述方法中用的起始化合物。同时，这种化合物与前文合成过程中的前体化合物相比更加稳定，如不稳定的异氰酸酯或者带有保护基团的 2-脱氧-D-赤型呋喃戊糖基卤化物。最后，由于不必采用色谱分析和重结晶技术分离端基异构体，分离最终产物就变得更加容易了。

54

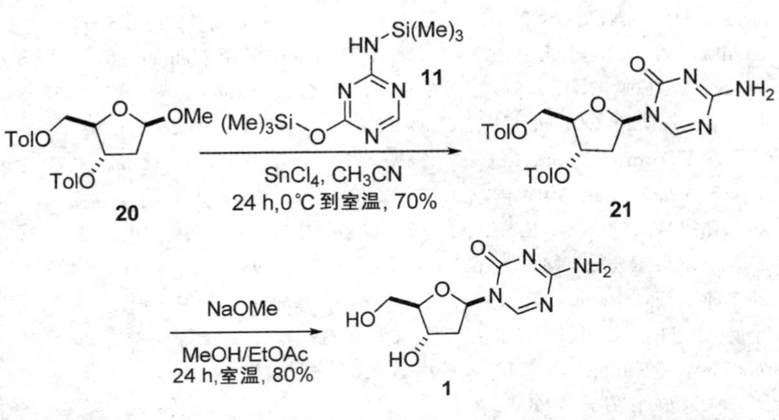

$SnCl_4$, CH_3CN
24 h,0℃ 到室温, 70%

20　　**21**

NaOMe
MeOH/EtOAc
24 h,室温, 80%

1

把化合物 **20**、**11** 和 $SnCl_4$ 混合加入乙腈中以 70%的收率获得中间产物 **21**。胺化合物 **21** 在甲醇和乙酰乙酸乙酯中通过甲醇钠的作用生成晶体状的目标产物地西他滨(**1**)，产率为 80%。

总之，地西他滨(**1**)是一种脱氧胞苷衍生物，并且是一种强力抗白血病药物，它能够通过一种减弱甲基化的机理来诱导体外基因产生活性和细胞分化。那些具有高风险的 MDS 患者或者那些具有中间产物- 2 或者高风险特点的 MDS 患者最受益。本章对它的合成步骤和学术上的合成方法进行了描述。

4.7 参考文献

1. Steensma, D. P.; Bennett, J. M. *Mayo Clin Proc*. **2006**, *81*, 104 - 130.
2. Lindberg, E. H. *Curr Drug Targets* **2005**, 6, 713 - 725.
3. Aul, C.; Giagounidis, A.; Germing, U. *Int. J. Hematol*. **2001**, *73*, 405 - 410.
4. Herman, J. G.; Baylin, S. B. *N. Engl. J. Med*. **2003**, *349*, 2042 - 2054.
5. Herman, J. G.; Jen, J.; Merlo, A.; Baylin, S. B. *Cancer Res*. **1996**, *56*, 722 - 727.
6. Christman, J. K. *Oncogene* **2002**, *21*, 5483 - 5495.

55

7. Li, L. H.; Lin, E. J.; Buskirk, H. H.; Reineke, L. M. *Cancer Res*. **1970**, *30*, 2760 - 2769.
8. Jones, P. A.; Taylor, S. M. *Cell* **1980**, *20*, 85 - 93.
9. Hurtubise, A.; Momparler, R. L. *Anti-Cancer Drugs* **2004**, *15*, 161 - 167.
10. Stresemann, C.; Brueckner, B.; Musch, T.; Stopper, H. Lyko, F. *Cancer Res*. **2006**, *66*, 2794 - 2800.
11. Momparler, R. L.; Momparler, L. F.; Samson, J. *Leuk. Res*. **1984**, *8*, 1043 - 1049.
12. Chabot, G. G.; Rivard, G. E.; Momparler, R. L. *Cancer Res*. **1983**, *43*, 592 - 597.
13. Cashen, A. F.; Shah, A.; Helget, A. *Blood* **2005**, *106*, 527 - 528.
14. Wijermans, P. W.; Krulder, J. W. M.; Huijgens, P. C.; Neve, P. *Leukemia* **1997**, *11*, 1 - 5.
15. Wijermans, P. W.; Lubbert, M.; Verhoef, G.; Bosly, A.; Ravoet, C.; Andre, M.; Ferrant, A. *J. Clin. Oncol*. **2000**, *18*, 956 - 962.
16. Kantarjian, H.; Issa, J.-P. J.; Rosenfeld, C. S.; Bennett, J. M.; Albitar, M.; DiPersio, J.; Klimek, V.; Slack, J.; deCastro, C.; Ravandi, F.; Helmer III, R.; Shen, L.; Nimer, S. D.; Leavitt, R.; Raza, A.; Saba, H. *Cancer* **2006**, *106*, 1794 - 1803.
17. Pliml, J.; Sorm, F. *Collect. Czeh. Chem. Commun*. **1964**, *29*, 2576 - 2577.
18. Piskala, A.; Sorm, F. *Collect. Czeh. Chem. Commun*. **1964**, *29*, 2060 - 2076.
19. Fischer, E. *Chem. Ber*. **1914**, *47*, 1377 - 1393.
20. Winkley, M. W.; Robins, R. K. *J. Org. Chem*. **1970**, *35*, 491 - 495.
21. Robins, R. K.; Robins, M. J. *J. Amer. Chem. Soc*. **1965**, *87*, 4934 - 4940.
22. Winkley, M. W.; Robins, R. K. *J. Org. Chem*. **1969**, *34*, 431 - 434.
23. Vorbruggen, H.; Niedballa, U. *J. Org. Chem*. **1974**, *39*, 3654 - 3660.
24. Wierenga, W.; Skulnick, H. I. *Carbohydr. Res*. **1981**, *90*, 41 - 52.
25. Hoffer, M. *Chem. Ber*. **1960**, *93*, 2777 - 2781.
26. Piskala, A.; Synackova, M.; Tomankova, H.; Fiedler, P.; Zizkovsky, V. *Nucleic Acids Res*. **1978**, *54*, 109 - 114.
27. Piskala, A.; Holy, A.; Otmar, M. WO 08101445 (2008).

5　卡培他滨（希罗达）：一种口服化疗药物

57

R. Jason Herr

美国通用名：Capecitabine
商品名：Xeloda
公司：Roche Laboratories, Inc.
上市时间：1998

5.1　背景

现在临床上使用的抗癌药物分子，大多是通过直接影响 DNA 功能、阻碍 DNA 合成，或是通过间接抑制核苷酸前体的生物合成来扰乱癌细胞的生长和复制的。如同所有的人类细胞，癌细胞可以回收细胞质里的嘌呤和嘧啶来合成脱氧核糖核苷酸，这些核苷酸又反过来应用于 DNA 复制过程。如果可以选择性地将改变的核苷酸前体类似物运输至癌细胞基质，新的铵碱分子就可能插入正在增长的 DNA 链中。当所得到的突变体在进一步细胞运行中不兼容时，随后的 DNA 修复酶的复制会被抑制，从而构建了一个非生产性的循环，并最终导致细胞死亡。"抗代谢药物"分子作为化疗药物已被证明是一个成功的方法，依此来开发能获批准作为临床使用的治疗癌症的药物[1]。总体来说，嘌呤和嘧啶的抗代谢药物化合物已被美国 FDA 批准用于治疗癌症，约占所有肿瘤治疗药物的 20%[2]。

5-氟尿嘧啶（5-FU，**5**）是第一个抗代谢药物的肿瘤药物之一，是建立在现有的生化数据上而合理设计的药物。众所周知，由尿嘧啶（**2**）生物合成的胸

58

腺嘧啶脱氧核苷，对 DNA 复制和修复是至关重要的，并依赖于胸苷酸合成酶（TS）的功能。这种酶介导的含有甲基的 C－5 质子脱氧尿苷磷酸（dUMP，**3**）从亚甲基四氢叶酸合成，用来制备胸苷酸前体，即胸腺嘧啶脱氧核苷磷酸（dTMP，**4**）。因此，海德堡（Heidelberger）和同事提出 5－氟尿嘧啶（**5**），其C－5 的碳被氟取代，应能抑制胸苷酸合成酶的功能，因为该酶无法消除 5－氟原子[3]。其结果是，由于选择性代谢为 F－dUMP（**6**），5－FU 应该能选择性地破坏肿瘤细胞的 DNA 复制，这将反过来破坏细胞生长平衡，并导致细胞程序性死亡，最终杀死肿瘤。

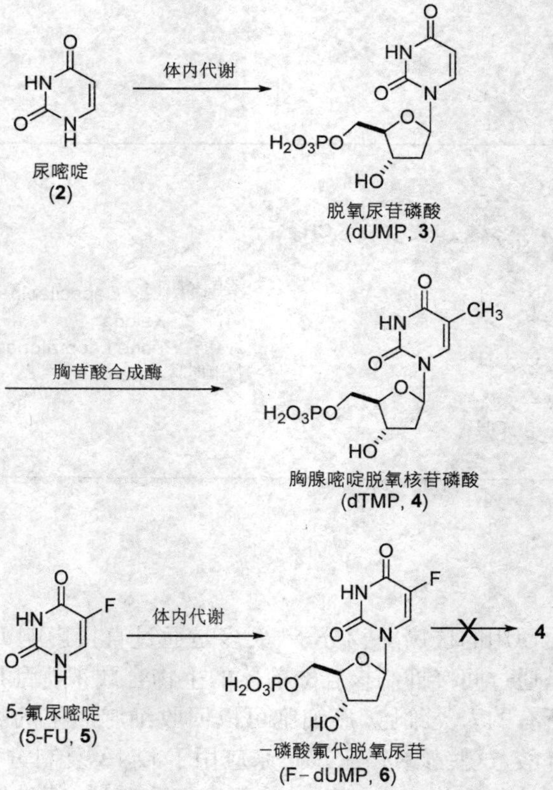

体内代谢

尿嘧啶 (**2**)

脱氧尿苷磷酸 (dUMP, **3**)

胸苷酸合成酶

胸腺嘧啶脱氧核苷磷酸 (dTMP, **4**)

59

体内代谢

5-氟尿嘧啶 (5-FU, **5**)

一磷酸氟代脱氧尿苷 (F－dUMP, **6**)

进一步的研究部分地证实了这一假设[4]，最终临床试验证实了这个开创性的假设。因此，5－FU（**5**）最终被批准用于治疗实体肿瘤，如乳腺癌、大肠癌、胃癌，商品名为 Adrucil。静脉给药时，5－FU 既可以作为单一疗法又能与各种细胞毒性药物和生化调节药物联合治疗，如甲酰四氢叶酸和甲氨蝶呤[5]。由于 5－氟尿嘧啶口服给药时生物利用度低，在血浆中的半衰期短，所以它必须通过连续注射给药以优化其疗效。此外，5－FU 在体内的抗肿瘤选择性差，并会分布到组织中，如骨髓、胃肠道、肝和皮肤中，造成高毒性发生率。此外，虽然其脂溶性有限，但是 5－氟尿嘧啶容易横跨血脑屏障扩散进入脑脊液和脑组织[1,5]。

为了解决 5－氟尿嘧啶的疗效问题和副作用，以及进入口服给药方案，几个研究方案提出了作为前药给药的策略，将 5－氟尿嘧啶有选择性地传递到肿瘤组织中。在这种策略中，细胞毒性药物通过化学功能化修饰后，某些理化毒性得以屏蔽，当药物到达肿瘤部位后这些化学修饰优先通过肿瘤的内源酶移除。通过这种方式，药物的活性物质在肿瘤中释放出来，降低毒性、副作用以及与健康细胞的相互作用。几个 5－FU 的前药，包括卡莫氟（Carmofur，**7**）、氟尿苷（Floxuridine，**8**）和去氧氟尿苷（Doxifuridine，**9**），已被开发出来以改善这样的问题，它们均已被 FDA 批准用于临床使用，甚至在一些国家已经被批准用于口服给药。例如，由于嘧啶核苷磷酸化酶（PyNPase）可以将 5－氟尿苷（**8**）转化为 5－氟嘧啶，所以 5－氟尿苷（**8**）表现出良好的抗肿瘤选择性。PyNPase 是一种优先在肿瘤细胞内表达的酶。然而，这些裸露的酶也存在于肠道和其他健康组织中，它们可以将前药转化为细胞毒性的 5－FU。所以，在长时间口服高剂量的药物后，都会引起剂量控制的细胞毒性。由于早期在将前体药物选择性地运输至肿瘤细胞方面只取得了很局限的进展，所以对 5－氟尿嘧啶前药提高选择性、增加药效和安全性的工作仍显得比较严峻[1,2]。

60

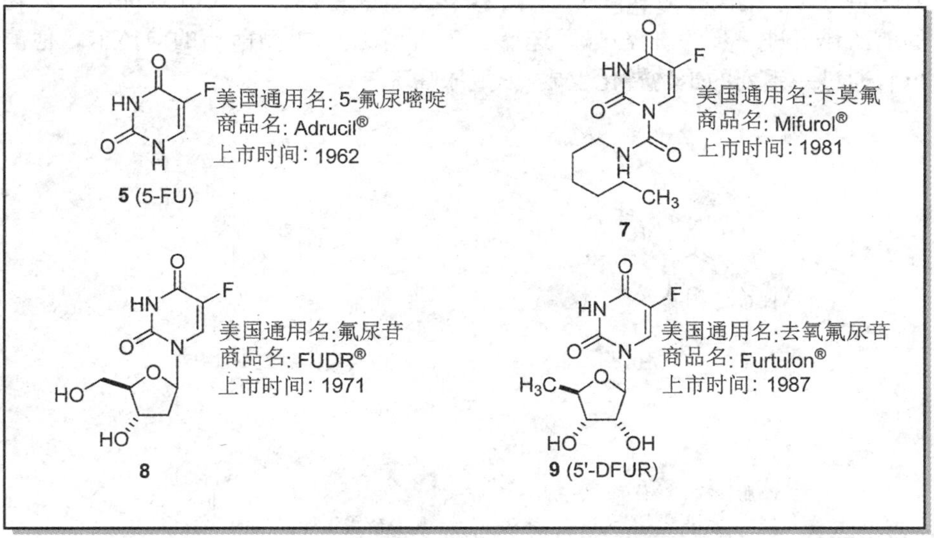

美国通用名: 5-氟尿嘧啶
商品名: Adrucil®
上市时间: 1962
5 (5-FU)

美国通用名:卡莫氟
商品名: Mifurol®
上市时间: 1981
7

美国通用名:氟尿苷
商品名: FUDR®
上市时间: 1971
8

美国通用名:去氧氟尿苷
商品名: Furtulon®
上市时间: 1987
9 (5'-DFUR)

卡培他滨（Capecitabine，**1**），商品名希罗达（Xeloda），代表了一类具有 N^4－氨基甲酸酯嘧啶核苷结构的前药，其中嘧啶核苷结构是为了改善母体分子 5－氟尿嘧啶的选择性和生物利用度。该化合物使用的是多重前体药物策略，不仅避免了母体化合物在体内的快速清除，提高了它的生物利用度（即提高了疗效），而且比静脉注射 5－FU 更具优势，因为卡培他滨可以口服。卡培他滨（**1**）最近获得 FDA 批准用于术后结肠癌、转移性大肠癌和转移性乳腺癌的治疗(和多西紫杉醇联合使用),其中转移性乳腺癌对标准的紫杉醇和蒽环类等细胞毒性药物具有耐药性[6-8]。本章将会对卡培他滨的药理学特性和合成作详细的介绍。

5.2 药理学

去氧氟尿苷(5′-脱氧-5-氟尿苷,5′-DFUR,**9**)是由罗氏研究室的研究人员设计用作抗代谢物5-氟尿嘧啶(**5**)前药的,其目的是在体内将活性化合物有选择性也运输至肿瘤细胞[9,10]。在这种策略中,5-FU被修饰成一种嘧啶核苷**9**,该惰性药物分子可以口服用药。之后,合成代谢酶胸苷磷酸化酶(dThdPase)选择性地将惰性的药物母体分子转化为活性的细胞毒性的药物分子**5**。在该策略中,获得组织选择性的关键一点是胸腺嘧啶磷酸化酶在肿瘤细胞中高度表达,远远超过了在周围正常健康细胞中的表达,这样才能在肿瘤中有大量的5-FU生成。虽然5′-DFUR最终批准用于治疗某些癌症,但是长时间的大剂量口服后,它会表现一定的肠道毒性(如腹泻),导致它的应用受到了限制。这是由于在人体肠道中,胸苷磷酸化酶在健康组织中会产生大量的5-FU。为了提高疗效和降低副作用,罗氏研究室的研究人员对抗代谢药物的前药作了进一步的研究,最后选择了5′-脱氧胞苷类型前药的前体卡培他滨(**1**),通过一系列的生物转化生成5-氟尿嘧啶[9-14]。

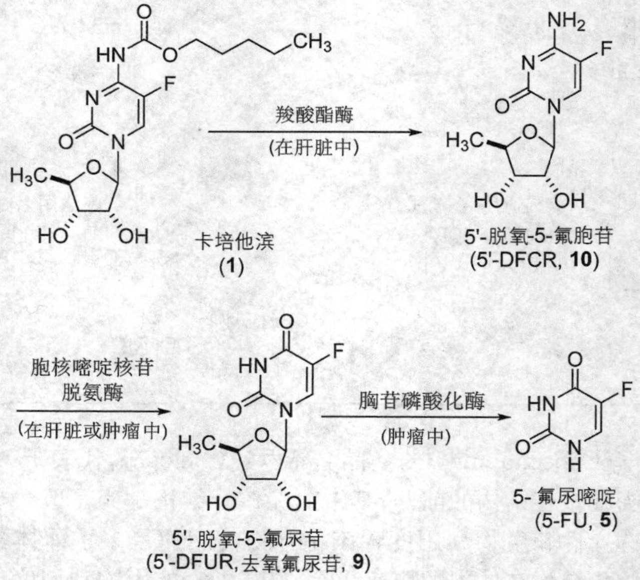

61

卡培他滨 (**1**) —羧酸酯酶 (在肝脏中)→ 5′-脱氧-5-氟胞苷 (5′-DFCR, **10**)

—胞核嘧啶核苷脱氨酶 (在肝脏或肿瘤中)→ 5′-脱氧-5-氟尿苷 (5′-DFUR, 去氧氟尿苷, **9**) —胸苷磷酸化酶 (肿瘤中)→ 5-氟尿嘧啶 (5-FU, **5**)

目前,我们已经很清楚卡培他滨(**1**)在体内转化为肿瘤细胞毒性的5-氟尿嘧啶(**5**)的代谢途径。卡培他滨在口服后,先被输送到小肠,由于在肠道组织中它不是胸苷磷酸化酶的底物,因而可作为一个完整的分子通过肠黏膜进入血液。当卡培他滨(**1**)到达肝脏时,氨基甲酸酯基团被羧酸酯酶水解,释放5′-脱氧-5-氟胞苷(5′-DFCR,**10**)分子。DFUR在全身血液循环系统中是比较稳定的,但最终扩散进入肿瘤细胞被胞苷脱胺酶转化为5′-脱氧-5-氟尿苷(5′-DFUR,**9**)。与周围健康细胞相比,多种人类肿瘤细胞中胞苷脱胺酶浓度很高(尽管它在肝脏中表达浓度较低)。在肿瘤内,胸苷磷酸化酶将5-DFUR转换成5-氟尿嘧啶(5-FU,**5**),所以该细胞毒性药物分子(**1**)具有选择传递性[10,12-14]。

62

5.3 构效关系 (SAR)

四氢尿苷

肝脏或肠道中的羧酸酯化酶

1, 11~14　　　　5'-DFCR (**10**)

表5-1　衍生物的羧酸酯酶的敏感性和代谢物的药代动力学和活性

化合物	n	肝酯酶损伤度[a,b]	**1** 在血浆中的浓度[c]	**9** 在血浆中的浓度[d]	%增长率抑制率[e]
11	2	35	16.9	2.6	39%, 75%
12	3	71	4.5	2.6	46%, 84%
1	**4**	**190**	**2.1**	**2.8**	**68%, 86%**
13	5	220	2.1	2.6	59%, 79%
14	6	110	3.9	1.0	26%, 84%

a. 胞核嘧啶核苷脱氨酶抑制剂四氢尿苷在人的肝脏细胞中对羧酸酯化酶的损伤度(mmol/mg 蛋白/h)。

b. 人的肠道细胞中损伤度低于10 mmol/(mg蛋白·h)。

c. 口服给药后从AUC (μg·h/mL)测得值计算出的完整类似物**1**的浓度。

d. 口服给药后从AUC (μg·h/mL)测得值计算出的5′-DFUR (**9**)代谢物的浓度。

e. 对携带CXF280人结肠癌裸鼠移植瘤老鼠以0.13,0.67 mmol/(kg·天)剂量、21天给药间隔的口服给药测量值。

为了建立一个氟化胞嘧啶前药(以保证它在穿过肠组织时不发生改变)口服后的有效途径,确定N^4-酰基的功能具有很重要意义,因为该功能基能选择性地被肝脏特定的酶水解,而肠或其他组织内的酶对它并不起作用。通过对

N^4-取代的5′-DFCR衍生物的筛选，最终选择氨基甲酸酯类衍生物**1**和**11**～**14**。这些化合物对人肝脏酶酯水解具有较高的选择特异性，但对肠道酶水解没有响应(表5-1)[9]。如此高效的人肝/肠道酶选择特异性，表明这些化合物口服后可有效完整通过肠黏膜而被生物转化为5′-DFCR，从而限制了5-氟尿嘧啶在肠道内产生的毒性。为了测定N^4-氨基甲酸酯5′-DFCR衍生物**1**和**11**～**14**对把它们转换成5′-DFCR酶的损伤性，在胞苷脱氨酶抑制剂四氢尿苷存在下，将这些化合物与人肝脏和肠组织样品提取物共培养后测定该损伤值。这些混合物在37℃培养60 min后，通过HPLC分析测定母体化合物和5′-DFCR(**10**)的浓度。经测定，人类肝脏酶最佳氨基甲酸酯链的长度是正戊基(**1**，卡培他滨)和正己基(**13**)。且在所有情况下，这些类似物都是耐肠羧酸酯化酶的。

63

在同一时间，给食蟹猴口服氨基甲酸酯化合物**1**和**11**～**14**，以确定完整的分子和体内产生的活性代谢产物5′-DFUR(**9**)在血浆里的浓度(表5-1)[9]。结果发现，氨基甲酸盐前体生成的代谢物**9**的AUC浓度和它们对肝羧酸酯化酶的损伤性都与氨基甲酸酯烷基链的长度相关。卡培他滨(**1**)对肝羧酸酯化酶(但不包括肠道酶)表现出较高的响应，给出了最好的药代动力学曲线，与母体药物在系统循环中的最低量一致，但具有一个最高的5′-DFUR浓度。

在开展这些研究的同时，将这些氨基甲酸酯化合物**1**和**11**～**14**应用于小鼠癌异种移植模型，对其抗肿瘤效果进行了评估[15]。当植入人结肠癌细胞CXF280，这些异植瘤在小鼠体内生长14天，被测化合物均通过口服给药。在三个星期的治疗后，测量切除肿瘤体积并计算肿瘤生长的抑制百分数。通过这次研究，发现卡培他滨(**1**)疗效最高，且进一步发现它不会引起肠道中毒[16]。所有这些临床前观察结果都推动了卡培他滨被选为候选药物进行深入的(成药性)研究。

5.4 药代动力学和安全性

5-氟尿嘧啶的前药卡培他滨(**1**)的药代动力学参数，是在临床前期的试验中测定的，并与直接用5-FU(**5**)本身治疗的结果相比较。在带有HCT116人结肠癌异种移植瘤的老鼠中，腹腔注射5-氟尿嘧啶的最大耐受剂量，发现肿瘤细胞、血浆和肌肉组织中的5-FU含量相近。然而，卡培他滨以等毒剂量口服时，测定异植瘤中5-氟尿嘧啶的浓度比其他组织内高得多(在肿瘤内释放的5-FU的AUC值分别是血浆和肌肉中的114和209倍)[17,18]。对卡培他滨的药代动力学进行了评估，通过对200个癌症患者服用日剂量在500和3 500 mg/m^{2}的卡培他滨测定它的药代动力学参数。在上述剂量范围内，卡培他滨和它的第一个代谢物5′-DFCR(**10**)药代动力学参数与剂量成正比，且不随时间而改变。另一方面，5′-DFUR(**9**)浓度的增加和终产物5-FU(**5**)的细胞毒性并不正比于剂量的增加，而是更快。两周后，5-FU的AUC值比第一天服用时高出34%。不同病人间测得的5-FU的最大血药浓度c_{max}和AUC值差异大于85%。

64

对于人类患者，卡培他滨的口服生物利用度几乎为100%，并在1.5 h后达到血液浓度峰值，2 h后5-氟尿嘧啶达到峰值。卡培他滨血浆蛋白结合率小于60%（主要是人血清白蛋白），其在血浆中的清除半衰期约为45 min。卡培他滨及其代谢产物95%通过尿液排泄，其中给药剂量的3%的卡培他滨药物分子保持不变。在体外进行的人肝微粒体研究表明，卡培他滨及其代谢产物对细胞色素P450同工酶没有抑制作用[14,16]。

在临床Ⅰ/Ⅱ期研究后，卡培他滨的推荐剂量为1 250 mg/m^2，口服使用，连续14天每日两次（早上和晚上），间隔7天，三周为一个疗程。例如，一位中位体表面积1.75 m^2的患者（一般患者在1.25～2.18 m^2变化），每日的剂量为4 300 mg，相当于上午和晚上各需要服用一片150 mg和四片500 mg药片。卡培他滨治疗过程中最常见的不良反应为腹泻、恶心以及手足综合征（如麻木、手掌和脚趾的肿痛）[13,14]。

两项Ⅲ期临床研究，即在1 200名以上患有未经治疗的转移性结直肠癌病人中进行口服卡培他滨治疗，结果表明与梅奥（Mayo）临床治疗方案中静脉注射5-氟尿嘧啶/甲酰四氢叶酸复合物相比至少具有相等的药效和改善的耐受性。患者口服卡培他滨后的总响应率是21%，而静脉注射5-氟尿嘧啶/甲酰四氢叶酸复合物的响应率只有14%。53个月跟踪调查的中值揭示，病人服用卡培他滨后三年无病生存期的比例是66%，而注射5-FU/甲酰四氢叶酸的比例是63%。国际Ⅱ期临床试验也证明，卡培他滨单药治疗对患有耐紫杉醇和蒽环类药物转移性乳腺癌的女性具有治疗效果。每天口服卡培他滨1 250 mg/m^2，分两次进行（两周治疗后停药一周，即三周为一个疗程），肿瘤响应率为20%～25%。此外，与以前的标准紫杉醇类单药治疗耐蒽环类乳腺癌相比，卡培他滨与紫杉类药物联合治疗具有独特的疗效[13,14]。

5.5　合成方法

卡培他滨（**1**）合成路线的发现首先由罗氏（Roche，Nippon）研究中心的科学家报道[9,19]。之后，美国新泽西州霍夫曼-罗氏（Hoffmann-La Roche）研究室的一个团队报道了从5′-脱氧-5-氟胞苷（**10**）合成卡培他滨（**1**）的合成路线[20]。在第一条路线中，5-氟胞嘧啶（**15**）在甲苯溶剂中于100℃与1当量①的六甲基二硅烷胺（HMDS）发生单硅化反应。接着，单硅化产物**16**在冰浴条件

① 当量：在没有建立物质的量这一概念以前，用来表示某一化学反应中参与物质的相对含量。

下于二氯甲烷中用氯化锡催化，与5-脱氧-1,2,3-三-*O*-乙酰基-β-D-呋喃核糖苷(**17**)反应，生成苷化产物**18**。当该工艺在25 g规模下反应，得到76%的产率时，又设计出一种替代的合成方法，即在乙腈溶剂中于0℃原位生成三甲基硅基碘化物，得到产物**18**，产率49%，但该方法只在小规模下进行。在化合物**18**的吡啶、二氯甲烷混合溶剂中，于－20℃缓慢滴加2当量的氯甲酸戊酯，最后在室温下加甲醇淬灭，得到中间体**19**，即双保护的5′-DFCR衍生物的*N*4位氨基发生酰化反应，该反应规模可达800 g。以定量的收率得到中间体**19**，接着再进行最后的脱保护反应，只需通过研磨就可以除去吡啶盐酸盐。在甲醇溶剂中，－20℃下化合物**19**与氢氧化钠水溶液反应，选择性地水解掉两个酯基。接着，缓慢滴加浓盐酸，酸化至pH＝5，得到粗产物卡培他滨(**1**)。粗产物在乙酸乙酯∶正己烷含量比为2∶5的混合溶剂中重沉淀，得到无色晶体，产率75%，该工艺规模可达300 g。

65

5-氟胞嘧啶 (**15**)

1) HMDS, 甲苯
100℃, 3 h

16

2) (**17**)
$SnCl_4$, CH_2Cl_2
0℃到室温, 2 h
76%

18

氯甲酸正戊酯
吡啶, CH_2Cl_2
－20℃到室温, 2 h
> 99%

19

66

1) aq NaOH, MeOH
－20℃, 30 min
2) 浓HCl
－20℃, 30 min
75%

卡培他滨 (**1**)

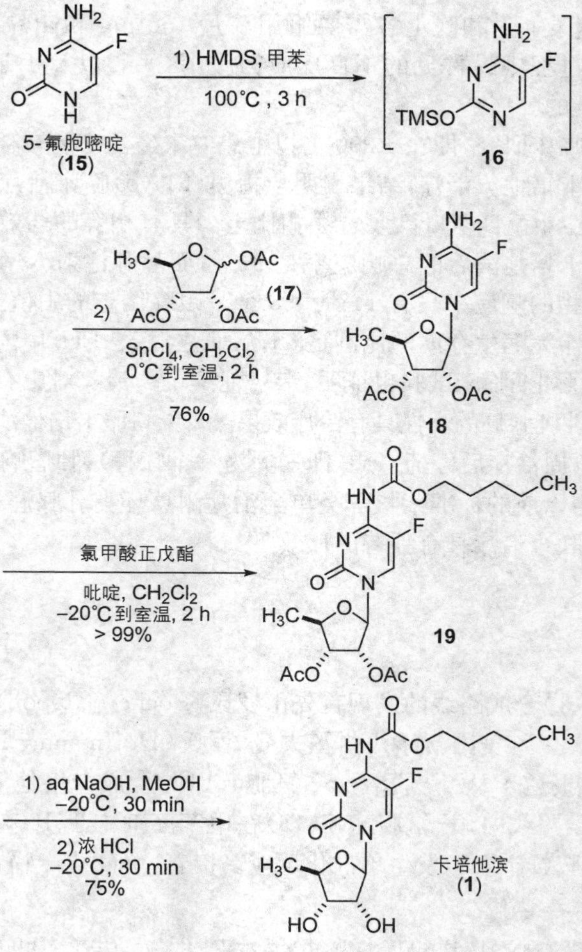

5-氟胞嘧啶(**15**)的直接合成是由 Robins 和 Naik 首先报道的[21],使用胞嘧啶(**20**)与次氟酸三氟甲酯反应,所得的加合物再发生分解反应,得到产物5-氟胞嘧啶,产率 85%。几年后,Takahara 发现化合物(**15**)能以它的高纯度氢氟酸盐形式制备,即在氟化氢的存在下,胞嘧啶与氟气发生反应,接着用甲醇处理,得到产物[22]。

$$\mathbf{20} \xrightarrow[\text{MeOH, }-78^\circ\text{C, 5 min; 85\%}]{CF_3OF,\ Et_3N} \mathbf{15}$$

$$\mathbf{20} \xrightarrow[\text{3) MeOH, 室温; 89\%}]{\text{1) HF, }-50^\circ\text{C 到 }-5^\circ\text{C; 2) }F_2\text{, }-5^\circ\text{C 到室温}} \mathbf{15}$$

1957 年,Kissman 和 Baker 报道了一个必需的苷化前体 5-脱氧-1,2,3-三-*O*-乙酰基-D-呋喃核糖苷(**17**)的制备反应[23]。在浓盐酸存在下,D-核糖在甲醇/丙酮混合溶剂中,加热回流,生成甲基-2,3-*O*-异亚丙基呋喃核糖苷(**21**)。它在吡啶中与甲磺酰氯反应,得到相应的产物 5-*O*-甲磺酰基呋喃核糖苷 **22**,产率 63%。化合物 **22** 中的磺酸酯部分在 DMF 溶剂中回流,与 NaI 反应,被碘离子取代,以多克数量级规模合成 5-脱氧-5-碘呋喃核糖苷衍生物 **23**,产率 76%。接着,在非均相催化氢化条件下,发生还原脱卤反应,以 56%的产率得到 2,3-*O*-保护的中间体 **24**。然后,中间体 **24** 再在盐酸溶液中加热回流,发生水解,得到 5-脱氧-D-核糖(**25**),该产率几乎是定量的。生成的粗产物糖化合物(**25**)不纯,直接在吡啶溶液中室温下与乙酸酐反应 3 天,得到三保护的 D-核糖苷 **17**,产率 64%。

67

$$\text{D-核糖} \xrightarrow[\text{回流, 2 h; 78\%}]{\text{浓 HCl, MeOH/ 丙酮}} \mathbf{21} \xrightarrow[5^\circ\text{C, 12 h; 63\%}]{\text{MsCl, 吡啶}}$$

$$\mathbf{22} \xrightarrow[\text{回流 30 min; 76\%}]{\text{NaI, DMF}} \mathbf{23}$$

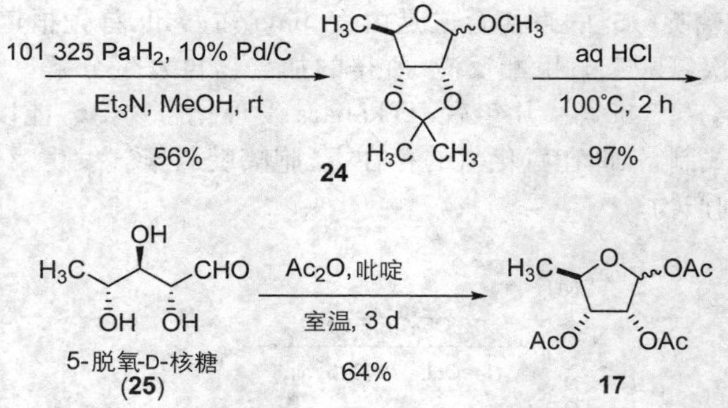

1995 年，霍夫曼-罗氏研究室的科学家报道的合成路线中，用药物分子 5′-脱氧-5-氟胞苷(**10**)来制备卡培他滨[19]。该路线较为简单，没有涉及多保护和去保护等步骤。在该线路中，将 5′-脱氧-5-氟胞苷(**10**)[24-27]加入到 3 当量的氯甲酸戊酯的二氯甲烷溶液中，保持内部温度低于−5℃，得到三酰化胞苷加合物 **26**，产率 92%。再在 NaOH 的甲醇水溶液中，−10℃下选择性地发生两个酯基的水解反应，且该反应所需时间较短。紧接着，用浓盐酸调整 pH 5，得到粗产物氨基甲酸酯 **1**，该反应定量发生。将粗产物 **1** 加入乙酸乙酯，0℃下发生沉淀，得到纯的产物卡培他滨(**1**)，为白色固体，产率 80%。该工艺线路放大至 25 g 规模时，从 5′-脱氧-5-氟胞苷(**10**)生成化合物 **1** 的总收率为 62%。

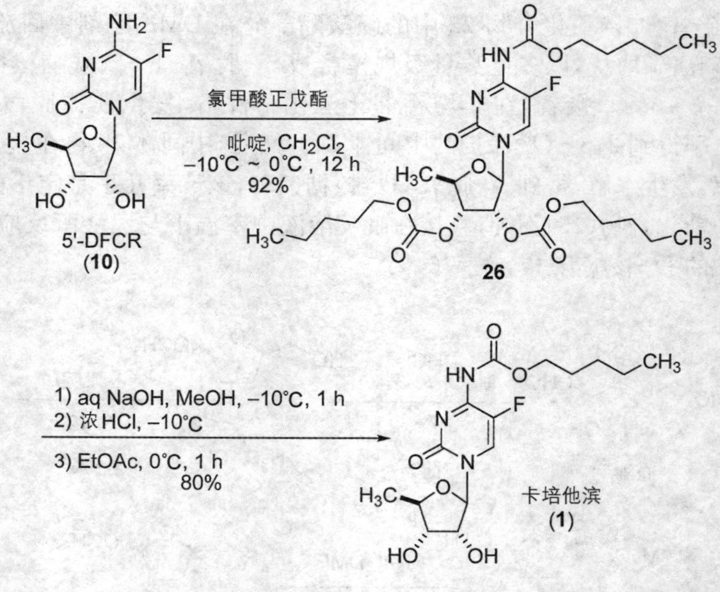

68

为了监测卡培他滨非侵入性治疗肿瘤的反应，来自印第安纳大学药学院的 Zheng 和他的合作者们合成了^{18}F 标记的卡培他滨，作为放射指示剂，采用正电子放射断层成像技术(Positron Emission Tomography，PET)，使肿瘤成像[28]。胞嘧啶(**20**)在浓硫酸作用下,85℃与硝酸反应,在 C-5 位发生硝化,中和后以中等收率得到 5-硝基胞嘧啶 **27**。该硝基嘧啶再进行糖基化反应和氨基甲酸酯生成反应,如下图所示,得到双保护的 5-硝基胞苷 **28**,三步的总收率为 47%。接着前体分子(**28**)在 DMSO 溶剂中,150℃与^{18}F 标记的氟化钾和穴状配体 Kryptofix 222 的配合物发生亲核取代反应,生成^{18}F 标记的加合物。该中间产物不需分离,在 NaOH 的乙醇水溶液中进行半纯化和去保护反应,最后以 3 mg 的工艺规模得到^{18}F 标记的卡培他滨,放射化学产率为 20%~30%。从轰击产生 K^{18}F 到最后^{18}F 标记的卡培他滨([^{18}F]-**1**)(用于体内测试)的生成(包括 HPLC 纯化过程),总合成时间为 60~70 min。

1) HNO_3/H_2SO_4 85℃, 24 h; 2) aq NaOH, pH 7; 64%: **20** → **27**

1) $K^{18}F$, Kryptofix 222, DMSO, 150℃, 20 min; 2) aq NaOH, MeOH, 80℃; 3) aq HCl, EtOH, pH 7; 20%~30% 放射化学产率: **28** → [^{18}F] 卡培他滨 ([^{18}F]-**1**)

韩国放射学和医药科学研究所 Chun 领导的一个研究小组,也设计了一种制备^{18}F 标记的卡培他滨([^{18}F]-**1**)的方法,即与^{18}F 标记的氟气发生亲电氟化反应[29]。在该路线中,胞嘧啶(**20**)通过糖基化反应、氨基甲酸酯生成反应和去酯基去保护反应,得到 5′-脱氧-N^4-(戊氧基羰基)胞苷(**29**),四步化学反应的总收率为 17%。将胞苷 **29** 溶解于三氟乙酸(TFA)中,室温下通过一根醋酸钠柱通入^{18}F 标记的氟气([^{18}F]-F_2),持续 40 min,在 C-4 位发生氟化反应。然后将 TFA 溶剂除去,反应残余物通过 HPLC 纯化,得到^{18}F 标记的卡培他滨,放射化学产率 5%~15%。从轰击产生$^{18}F_2$到最后生成化合物[^{18}F]-**1**(包括 HPLC 纯化过程),总的标记时间为 90~110 min。

总之,卡培他滨(**1**)作为具有细胞毒性的抗代谢物 5-氟尿嘧啶的前药(N^4-氨基甲酸酯嘧啶核苷),是 FDA 批准的一种可以口服的抗癌药物。该化合物采用多层前药策略,不仅避免产生对健康组织具有毒害的代谢产物,而且只有在许多癌症类型的细胞中优先表达的酶才能转化成 5-氟尿嘧啶,从而将药物选择性地运输至肿瘤。卡培他滨在市场上销售的商品名是希罗达。它用于治疗耐紫杉醇或蒽环类药物的转移性直肠癌和乳癌。

20

29

$[^{18}F]F_2$/NaOAc

TFA,室温,40 min

5%~15%放射化学收率

$[^{18}F]$-卡培他滨

> 95%放射化学纯度

70

5.6 参考文献

1. Henry, J. R.; Mader, M. M. In *Annual Reports in Medicinal Chemistry* Doherty, A. M., ed.; Elsevier; San Diego, CA, **2004**; pp 161 - 172.
2. Parker, W. B. *Chem. Rev.* **2009**, *109*, 2880 - 2893.
3. Heidelberger, C.; Chaudhuri, N. K.; Danenberg, P.; Mooren, D.; Griesbach, L.; Duschinsky, R.; Schnitzer, R. J.; Pleven, E.; Scheiner, J. *Nature* **1957**, *179*, 663 - 666.
4. Parker, W. B.; Cheng, Y. C. *Pharmacol. Ther.* **1990**, *48*, 381 - 395.
5. Chabner, B. A.; Longo, D. L. In *Cancer Chemotherapy and Biology: Principles and Practice* 2nd ed; Lippincott-Raven: Philadelphia, **1996**, pp 149 - 211.
6. Wagstaff, A. J.; Ibbotson, T.; Goa, K. L. *Drugs* **2003**, *63*, 217 - 236.
7. Walko, C. M.; Lindley, C. *Clin. Ther.* **2005**, *27*, 23 - 44.
8. Koukourakis, G. V.; Kouloulias, V.; Koukourakis, M. J.; Zacharias, G. A.; Zabatis, H.; Kouvaris, J. *Molecules* **2008**, *13*, 1897 - 1922.
9. Shimma, N.; Umeda, I.; Arasaki, M.; Murasaki, C.; Masubuchi, K.; Kohchi, Y.; Miwa, M.; Ura, M.; Sawada, N.; Tahara, H.; Kuruma, I.; Horii, I.; Ishitsuka, H. *Bioorg. Med. Chem.* **2000**, *8*, 1697 - 1706.
10. Ishitsuka, H. In *Fluoropyrimidines in Cancer Therapy*, Rustum, Y. M., ed. Humana Press: Totowa, N.J., **2003**, pp 249 - 259.
11. Ishikawa, T.; Fukase, Y.; Yamamoto, T.; Sekiguchi, F.; Ishitsuka, H. *Biol. Pharm. Bull.* **1998**, *21*, 713 - 717.
12. Ishitsuka, H. *Invest. New Drugs* **2000**, *18*, 343 - 354.
13. Samid, D. In *Fluoropyrimidines in Cancer Therapy*, Rustum, Y. M., ed; Humana Press: Totowa, N.J., **2003**, pp 261 - 273.

71

14. Budman, D. R. In *Fluoropyrimidines in Cancer Therapy* Rustum, Y. M., ed. Humana

Press：Totowa，N. J.，**2003**，pp 275－284.

15. Arasaki，M.；Ishitsuka，H.；Karuma，I.；Miwa，M.；Murasaki，C.；Shimma，N.；Umeda，I. U. S. Pat 5,472,949，Dec. 5，**1995**.
16. Xeloda ® (capecitabine) prescribing information. Roche Laboratories，Inc. www. gene. com/gene/products/information/xeloda，revised：Nov. 2009，accessed Dec. 1，2009.
17. Ishitsuka，H.；Shimma，N. In *Modified Nucleosides：in Biochemistry，Biotechnology and Medicine* Herdewijn，P.，ed.，Wiley-Verlag：Weinheim，**2008**，pp 587－600.
18. Hoshi，A.；Castaner，J. *Drugs Fut*. **1996**，*21*，358－360.
19. Kamiya，T.；Ishiduka，M.；Nakajima，H. U. S. Pat 5,453,497，Sept. 26，**1995**.
20. Brinkman，H. R.；Kalaritis，P.；Morrissey，J. F. U. S. Pat 5,476,932，Dec. 19，**1995**.
21. Robins，M. J.；Naik，S. R. *J. Chem. Soc.，Chem. Commun.* **1972**，*1*，18－19.
22. Takahara，T. U. S. Pat 4,473,691，Sept. 25，**1984**.
23. Kissman，H. M.；Baker，B. R. *J. Am. Chem. Soc.* **1957**，*79*，5534－5540.
24. Cook，A. F.；Holman，M. J. *J. Med. Chem.* **1979**，*22*，1330－1335.
25. Cook，A. F. *J. Med. Chem.* **1977**，*20*，344－348.
26. Robins，M. J.；MacCoss，M.；Naik，S. R.；Ramani，G. *J. Am. Chem. Soc.* **1976**，*98*，7381－7389.
27. Wempen，I.；Duschinsky，R.；Kaplan，L.；Fox，J. J. *J. Am. Chem. Soc.* **1961**，*83*，4755－4766.
28. Fei，X.；Wang，J.-Q.；Miller，K. D.；Sledge，G. W.；Hutchins，G. D.；Zheng，Q.-H. *Nuclear Med. Biol.* **2004**，*31*，1033－1041.
29. Moon，B. S.；Shim，A. Y.；Lee，K. C.；Lee，H. J.；Lee，B. S.；An，G. I.；Yang，S. D.；Chi，D. Y.；Choi，C. W.；Lim，S. M.；Chun，K. S. *Bull. Korean Chem. Soc.* **2005**，*26*，1865－1868.

73

6 索拉非尼(多吉美)：一种用于治疗晚期肾癌和不可切除的肝癌多激酶抑制剂

Shuanghua Hu 和 Yazhong Huang

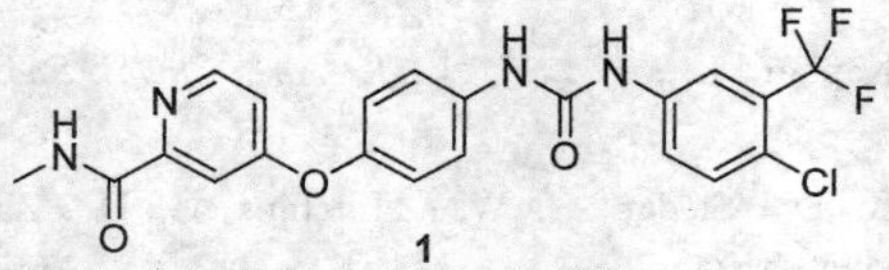

1

美国通用名：Sorafenib
商品名：Nexavar®
公司：Bayer Pharmaceuticals
上市时间：2005

6.1 背景

1966 年，Fischer 和 Krebs 就蛋白磷酸化及其在细胞通路上的调节功能发表了他们具有开创性的工作[1]。自那以后，人们对蛋白激酶在细胞过程中的功能作用以及在疾病中的致病机理的理解有了长足的进步。Bishop 和 Varmus 因他们在致癌蛋白激酶方面的工作而获得了 1989 年的诺贝尔奖[2]。2001 年，Nurse 和 Hunt 也因阐明了细胞周期蛋白和细胞周期蛋白依赖性激酶在调节细胞周期的作用而被授予了诺贝尔奖[3]。

蛋白激酶代表了大量多样种属的 ATP 调控的细胞或膜结合蛋白，它们往往通过复杂的相互作用来调控重要的细胞过程，包括基因转录和细胞生长、增殖扩散及分化。激酶和癌症有着强烈的牵连，致癌激酶因会引发异常且往往无法控制的细胞磷酸化，导致肿瘤形成而被人所熟知。因此，激酶抑制剂在抗癌疗法中有着巨大的潜力。到目前为止，已经有超过 100 种小分子激酶抑制剂进入临床研究，这些分子中的大多数都是针对高度保守的 ATP 结合位点，导致了对激酶的选择性关注。然而，少数几个分子已经完成了早期的研究，作为有针对性的抗肿瘤治疗药物已获得了监管机构的批准。

75

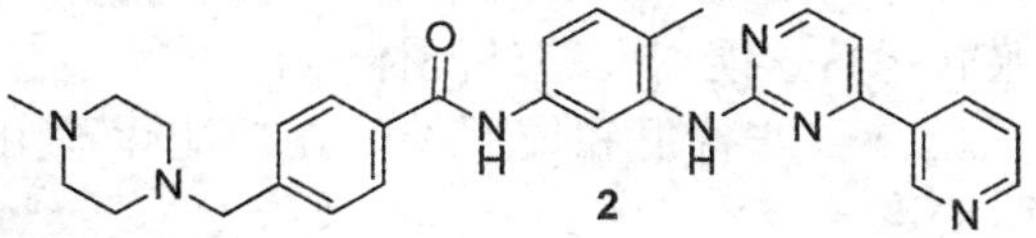

2

美国通用名：伊马替尼
商品名：格列卫
上市公司：诺华
上市时间：2001年

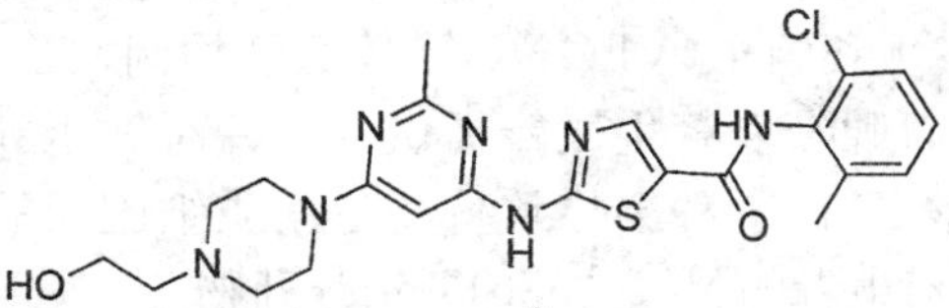

3

美国通用名：达沙替尼
商品名：施达赛
上市公司：百时美施贵宝
上市时间：2006年

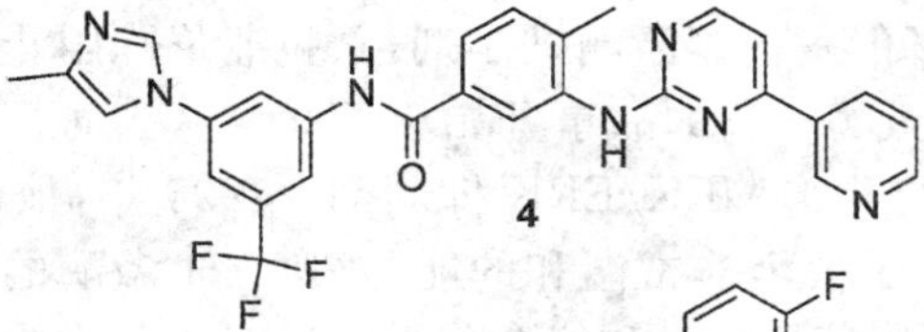

4

美国通用名：尼罗替尼
商品名：Tasignal
上市公司：诺华
上市时间：2007年

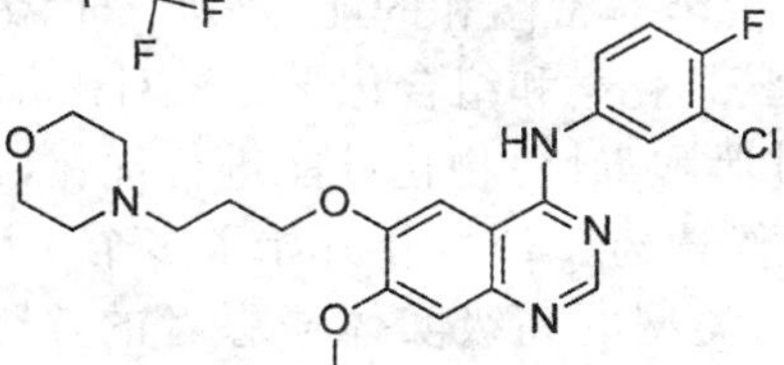

5

美国通用名：吉非替尼
商品名：易瑞沙
上市公司：阿斯特拉捷利康
上市时间：2002年(日本)

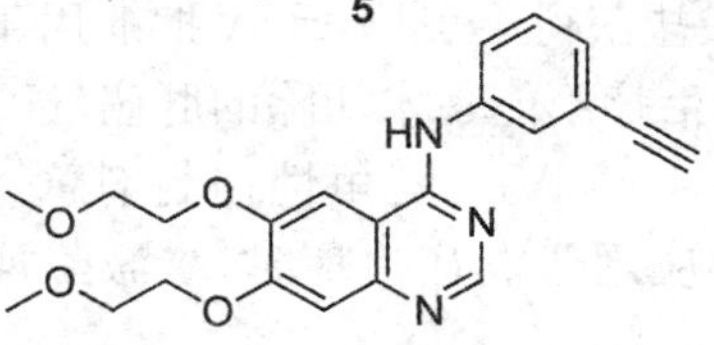

6

美国通用名：埃罗替尼
商品名：特罗凯
上市公司：OSI/基因泰克/罗氏
上市时间：2004年

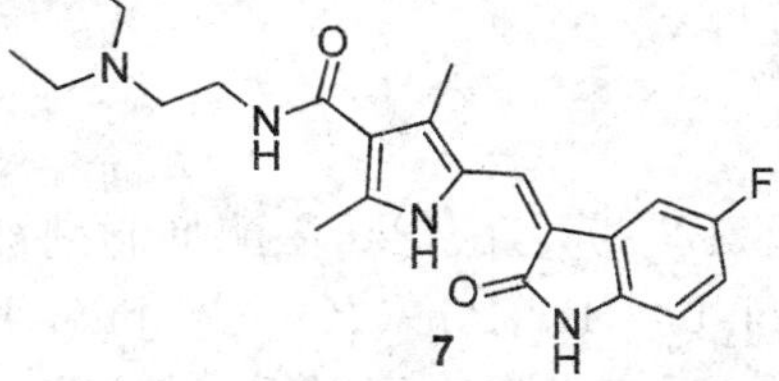

7

美国通用名：舒尼替尼
商品名：索坦
上市公司：辉瑞
上市时间：2006年

伊马替尼(**2**)[5]，是诺华公司在2001年推出的第一个被批准用于治疗慢性髓细胞白血病的酪氨酸激酶抑制剂，它对白血病细胞BCR－ABL激酶的抑制具有高度特异性。达沙替尼(**3**)[6]和尼罗替尼(**4**)[7]是分别由百时美施贵宝和诺华公司推出的另外两种BCR－ABL激酶抑制剂，它们能有效地治疗对伊马替尼等一线药物化疗不敏感的各期慢性髓细胞白血病。

吉非替尼(**5**)[8]和埃罗替尼(**6**)[9]是人类表皮生长因子受体(EGFR)激酶抑制剂，被用作治疗非小细胞肺癌(NSCLC)的药物而推向市场。与BCR－ABL

激酶不同的是,EGFR 激酶是一种跨膜蛋白,在细胞外以配体络合为主导而在细胞内以催化为主导(进行跨膜转运),这能引发胞外配体(如人体表皮生长因子)激活下游的细胞信号转导通路。吉非替尼和埃罗替尼在功能化地阻止这一转导过程中发挥了关键的作用。

舒尼替尼(**7**)[10] 由 Sugene 和辉瑞公司联合开发,2006 年被批准用于治疗肾细胞癌。它是一个血管内皮生长因子(VEGFR)受体激酶抑制剂,可减慢肿瘤血管内皮细胞的血管生成,而肿瘤血管生成能提供养分并有助于肿瘤的生长和转移。舒尼替尼也能阻碍 KIT(一种会导致胃肠道间质细胞瘤的致癌激酶)。它被批准为伊马替尼耐药患者的二线抗 GSIT 治疗药物。

索拉非尼(**1**,Sorafenib)[11],商品名:多吉美(Nexavar),是由拜耳(Bayer)和安力斯(Onyx)公司推向市场的一种多激酶抑制剂,索拉非尼除阻止酪氨酸激酶外也阻止丝氨酸/苏氨酸激酶。它的故事开始于 1994 年,当时拜耳和安力斯公司合作致力于寻找新的 Raf/MEK/ERK 抑制剂。1995 年,他们在 20 万个化合物的筛选中首先发现了一个非常温和的能防御 Raf1 激酶的活性化合物 **8**(IC_{50}: 17 μmol/L)。利用药物化学和组合化学方法对该化合物的药效和 ADMET(吸收、分布、代谢、排泄和毒性)物化性能进行优化,最终在 1999 年确定索拉非尼 **1** 为临床前开发候选药。2000 年开始了多个 Ⅰ 期临床研究,索拉非尼甲苯磺酸盐在治疗不同类型的高级实体瘤患者的疗效得到确认。2005 年 12 月,索拉非尼甲苯磺酸盐获得了美国 FDA 批准用于治疗晚期肾癌(RCC),两年之后,它被批准用于治疗不能手术切除的肝癌(HCC)患者。

正如这些上市的抗癌药物所证实,ATP 竞争性抑制剂总体来说选择性不如人们所期望的那样(高),然而,应用于癌症治疗时,多激酶抑制活性显现出了易于控制和潜在的优势。

6.2 药理学

索拉非尼(**1**)最初是被当作丝氨酸/苏氨酸 Raf 激酶抑制剂被发现的,抑制野生型异构体 Raf1(IC_{50}:6 nmol/L)、B－Raf (IC_{50}:25 nmol/L)和致癌的 B－raf V600E(IC_{50}:38 nmol/L)[12]。后来发现它可以用来抑制多个重要的激酶,包括 VEGFR－2 、VEGFR－3 和血小板衍生的生长因子受体 B(PDGFR－B)、c－KIT、Fit－3 和 RET[13]。它在抑制其他的激酶时表现出选择性,包括 MEK－1、ERK1、表皮生长因子受体和人胰岛素受体(表 6－1)。

在细胞机理研究中,索拉非尼剂量依赖性地抑制人乳腺癌细胞 MDA－MB－231 中基础 MEK1/2 和 ERK1/2 的磷酸化,并在整个 PKB 通路中选择性地阻断 MAPK 信号通路。索拉非尼也显示了对人胰腺癌肿瘤细胞系(Mia PaCa2)、结肠肿瘤细胞系(HCT116 和 HT29)、LOX 黑色素瘤和胰腺癌 BxPC3 细胞系中 ERK1/2 磷酸化的有效抑制效应。除了通过阻断 MAPK 信号通路的抗增殖作用，索拉非尼有效地抑制了其他几个在血管生成中发挥关键作用的酪氨酸激酶的自身磷酸化，包括人类细胞中的 VEGFR2（NIH3T3 成纤维细胞）、PDGFR（SMC）和老鼠 HEK－293 细胞中的 VEGFR3。此外，索拉非尼可诱导人类癌细胞株凋亡，包括 ACHN 肾细胞癌、MDA－MB－231 乳腺癌、HT29 结肠癌和 A549 NSCLC 及 KMCH 胆管癌细胞、Jurkat 细胞（急性 T 细胞）、K562（慢性粒细胞性）和 MEC2（慢性淋巴细胞）白血病细胞。

表 6－1　索拉非尼体外抑制列表[13]

激　酶　靶　点	IC_{50}/(nmol/L)
生化激酶测定	
Raf1	6
Wild－type B－Raf	25
Oncogenic B－raf V600E	38
VEGFR－1	26
VEGFR－2	90
小鼠的 VEGFR3	20
小鼠的 PDGFRb	57
Flt3	33
p38	38
c－KIT	68
MEK1，ERK1，EGFR，HER2/neu，c－met，IGFR1，PKA，PKB，CDK1/cyclin B，pim1，PKC－a，PKC－l	>10 000
细胞激酶测定	
MEK 在 MDA－MB－231 细胞中磷酸化	40
ERK1/2 在 MDA－MB－231 细胞中磷酸化	90
VEGFR2 在人体 NIH3T3 纤维细胞中的磷酸化	30
VEGF－ERK1/2 在人体 HUVEC 细胞中的磷酸化	60
PDGFR 在 HAoSMC 中的磷酸化	80
VEGFR3 在小鼠的 HEK－293 细胞中的磷酸化	100
Flt3 在小鼠的 HEK－293 细胞并伴有人体的 ITD 的磷酸化	20

以在体内的研究来看，索拉非尼在多种癌症模型中显示疗效。据推测索拉非尼通过抑制能提供养分并有助于肿瘤生长的肿瘤血管内皮细胞中血管的生成作用，抑制人类黑色素瘤、肾肿瘤、结肠癌、胰腺癌、肝癌、甲状腺癌、卵巢

77

癌和非小细胞肺癌的生长。此外，在小鼠肝癌模型 PLC/PRF/5HCC 中，索拉非尼还显示出会诱导乳腺癌模型 B-Raf 以及 K-Ras 致癌基因衰变或至较轻程度的能力。

这很可能是索拉非尼通过其抗增殖、抗血管生成和促凋亡作用在临床前研究中展现出如此广泛的抗肿瘤效果[13]。

6.3 构效关系（SAR）

表 6-2 对野生型 Raf1 激酶抑制效力的初始命中的优化[14]

编 号	化 合 物	IC_{50}/(μmol/L)
1	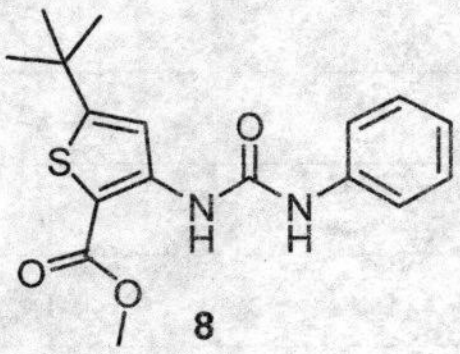 8	17
2	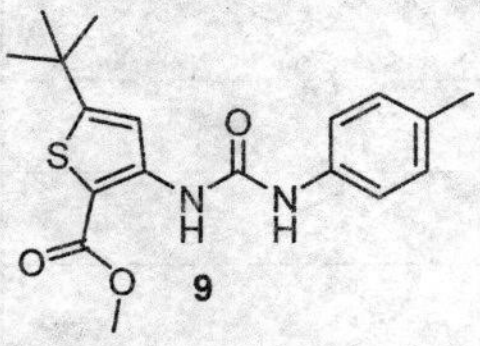 9	1.7
3	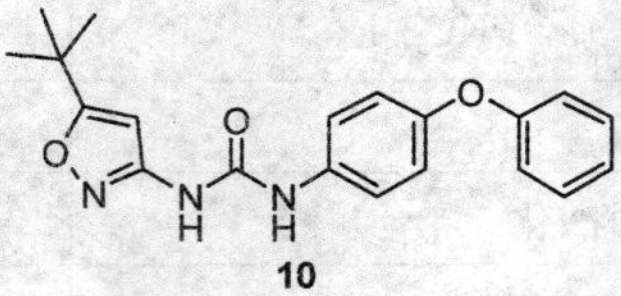 10	1.1
4	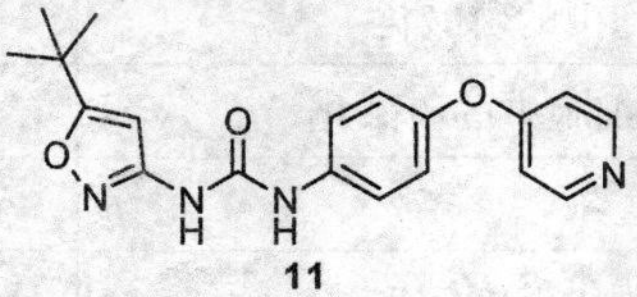 11	0.23
5	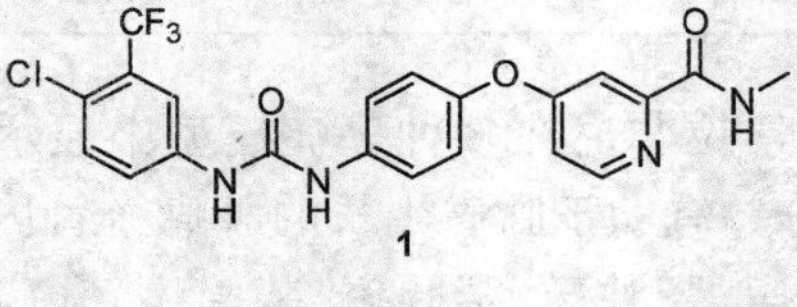 1	0.006

78

拜耳和安力斯公司于 1994 年开始了他们的合作，发现了选择性 Raf/MEK/ERK 抑制剂。利用由 McDonald 等人发展起来的高通量筛选方法[15]，一个初始的活性化合物(**8**)被确定出来了，该化合物仅对野生型 Raf1 激酶有很低的抑制效力(IC_{50}：17 μmol/L)。化合物 **9** 远端的苯基对位上添加一个甲基，它的抑制效率首先被提高到 1.7 μmol/L，表明沿此方向进行构效关系研究将有效改善该先导化合物的活性。这种设计理念因具有增强活性(IC_{50}：1.1 μmol/L)的化合物 **10** 的发现而被支持，化合物 **10** 的特征在于用一个庞大的苯氧基取代了对甲基。此外，当吡啶基被引入取代化合物 **10** 中的苯基时，得到活性增强五倍的化合物 **11** (IC_{50}：0.23 μmol/L)。作为一种工具化合物，化合物 **11** 在 HCT116 异种移植模型中的小鼠身上证实了它对肿瘤生长有抑制效果。对化合物 **11** 的进一步优化显示：(1) 脲基片段是产生活性所必不可少的；(2) 异恶唑被一个具有规则结构的苯环所取代；(3) 吡啶环上的 2-甲酰胺实质地导致了抑制活性的增加，最终索拉非尼得以确认(**1**；IC_{50}：0.006 μmol/L)。

对索拉非尼和 Raf1 激酶共晶体的 X 射线晶体学研究表明，*N*-甲基吡啶酰胺通过两个氢键[16]部分以二齿的方式结合到铰链区。脲基片段与天门冬氨酸和谷氨酸形成两个关键的氢键。三氟甲基基团在活性化合物 **8** 中可能是叔丁基，占据一个疏水口袋。

6.4 药代动力学和药物代谢

索拉非尼(**1**)被证明是主要由第一阶段的 CYP3A4 的氧化和第二阶段 UGT1A9 共轭来代谢的。健康受试者口服 100 mg[^{14}C]标记的索拉非尼对甲苯磺酸(**19**)，14 天内回收了 96%的剂量，其中 77%由粪便排出体外(50%的药物保持不变)，19%以索拉非尼的葡萄糖醛酸化共轭物或代谢物从尿中排泄。血浆中的主要代谢物是索拉非尼的氮氧化物，其循环放射性占 17%，也显示出体外抗菌活性。*N*-甲基羟基化作用和 *N*-去甲基化有助于形成其他次要代谢产物。在连续每天用药中，索拉非尼在第 7 天达到一个稳定状态浓度。例如，FDA 批准的剂量(400 mg b. i. d.)是 c_{max} 和 AUC 值在第 7 天分别为 6.2 mg/L 和56.6 mg·h/L，相比于第一天的是 2.3 mg/L 和 18.0 mg· h/L。索拉非尼在 400 mg 定量用药时有一个相对较长的消除半衰期 20.0～27.4 h。

6.5 药效和安全性

由于索拉非尼抑制多种激酶靶标，且在大量的临床前模型中表现出广泛的抗肿瘤效果，[13]它的疗效首先在包含不同实体瘤患者的Ⅰ期临床试验评估中得到验证。在高级 RCC[18]中已经观察到了疗效，在 RCC 患者富集的Ⅱ期临床试验中，其疗效得到了进一步确认。[19]在一个较大的包括 903 例 RCC 患者的Ⅲ

期临床试验中，接受药物治疗的患者和那些接受安慰剂的患者相比，索拉非尼显著延长了无进展生存期（24 周相比于 12 周）。接受药物的患者相对于对安慰剂组的总生存期（OS，Over Survival）提高了 38%。在这项试验中，索拉非尼晚期肾癌患者的耐受性良好，常见的不良反应为皮疹、手足综合征、乏力、腹泻和高血压。所有的症状都是轻度（1～2 级）和可控的[20]。

在另一个中晚期肝癌患者的Ⅲ期临床试验中，索拉非尼将总生存期由安慰剂组的 7.9 个月增加到 10.7 个月，将长期无进展生存期由安慰剂的 2.8 个月延长用药组的 5.5 个月。这些结果表明，索拉非尼的临床益处主要是延缓疾病的进展。

6.6 合成方法

Banstin 等人[23]报道了一个基于原始发现路线的四步合成索拉非尼的化学方法。他们显著提高了合成的总收率，从 10%增加到 63%，同时避免了使用柱色谱提纯。在该合成中，甲基吡啶酸 **12** 首先被 Vilsmeier 试剂在 72℃二氯化（通过向纯的亚硫酰氯中添加少量无水 DMF 形成的）得到 4-氯吡啶甲酰氯盐（**13**），该中间体以灰白色固体形式从甲苯中沉淀出来。在此步骤中应避免过度加热以防止因多氯化而导致在原来的条件下大大降低产量以及需要色谱纯化。然后 4-氯吡啶甲酰氯盐（**13**）通过两步反应被转换为甲基酰胺 **14**。当把化合物 **13** 在低于 55℃时加入到甲醇中，首先形成甲基酯，当加入乙醚时它会以盐酸盐的形式从溶剂中沉淀出来。甲基酯盐的甲醇悬浊液加入到过量的甲胺的 THF 溶液中，在 5℃下生成 4-氯-*N*-甲基吡啶甲酰胺（**14**）。或者 4-氯吡啶甲酰氯（**13**）与甲胺在十二烷基硫酸钠中直接反应，可以一步得到 4-氯-*N*-甲基吡啶甲酰胺（**14**）。接下来，在 80℃下，一当量的叔丁醇钾和半当量碳酸钾存在时，化合物 **14** 被 4-氨基苯酚（**15**）取代。碳酸钾可以将反应时间从 16 h 缩短到 6 h。简单的水洗处理，乙酸乙酯作为萃取溶剂，得到高级中间体 **16**，为浅棕色固体，收率 87%。然后将化合物 **16** 在室温下于二氯甲烷中与异氰酸酯 **17** 反应，从反应混合物中逐渐结晶出索拉非尼（**1**），为灰白色晶体，收率为 92%。

该小组还使用偶合试剂 *N*,*N*-羰基二咪唑（CDI）直接由胺类，也就是 4-氯-3-三氟甲基苯胺（**18**）和高级中间体 **16** 生成索拉非尼。在没有市售的异氰酸酯或无法获得一个可接受的纯度时，CDI 是一种理想的方法。在该方法中，4-氯-3-三氟甲基苯胺（**18**）在室温下与稍过量的 CDI（1.06 当量）在二氯甲烷中反应以形成咪唑-甲酰胺中间体，然后将少于一个当量的中间体 **16**（0.95 当量）加入到反应混合物中。随着时间的推移，索拉非尼结晶出来，得到纯的产物。然而，应当非常小心保持适当的反应物浓度，以避免杂质对称脲的形成。Banstin 等人[23]对索拉非尼合成方法进行了改进，该方法被用于制备用于临床前研究的百克级的索拉非尼。

80

COOH
12
1) DMF，纯 $SOCl_2$, 40 ~ 50℃
2) 加入 **12**, 72℃，16 h
3) 从甲苯中沉淀; 89%
Cl
COCl
13

1) **13**, PhMe, MeOH, < 55℃
室温, 45 min, 乙醚; 78%
2) CH_3NH_2, THF, 3℃，5 h; 97%
一步: CH_3NH_2, MeOH, THF, 3℃ 4 h; 88%
Cl
$CONHCH_3$
14

HO—⟨⟩—NH_2
15
1) **15**, *t*-BuOK, DMF, 室温, 2 h
2) **14**, K_2CO_3, 80℃，6 h; 87%
H_2N
$CONHCH_3$
16

81

F_3C
Cl
NCO
17
CH_2Cl_2, 室温, 16 h; 92%
$CONHCH_3$
Cl
CF_3
1
1) **18**, CDI, CH_2Cl_2, 室温, 16 h
2) **16**, 室温, 18 h; 91%
F_3C
Cl
NH_2
18

此外，Logers 等[24]优化了这个相当于线性的路线，以一个产业化的规模制造高纯度索拉非尼对甲苯磺酸(**19**)和多吉美的 API。他们对该条线路进行了优化以改善其工业生产可用性、环保性、安全性和产量，详细说明如下。

对于产业化规模的吡啶甲酸氯化反应(**12**，65 kg)，在二甲基甲酰胺(DMF)中，溴化物如溴化氢被用来取代 Vilsmeier 试剂，以便更好地控制反应过程。通过用甲苯(150 kg×2)共沸蒸馏除去过量的亚硫酰氯后，得到粗制的 4-氯吡啶甲酰氯盐(**13**)，该产物直接使用，以避免分离这种腐蚀性和不稳定的原料。因此粗品 **13** 在甲苯(约 335 kg)中，在低于 30℃时加入到浓缩的甲胺水溶液(21.8%，214.5 kg)中，形成甲基酰胺产物 **14**。收集从水相中分离出的甲苯层后，得到油状粗产物(95 kg)，然后用氯化钠水溶液洗涤，浓缩。令人惊讶的是，尽管 **13** 是一个高度的水敏感酰氯，但水并没有使反应变复杂。此外，使用浓缩的水溶液实质上增加了体积收率，否则，反应很难用有机溶剂实现，因为甲胺在有机溶剂中的溶解度很低。在60℃的两相反应体系中，使用四正丁基硫酸氢铵作为相转移催化剂以及氢化钠作为碱，有效地发生了4-氨基苯酚(**15**)取代氯化物(**14**)反应。当向两相的反应混合物中加入浓盐酸水溶液时，化合物**16**首先以二氯盐的形式结晶。二氯盐再重新溶于水中，加入NaOH水溶液使其以游离碱的形式重结晶出来。最后，大规模生产中用三步反应制造了高纯度的产物**16**(88 kg，纯度>95%)，总产率74%。接下来，使用乙酸乙酯和惰性的异氰酸酯代替二氯甲烷来使异氰酸酯**17**和**16**偶联。在高温度下(～60℃)进行偶联以增加产率和加快反应速度。将反应混合物冷却至20℃，索拉非尼(**1**，93 kg)结晶，得到无色或微褐色晶体，产率为93%。在生产索拉非尼对甲苯磺酸(**19**)的最后一步反应中，将游离碱(47.5 kg)悬浮在乙醇(432 kg)中，加入一小部分对甲苯磺酸(6.8 kg)来促进其溶解。将悬浮液加热到74℃并过滤，在GMP生产前得到澄清并浓缩的溶液。剩余的对甲苯磺酸乙醇溶液过滤后加入反应体系。结晶时用少量的甲苯磺酸索拉非尼(**19**)作为晶种诱导结晶，继续将混合物冷却至3℃得到API，产率为91%。总的来说，通过五步反应制得甲苯磺酸索拉非尼(**19**)，总收率为63%。整个生产过程中通过三次结晶进行纯化，得到高纯度(>99%)的最终产物。

COOH (吡啶-2-甲酸) **12**
65 kg, 487 mol

1) **12**在氯苯中(85 kg), 75℃
2) $SOCl_2$ (265.2 kg, 2 206 mol)
3) HBr气体(6 kg, 74 mol)
4) 90℃, 13 h
5) 移除$SOCl_2$和氯苯
6) Azeotrapy 和甲苯移除剩余的$SOCl_2$
7) 添加甲苯(225 kg)

Cl, HCl, COCl **13**
粗溶液
(~ 330 kg)

1) **13** aq. $MeNH_3$, < 30℃ (21.8%, 214.5 kg, 1 507 mol)
2) 1 h, 20℃, filter
3) 有机相用 H_2O (90 kg) 和NaCl (5 kg)洗
4) 收集

Cl, $CONHCH_3$ **14**
油状粗产品(95 kg)

1) **15** (58.4 kg, 535 mol), THF (350 kg), $N(n\text{-}Bu)_4HSO_4$ (33.1 kg), 固体 NaOH (29.1 kg, 726 mol), aq. NaOH (43%, 65.3 kg, 734 mol), 60℃, 8 h
2) 用 Aq. HCl (37%) 来沉淀
3) 重新溶解到H_2O (930 kg)中
4) 调整pH到3 (NaOH)
5) 投晶种**16** (0.5 kg) 结晶

H_2N, O, $CONHCH_3$ **16**
3步的产率为74%
88 kg, 纯度 > 95% (HPLC)

83

1) **16** (52.3 kg, 215 mol) 溶解到 EtOAC (146 kg), 40℃
2) 添加 **17** (50 kg, 226 mol), < 60℃
3) 冷却重结晶, 20℃

CONHCH$_3$ H H N N O N O Cl CF$_3$ **1**

93 kg, 93% 的产率

1) **1** (47.5 kg, 100 mol) 溶解到 EtOH (432 kg)
2) 添加 *p*-TsOH (6.8 kg, 36 mol)
3) 加热到74℃溶解
4) 过滤添加 *p*-TsOH (16.8 kg, 88 mol)
5) 在74℃添加 **19** (0.63 kg)
6) 冷却到3℃重结晶

CONHCH$_3$ H H N N O N O Cl CF$_3$ **19** *p*-TsOH

58 kg, 91% 的产率, 纯度 > 99%

最近，Rossetto 等人[25]改进了采用 CDI 制备索拉非尼的方法，改进后的方法可以合成非常纯的不产生不对称脲副产物的索拉非尼。在他们的方法中，CDI 首先与 1 当量的 4－氯－3－三氟甲基苯胺(**18**)反应，以形成一个具有良好晶体特征的可分离的咪唑配合物 **20**。然后将配合物 **20** 与中间体 **16** 反应，得到超纯的无色晶体索拉非尼(**1**)。

NH$_2$ Cl CF$_3$ **18**

1) CDI (1 eq.), DCE 20~22℃,过夜
2) 收集晶体、洗涤

H N N N O HN N Cl CF$_3$ **20**

1:1 混合，76%产率

1) **20**, DCE, 60℃
2) 添加 **16**, 搅拌至浑浊
3) 冷却结晶

CONHCH$_3$ H H N N O N O Cl CF$_3$ **1**

93% 产率; 99.9% 纯度(HPLC)

84

总之，索拉非尼(**1**)，商品名多吉美，由德国拜耳和安力斯制药公司联合开发用于治疗晚期肾癌(RCC)和肝癌(HCC)。它是一个多靶标的小分子抑制剂，用于抑制 Raf 激酶、VEGFR(血管内皮生长因子受体)2 和 3 激酶、c－KIT(干细胞因子的细胞因子受体)。索拉非尼(**1**)的合成从一个低效率(10％的总收率)的发现阶段演变而来，到一个克级规模的临床前研究，再到按比例扩大的高产(63％的总收率)过程。最后，通过化学方法对同样路线的生产工艺进行了优化，使甲苯磺酸索拉非尼(**19**)可以以千克和吨的规模大量生产。

6.7 参考文献

1. Fischer E. H.; Krebs, E. G. *Fed. Proc.* **1966**, *25*, 1511-1520.
2. Stehelin, D.; Varmus, H. E.; Bishop, J. M.; Vogt, P. K. *Nature* **1976**, *260*, 170-173.
3. Simanis, V.; Nurse, P. *Cell* **1986**, *45*, 261-268.
4. Manning, G.; Whyte, D. B.; Martinez, R.; Hunter, T.; Sudarsanam, S. *Science* **2002**, *298*, 1912-1934
5. Buchdunger, E.; O'Reilley, T.; Wood, J. *Eur. J. Cancer* **2002**, *38* (Suppl 5), S28-S36.
6. Talpaz, M.; Shah, N. P.; Kantarjian, H.; Donato, N.; Nicoll, J.; Paquette, R.; Cortes, J.; O'Brien, S.; Nicaise, C.; Bleickardt, E.; Blackwood-Chirchir, M. A.; Iyer, V.; Chen, T.; Huang, F.; Decillis, A. P.; Sawyers C. L. *N. Engl. J. Med.* **2006**, *354*, 2531-2541.
7. Kantarjian, H.; Giles, F.; Wunderle, L.; Bhalla, K.; O'Brien, S.; Wassmann, B.; Tanaka, C.; Manley, P.; Rae, P.; Mietlowski, W.; Bochinski, K.; Hochhaus, A.; Griffin, J. D.; Hoelzer, D.; Albitar, M.; Dugan, M.; Cortes, J.; Alland, L.; Ottmann, O. G. *N. Engl. J. Med.* **2006**, *354*, 2542-2551.
8. Wakeling, A. E., Guy, S. P., Woodburn, J. R. Ashton, S. E.; Curry, B. J.; Barker, A. J.; Gibson, K. H. *Cancer Res.* **2002**, *62*, 5749-5754.
9. Schettino, C.; Bareschino, M. A.; Ricci, V.; Ciardiello, F. *Exp. Rev. Resp. Med.* **2008**, *2*, 167-178.
10. Abrams, T. J.; Lee, L. B.; Murray, L. J.; Pryer, N. K.; Cherrington, J. M. *Mol. Cancer Ther.* **2003**, *2*, 471-478.
11. Wilhelm, S. M.; Adnane, L.; Newwell, P.; Villanueva, A.; Llovet, J.; Lynch, M. *Mol. Cancer Ther.* **2008**, *7*, 3129-3140.
12. Lowinger, T. B., Riedl, B., Dumas, J.; Smith, R. A. *Curr. Pharm. Des.* **2002**, *8*, 2269-2278.
13. Wilhelm, S. M.; Carter, C.; Tang, L.; Wilkie, D.; McNabola, A.; Rong, H.; Chen, C.; Zhang, X.; Vincent, P.; McHugh, M.; Cao Y.; Shujath, J.; Gawlak, S.; Eveleigh, D.; Rowley, B.; Liu, L.; Adnane, L.; Lynch, M.; Auclair, D.; Taylor, I.; Gedrich, R.; Voznesensky, A.; Riedl, B.; Post, L. E.; Bollag, G.; Trail, P. A. *Cancer Res.* **2004**, *64*, 7099-7109.
14. Wilhelm, S.; Carter, C.; Lynch, M.; Lowinger, T.; Dumas, J.; Smith, R. A.; Schwartz, B.; Simantov, R.; Kelley, S. *Nat. Rev. Drug Disc.* **2007**, *6*, 126.
15. McDonald, O. B.; Chen, W.; Ellis, B.; Hoffman, C.; Overton, L.; Rink, M.; Smith, A.; Marshalland, C. J.; Wood, E. R. *Anal. Biochem.* **1999**, *268*, 318-329.
16. Wan, P. T. C.; Garnett, M. J.; Roe, S. M.; Lee, S.; Niculescu-Duvaz, D.; Good, V. M.; Jones, C. M.; Marshall, C. J.; Springer, C. J.; Barford, D.; Marais, R. *Cell* **2004**, *116*, 855-867.
17. Strumberg, D.; Clark, J. W.; Awada, A.; Moore, M. J.; Richly, H.; Hendlisz, A.; Hirte, H. W.; Eder, J. P.; Lenz, H.; Schwartz, B. *Oncologist* **2007**, *12*, 426-437.
18. Clark, J. W.; Eder, J. P.; Ryan, D.; Lee, R.; Lenz, H.-J. *Clin. Cancer Res.* **2005**, *11*,

85

5472 - 5480.

19. Ratain, M. J. ; Eisen, T. ; Stadler, W. M. ; Flaherty, K. T. ; Kaye, S. B. ; Rosner, G. L. ; Gore, M. ; Desai, A. A. ; Patnaik, A. ; Xiong, H. Q. ; Rowinsky, E. ; Abbruzzese, J. L. ; Xia, C. ; Simantov, R. ; Schwartz, B. ; O'Dwyer, P. J. *J. Clin. Oncol.* **2006**, *24*, 2505 - 2512.
20. Escudier, B. ; Eisen, T. ; Stadler, W. M. ; Szczylik, C. ; Oudard, S. ; Staehler, M. ; Negrier, S. ; Chevreau, C. ; Desai, A. A. ; Rolland, F. ; Demkow, T. ; Hutson, T. E. ; Gore, M. ; Anderson, S. ; Hofilena, G. ; Shan, M. ; Pena, C. ; Lathia, C. ; Bukowski, R. M. *J. Clin. Oncol.* **2009**, *27*, 3312 - 3318.
21. Llovet, J. M. ; Ricci, S. ; Mazzaferro, V. ; Hilgard, P. ; Gane, E. ; Blanc, J. -F. ; Oliveira, A. C. ; Santoro, A. ; Raoul, J. -L. ; Forner, A. ; Schwartz, M. ; Porta, C. ; Zeuzem, S. ; Bolondi, L. ; Greten, T. F. ; Galle, P. R. ; Seitz, J. -F. ; Borbath, I. ; Häussinger, D. ; Giannaris, T. ; Shan, M. ; Moscovici, M. ; Voliotis, D. ; Bruix, J. *N. Engl. J. Med.* **2008**, *359*, 378 - 390.
22. Cheng, A. -L. ; Kang, Y. -K. ; Chen, Z. ; Tsao, C. -J. ; Qin, S. ; Kim, J. S. ; Luo, R. ; Feng, J. ; Ye, S. ; Yang, T. -S. ; Xu, J. ; Sun, Y. ; Liang, H. ; Liu, J. ; Wang, J. ; Tak, W. Y. ; Pan, H. ; Burock, K. ; Zou, J. ; Voliotis, D. ; Guan, Z. *Lancet Oncol.* **2009**, *10*, 25 - 34.
23. Bankston, D. ; Dumas, J. ; Natero, R. ; Riedl, B. ; Monahan, M. -K. ; Sibley, R. *Org. Pro. Res. Deve.* **2002**, *6*, 777 - 781.
24. Loegers, M. ; Gehring, R. ; Kuhn, O. ; Matthaeus, M. ; Mohrs, K. ; Mueller-Gliemann, M. ; Stiehl, J. ; Berwe, M. ; Lenz, J. ; Heilmann, W. PCT Int. Appl. **2006**, WO2006034796.
25. Rossetto, P. ; Macdonald, P. L. ; Canavesi, A. PCT Int. Appl. **2009**, WO2009111061.

87

7 舒尼替尼(索坦):一种血管生成抑制剂

Martin Pettersson

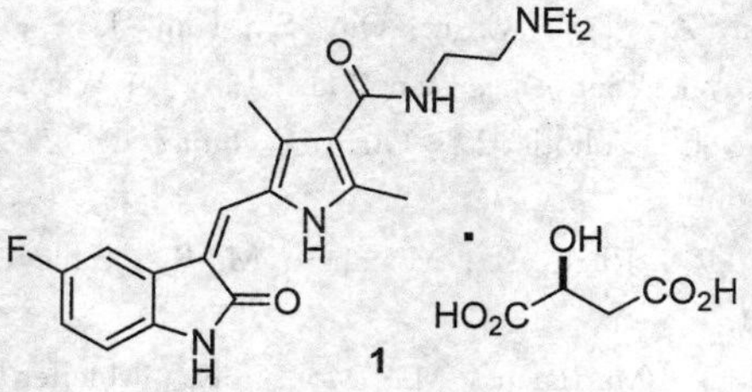

美国通用名: Sunitinib Maleate
商品名: Sutent®
公司: Pfizer Inc.
上市时间: 2006

7.1 背景

在 1972 年的一篇开创性的论文中,Folkman 认为血管生成抑制剂可能是一种有效治疗癌症的方法[1]。血管新生是一个过程,是由现有的血管内皮细胞形成新的毛细血管。这个过程对提供氧气和营养很重要,这可使得肿瘤直径增大超过 0.2~2 mm [2]。在健康的个体中,在促血管生成因子和抗血管新生因子之间,存在一个复杂的平衡,但是在许多肿瘤中,这些物质和它们的细胞表面受体(受体酪氨酸激酶,RTKs)会产生突变或者过度表达。血管内皮生成因子(VEGFs)和血小板生成因子(PDGFs)构成重要的促血管生成的配体,与相应的受体(VEGFRs 和 PDGFRs)结合启动信号级联反应,促进血管的生成[3]。针对这些信号转导通路的药物与标准细胞毒性癌症治疗相比通常具有较低的毒性,后者同时阻断了癌细胞和正常细胞的分裂。

舒尼替尼马来酸(**1**,Sunitinib, SU11248),商品名:索坦(Sutent),是由苏根公司(Sugen)发现的,苏根后来被辉瑞(Pfizer)收购。它是一种口服有效的药物,由于可以抑制多样的细胞表面受体(RTKs),因此显示出强大的抗血管生成的活性。特别值得一提的是,**1** 抑制血管内皮细胞生长因子受体 VEGFR1、

88

VEGFR2、VEGFR3 和血小板衍生的生长因子受体 PDGFR－α 和 PDGFR－β。而且，舒尼替尼也靶向与肿瘤产生有关的受体，包括胎肝酪氨酸激酶受体 3(FLT3)和干细胞因子受体(c－KIT)[5,6]。与一个只对单一激酶显示出选择性的化合物相比，一种具有多靶点的药物较少可能发展出耐药性。此外，同时作用到多种路径上的药物可能比单靶点的试剂更加有效[4]。额外的多靶点激酶抑制剂包括伊马替尼[7]（**2**，Gleevec；Novartis 诺华公司）和索拉非尼[8]（**3**，Nexavar；拜耳公司）被批准用来治疗实体瘤。舒尼替尼于 2006 年由 FDA 批准用于治疗胃肠道间质瘤(GIST)和肾细胞癌(RCC)的病例，但标准治疗方法都失败了。2007 年舒尼替尼被批准用于一线晚期肾细胞癌的治疗[9]。

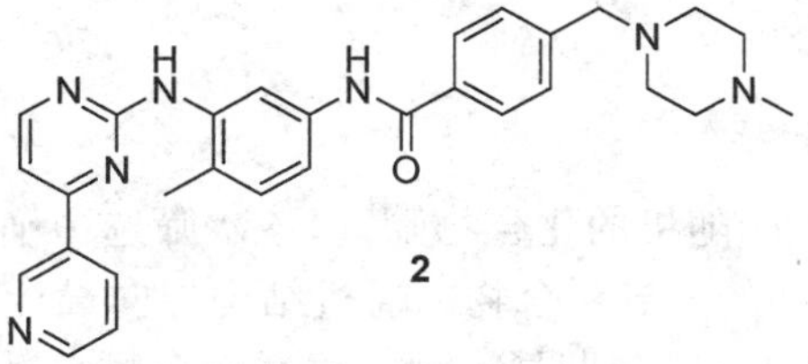

2

美国通用名：伊马替尼
商品名：Gleevec®
公司：诺华
上市时间：2001

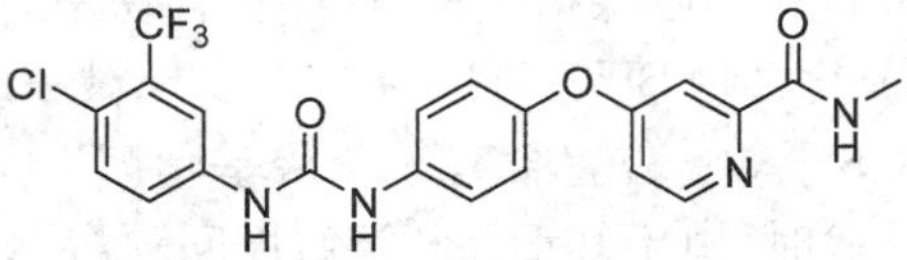

3

美国通用名：索拉非尼
商品名：Nexavar®
公司：拜耳
上市时间：2001

在美国，肾脏和肾盂的癌症患者人数占到所有新增恶性肿瘤患者人数的 3.9%，在 2009 年有超过 5.7 万新增病例，预测将近有 1.3 万患者死亡[10]。在成年人中，RCC 是最常见形式的肾癌，占总病例的 85%[11]。手术仍然是治疗 RCC 最重要的一种方法，但是对于癌症发生转移的病例，则需要额外的治疗。RCC 能抗辐射，对辐射治疗和各种化疗药物只表现出 4%～6%的响应率。标准治疗方法涉及免疫调节治疗，例如 α－干扰素(INFα)和白细胞介素－2(IL2)，然而，它们的效果有限[11]。此外，转移性 RCC 患者很难忍受 IL2[11]。因此，鉴于转移性 RCC 的高致死率，这种疾病的医疗需求尚未被满足。

治疗 RCC 的最新进展源自对这种疾病潜在的分子生物学方面的重大突破。绝大部分病例是透明性细胞 RCC 的患者，其中许多人的 Hippel－Lindau 基因都发生了突变。与其对应的基因产物，VHL 蛋白，充当一种肿瘤细胞抑制剂。VHL 蛋白的丢失造成了低氧诱导因子(HIF)的增加，这反过来导致促血管生成生长因子(如 VEGF)的过度表达[11]。

抗血管生成药物可应用于癌症治疗理念的可行性，首次通过在患者中使用贝伐单抗(Avastin；基因技术/罗氏公司)治疗转移性结肠直肠癌得以证实[12,13]。2004 年上市后，这种重组的人源单克隆抗体选择性靶向 VEGF，阻止 VEGF 与其受体结合。对于转移性结肠直肠癌患者来说，当与 5-氟尿嘧啶化疗药物联合治疗后表现出非常高的治疗效率[12]。在被 FDA 批准用于治疗非小细胞性肺癌、转移性乳腺癌和恶性胶质瘤后，2009 年贝伐单抗被批准为治疗肾细胞癌的一线药物[9]。

用于治疗晚期肾细胞癌的第一个小分子多激酶抑制剂，索拉非尼(**3**)，Ⅰ期临床试验后仅仅过了五年就于 2005 年进入市场[8]。口服活性药物靶向各种 Raf 酶异构体和涉及血管生成因子(VEGFR1、VEGFR2、VEGFR3 以及 PDGFR-β)及肿瘤生成的 RTKs 家族酶(FLT3、c-KIT)。索拉非尼(**3**)与几种普遍被使用的化疗药物如卡铂/紫杉醇结合后，评估发现，没有增加这些药物的毒性。药物 **3** 良好的安全性和其临床前广泛的癌症模型中的活性，促使了附加临床研究，最终使得 FDA 在 2007 年批准其用于肝癌的治疗[9]。

7.2 发现和开发

舒尼替尼(**1**)的发现始于一个随机的化合物筛选，该次筛选中确认了几个包含吲哚啉-2-酮这样核心骨架的先导化合物。通过结构导向设计策略，Sun 和他的合作者制备了大量 3-取代的羟吲哚衍生物，这些化合物是潜在的选择性 VEGFR 和 PDGFR 抑制剂。化合物 SU-5416(**4**)[14] 被发现对 VEGFR2 具有选择性，而化合物 SU-6668(**5**)[15]，4′-位置含有一个羧基，对 PDGFR-β 具有选择性。然而，在进行临床试验时，由于其毒性和溶解度问题，**4** 失败了。同时也发现 **5** 的药代动力学特征不适合成药[6]。于是需要更进一步的结构优化，以提高溶解度、降低蛋白结合率、增加 VEGFR2 和 PDGFR-β 的活性，同时也减缓毒性[16]。检测 **5** 与 FGFR-1 激酶的共晶结构发现，这种结构与 VEGFR2 具有很高的氨基酸序列同源性，意味着 4′-位的取代基可以是部分暴露于溶剂的。这被看作是一个调节物理化学和药代动力学的机会，后续构造改进的努力聚焦于该分子区域，并最终发现了 SU-11248(舒尼替尼自由碱，**6**)。与 **5** 相比，吲哚啉酮 **6** 在 C4′酰胺片段中包含一个仲氨基团，极大地提高了溶解性：在 pH=2 时 **5** 和 **6** 的溶解度分别小于 5 μg/mL 和 2 582 μg/mL，然而当 pH=6 时，溶解度分别为 18 μg/mL 和 511 μg/mL[16]。此外，**6** 在细胞水平上的试验对 VEGFR2 (IC_{50} = 10 nmol/L)和 PDGFR-β (IC_{50} = 10 nmol/L)表现出了有利的激酶活性[17]。

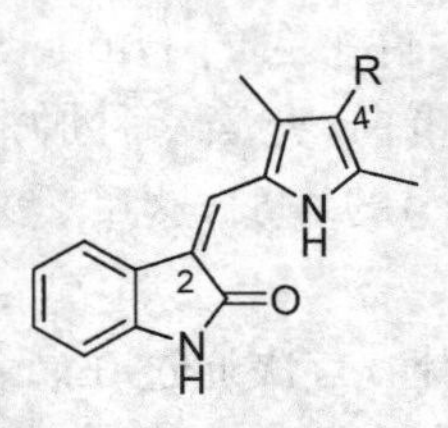

4, R = H; SU-5416
5, R = $CH_2CH_2CO_2H$; SU-6668

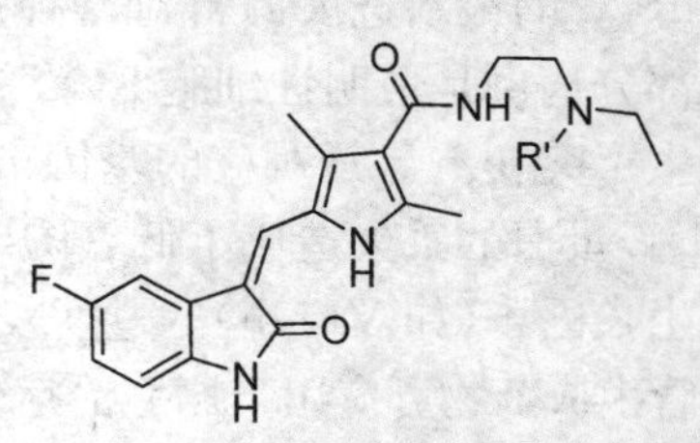

6, R' = Et; SU-11248, 舒尼替尼自由碱
7, R' = H; SU-12662

使用无胸腺的裸鼠进行体内研究，结果证明 **6** 抑制了多种人类肿瘤异种移植瘤的生长[17]。研究人员发现所需抑制 VEGF 和 PDGF 受体的最低有效血药浓度不低于 125～250 nmol/L，有效口服剂量是 40 mg/(kg · d)，磷酸化受体被阻断 12 h，但是在下一剂量给药前恢复正常。基于这些观察结果，Mendel 和他的合作者得出这样的结论：并不持续抑制 VEGFR2 和 PDGFR - β 也可获得最好的疗效。对血浆结合蛋白结合率的检测表明，95%的 **6** 被结合在老鼠和人类血浆里，它们将转化成游离药物，其浓度达到给药剂量 40 mg/(kg · d)时为 6～12 nmol/L。这些药效水平和体外进行的细胞水平上的试验所确定的 IC_{50} 值是相似的。

临床前的毒性研究显示，老鼠和猴子会出现一些副作用，包括骨髓耗减和胰腺毒性[6]。基于这些发现，确定了临床试验的剂量方案为：连续口服四周，每天 50 mg，间歇两周。**6** 的新陈代谢主要是通过细胞色素 P450 3A4 (CYP 3A4)来调节的，经过 *N* -去烷基化作用生成 SU - 12662 (**7**)[6]。有趣的是，这种主要的代谢产物在体外对 VEGFR、PDGFR 和 c - KIT 的活性与母体化合物 **1** 的活性相似。

在临床上，舒尼替尼不仅对治疗肾癌有效[18]，同时对胃肠道间质瘤(GIST)也显示出极好的抗肿瘤活性[19]。GIST 很少见，仅仅占所有胃肠瘤的 1%～3%，在美国每年大约出现 5 000 个新增病例[5]。然而，由于治疗手段匮乏，GIST 的治疗仍然面临高度的医疗需求。伊马替尼(**2**)是治疗 GIST 的一种药物，但是很多病人对 **2** 产生了耐药性或者难以忍受。在一次大规模随机的安慰剂对照的第Ⅲ期临床研究中发现，舒尼替尼(**1**)对于那些耐药或难以忍受药物 **2** 的病人来说效果良好。发现服用药物 **1** 比服用安慰剂相比的药效长超过四倍。在治疗 GIST 方面，**1** 和 **2** 之所以能够有效，是由于它们能有效抑制干细胞因子受体 c - KIT，这种受体是通过在大多数 GIST 患者体内突变而被激活的。由于它的多靶点激酶活性，舒尼替尼(**1**)现在在进行一系列包括乳腺癌、肿瘤、直肠癌和肠癌的临床试验。

7.3 合成方法

7.3.1 发现线路

如 Sun 和他的合作者所描述，舒尼替尼自由碱 **6** 的发现路径是以相应的 5 -氟靛红(**8**)为原料，通过两步反应，合成了 5 -氟羟基吲哚(**10**，示意图 7 - 1)[16,20]。加热 **8** 和水合肼的混合物到 110℃，发生 Wolff - Kishner 还原和开环反应，生成酰肼 **9**。室温下，把粗产品倾倒在盐酸水溶液中发生分子内的酰基化反应，生成吲哚酮 **10**，两步反应的总产率为 73%。必要的吡咯片段 **14** 通过 Knorr 吡咯合成法来制备 (示意图 7 - 2)[21,22]。乙酰乙酸叔丁酯(**11**)与亚硝酸钠在乙酸中反应，生成肟 **12**。该中间产物与乙酰乙酸乙酯(**13**)在锌粉和乙酸条件下还原环化，生成四取代的吡咯 **14**，两步总收率为 65%。选择性水解叔丁基酯，然后脱羧，在含有 HCl 的乙醇溶液中搅拌 **14**，生成中间产物 **15**，产率 87%。吡咯 **15** 未取代的位置与 DMF 和 $POCl_3$ 生成的 Vilsmeier 试剂在二氯甲烷中定量发生甲酰化反应。在甲醇中使用氢氧化钾溶液水解乙基酯生成关键的中间产物 **17**，产率为 94%，为设计引入酰胺侧链和与 **10** 发生最后的偶联反应做准备。羧酸 **17** 与二胺 **18** 发生 EDCI-介导酰胺化反应，以 43% 的收率生成了所需的酰胺 **19**[16]。由于制备了大量的 **19** 作为保障，可以通过 **19** 与 5-氟羟吲哚（**10**）发生缩合生成舒尼替尼自由碱，产率为 88%。

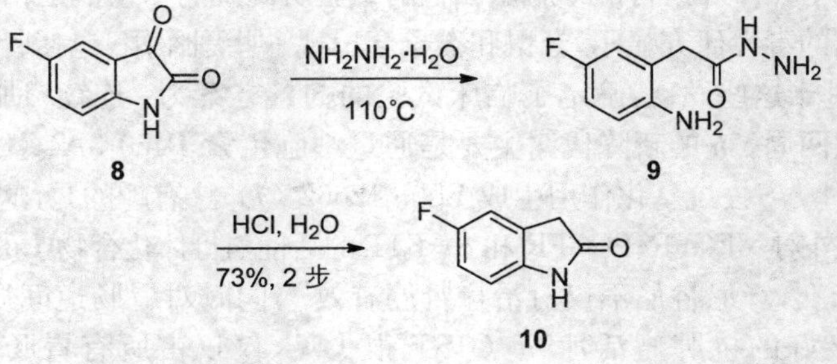

示意图 7-1

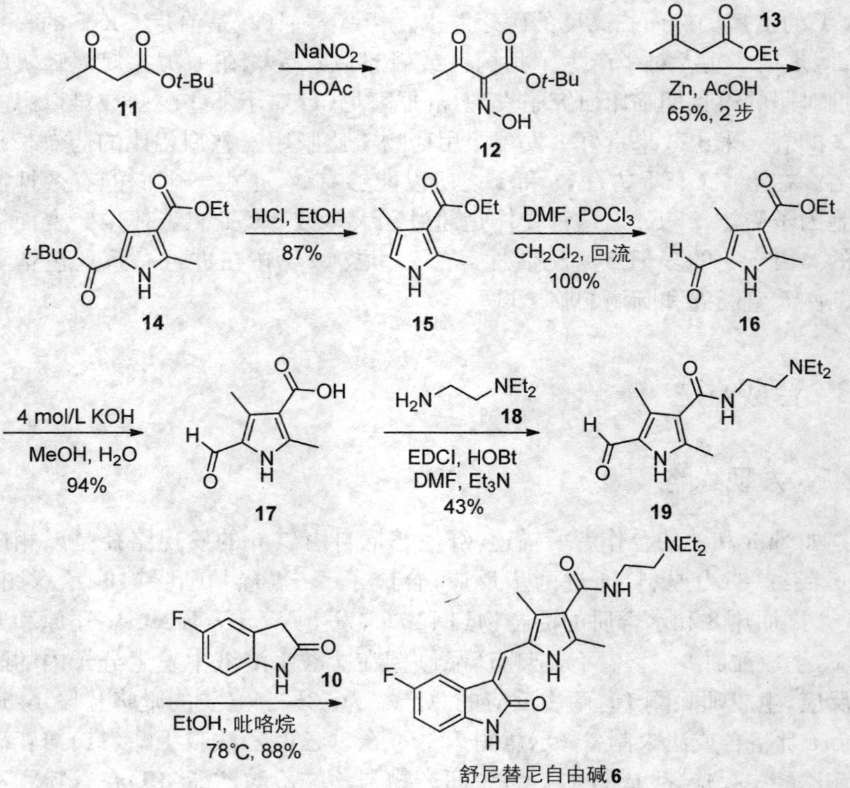

92

示意图 7-2

7.3.2 工艺路线

从一个药物化学家的角度来看，示意图 7－2 描述的合成线路有几个优点，例如最后一步吲哚酮单元的引入和通过倒数第二步酰胺偶联对吡咯 4 位的官能团化。在合成后期引进多样化官能团的能力，方便其他类似物的合成，能够快速拓展空间结构。然而，对于大规模生产来说，最后一步的酰胺化方法仍需要多方面完善[23,24]。例如，**19** 的形成常常伴随亚胺副产物，这是因为醛 **17** 与二胺 **18** 发生反应。此外，酰胺的偶联反应中羧酸的活化，需要使用活化试剂如 EDCI。对于工业合成来说，最好避免使用这类碳二亚胺偶联试剂，因为它是很强的敏化剂[24]。此外，这些试剂生成等当量的尿素副产物，使分离和纯化变得复杂。早期工艺开发的努力聚焦于改善偶联反应，可以将 **17** 转化为酰氯或混合酸酐使羧酸活化，但这些努力都没有成效。用氯甲酸异丁酯(**20**)处理羧酸 **17** 得到混合酸酐 **21**(示意图 7－3)，但随后与二胺 **18** 的反应并不能生成所需的偶联产物 **19**，而是生成起始酸 **17** 与氨基甲酸酯 **22**[24]。

93

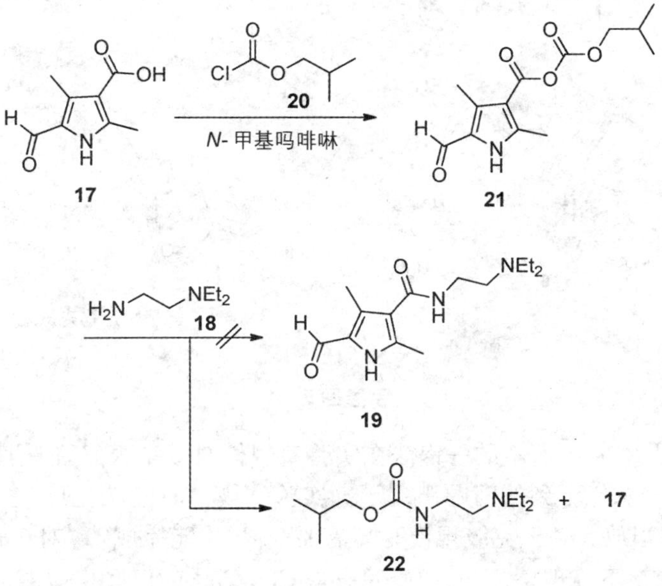

OH
H
H
O
17
Cl
O
O
20
N- 甲基吗啡啉
21
H_2N
NEt_2
18
19
NEt_2
+
17
22

示意图 7－3

最终，后期酰胺化方法的难题被成功解决，使得舒尼替尼马来酸盐 **1** 可以进行规模化生产[24,25]。示意图 7－4 是一条被开发为一锅反应的工业化路线，通常能获得 80％的产率[24]。在四氢呋喃(THF)中用 N,N'-羰基二咪唑(CDI)活化羧酸 **17**，生成 **23**。该中间体与过量的二胺 **18** 反应，生成中间体 **24**，很明显，二胺的用量影响胺化效率和副产物亚胺的形成。**24** 水解为 **19** 并不容易实现，但这被发现是不必要的，因为 **24** 的亚胺官能团能够与羟基吲哚 **10** 进行缩合，直接得到舒尼替尼的游离碱(**6**)。咪唑和少量的杂质通过水洗被除去。与游离碱 **6** 相比，将其形成马来酸盐 **1**，可以很好地过滤，因此最终药物活性成分(API)被确定为舒尼替尼马来酸盐 **1**。在加入 L-马来酸后，反应混合物通过真空减压蒸馏，沉淀物为舒尼替尼马来酸盐 **1**[24]。

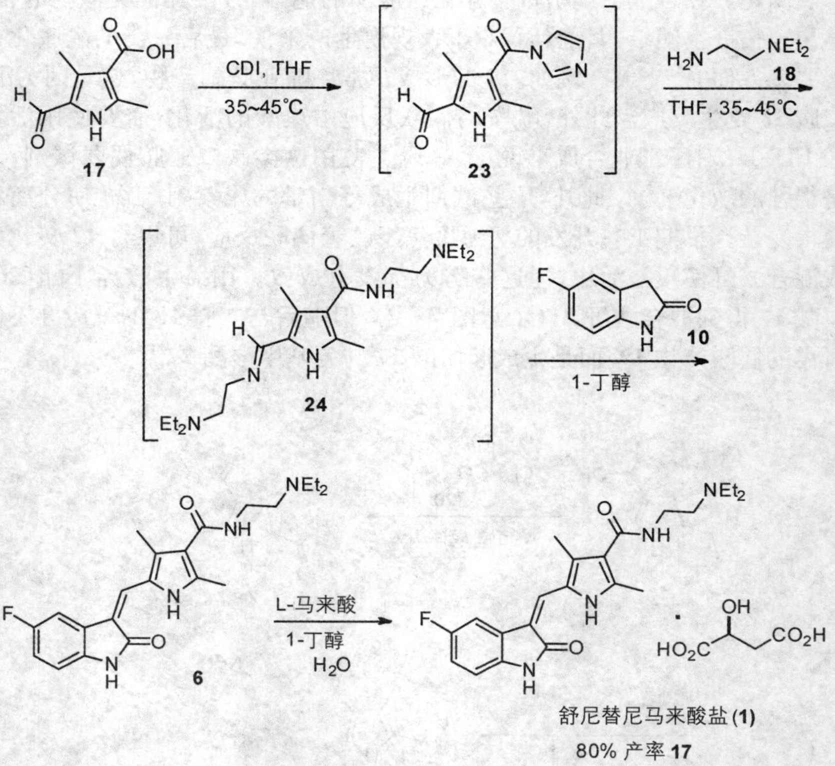

94

CDI, THF 35~45°C
17 23
H_2N NEt_2 18
THF, 35~45°C
24 10
1-丁醇
6
L-马来酸 1-丁醇 H_2O
舒尼替尼马来酸盐 (1)
80% 产率 17

示意图 7-4

示意图 7-4 中所示的一锅法在实验室规模时效果很好，但按比例扩大到中试时，一个意想不到的问题出现了。实验室规模时酰胺化反应一般在 12 h 内完成，但当放大到千克级规模时却需要 50 h 才能完成[24]。对于这个意料之外的反应速率下降现象，人们初始假设是 CDI 活化的偶联反应释放 CO_2，CO_2 在反应中可能起到重要作用。假设在大规模反应中 CO_2 释放的速率更缓慢，那就有可能与二胺 **18** 反应，从而降低酰胺偶联反应速率。为了验证该假设，咪唑盐 **23** 被制备出来并用来做两个平行酰胺化反应的起始原料。在第一组实验中，反应混合物在加入二胺 **18** 之前先通入 15 min 的 CO_2，而第二组酰胺化反应实验在无 CO_2 的环境中进行。出人意料的是，无 CO_2 的反应速率明显低于 CO_2 饱和了的反应。4 h 后，两组反应分别完成 37% 和 88%。既然已经确定了 CO_2 可以提高反应速率，则化学家们改良了工艺路线，通过减慢搅拌速

95

率和减慢鼓入氮气的流速减慢 CO_2 的释放。令人满意的是，这些改良方法果然解决了问题并且使得大规模生产中酰胺化反应可以在 12 h 内完成。Vaidyanathan 和其合作者随后进一步探索了这个 CO_2 介导的咪唑酰胺化反应，并针对速率提高现象提出了可能的机理[26]。

在早期的工艺路线开发过程中，另一条可替代的路线被开发出来，可以避免最初酰胺化时遇到的问题。这个方法涉及在吡咯环形成之前的胺侧链引入和随后的甲酰化步骤。为此，辉瑞的研发团队设计了一条以双烯酮(**25**)为起始原料的优良工艺路线[23,24,27]。如示意图 7-5 所示，二胺 **18** 与双烯酮(**25**)亲核加成制得 β-酮酰胺 **26**。由于 **26** 不稳定，只能直接用于 Knorr 吡咯合成或在 −20℃下储存。在锌粉和醋酸条件下，加热 **26** 与肟 **12** 的混合物，以近 60% 的收率得到吡咯衍生物 **27**。类似情况再次发生，这个反应小规模时效果很好，当扩大到大于 10 g 时，此步骤却受到了限制。

96

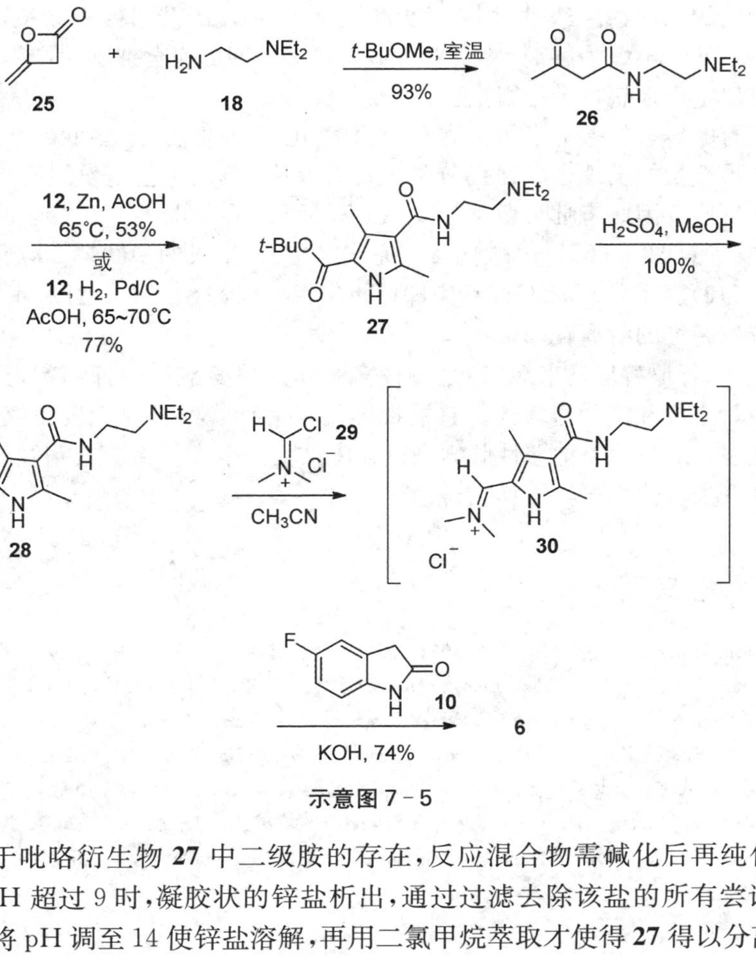

25 + H_2N~~NEt_2 (18) —— *t*-BuOMe, 室温, 93% ——> 26

—— 12, Zn, AcOH, 65℃, 53% 或 12, H_2, Pd/C, AcOH, 65~70℃, 77% ——> 27 (*t*-BuO) —— H_2SO_4, MeOH, 100% ——> 28 —— 29, CH_3CN ——> [30] —— 10, KOH, 74% ——> 6

示意图 7-5

由于吡咯衍生物 **27** 中二级胺的存在，反应混合物需碱化后再纯化。然而，当 pH 超过 9 时，凝胶状的锌盐析出，通过过滤去除该盐的所有尝试都未成功。将 pH 调至 14 使锌盐溶解，再用二氯甲烷萃取才使得 **27** 得以分离。虽然这些努力可以以合理产率获得目标产物，但可预想到大规模生产的后处理过程肯定会出现问题，因为锌盐沉淀在反应器中会粘在机械搅拌器上，影响其搅拌效果。此外，尽量减少工艺开发过程中的废物流不仅从环保角度讲是重要的，而且它也直接影响到产品的成本(COG)，因为处理化学废物也要一定的成本。因此，等当量锌盐的产生是不可取的，另一种合成吡咯衍生物 **27** 的方法更受欢迎。

最终，该工艺研发团队设想：肟的还原和随后的环化形成吡咯衍生物 **27** 应该可以通过还原氢化条件实现，这将避免生成当量的锌盐，从而大大简化后处理和产物纯化问题。这个策略得以成功实现，在乙酸中搅拌肟 **12** 和 **26** 的混合溶液，45 psi[①] 的氢气中以 10%的 Pd/C 作为催化剂。反应完成过滤除去催化剂后，调节 pH 至 11～13，再用 CH_2Cl_2 萃取，以 77%的产率获得目标产物 **27**。

获得关键中间体吡咯衍生物 **27** 后，该研发团队即将完成合成任务。叔丁基酯的水解和脱羧是最初尝试在发现合成线路中使用 **14** 生成 **15** 的条件。虽然这个反应条件以良好的产率实现了 **27** 至 **28** 的水解和脱羧，但是也观察到副产吡咯的二聚物。经过对各种酸的筛选，该研发团队最终发现 65℃下，以 3∶1 $MeOH/H_2O$ 为溶剂，使用 1 mol/L H_2SO_4 即可完全抑制副产物的生成，并且可以定量地获得吡咯衍生物 **28**。

所有的努力就差吡咯衍生物 **28** 的甲酰化和与 5-氟羟基吲哚(**10**)的缩合反应。虽然初始发现合成路线分两步进行反应，但该工艺研发团队将其改良为一锅反应。因此将吡咯衍生物 **28** 在室温下加到 Vilsmeier 试剂 **29** 的乙腈溶液中(示意图 7-5)。甲酰化反应完成之后，所生成的中间体 **30** 与 5-氟羟基吲哚(**10**)反应，加入 KOH 粉末即可析出目标产物 **6**。过滤后以 74%的收率得到舒尼替尼的游离碱(**6**)。

97

总之，舒尼替尼马来酸(**1**)是一种多受体的酪氨酸激酶抑制剂，具有强效的抗血管生成和抗肿瘤活性。它被批准用于治疗晚期肾癌和胃肠道间质瘤，目前正在针对一些其他恶性肿瘤进行临床试验。本章对 **1** 合成路线的发现以及工艺开发方法均进行了详细讨论。

7.4 参考文献

1. Folkman, J. *N. Engl. J. Med.* **1971**, *285*, 1182-1186.
2. Roskoski, R. Jr. *Crit. Rev. Oncol. Hematol.* **2007**, *62*, 179-213.
3. Cherrington, J. M.; Strawn, L. M.; Shawver, L. K. *Adv. Cancer Res.* **2000**, *79*, 1-38.
4. Faivre, S.; Djelloul, S.; Raymond, E. *Semin. Oncol.* **2006**, *33*, 407-420.
5. Atkins, M.; Jones, C. A.; Kirkpatrick, P. *Nat. Rev. Drug. Discov.* **2006**, 5, 279-280.
6. Faivre, S.; Demetri, G.; Sargent, W.; Raymond, E. *Nat. Rev. Drug Discov.* **2007**, *6*, 734-745.
7. Capdeville, R.; Buchdunger, E.; Zimmerman, J.; Matter, A. *Nat. Rev. Drug Discov.*

① psi=6 894.76 Pa。

2002, *1*, 493 - 502.

8. Wilhelm, S.; Carter, C.; Lynch, M.; Lowinger, T.; Dumas, J.; Smith, R.; Schwartz, B.; Simantov, R.; Kelley, S. *Nat. Rev. Drug Discov.* **2006**, *5*, 835 - 844.
9. FDA labeling information, www.fda.gov, accessed 11/04/2009.
10. Jemal, A.; Siegel, R.; Ward, E.; Hao, Y.; Xu, J.; Thun, M. *J. CA Cancer J. Clin.* **2009**, *59*, 225 - 249.
11. Cohen, H. T.; McGovern, F. J. *N. Engl. J. Med.* **2005**, *353*, 2477 - 2490.
12. Hurwitz, H.; Fehrenbacker, L.; Novotny, W.; Cartwright, T.; Hainsworth, J.; Heim, W.; Berlin, J.; Baron, A.; Griffin, S.; Holmgren, E.; Ferrara, N.; Fyfe, G.; Rogers, B.; Ross, R.; Kabbinavar, F. *N. Engl. J. Med.* **2004**, *350*, 2335 - 2342.
13. Ferrara, N.; Hillan, K. J.; Gerber, H.-P.; Novotny, W. *Nat. Rev. Drug Discov.* **2004**, *3*, 391 - 400.
14. Sun, L.; Tran, N.; Tang, F.; App, H.; Hirth, P.; McMahon, G.; Tang, C. *J. Med. Chem.* **1998**, *41*, 2588 - 2603.
15. Sun, L.; Tran, N.; Liang, C.; Tang, F.; Rice, A.; Schreck, R.; Waltz, K.; Shawver, L. K.; McMahon, G.; Tang, C. *J. Med. Chem.* **1999**, *42*, 5120 - 5130.
16. Sun, L.; Liang, C.; Shirazian, S.; Zhou, Y.; Miller, T.; Cui, J.; Fukuda, J. Y.; Chu, J.-Y.; Nematalla, A.; Wang, X.; Chen, H.; Sistla, A.; Luu, T. C.; Tang, F.; Wei, J.; Tang C. *J. Med. Chem.* **2003**, *46*, 1116 - 1119.
17. Mendel, D. B.; Laird, A. D.; Xin, X.; Louie, S. G.; Christensen, J. G.; Li, G.; Schreck, R. E.; Abrams, T. J.; Ngai, T. J.; Lee, L. B.; Murray, L. J.; Carver, J.; Chan, E.; Moss, K. G.; Haznedar, J. O.; Sukbuntherng, J.; Blake, R. A.; Sun, L; Tang, C.; Miller, T.; Shirazian, S.; McMahon, G.; Cherrington, J. M. *Clin. Cancer Res.* **2003**, *9*, 327 - 337.
18. Thompson Coon, J. S.; Liu, Z.; Hoyle, M.; Rogers, G.; Green, C.; Moxham, T.; Welch, K.; Stein, K. *Br. J. Cancer*, **2009**, *101*, 238 - 243.
19. Demetri, G. D.; van Oosterom, A. T.; Garrett, C. R.; Blackstein, M. E.; Shah, M. H.; Verweij, J.; McArthur, G.; Judson, I. R.; Heinrich, M. C.; Morgan, J. A.; Desai, J.; Fletcher, C. D.; George, S.; Bello, C. L.; Huang, X.; Baum, C. M.; Casali, P. G. *Lancet* **2006**, *368*, 1329 - 1338.
20. Tang, P. C.; Miller, T.; Li, X.; Sun, L.; Wei, C. C.; Shirazian, S.; Liang, C.; Vojkovsky, T.; Nematalla, A. S.; WO 01/060814, **2001**.
21. Fisher, H. *Organic Synthesis*, Wiley: New York, **1943**, 2: 202.
22. Treibs, A.; Hintermeier, K. *Chem. Ber* **1954**, *86*, 1167.
23. Manley, J. M.; Kalman, M. J.; Conway, B. G.; Ball, C. C.; Havens, J. L.; Vaidyanathan, R. *J. Org. Chem.* **2003**, *68*, 6447 - 6450.
24. Vaidyanathan, R. In *Process Chemistry in the Pharmaceutical Industry*, Ed. Braish, T. and Gadamasetti, K. CRC Press, Boca Raton, Fl, **2008**, 49 - 63.
25. Jin, Q.; Mauragis, M. A.; May, P. D. WO 03/070725, **2003**.
26. Vaidyanathan, R.; Kalthod, V. G.; Ngo, D. P.; Manley, J. M.; Lapekas, S. P. *J. Org. Chem.* **2004**, *69*, 2565 - 2568.
27. Havens, J. L.; Vaidyanathan, R. U.S. Pat. 06/0009510, **2006**.

98

8 硼替佐米(万柯)：一类新型的蛋白酶体抑制剂

Benjamin S. Greener 和 David S. Millan

1

美国通用名: Bortezomib
商品名: Velcade®
公司: Millennium Pharmaceuticals
上市时间: 2003

8.1 背景

硼替佐米(**1**,Bortezomib,前编号 PS-341),商品名：万柯(Velcade),是一种新型的静脉注射的蛋白酶体抑制剂。2003 年,美国 FDA 批准其用于患有多发性骨髓瘤(MM,multiple myeloma)且前期至少有两次以上治疗经历的患者。2007 年,FDA 批准千年制药公司(Millennium Pharmaceuticals)生产硼替佐米,将其作为多发性骨髓瘤的一线药物。多发性骨髓瘤是第二常见的血液系统疾病,它的特征是通过骨髓血浆细胞瘤性增生。每 100 000 个人中就有 2 到 3 个人患有多发性骨髓瘤,中位生存期为 3 年。在硼替佐米引进之前,对 MM 的治疗主要依靠烷基化试剂(如美法仑,Melphalan)和糖皮质激素(如强的松,Prednisone)。这些药物只能延长生存时间,但不能起到治疗作用。相反,硼替佐米(**1**)在对不受控的多发性骨髓瘤的蛋白酶体抑制治疗的二期试验(SUMMIT)研究中,具有显著意义的是 192 位病人中有 35%的人对治疗产生响应。因此,硼替佐米(**1**)为这类疾病的治疗提供了一个新的希望。硼替佐米(**1**)后来又被批准用于罕见血液系统疾病的治疗,如套细胞淋巴瘤,该患者前期至少已经接受过一次治疗。最近,正在进行硼替佐米对实体肿瘤的治疗试验的评估,包括其他血液系统恶性肿瘤,尤其用于联合治疗[1-5]。

100

在近20年里,随着一些合成分子和天然产物的发现,对酶抑制剂的研究有了深一步的进展。大多数合成的蛋白酶体抑制剂是二肽或三肽,并对其端基进行修饰,使其与蛋白酶体的活性位点发生缔结作用[6-9]。MG132（**2**)是首先报道的抑制剂之一。它的端基是醛基,与蛋白酶体活性部位的苏氨酸发生可逆结合作用[10,11]。然而,MG132(**2**)这类化合物对其他蛋白酶缺少选择性,如组织蛋白酶B和钙蛋白酶,而且口服药代动力学表现不佳。特定改进后的ZL_3VS（**3**)末端接有烯基砜,与蛋白酶体发生不可逆结合作用,选择性得到了提高[12]。包含硼酸端基的MG262（**4**)的发现很可能是最大的飞跃,它的药效是醛类似物(MG132)的100倍,而且对半胱氨酸酶具有选择性[11]。硼替佐米（**1**）是对配体有效性和选择性改进的产物,它的合成路线较为简单,是一个适合用于临床研究的候选药物[11]。最近,科学家又发现另一个硼酸蛋白酶体抑制剂CEP-18770（**5**)。据报道,该化合物具有成药的潜力,对蛋白酶体活性部位有作用且具有选择性,且它对于啮齿类动物是口服生物可利用的,这可能是一个很大的进步[13]。

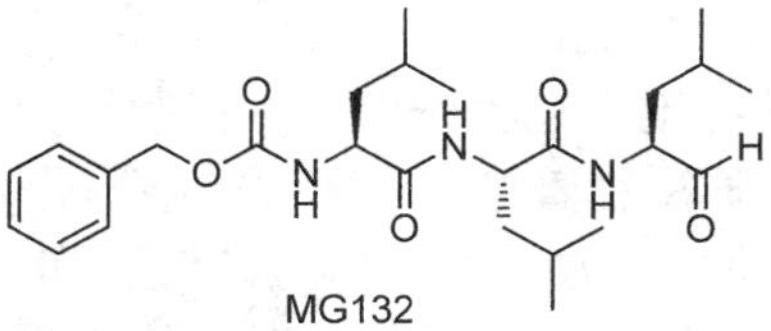

MG132
2

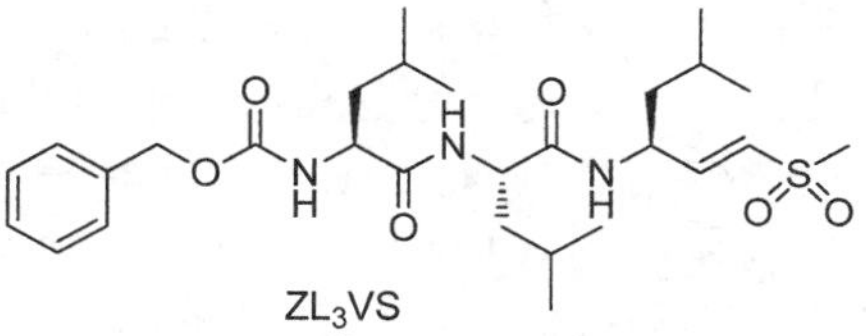

ZL_3VS
3

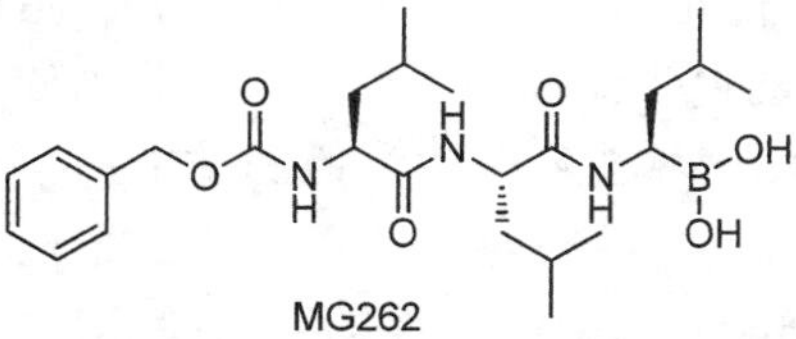

MG262
4

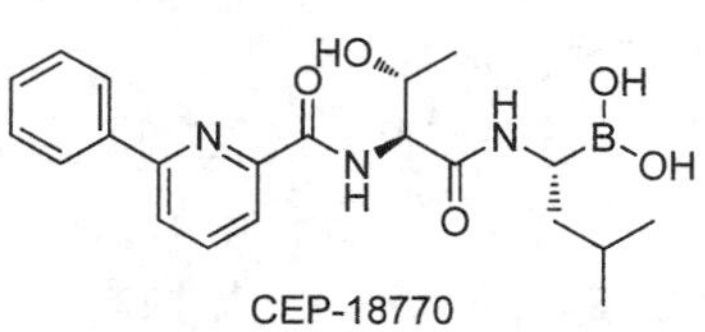

CEP-18770
5

文献中也描述了其他从天然产物中衍生的蛋白酶体抑制剂,它们之中很多都是不可逆地与蛋白酶体发生作用。卡菲偌米布(Carfilzomib,前称PR-171,**6**）是一种环氧酮肽,与天然产物Epoxomicin（**7**）相类似。它最近正用于复发性实体肿瘤病人的二期临床试验,包括非小细胞肺癌、小细胞肺癌、卵巢癌和肾癌。同时,它还作为单药试剂用于MM患者的二期临床试验[14]。乳胞素（**8**)是链霉菌的天然代谢产物。乳胞素的药理活性是通过非酶作用转化为化合物**9**来实现的。**9**被认为通过它的内酯羰基开环作用,与蛋白酶体的活性部位的苏氨酸残基发生作用[8]。环丁内酯(NPI-0052,**10**）是一个与之相关的β内酯,该内酯正在进行针对非小细胞肺癌、胰腺癌和黑素瘤等Ib期临床试验的联合治疗[9]。

101

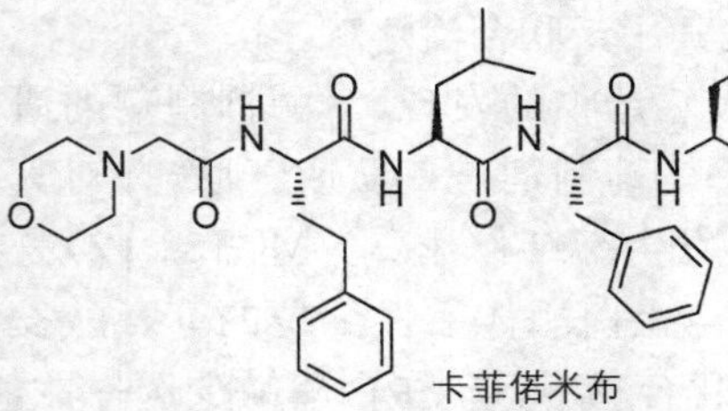

卡菲佐米布
(PR-171)
6

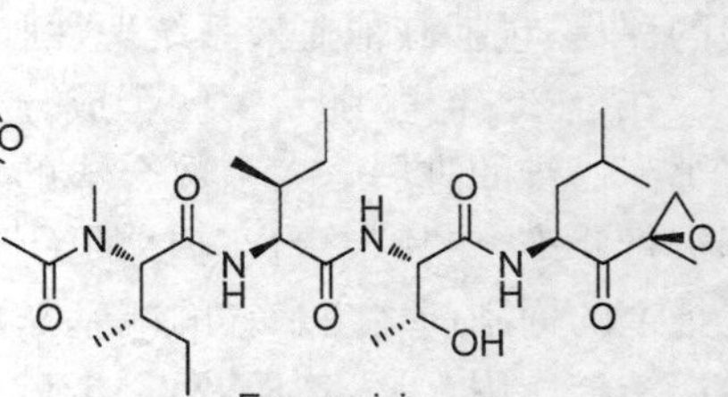

Epoxomicin
7

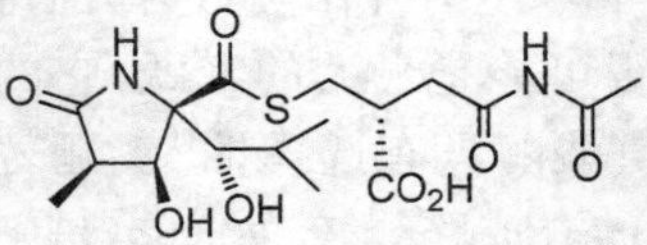

乳胞素
8

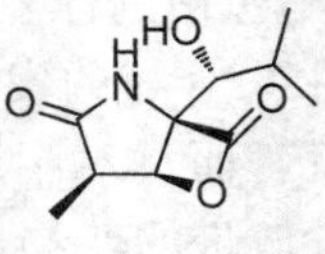

Omuralide
9

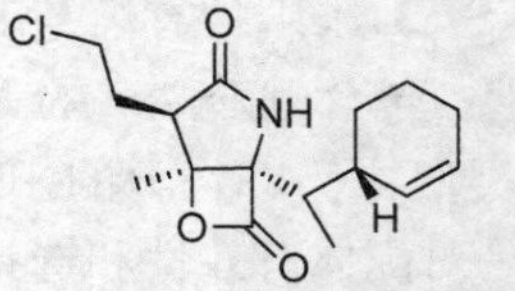

环丁内酯
(NPI-0052)
10

8.2 药理学

蛋白质合成和降解高度调节细胞过程，这对正常细胞的分裂和存活是至关重要的。许多构成癌变和癌细胞增殖的细胞内过程是由一些控制细胞分裂的蛋白质不平衡代谢造成的。这些蛋白质控制着细胞分裂（如细胞周期蛋白）、细胞死亡（如促凋亡细胞 Bax）、肿瘤抑制（如 p53）和应激反应（如 NF-κB）。在正常的健康细胞中，许多细胞内的蛋白由于损坏、错误折叠或瞬态信号分子的干扰而需要被降解，通过泛素标记靶向它们，在多催化性 26S 蛋白酶作用下进行蛋白水解。26S 蛋白酶体是圆筒形结构，由含有 20S 催化核心的结构组成，有着与半胱天冬酶、胰蛋白酶、胰凝乳蛋白酶类似的功能。该催化核心两端覆盖有两个 19S 调节亚基，它们主要用来导向泛素标记的蛋白进入酶复合物。硼替佐米（**1**）优先抑制具有胰凝乳蛋白酶活性的蛋白酶体，导致促凋亡蛋白在细胞中积累，最终导致细胞凋亡和细胞死亡[2,3]。它与蛋白酶体复合物紧密结合，K_i 值达到 620 pmol/L。硼替佐米（**1**）也显示了对其他蛋白酶显著的选择性（表 8-1）[11]。

102

表 8-1　硼替佐米(1)的药效和选择性数据

酶	K_i/(nmol/L)
20S 蛋白酶	0.62
人白细胞弹性蛋白酶	2 300
人组织蛋白 G 酶	630
人胰凝乳蛋白酶	320
凝血酶	13 000

通过对蛋白酶的抑制作用，硼替佐米(**1**)稳定了 IκB 因子，活化了 c-Jun-端激酶，同时还稳定了细胞周期蛋白依赖的激酶抑制子 p21 和 p27、肿瘤抑制子 p53 和促细胞凋亡蛋白[8]。硼替佐米(**1**)的药理学特性显示其对国家癌症研究所 60 种癌症细胞均具有实质性活性[15]。硼替佐米(**1**)在肿瘤异种移植小鼠体内也表现出明显的药效，显著抑制肿瘤生长，而且一些老鼠还表现出肿瘤完全消退的迹象。从这些小鼠上切除的肿瘤研究表明，硼替佐米(**1**)可以诱导肿瘤细胞凋亡并减少血管生成[16]。

8.3　构效关系 (SAR)

早在 1993 年，肽醛，如 MG132 (**2**)，就首次作为蛋白酶体抑制剂来进行研究[10]。ProScript 公司(千年制药公司下属机构)的研究人员选择蛋白酶体抑制剂 MG132 (**2**)，并试图通过扫描每个氨基酸残基来优化肽键部分。他们得出结论，亮氨酸最优处于 P1 位，而体积更大的、亲脂性的非天然氨基酸处于 P2 和 P3 位更有优势。然而，对于其他筛选序列中的内源性蛋白酶，选择性不好，不能用于进一步的系列筛选研究。而且，与醛基相邻的基团缺少构型稳定性，这促使寻找另一个可替代的先导化合物以便进一步研究。在表 8-2 中设计并合成了几个可逆和不可逆的与蛋白酶体结合的先导化合物(**11～14**，表 8-2)，但这导致药效普遍降低。在化合物 MG262(**4**)引进了硼酸官能团，其药效增加了 100 倍，关键是它对半胱氨酸蛋白酶表现了一定的选择性。它之所以能与蛋白酶强有力地结合，是由于硼原子上的空 p-轨道可以接受苏氨酸残基的孤对电子，从而形成了一个稳定且可逆的四面体复合物。它对半胱氨酸蛋白酶的选择性主要决定于半胱氨酸上的巯基和硼原子之间的弱相互作用。但是，还需要提高对普通丝氨酸蛋白酶的选择性，以及改善可接受口服的药代动力学特性。为了降低药物的分子量，对化合物 **4** 进行了不同程度的剪切，从而设计并合成了一系列化合物，如 **15** 和 **1**。它们保持了原来蛋白酶的药效，关键是它们对丝氨酸蛋白酶还具有选择性，如胰凝乳蛋白酶和弹性蛋白酶。这些工作最终确认了药效较高且有选择性的硼替佐米(**1**)[11]。

表 8-2　SAR 构效研究导向的硼替佐米(**1**)

化合物	结　　构	K_i/(nmol/L)
MG132 (**2**)	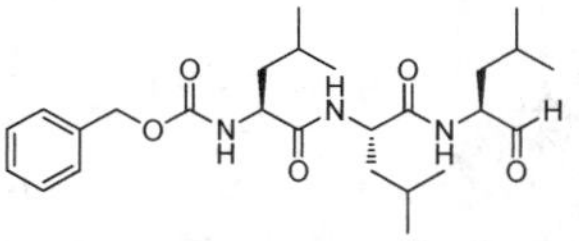 O; N H; O; O; H N; O; N H; H; O	4

续 表

化合物	结　　构	K_i/(nmol/L)
11	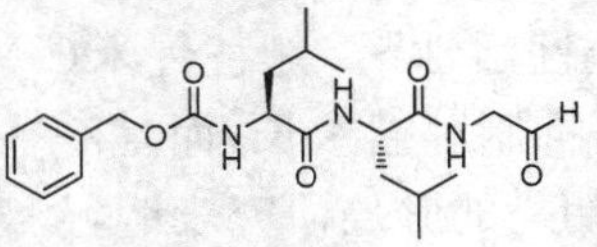	3 800
12	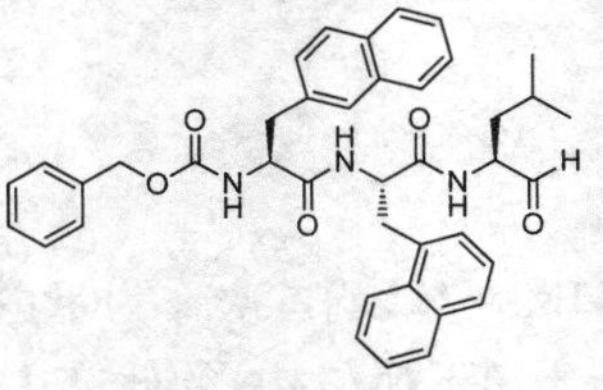	0.015
13	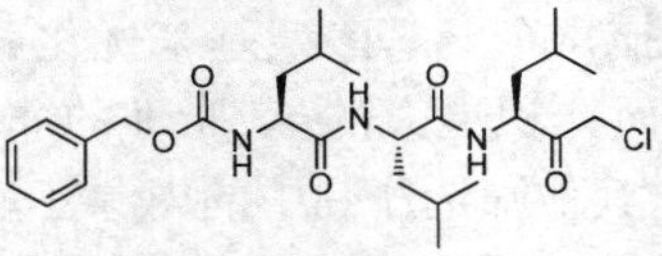	22 000
14	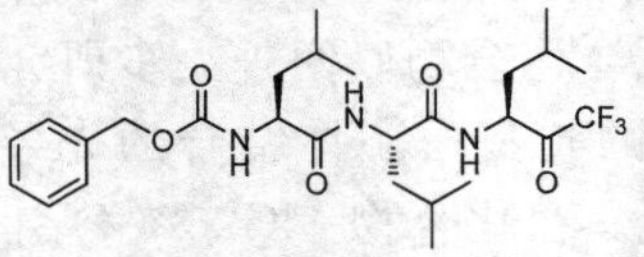	1 400
MG262 (**4**)	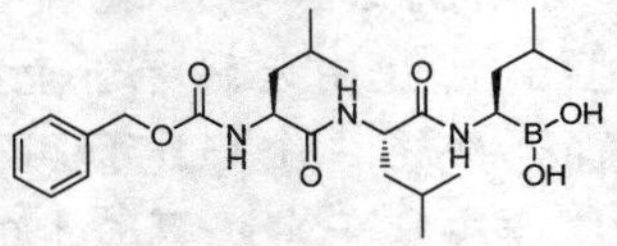	0.03
15	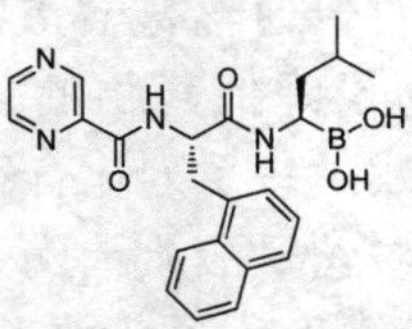	0.18
1	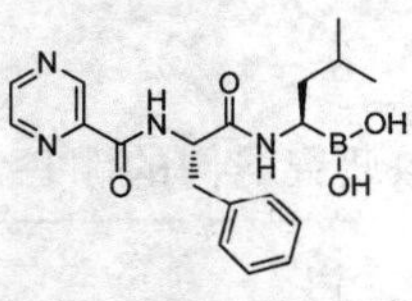	0.62

104

8.4 药代动力学和药物代谢

硼替佐米(**1**)的临床前药代动力学过程已经在小鼠的静脉注射试验中展

开研究。当注射剂量为0.8 mg/kg时，血药半衰期为98 h。由于102 L/kg过大的分布体积和14 mL/(min·kg)的低总清除率，因此半衰期长。口服生物利用度为11%，这意味着(**1**)在小鼠胃肠道吸收不好[13]，尽管Caco-2细胞实验表明该化合物具有良好的细胞通透性(渗透系数～10×10^{-6} cm/s)，流出比例<2(Papp B-A/Papp A-B)。几个在小鼠体内的临床前研究也发现了硼替佐米(**1**)在肿瘤细胞中有趣的分布差异。例如，在带有前列腺细胞系(CWR22)和肺细胞系(H460)的小鼠异种移植模型中，观察到两者全血c_{max}相似，但是CWR22异种移植瘤体中的c_{max}更高，两者相差五倍。这种不一致性也体现在瘤体中抑制蛋白酶的药代动力学标志物上。这种分布的不同也许可以解释为在特定的异种移植模型中该化合物尽管在体外活性很好，但在体内活性缺乏，这可能有临床有意义[17]。在小鼠体内的另一项研究表明硼替佐米(**1**)快速且广泛分布于外周组织，但在中枢神经系统中分布很少。观察到的最高分布水平是在肝脏和胃肠道，皮肤和肌肉中分布水平较低。使用放射性硼替佐米(**1**)的胆管插管大鼠实验表明大多数放射性物质排泄到胆汁[15]。

据报道，静脉注射后的人体内的血浆代谢动力学与在小鼠中观察到的一致。一个快速分布阶段，使得分布容积达到5～12 L/kg，一个延长的消除阶段，半衰期为6～12 h。按一天一次的剂量，总血浆清除率是14 mL/(min·kg)。人血浆蛋白与硼替佐米(**1**)的结合率平均为83%。在多剂量给药研究中，人们已经注意到硼替佐米(**1**)的清除率与第1天相比，第8天减小到1/3～1/2，这使得半衰期延长至19 h。硼替佐米(**1**)主要由细胞色素P450同工酶代谢(3A4, 2C19和1A2)，导致硼的氧化损失以及代谢物蛋白酶失活。硼替佐米(**1**)和其主要代谢产物对P450有非常弱的抑制作用，因此不太可能导致P450介导的药物相互作用[1]。

8.5 药效和安全性

硼替佐米(**1**)是一种有效的胰凝乳蛋白酶样活性的20S蛋白酶抑制剂，对多种血癌均有活性和可被控制的副作用。硼替佐米(**1**)单一用药疗效首先在针对患有不同的血癌患者的Ⅰ期临床试验中被发现。接下来做了Ⅱ期试验即对硼替佐米治疗复发性骨髓瘤试验的临床反应和疗效的研究(Treatment of Relapsing Multiple Myeloma, CREST)和较大规模的SUMMIT试验。CREST试验研究了硼替佐米(**1**)的两种剂量(1.3 mg/m^2和1.0 mg/m^2)，在必要的时候也用了地塞米松(Dexamethasone)，结果显示有效率分别为50%和37%。在临床试验中也发现了副作用，包括骨髓抑制、血小板减少症、胃肠道症状，以及外周感觉神经性疾病。在高剂量组，5年内的总生存率为45%，而低剂量组仅为32%。在较大的SUMMIT试验中，在复发型和难治型患者中采用1.3 mg/m^{2}剂量(有必要的时候用了地塞米松)进一步研究,发现其响应率达到惊人的35%。对硼替佐米(**1**)与烷基化试剂马法兰(Mephalan)和糖皮质激素受体激动剂泼尼松(Prednisone)联合治疗的疗效也进行了测试。Ⅲ期临床试验中,硼替佐米作为多发性骨髓瘤(Multiple Myeloma Assessment, VISTA)治疗的初始标准药物与马法兰和泼尼松联合用药,在治疗从未经治疗的多发性骨髓瘤患者时,硼替佐米(**1**)/马法兰/泼尼松联合用药被证明是有效的。三者联用的总响应率是71%,而马法兰/泼尼松联用的响应率是35%。重要的是,三者联用的进展时间和总存活率显著提高。然而,像神经性疾病这样的副作用发生率更高了。观察到其他常见的副作用为恶心、疲劳和腹泻,以及更严重的血小板减少症、嗜中性白细胞减少症和淋巴球减少症[1-5]。

人们广泛开展了硼替佐米(**1**)单一用药和与其他药物联合用药来治疗其他血液恶性肿瘤的一系列研究。这些药物被批准治疗套细胞淋巴瘤,有希望标志着这一类新药用途扩展的开始。硼替佐米(**1**)也已经用于治疗实体瘤。初步研究表明临床效果并不理想,但是更多的试验还在进行中[4,7]。

8.6 合成方法

硼替佐米(**1**)是苯丙氨酰亮氨酸的 *N*-酰化二肽类似物,其中硼酸基团代替了C端羧基。千年制药公司发现的合成路线在1998年由Adams等人申请了专利保护[18],而Pickersgill等人在2005年报道了工艺合成路线[19]。尽管两者都使用了同样的关键片段,而工艺路线由于在大规模操作上较为简便,所以更具优势。分离得到的中间体以盐的形式存在,且化学合成步骤的缩短,使色谱柱纯化尽可能少用。

工艺路线以硼酸蒎烷二醇酯 **16** 为起始原料。这类有机硼烷通常是在非极性溶剂如戊烷、乙醚中,与等当量的烷基硼酸和乙二醇搅拌来制备[20,21]。手性(+)-蒎烷二醇在接下来的同系化反应中作为导向基,给出α-氯代硼酸酯 **17**[22]。二氯甲烷(DCM)与二异丙基氨基锂(LDA)原位反应得到的二氯甲基锂使化合物 **16** 发生烷基化,生成中间体硼酸酯配合物 **18**[23]。通过路易斯酸催化发生烷基迁移反应,得到化合物 **17**[24]。

路易斯酸如氯化锌和氯化铁的使用,改善了原来Matteson和Ray报道的合成方法[22]。该重排反应在室温下进行,转化率得到了提高。可能更为重要的是,0.5~1.0当量的$ZnCl_2$使得由氯化锂(LiCl)引起的α-C差向异构化作用减小到最低程度[25]。当延长化合物 **17** 与反应中生成的或水溶液后处理产生的氯离子的作用时间,该反应的立体选择性降低。当LiCl与$ZnCl_2$配合,形成$LiZnCl_3$和Li_2ZnCl_4,这些物种对差向异构化的催化活性都较低[25]。将与水混溶的四氢呋喃(THF)溶液换成四叔丁基甲基醚(TBME)后,可以避免交换溶剂的蒸馏过程,该过程会降低产物的 *dr* 值。取而代之,THF作为共溶剂加入反应液中有利于反应转化率的提高，但限制了后处理中水洗液的可混溶性。化合物 **17** 的甲基环己烷溶液直接用于下一步反应。

16 —— 1) CH_2Cl_2, i-Pr_2NH, n-正己基锂, TBME, −60℃ ——> [18, Li^+] —— 2) $ZnCl_2$, TBME/THF, −50 ~ 10℃; 3) aq. H_2SO_4 ——>

17 —— LiHMDS, THF/ 甲基环己烷, −20℃ ——> 19

—— TFA, 异丙醚, −10℃, 62%(多于3步) ——> 20 (H_3N^+, CF_3COO^-)

化合物 **17** 与六甲基二硅氮烷锂盐(LiHMDS)发生亲核取代反应，得到硅基氨基硼酸酯 **19**[26]。在其脱硅基反应之前，**19** 的溶液先过一根短硅胶柱。脱完硅基后，得到非衍生化的 α－氨基硼酸酯[26]，由于它很不稳定，用三氟乙酸(TFA)反应得到 **19** 相应的 TFA 盐[27]。在 TFA 和异丙醚中第二次重结晶可进一步提高产物的光学纯度。该典型的工艺路线得到的非对映异构体选择性(dr)都大于 97∶3。

手性铵盐 **20** 在四甲基脲四氟硼盐(TBTU)作用下，与 N－Boc－L－苯丙氨酸反应，得到 Boc 保护的二肽 **22**[28]。该二肽的乙酸乙酯溶液先通过共沸除水，再通入气体 HCl，除去 Boc 基团，得到化合物 **23**。通过结晶，可以除去任何在肽偶联反应中生成的三肽杂质。第二步肽偶联反应使用了 2－吡嗪羧酸 **24** 和 TBTU，得到化合物 **25**。最后，在酸性条件下，加异丁基硼酸除去硼酸酯部分。重新生成的硼酸蒎烷二醇酯可以用于另一批反应。从乙酸乙酯中结晶得到的是硼替佐米以硼酸酸酐的形式存在。该路线的总收率为 35%，纯度(质量分数)大于 99%。

烷基硼酸的相对不稳定性以及在温和的脱水条件下成酸酐的趋势对它用作药物试剂造成了障碍[29]。获得和储存分析纯形式的药物是非常重要的。为了解决这些问题，以酸酐形式存在的硼替佐米 **26** 在包含 D－甘露醇的水溶液中冻干，得到了化合物 **27**，该结构比酸酐形式储存更加稳定[30]。化合物 **27** 在使用之前，溶解于盐水中，再生成硼替佐米(**1**)。

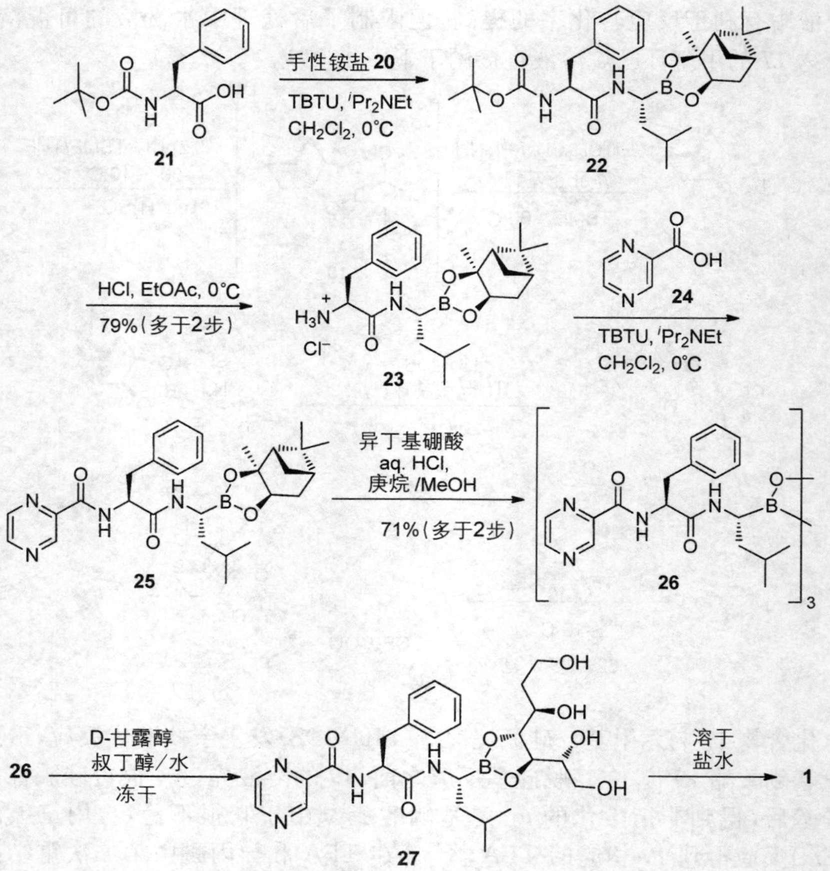

21 → 手性铵盐 20, TBTU, $^{i}Pr_2NEt$, CH_2Cl_2, 0°C → 22

HCl, EtOAc, 0°C, 79%(多于2步) → 23

24, TBTU, $^{i}Pr_2NEt$, CH_2Cl_2, 0°C → 25

异丁基硼酸, aq. HCl, 庚烷/MeOH, 71%(多于2步) → $[26]_3$

108

26 → D-甘露醇, 叔丁醇/水, 冻干 → 27 → 溶于盐水 → 1

文献中很少报道可代替的硼替佐米(**1**)的合成路线。Lvanov 等人提出了一条更具会聚性的合成路线,他们使用 *N*-吡嗪基-L-苯丙氨酸 **28** 作为底物,TBTU 为偶联剂,与氨基硼酸酯 **20** 发生偶联反应[31]。实验表明,TBTU 的使用可以降低外消旋化作用。最后,该线性的合成路线应用于大规模生产。

直到最近,Matteson 等报道,手性氨基硼酸的合成受到了限制。Beenen 和他的同事们报道了不对称铜催化的 *N*-叔丁基亚磺酰亚胺合成 α-氨基硼酸酯的反应[32]。在化合物 **29** 中加入联硼酸片呐醇酯,得到 *N*-亚磺酰基-α-氨基硼酸酯 **30**,产率 74%,$dr>98:2$。再断裂 *N*-磺酰键,得到化合物 **31**,最后进一步成功合成硼替佐米(**1**)。

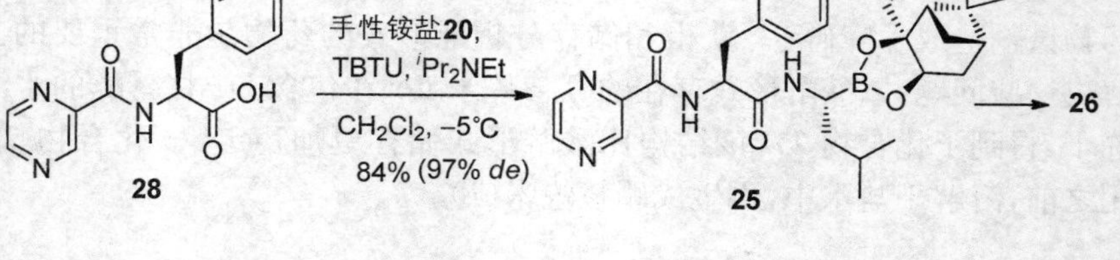

109

28 → 手性铵盐20, TBTU, $^{i}Pr_2NEt$, CH_2Cl_2, −5°C, 84% (97% *de*) → 25 → 26

5 % (ICy)CuO*t*-Bu
benzene, 74%

29　30

4 mol/L, 二噁烷
MeOH, 二噁烷
93%

31

8.7　参考文献

1. Popat, R.; Joel, S.; Oakervee, H.; Cavenagh, J. *Expert Opin. Pharmacother.* **2006**, *7*, 1337 - 1346.
2. Albanell, J.; Adams, J. *Drugs Fut.* **2002**, *27*, 1079 - 1092.
3. Adams, J. *Cancer Cell* **2003**, *5*, 417 - 421.
4. Richardson, P. G. *Expert Opin. Pharmacother.* **2004**, *5*, 1321 - 1331.
5. Paramore, A.; Frantz, S. *Nat. Rev. Drug Disc.* **2003**, *2*, 611 - 612.
6. Voorhees, P. M.; Orlowski, R. Z. *Ann. Rev. Pharmcol. Toxicol.* **2006**, *46*, 189 - 213.
7. Yang, H.; Zonder, J. A.; Dou, Q. P. *Expert Opin. Investig. Drugs* **2009**, *18*, 957 - 971.
8. Huang, L; Chen, C. H. *Curr. Med. Chem.* **2009**, *16*, 931 - 939.
9. Bennett, M. K.; Kirk, C. J. *Curr. Opin. Drug Disc. Dev.* **2008**, *11*, 616 - 625.
10. Tsubuki, S.; Kawasaki, H.; Saito, Y.; Miyashita, N.; Inomata, M.; Kawashima, S. *Biochem. Biophys. Res. Commun.* **1993**, *196*, 1195 - 1201.
11. Adams, J.; Behnke, M.; Chen, S.; Cruickshank, A. A.; Dick, L. R.; Grenier, L.; Klunder, J. M.; Ma, Y.-T.; Plamondon, L.; Stein, R. L. *Bioorg. Med. Chem. Lett.* **1998**, *8*, 333 - 338.
12. Bogyo, M.; McMaster, J. S.; Gaczynska, M.; Tortorella, D.; Goldberg, A. L.; Ploegh, H. *Proc. Natl. Acad. Sci. U. S. A.* **1997**, *94*, 6629 - 6634.
13. Dorsey, B. D.; Iqbal, M.; Chatterjee, S.; Menta, E.; Bernadini, R.; Bernareggi, A.; Cassara, P. G., D'Arasmo, G.; Ferretti, E.; De Munari, S.; Oliva, A.; Pezzoni, G.; Allievi, C.; Strepponi, I.; Ruggeri, B.; Ator, M. A.; Williams, M.; Mallamo, J. P. *J. Med. Chem.* **2008**, *51*, 1068 - 1072.
14. Kuhn, D. J.; Chen, Q.; Voorhees, P. M.; Strader, J. S.; Shenk, K. D.; Sun, C. M.; Demo, S. D.; Bennett, M. K.; van Leeuwen, F. W. B.; Chanan-Khan, A. A.; Orlowski, R. Z. *Blood* **2007**, *110*, 3281 - 3290.
15. Adams, J.; Palombella, V. J.; Sausville, E. A.; Johnson, J.; Destree, A.; Lazarus, D. D.; Maas, J.; Pien, C. S.; Prakash, S.; Elliott, P. J. *Cancer Res.* **1999**, *59*,

2615 - 2622.
16. LeBlanc, R.; Catley, L. P.; Hideshima, T.; Lentzsch, S.; Mitsiades, C. S.; Mitsiades, N.; Neuberg, D.; Goloubeva, O.; Pien, C. S.; Adams, J.; Gupta, D.; Richardson, P. G.; Munshi, N. C.; Anderson, K. C. *Cancer Res*. **2002**, *62*, 4996 - 5000.
17. Williamson, M. J.; Silva, M. D.; Terkelsen, J.; Robertson, R.; Yu, L.; Xia, C.; Hatsis, P.; Bannerman, B.; Babcock, T.; Cao, Y.; Kupperman, E. *Mol. Cancer Ther*. **2009**, *8*, 3234 - 3243.
18. Adams, J.; Ma, Y.; Stein, R.; Baevsky, M.; Grenier, L.; Plamondon, L. U.S. Pat. 5,780,454, **1998**.
19. Pickersgill, I. F.; Bishop, J. E.; Koellner, C.; Gomez, J.; Geiser, A.; Hett, R.; Ammoscato, V.; Munk, S.; Lo, Y.; Chiu, F.; Kulkarni, V. R. US 2005/0240047, **2005**.
20. Brown, H. C.; Bhat, N. G.; Somayaji, V. *Organometallics*, **1983**, *2*, 1311 - 1316.
21. Janca, M.; Dobrovolny, P. WO 2009/004350, **2009**.
22. Matteson, D. S.; Ray, R. *J. Am. Chem. Soc.* **1980**, *102*, 7590 - 7591.
23. Matteson, D. S.; Majumdar, D. *J. Am. Chem. Soc.* **1980**, *102*, 7588 - 7590.
24. Matteson, D. S.; Sandu, K. M. U.S. Pat. 4,525,309, **1985**.
25. Matteson, D. S.; Erdik, E. *Organometallics* **1983**, *2*, 1083 - 1088.
26. Matteson, D. S.; Sadhu, K. M.; Lienhard, G. E. *J. Am. Chem. Soc.* **1981**, *103*, 5241 - 4242.
27. Shenvi, A. B. US 4,537,773 (1985).
28. Knorr, R.; Trzeciak, A.; Bannwarth, W.; Gillessen, D. *Tetrahedron Lett*. **1989**, *30*, 1927 - 1930.
29. Snyder, H. R.; Konecky, M. S.; Lennarz, W. J. *J. Am. Chem. Soc.* **1958**, *80*, 3611 - 3615.
30. Plamondon, L.; Grenier, L.; Adams, J.; Gupta, S. L. WO 02/059131, **2002**.
31. Ivanov, A. S.; Zhalnina, A. A.; Shishkov, S. V. *Tetrahedron* **2009**, *65*, 7105 - 7108.
32. Beenen, M. A.; An, C.; Ellman, J. A. *J. Am. Chem. Soc.* **2008**, *130*, 6910 - 6911.

9 帕唑帕尼（Votrient）：一种 VEGFR 的酪氨酸激酶抑制剂

111

Ji Zhang 和 Jie Jack Li

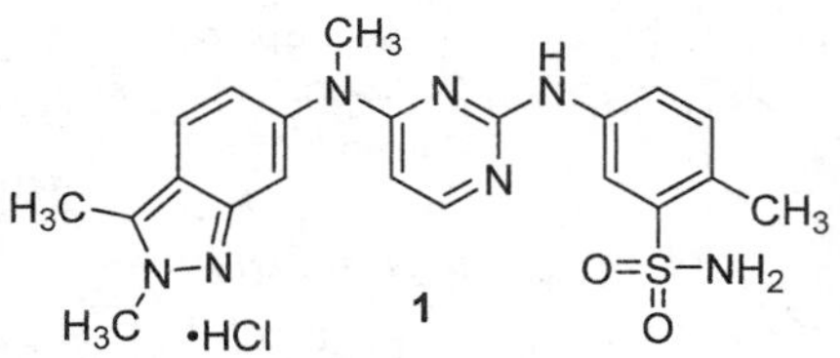

1

美国通用名：Pazopanib
商品名：Votrient®
公司：GlaxoSmithKline
上市时间：2010

9.1 背景

据美国癌症协会报道[1]，从 2005 年起，癌症超过心脏病成为美国的头号杀手。此外，由世界卫生组织（WHO）发布的最新文件得知，到 2010 年癌症将成为这个世界上导致死亡的主要原因[2]。一个不同于其他疾病的关键特征是，癌症被诊断为晚期的时候就将是不治之症。2002 年，全球估计有 20.8 万例新增肾癌被确诊。预计仅 2009 年美国大约有 5.77 万人被确诊为肾癌，并且 1.3 万人将死于这种疾病。早期的预防、诊断以及治疗是抵御这种疾病的最好方法。由于实体肿瘤在血管生长过程中需要营养物质和氧源，通过阻碍血管的形成，能防止后续的肿瘤增生。因此，抑制血管内皮生长因子（VEGF）的信号通路将成为抗肿瘤最有前景和最吸引人的一种策略[3]。相较于传统化疗的地毯式轰炸，血管内皮生长因子受体（VEGFR）的酪氨酸激酶抑制剂提供了一种更温和、更有效的癌症疗法[4]。

112

2001 年，在第一个获得美国食品药品监督管理局（FDA）批准后上市的小分子酪氨酸激酶抑制剂——伊马替尼（**2**，Gleevec）[5]出现后，包括基于嘧啶的酪氨酸激酶抑制剂——达沙替尼（**3**，Sprycel）[6]、尼洛替尼（**4**，Tasigna）[7]（图 9-1）

和基于喹唑啉的酪氨酸激酶抑制剂——吉非替尼(**5**,Iressa ®)[8]、埃罗替尼(**6**,Tarceva)[9]和拉帕替尼(**7**,Tykerb)[10](图 9-2)等超过七种酪氨酸激酶抑制剂获得了 FDA 的批准。到目前为止,有将近 100 种激酶抑制剂处于临床试验的不同阶段,并且有超过 30 种 VEGFR 抑制剂处于治疗癌症的积极开发中[11]。

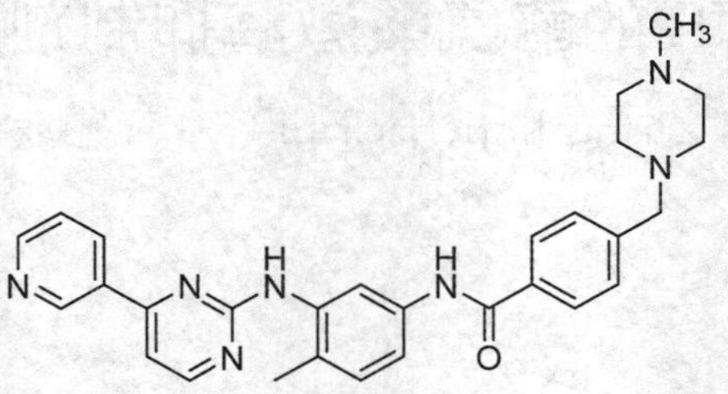

2

美国通用名: Imatinib
商品名: Gleevec®
公司: Novartis
上市时间: 2001
M.W. 493.60

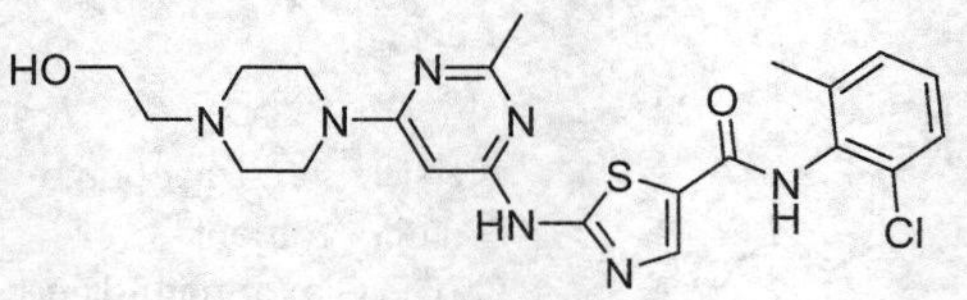

3

美国通用名: Dasatinib
商品名: Sprycel®
公司: Bristol-Myers Squibb
Launched: 2006
M.W. 488.01

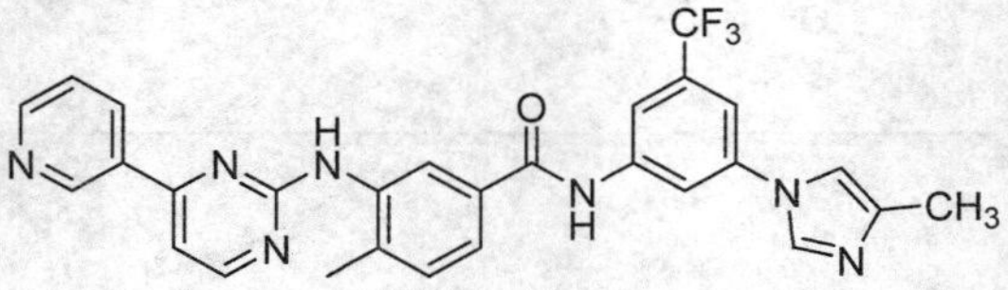

4

美国通用名: Nilotinib
商品名: Tasigna®
公司: Novartis
上市时间: 2007
M.W. 529.52

图 9-1 基于嘧啶受体的酪氨酸激酶抑制剂

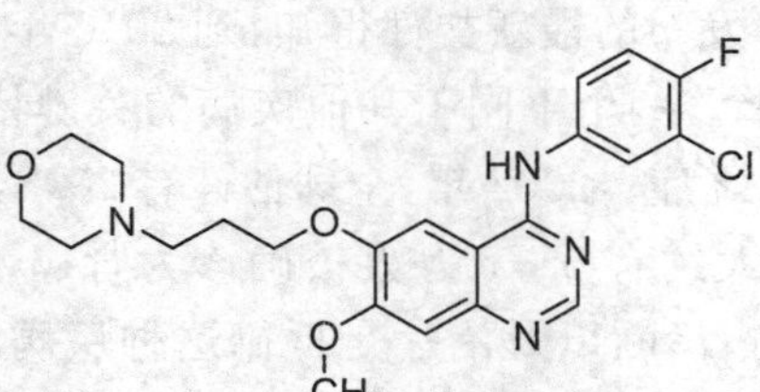

5

美国通用名: Gefitinib
商品名: Iressa®
公司: AstraZeneca
上市时间: 2003
M.W. 446.91

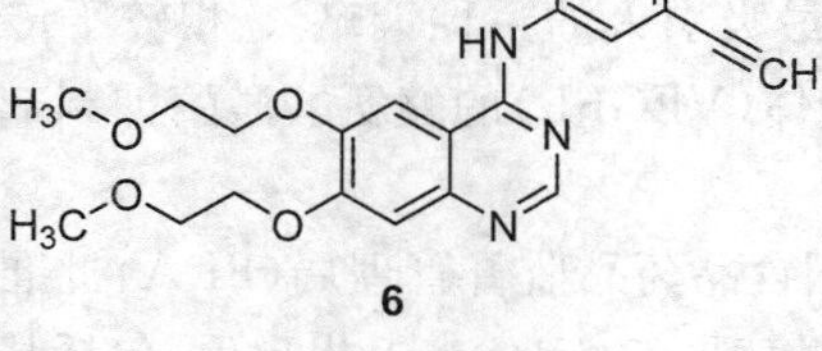

6

美国通用名: Erlotinib
商品名: Tarceva®
公司: OSI Pharmaceuticals
上市时间: 2004
M.W. 429.90 (HCl salt)

图 9-2 基于喹唑啉的酪氨酸激酶抑制剂

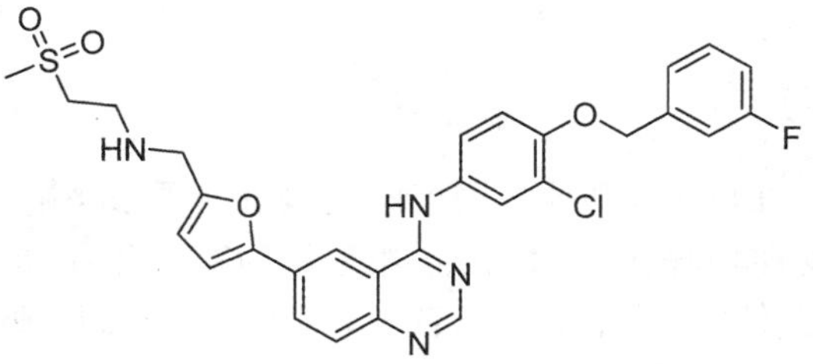

7

美国通用名：Lapatinib
商品名：Tykerb®
公司：GlaxoSmithKline
上市时间：2007
M.W. 581.06

图 9-2(续)

帕唑帕尼(**1**, Pazopanib)[12]，商品名：Votrient，原始编号 GW-786034，是葛兰素史克公司(GSK)开发的第二代 VEGFR 酪氨酸激酶抑制剂。这个化合物在 2010 年被美国 FDA 批准上市，并且冠以 Votrient 之名，用于治疗晚期肾细胞癌（renal cell carcinoma，RRC），这是一种最普遍的肾恶性肿瘤。在本章节里，将归纳总结帕唑帕尼(**1**)的药理机制和合成方法[13]。

113

9.2 药理学[14,15]

对一系列基于嘧啶衍生物的先导化合物进行优化，发现了帕唑帕尼(**1**)。用该化合物对 VEGFR1、VEGFR2 和 VEGFR3 进行基本筛选测试，表现出了高度有效性和高选择性的直接抑制作用，IC_{50}值分别为 10、30、47 nmol/L。这种试剂相较于碱性成纤维细胞生长因子(bFGF)的激发增殖(IC_{50}=21 nmol/L，721 nmol/L)，能更高效地抑制人脐静脉内皮细胞(HUVEC)中 VEGF 诱导的增殖，此外在那些细胞上具有浓度依赖性地抑制 VEGF 诱导的 VEGFR2 磷酸化作用(IC_{50}=7 nmol/L)。帕唑帕尼(**1**)在 HUVEC 中 VEGF 诱导的增殖选择性上分别是肿瘤细胞株和纤维母细胞的 1 400 倍和 48 倍。此外，它在基质膜和角膜的微口袋法试验中能有效地抑制血管生成。

114

另外一个很重要的特征是无论在体外还是生物体内帕唑帕尼(**1**)对多发性骨髓瘤(MM)细胞表现出强效的抗瘤活性。研究表明帕唑帕尼在体外抑制 MM 细胞的迁移、生长和存活。(用药物)对这些细胞进行处理能够抑制 VEGF 诱导的 VEGFR 磷酸化作用、阻碍下游的 Src 激酶活化，并且引起半胱氨酸蛋白酶 8(Caspase-8)和多腺苷二磷酸核糖聚合酶(PARP)的断裂。而且，帕唑帕尼治疗的细胞表现出几个转录信号转导通路，特别是对原癌基因(c-Myc)信号转录机制的下调，也包括对 c-IAP1、c-IAP2 和 Mcl1 促凋亡分子存活的下调。

另外有结果表明，帕唑帕尼(**1**)对瘤细胞致敏，影响内皮细胞与 DNA 损伤剂(美法仑，melphalan)的配合。此外，帕唑帕尼(**1**)在小鼠多发性骨髓瘤异种移植模型的体内试验中显示出抗血管生成和抗癌效应。

9.3 构效关系（SAR）[12]

葛兰素史克公司(GSK)的 Harris 和他的同事广泛地研究了帕唑帕尼(**1**)的构效关系(SAR)[15]。研究发现帕唑帕尼(**1**)在体外是最为有效地抗所有人体 VEGFR 活性的一类药物。此外这种药物在受试者身上表现出良好的口服生物利用度，当剂量为 10、5 和 1 mg/kg 时，其口服生物利用度分别为 72%、65%和 47%。

8 IC_{50} 0.6 nmol/L　　**9** IC_{50} 1.7 nmol/L

先导化合物 N,N-二(3-溴苯氨基)-5-氟-2,4-嘧啶二胺 **10**(IC_{50} ~400 nm)来自内部激酶抑制剂数据库的高通量筛选(HTS)。在最初的条件筛选中，以成纤维生长因子受体(FGFR)的晶型结构和来自喹唑啉衍生的先导化合物激酶抑制剂 **8** 和 **9** 为基础，使用一个同源模型来预测其配合结果。构象研究表明嘧啶的 C-4 位上的苯氨基是必需的，这进而衍生出嘧啶碱 **11**(IC_{50} = 6.3 nmol/L)的制备。4-甲基-3-羟苯氨基的引入使配合增加了 100 倍，不幸的是，药代动力学结果不好，大概是因为酚羟基发生了Ⅱ期糖脂化反应和硫酸酯化反应。在嘧啶碱上引入 3-甲基吲唑衍生出来的化合物 **12**，有良好的抗

115

10 IC_{50} ~ 400 nmol/L　　**11** IC_{50} 6.3 nmol/L

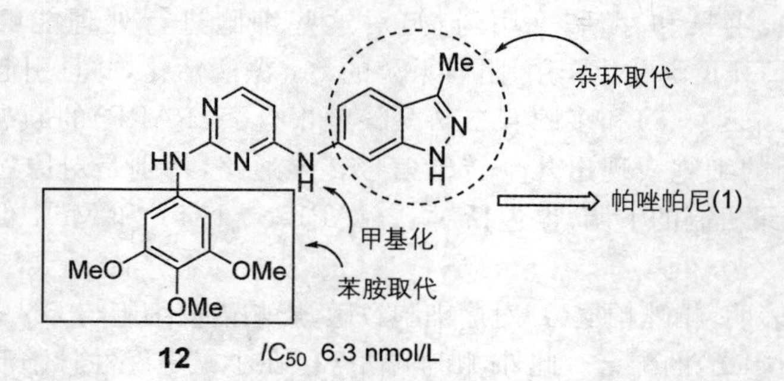

图 9-3　先导化合物的优化和帕唑帕尼的发现(1)

VEGFR2（IC_{50}＝6.3 nmol/L）和 HUVECs（IC_{50}＝0.18 μmol/L）活性，并且药代动力学结果显著改进[清除率为 16 mL/(min·kg)，在大鼠身上剂量为10 mg/kg时的口服生物利用度为 85%]。

在修饰了先导化合物 **12** 之后，人们发现含有 3-甲基吲唑和在 C-4 氨基氮上甲基化的嘧啶碱在体外和跨种属间表现出良好的药代动力学性质。用3-氨基苯磺酰胺代替 3,4,5-三甲氧基苯胺也表现出相当功效。然而，人们发现它对细胞色素(CYP)P450 同工酶有显著的抑制作用（IC_{50}<10 μmol/L），可能是因为吲唑杂环上的氮原子与 CYP450 的血红素亚铁离子的配合作用引起。为了减少这种配合作用，研究指向增加杂环的位阻效应。被确证的 2,3-二甲基吲唑衍生物 **14** 证明对 HUVECs 在细胞功效上有所改善，并且对 CYP2C19、CYP2D6 和 CYP3A4 同工酶有更好的药代动力学性质，但不包括 CYPC9。由于集中在磺酰胺和砜取代的苯胺，人们考察了嘧啶碱 C-2 位置上连有 2,3-二甲基吲唑的二级苯胺。这些努力最终确定了吲唑嘧啶碱，也就是帕唑帕尼(**1**)，其在间位上有一级磺酰胺、对位上有甲基苯胺，最终对 VEGFR 和 HUVECs 达到一个理想的综合结果：细胞功效和选择性的 IC_{50} 值分别为 0.021，0.72 μmol/L。

116

表 9-1　杂环取代对抑制作用的影响

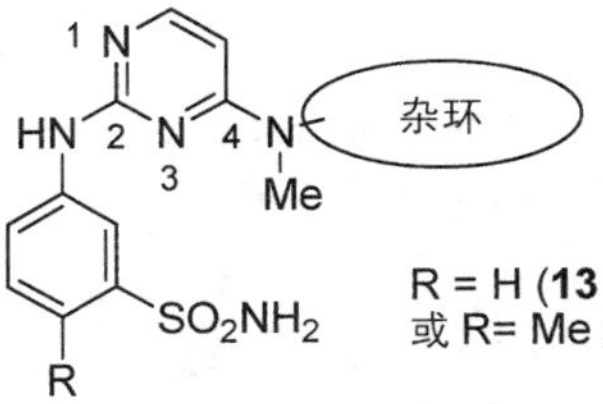

杂环

R = H (**13** ~ **19**)
或 R= Me (**1**)

化合物	VEGFR2 IC_{50} /(nmol/L)	HUVEC IC_{50} /(μmol/L)	P450 同工酶抑制率 (CYP2C9) IC_{50}/(μmol/L)
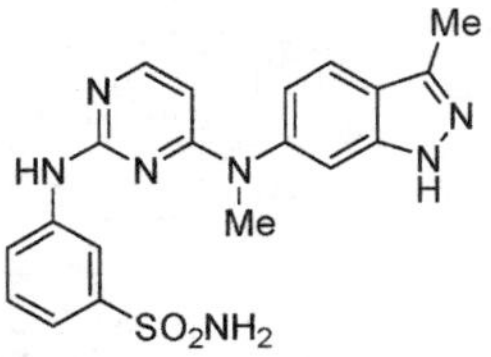 **13**	0.6	0.094	0.7
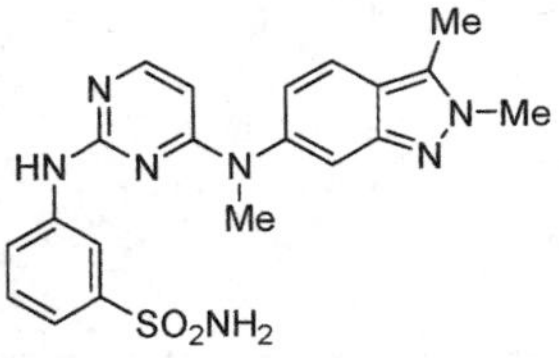 **14**	5.6	0.023	1.4

续 表

化 合 物	VEGFR2 IC_{50} /(nmol/L)	HUVEC IC_{50} /(μmol/L)	P450 同 I 酶抑制率（CYP2C9）IC_{50}/(μmol/L)
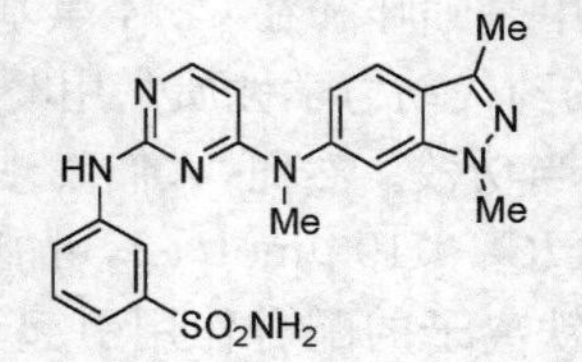 15	36	1.4	1
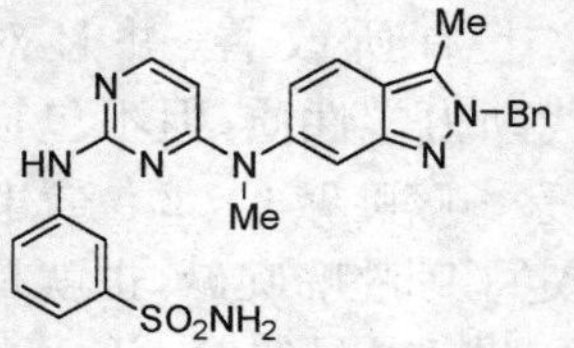 16	2.6	11	0.5
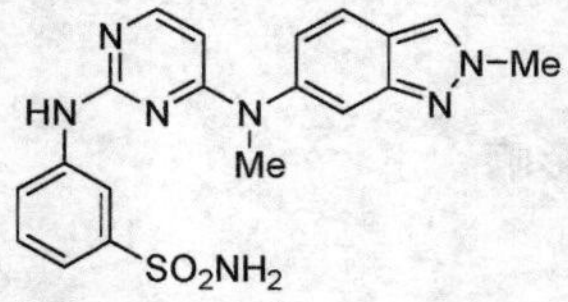 17	7.6	0.11	2.9
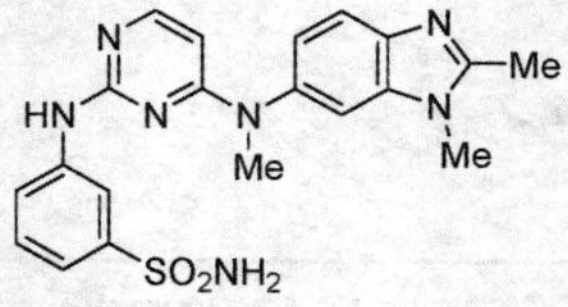 18	63	2.8	15
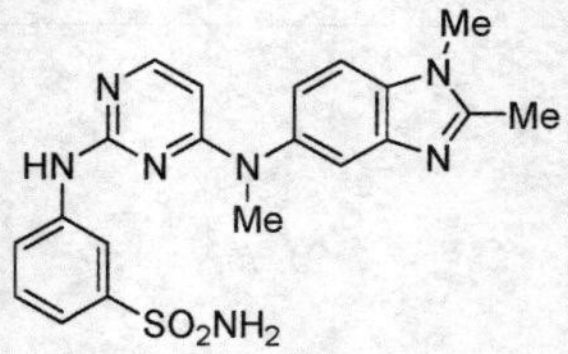 19	17	1.4	9
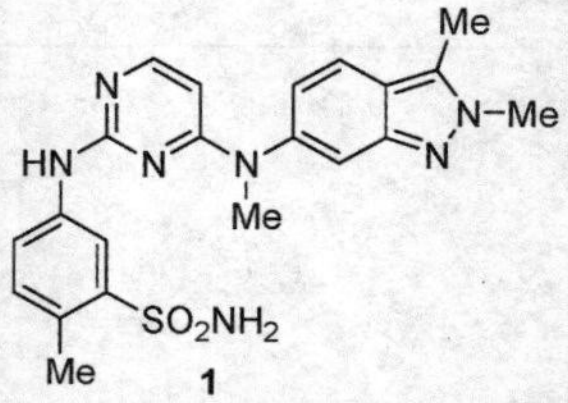 1	0.021	0.72	7.9

来源：参考文献 12。

9.4　药代动力学和药物代谢[16,17]

当大鼠、狗和猴子的用药剂量分别为 10、1 和 5 mg/kg 的时候，帕唑帕尼(**1**)的口服生物利用度分别为 72%、47%和 65%。这些属种中的体内清除率都很低[1.4～1.7 mL/(min·kg)]。在狗身上试用帕唑帕尼(1 mg/kg，静脉注射和口服)，平均最大血药峰值、AUC 值、清除率和分布容积分别为 0.8 μg/mL、5.4 μg/mL、1.4 mL/(min·kg)和 0 mL/(min·kg)。

小鼠的药代动力学药效学关联研究发现，在帕唑帕尼(30 mg/kg 口服)抑制 VEGF 诱导的 VEGFR2 磷酸化作用血药浓度高于 40 μmol/L 时可持续超过 8 h。在 1、4、8、16 和 24 h 时平均血药浓度分别为 153.9、47.5、41.1、17.4 和 4.3 μmol/L。

表 9－2　帕唑帕尼(1)的药代动力学性质

研究项目	体　内	使用的模型
AUC(Area Under the Curve)	1 141 μg·h/mL	100 mg/kg p. o.
c_{max}	128 μg/mL	100 mg/kg p. o.（鼠）
$t_{1/2}$	～35 h	50～2 000 mg/d p. o.（病人）

来源：参考文献 13a。

9.5　药效和安全性[18]

研究发现帕唑帕尼(**1**)在体内的剂量依赖性地抑制肿瘤细胞的生长，在剂量为 10 mg/(kg·d)的情况下抑制生长率为 77%，并且在携带 Caki－2 RCC 异种移植瘤的老鼠身上剂量为 100 mg/(kg·d)的情况下服用帕唑帕尼[10、30 或者 100 mg/(kg·d)口服]能够完全抑制肿瘤细胞的生长。当有多发性骨髓移植瘤的老鼠服用帕唑帕尼[30 或者 100 mg/(kg·d)口服]超过五周时，在 30 mg/(kg·d)剂量下肿瘤细胞的生长受到显著的抑制，在 100 mg/(kg·d)剂量下被完全抑制。在对照组和动物身上服药 30 或者 100 mg/(kg·d)的剂量，总生存期分别为 20、41 和 52 d。

2007 年美国临床肿瘤协会公开了 225 位患者服用帕唑帕尼的药效和安全数据。在第 12 周的独立检查中有 27%的患者部分缓解，SD 为 46%。在 12 周的时候总共有 73%的患者得到疾病控制(CR ＋ PR ＋ SD，完全缓解＋部分缓解＋稳定)。正如第 12 周的数据结果反映出来的，总缓解率和控制率在成年人随访中要更高些。

Ⅲ期临床试验(435 例患者，NCT00334282)评估了帕唑帕尼的药效和安全性。在试验中，与安慰剂相比，帕唑帕尼将肿瘤恶化或死亡的概率降低了54％，帕唑帕尼治疗组的肿瘤细胞中位无进展生存期（PFS）为9.2个月，而安慰剂治疗小组的只有4.2个月。研究表明无论患者之前有没有接受治疗，帕唑帕尼都能够明显改善患者的无进展生存期。

9.6 合成方法[12]

合成帕唑帕尼(**1**)涉及2,4-二氯嘧啶(**25**)与6-氨基-2,3-二甲基吲唑(**24**)的氨基化和5-氨基-2-甲基-苯磺酰胺(**28**)发生随后的氨基化。另一方面，6-氨基-2,3-二甲基吲唑(**24**)来自2-乙基苯胺(**20**)经过发烟硝酸和浓硫酸的5-位硝化反应，随后加入到亚硝酸异戊酯中和醋酸生成6-硝基-3-甲基吲唑(**22**)。6-位硝基在二氯化锡和浓盐酸的乙二醇二甲醚溶液中被还原，后续在丙酮溶剂中与三甲基氧鎓四氟硼酸在吲唑环的C-2位置发生甲基化反应，生成6-氨基-2,3-二甲基吲唑(**24**)。吲唑产物**24**与2,4-二氯嘧啶(**25**)在$NaHCO_3$的EtOH/THF溶液中发生缩合反应，随后加入CH_3I和Cs_2CO_3，发生*N*-甲基化反应生成**27**。然后，嘧啶的2位上的氯与5-氨基-2-甲基-苯磺酰胺(**28**)在HCl/*i*-PrOH催化下反应，加热回流条件下以较好的产率生成盐酸帕唑帕尼(**1**)，如示意图9-1所示。

119

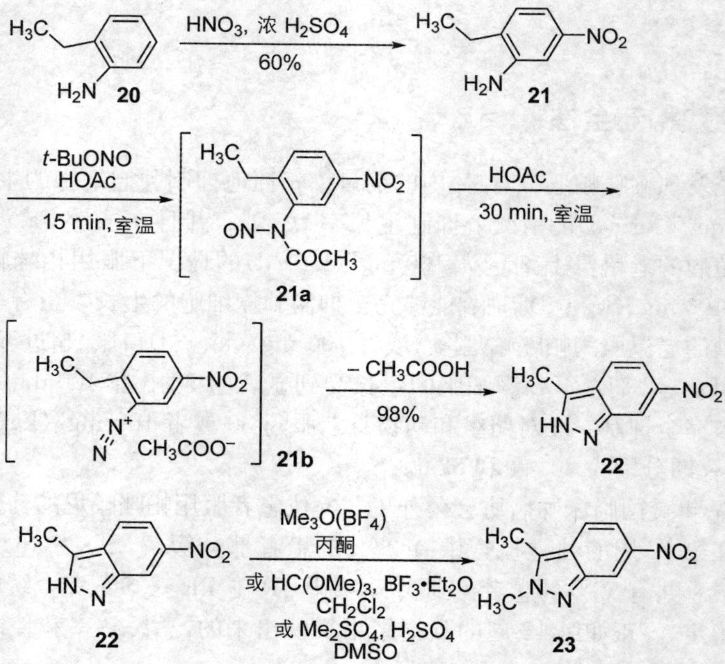

HNO_3, 浓 H_2SO_4, 60%: **20** → **21**

t-BuONO, HOAc, 15 min, 室温 → **21a**; HOAc, 30 min, 室温 → **21b**

$-CH_3COOH$, 98% → **22**

$Me_3O(BF_4)$, 丙酮 或 $HC(OMe)_3$, $BF_3\cdot Et_2O$, CH_2Cl_2 或 Me_2SO_4, H_2SO_4, DMSO: **22** → **23**

示意图9-1　帕唑帕尼(1)的合成方法

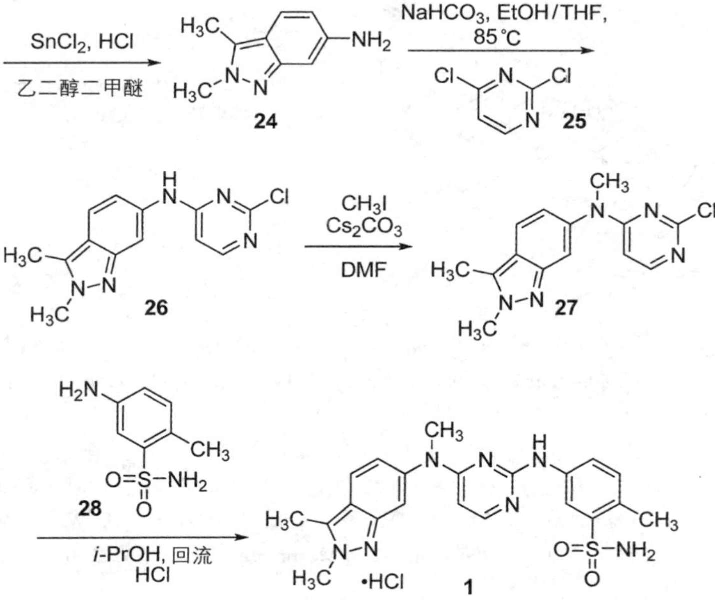

120

示意图 9-1(续)

总之，帕唑帕尼是口服的新型强效的血管内皮生长因子受体(VEGFR)抑制剂，并且被批准治疗晚期肾细胞癌(最普遍的肾恶性肿瘤)。迄今为止有超过 2 000 位患者在临床试验中接受治疗，对肾细胞癌(RCC)有强效的抗癌活性。

9.7 其他发展中的 VEGFR 抑制剂：凡德他尼（Vandetanib）[19]和西地尼布（Cediranib）[20]

几种新型的 VEGFR 抑制剂正处于开发阶段。凡德他尼(**29**，ZD-6474)刚完成Ⅲ期临床试验，如果被批准的话，将会在阿斯利康公司(AstraZeneca)上市，用于治疗晚期非小细胞肺癌。第二种发展中的 VEGFR 抑制剂是西地尼布(**30**，AZD-2171)，也是阿斯利康公司的，在Ⅲ期临床试验(在撰写本文的时候)研究的用于治疗转移性大肠癌的药物。

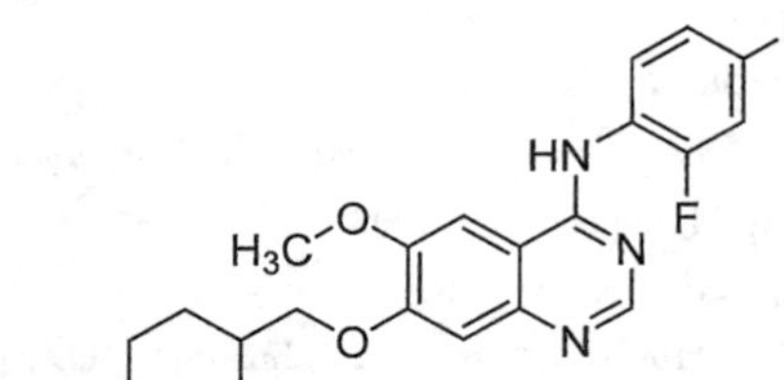

美国通用名: Vandetanib
商品名: Zactima®
公司: AstraZeneca
M.W. 511.81 (HCl 盐)

30

美国通用名: Cediranib
商品名: Recentin®
公司:AstraZeneca
M.W. 450.51

121

9.8 参考文献

1. Li, J. J. *Cancer Drugs: From Nitrogen Mustards to Gleevec* in *Laughing Gas, Viagra, and Lipitor, The Human Stories behind the Drugs We Use*, Oxford University Press: New York, **2006**, pp 3 - 42.
2. Report of World Health Organization (WHO), 2009.
3. Folkman, J. *Nat. Rev. Drug Disc.* **2007**, *6*, 273 - 286. Sellis, L. M.; Hicklin, D. J. *Nat. Rev. Cancer* **2008**, *8*, 579. Li, R.; Pourpak, A.; Morris, S. W. *J. Med. Chem.* **2009**, *52*, 4981 - 5004. Pollard, J. R.; Mortimore, M. *J. Med. Chem.* **2009**, *52*, 2629 - 2651.
4. (a) Gilbert, M.; Mousa, S.; Mousa, S. A. *Drugs Fut.* **2008**, *33*, 515 - 525. (b) Revill, P.; Mealy, N.; Bayes, M.; Bozzo, J.; Serradell, N.; Rosa, E.; Bolos, J. *Drugs Fut.* **2007**, *32*, 389 - 398. (c) Kiselyov A.; Balakin K. V.; Tkachenko S. E. *Exp. Opin. Invest. Drugs* **2007**, *16*, 83 - 107
5. *Protein-Tyrosine Kinase Inhibitors: Imatinib (Gleevec) and Gefitinib (Iressa)*, In *Contemporary Drug Synthesis*, Li, J. J.; Johnson, D. S.; Sliskovic, D. R.; Roth, B. D., John Wiley & Sons: Hoboken, **2004**, pp 29 - 38.
6. Lombardo, L. J.; Lee, F. Y.; Chen, P.; Norris, D.; Barrish, J. C.; Behnia, K.; Castaneda, S.; Cornelius, L. A. M.; Das, J.; Doweyko, A. M.; Fairchild, C.; Hunt, J. T.; Inigo, I.; Johnston, K,; Kamath, A.; Kan, D.; Klei, H.; Marathe, P.; Pang, S.; Peterson, R.; Pitt, S.; Schieven, G. L.; Schmidt, R. J.; Tokarski, J.; Wen, M.-Li.; Wityak, J.; Borzilleri, R. M. *J. Med. Chem.* **2004**, *47*, 6658 - 6661.
7. (a) Jabbour, E.; El Ahdab, S.; Cortes, J.; Kantarjian, H. *Exp. Opin. Invest. Drugs* **2008**, *17*, 1127 - 1136. (b) Davies, S. L.; Bolos, J.; Serradell, N.; Bayes, M. *Drugs Fut.* **2007**, *32*, 17 - 25. (c) Plosker, G. L.; Robinson, D. M. *Drugs* **2008**, *68*, 449 - 459.
8. Levin, M.; D'Souza, N.; Castaner, J. *Drugs Fut.* **2002**, *27*, 339 - 345.
9. Sorbera, L. A.; Castaner, J.; Silvestre, J. S.; Bayes, M. *Drugs Fut.* **2002**, *27*, 923 - 934.
10. Dhillon, S.; Wagstaff, A. J. *Drugs* **2007**, *67*, 2101 - 2108.
11. Li, R.; Stafford, J. A. "*Kinase Inhibitor Drugs*, in *Drug Discovery and Development*" Wang, B., Ed.; John Wiley & Sons: Hoboken, NJ, **2009**.
12. Harris, P. A.; Boloor, A.; Cheung, M.; Kumar, R.; Crosby, R. M.; Davis-Ward, R. G.; Epperly, A. H.; Hinkle, K. W.; Hunter III, R. N.; Johnson, J. H.; Knick, V. B.; Laudeman, C. P.; Luttrell, D. K.; Mook, R. A.; Nolte, R. T.; Rudolph, S. K.;

Szewczyk, J. R.; Truesdale, A. T.; Veal, J. M.; Wang, L.; Stafford, J. A. *J. Med. Chem.* **2008**, *51*, 4632 - 4640.

13. a) Sloan, B.; Scheinfeld, N. S. *Exp. Opin. Invest. Drugs* **2008**, *9*, 1324 - 1335; b) Sorbera, L. A.; Bolos, J.; Serradell, N. *Drugs Fut.* **2006**, *31*, 585 - 589.
14. Cheung, M.; Baloor, A.; Chamberlain, S. D.; Hinkle, K. W.; Davis-Ward, R. G.; Harris, P. H.; Laudeman, C. P.; Mook, R. A.; Nailor, K. E.; Szewczyk, G. R.; Veal, J. M.; et al. *Clin. Cancer Res.* **2005**, *11(23, Suppl.)*, Abstract C42.
15. Kumar, R.; Knick, V. B.; Rudolph, S. K.; Johnson, J. H.; Crosby, R. M.; Crouthamel, M. C.; Hopper, T. M.; Miller, C. G.; Harrington, L. E.; Onori, J. A.; Mullin, R. J.; et al. *Mol. Cancer Ther.* **2008**, *6*, 2012 - 2021.
16. Suttle, A. B.; Hurwitz, H.; Dowlati, A.; Fernando, N.; Savage, S.; Coviello, K.; Dar, M.; Ertel, P.; Whitehead, B.; Pandite, L. *Proc. Am. Soc. Clin. Oncol.* **2004**, *22(14 Suppl.)*, Abstract 3054.
17. Hurwitz, H.; Dowlati, A.; Savage, S.; Fernando, N.; Lasalvia, S.; Whitehead, B.; Suttle, B.; Collins, D.; Ho, P.; Pandite, L *Proc. Am. Soc. Clin. Oncol.* **2005**, *23(16 Suppl.)*, Abstract 3012.
18. Hutson, T. E.; Davis, I. D.; Machiels, J. P.; de Souza, P. L.; Hong, B. F.; Rottey, S.; Baker, K. L.; Crofts, T.; Pandite, L.; Figlin, R. *Am. Soc. Clin. Oncol.* **2007**, *25(18, Suppl.)*, Abstract 5031.
19. (a) Sathornsumetee, S.; Rich, J. N. *Drugs Today* **2005**, *42*, 657 - 670. (b) Zareba, G.; Castaner, J.; Bozzo, J. *Drugs Fut.* **2005**, *30*, 138 - 145. (c) Herbst, R. S.; Heymach, J. V.; O'Reilly, M. S.; Onn, A.; Ryan, A. J. *Expert. Opin. Investig. Drugs* **2007**, *16*, 239 - 249.
20. Sorbera, L. A.; Serradell, N.; Rose, E.; Bolos, J.; Bayes, M. *Drugs Fut.* **2007**, *32*, 577 - 589.

122

III

心血管和代谢疾病

10 西他列汀(捷诺维):一种治疗Ⅱ型糖尿病的药物

125

Scott D. Edmondson, Feng Xu 和 Joseph D. Armstrong III

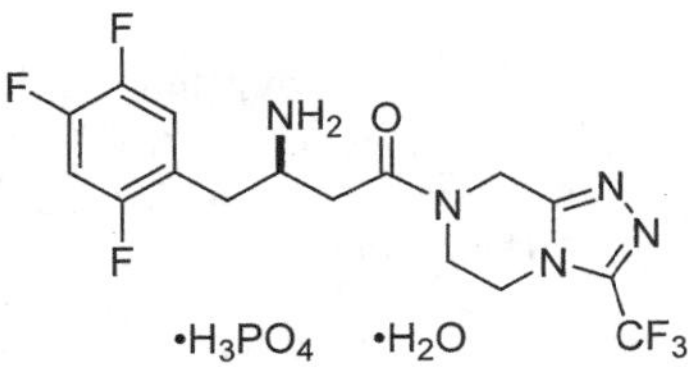

•H_3PO_4 •H_2O

1

美国通用名: Sitagliptin Phosphate
商品名: Januvia®
公司:Merck & Co., Inc.
上市时间: 2006

10.1 背景

Ⅱ型糖尿病是一种伴随着胰岛素抗体的慢性多糖病症,它使得胰腺无法产生足够的胰岛素来控制血糖水平。糖尿病已经被公认为世界上最为广泛的流行病症,当今已有将近1.8亿人受此疾病的困扰,并且预计到2030年患病人数将达到3.6亿[1,2]。长期的慢性多糖病症对人的损害包括对人体神经系统(例如糖尿病性神经病)、循环系统(例如视网膜病、血管病),以及肾脏的损害。此外,其并发症比如高血压、血脂异常和肥胖的发病率也增加了心脏病和中风的风险[3]。许多治疗Ⅱ型糖尿病的疗法由于其副作用效果总是不尽如人意,比如体重增加、多糖病症以及耐受力不足。因此,我们需要对这类疾病治疗方法进行改进。

2006年,美国食品药品监督管理局(FDA)批准了西他列汀(**1**,Sitagliptin),商品名:捷诺维(Januvia),是一种缩聚二肽酶Ⅳ(DPP-4)抑制剂,它可以作为一种治疗Ⅱ型糖尿病的重要新疗法[4-7]。DPP-4抑制剂通过提升促进肠道运动的肠降血糖素如二肽酶和促胰岛素多肽等间接刺激胰岛素分泌。GLP-1和GIP通过葡萄糖依赖性的方式刺激胰岛素分泌,这样可以实现对低血糖症

126

产生极少甚至没有危害。另外，GLP－1 刺激胰岛素的生物合成、抑制胰高血糖素的分泌、降低胃排空率、降低食欲、刺激胰岛细胞 β－细胞的新生和分化[8,9]。DPP－4 抑制剂增加人体内 GLP－1 和 GIP 的循环水平，从而降低血液的葡萄糖水平、红蛋白 A_{1c}（HbA_{1c}）水平和胰高糖素水平。DPP－4 抑制剂，比如西他列汀，比其他糖尿病的代替疗法更具有优势，其中包括更低的低血糖症风险、降低体重的趋势和胰腺 β－细胞的新生和分化[10,11]。除了西他列汀(**1**)，DPP－4 抑制剂维达列汀(**2**)和沙格列汀(**3**)都能够作为治疗Ⅱ型糖尿病的一种方法[12]。此外，吡格列酮苯酸酯(**4**)[13] 和利拉利汀(**5**)[14] 都已经有了很好的发展。

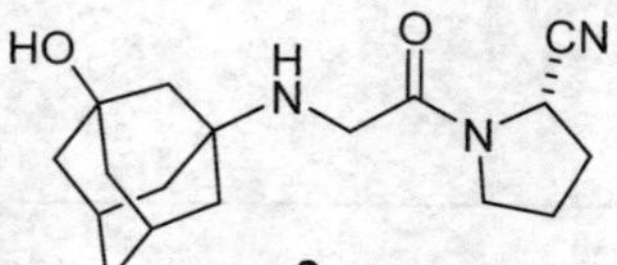

2

美国通用名: Vildagliptin
商品名: Galvus®
公司:Novartis Pharmaceuticals
上市时间: 2007 欧洲

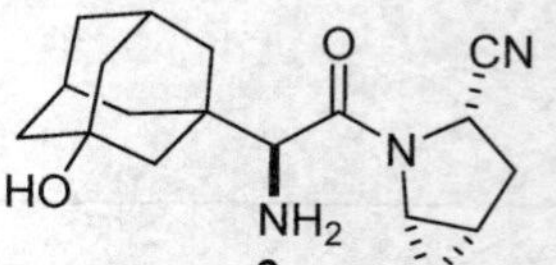

3

美国通用名: Saxagliptin
商品名: Onglyza®
公司:Bristol-Myers Squibb Co.
上市时间: 2009

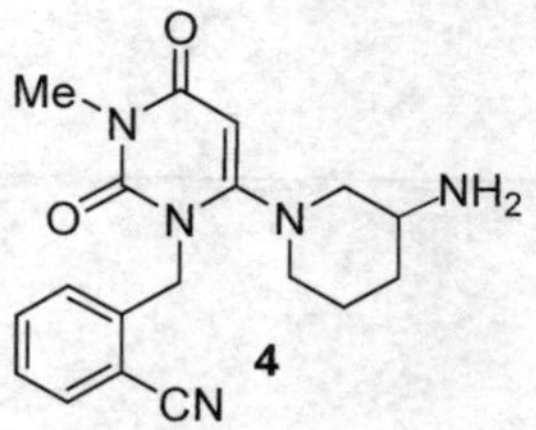

4

美国通用名: Alogliptin
公司:Takeda Pharmaceutical Co.
已在美国递交审批申请

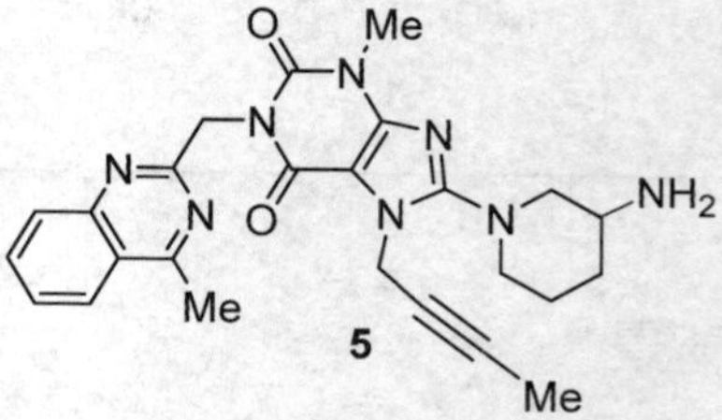

5

美国通用名: Linagliptin
公司:Boeheringer Ingelheim
处于临床III期研究

10.2 药理学

西他列汀是一个有效的、具有竞争力且可逆的 DPP－4 抑制剂，它能在体外以高于 2 600 倍的选择性抑制极为相关的酶，如 QPP、DPP8 和 DPP9（表 10－1）[15]。这对于 DPP8 和 DPP9 的选择性非常重要，因为在临床前的物种中，这些酶的抑制与多器官毒性休戚相关[16]。

在体形瘦弱的老鼠试验中，口服西他列汀降低了依赖于口服葡萄糖耐量实验中的血糖波动的剂量，该剂量从 0.1 mg/kg 到 3.0 mg/kg。当剂量为 1 mg/kg 和3 mg/kg 时，老鼠血药水平分别是 190 nmol/L 和 600 nmol/L，并且血浆 DPP－4 的活性抑制率分别达到了 69%和 84%。当使用最大有效剂量时，餐后增量后，发现活性 GLP－1 浓度提高了两到三倍[15]。这些研究论证了在活性 GLP－1 浓度中 DPP－4 抑制活性增加与在口服葡萄糖后葡萄糖耐受量提高方面的关系。

表 10－1　西他列汀体外药效和选择性

酶	IC_{50}	选择性
DPP－4	18 nmol/L	—
QPP	>100 000 nmol/L	>5 000
DPP8	48 000 nmol/L	2 700
DPP9	>100 000 nmol/L	>5 000

DPP－4 抑制剂在啮齿动物的糖尿病模型研究上也显示了胰岛细胞 β－细胞功能和质量上的细微减少[17,18]。作为 DPP－4 抑制剂的西他列汀在Ⅱ型糖尿病老鼠模型中表现出葡萄糖内稳态的提高和胰岛质量以及 β－细胞功能的显著提高。在相同的啮齿动物模型上，相对于格列吡嗪(一种广泛用于促分泌素的药物)而言，西他列汀显示出其在 β－细胞的保留效果和优异的降血糖功效[19]。

10.3　构效关系 (SAR)

西他列汀的结构原型可以追溯到脯氨酸结构衍生的 HTS 先导化合物 **6** 和哌嗪衍生的 HTS 先导化合物 **7**。引入邻位氟代苯胺酰胺片段最终合成了脯氨酰胺类化合物 **8** 和哌嗪酰胺类化合物 **9**，从而使药效得到了巨大的改进。不幸的是，这两类化合物在老鼠身上口服生物利用度很低($F_{rat}\leqslant 1\%$)。通过简化邻位氟代苯胺酰胺片段可以得到具有中等药效的 DPP－4 抑制剂，如 **10**[22] 和 **11**[21]。但是，这些化合物由于噻唑和哌嗪环的代谢不稳定性，在老鼠身上的口服生物利用度也比较低。因此，筛选了不同的并杂环化合物致力于改善 DPP－4 抑制剂的代谢稳定性和药效。这些努力最终导致并三唑 **12** 的发现，**12** 具有更好的代谢稳定性和相似于 **10** 以及 **11** 的 DPP－4 抑制药效[15]。尽管 **12** 在大鼠肝脏代谢中是稳定的，但口服生物利用度比较低。用三氟甲基取代乙基，并接入 2,4,5－三氟苯基的苯丙氨酸片段，大鼠的口服生物利用度和抗 DPP－4 的药效性都有所提高。总之，西他列汀(**1**)比其他的并杂环衍生物在药效、脱靶选择性和临床前药代动力学方面更具有优越性。

10.4　药代动力学和药物代谢

西他列汀(**1**)在大鼠、狗和猕猴体内的血浆半衰期为 1.7～4.9 h，口头生

128

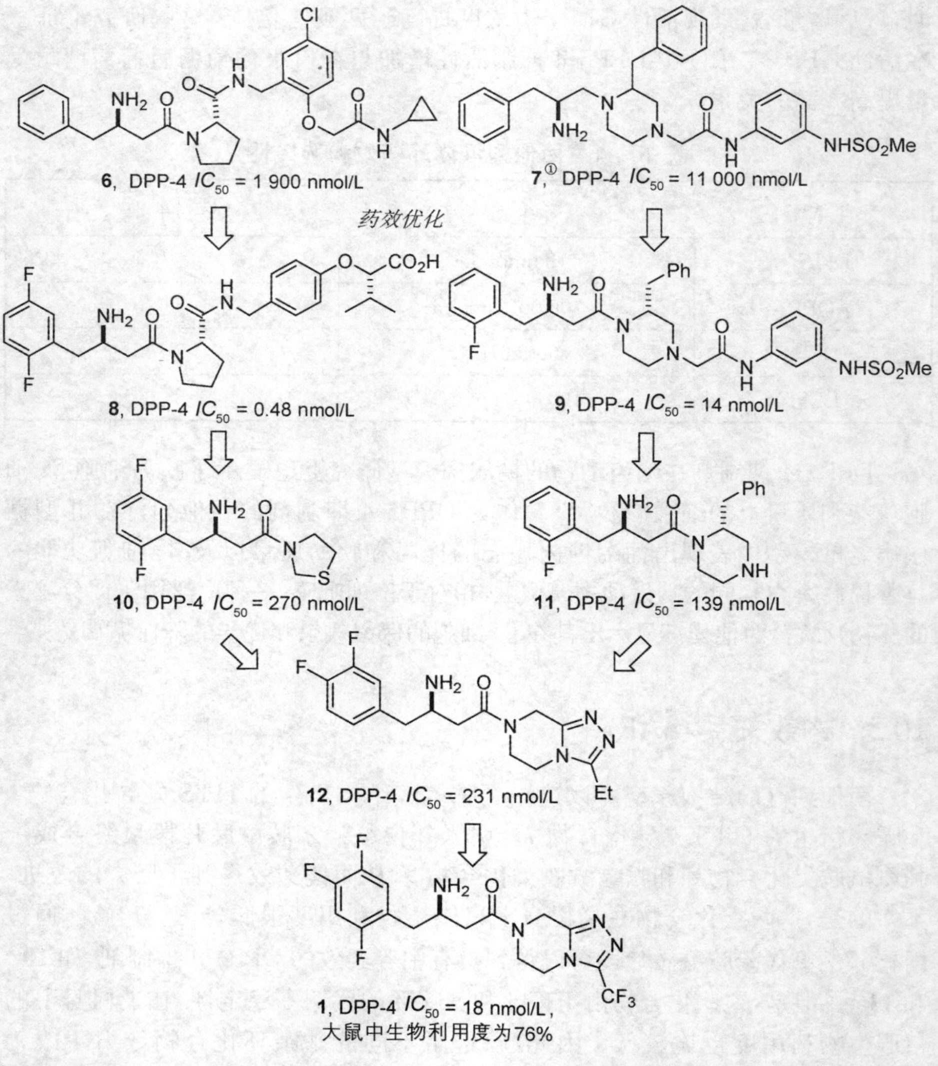

6, DPP-4 IC_{50} = 1 900 nmol/L

7,① DPP-4 IC_{50} = 11 000 nmol/L

药效优化

8, DPP-4 IC_{50} = 0.48 nmol/L

9, DPP-4 IC_{50} = 14 nmol/L

10, DPP-4 IC_{50} = 270 nmol/L

11, DPP-4 IC_{50} = 139 nmol/L

12, DPP-4 IC_{50} = 231 nmol/L

1, DPP-4 IC_{50} = 18 nmol/L,
大鼠中生物利用度为76%

物利用度在 68%～100%。在大鼠和猴子体内,**1** 的清除率相对较高[60 和 28 mL/(min・kg)][15],在狗体内相对较低[6 mL/(mg・kg)]。在大鼠和狗体内,**1** 的系统清除主要通过肾以完整的母体药物形式来清除,此外,也可通过胆汁排泄(老鼠)和生理代谢(两种物种都有少量情况)来实现部分清除[23]。在大鼠体内,数据显示 **1** 在肾脏消除过程中涉及活跃的转运机理。

129

在人体内,西他列汀的生物利用度是 87%,在健康志愿者[24,25]、中年肥胖人员[26]和Ⅱ型糖尿病患者的试验中[27],口服用药后 1～4 h 内达到最高血药浓度。食物的消化不影响 **1** 的药代动力学的过程。100 mg 单剂量口服西他列汀的志

① 原著 **7**,**9** 分子式有误,——译者注。

愿者试验中给出了 $t_{1/2}=12$ h 和一个平均 $AUC_{0\sim\infty}=8.5$ h·μmol/L 值。在稳定的状态下，相比较单剂量给药，西他列汀接触概率增加了 14%[28]。西他列汀显示了相对较低的可逆血浆蛋白质结合特性，并且广泛分布于组织中。在人体中，西他列汀的主要消除途径是通过尿液以母体形式排泄。[25,29]因此，在对病人的受损肾功能研究中观察到西他列汀的药物接触概率增加(两至四倍)[30]。体外数据显示，**1** 不可能通过细胞色素 P450 酶系统产生任何药物-药物相互作用(DDIs)。在西他列汀的 DDI 研究中发现，其他治疗糖尿病的药物共同服用时，包括二甲双胍(Metformin)、罗格列酮(Rosiglitazone)和优降糖(Glyburide)，其药代动力学数据没有发现明显的改变[31-33]。反过来说，二甲双胍没有明显改变 **1** 的药代动力学[31]。最后，一项基于西他列汀临床Ⅰ期和Ⅱ期的药代动力学种群分析揭示，在患者中采用 83 种不同的共服药物进行治疗，没有发现明显的临床意义上的药物相互作用[34]。

10.5　药效和安全性

西他列汀(**1**)的安全性和药效在许多临床研究中已经被评估[3,4,11,35]。在剂量递增实验中发现，健康的成年人单剂量口服西他列汀 100 mg，24 h 内对 DPP-4 的抑制能够大于 80%[25]。在动物和人体内实验中，DPP-4 的抑制率≥80%(未矫正)可产生最大血糖调节影响值，这意味着西他列汀每日一次 100 mg的剂量是使人体血糖降低值达到最大程度的一个选择[36]。在 DPP-4 活性酶实验中的百分比抑制率比血液循环中的 DPP-4 抑制程度要低，这是由于收集的血浆加入含有溶剂的 DPP-4 底物时稀释所致。萃取溶剂的稀释导致循环血液中 DPP-4 的抑制程度降低。在人体内，一项未矫正的 80%血浆抑制率通过评估矫正为相应的 95%～96%[36]。如所预想的那样，基于它的作用机理，在口服糖实验中，**1** 在活性 GLP-1、GIP 和胰岛素水平方面引起了剂量依赖性的增加，同时，引起了胰高血糖素水平和血糖漂移的减少[27]。临床Ⅱ期的研究发现，与安慰剂相比较，西他列汀通过与安慰剂组类似的安全且容忍的试验及体重中性效应的控制，来同时减少空腹和餐后血糖水平，从而改善了Ⅱ型糖尿病人的胰高血糖素控制量。在Ⅲ期临床试验中，与安慰剂相比，西他列汀显著降低了 HbA_{1c} 的水平，并且增加了达到美国糖尿病协会(the American Diabetes Association，ADA)所制订目标($HbA_{1c}<7\%$)的人群比例。此外，西他列汀降低了空腹血糖和餐后 2 h 血糖水平，改善了β-细胞功能。

Ⅱ型糖尿病患者对西他列汀每天 100 mg 的剂量具有良好的耐受性，该结果与安慰剂组总体耐受性类似。在剂量递增研究试验中，西他列汀单次给药剂量耐受性达到每天 800 mg，28 天中每天给药的多剂量耐受性达到 400 mg。耗时 2 年，由超过 3 400 名患者的 12 个临床研究汇总分析发现，西他列汀每天 100 mg 的剂量会造成类似于安慰剂或活性药物对照组类似的总体副作用影响(Adverse Effects, AEs),以及类似的体重中性效应[37]。总之,在非该药物治疗组中,与药物相关的 AEs 具有更高的发生率,主要是因为试验中活性对照药物磺酰脲类所导致的低血糖症概率增加。采用西他列汀治疗具有更低的低血糖症发病率,该结果与其血糖依赖的运作机制一致。尽管这项研究的汇总分析中没有包括心血管病的试验结果,但在研究组中,与心血管或缺血性相关的 AEs 没有明显的区别。

130

在一个为期 24 周与二甲双胍、吡格列酮、格列美脲或格列美脲/二甲双胍的附加研究中,与其各自单独用药相比,西他列汀每天 100 mg 的用量会导致更大的 HbA_{1c} 水平降低以及更大的达到 $HbA_{1c}<7\%$ 目标的患者比例。此外,一个基于比较服用二甲双胍+西他列汀与二甲双胍+格列美脲的 52 周试验结果揭示,两组中均有约 60%的患者达到了 $HbA_{1c}<7\%$ 的目标[38]。但是,在采用格列美脲试验组中,32%的患者至少有一次发生低血糖症,与之相比较,西他列汀组仅有 5%的患者中观察到该副作用。此外,在西他列汀组的附加试验组中,患者体重平均降低 1.5 kg,而在格列美脲附加试验组中,患者平均体重增加 1.1 kg。

10.6 合成方法

西他列汀 **1** 最初是用 β-氨基酸 **16** 和三唑 **17**[39] 偶合反应[15,22],再通过在 HCl/MeOH 溶液中脱 Boc 保护基来合成的。从 **13** 开始,不对称制备 α-氨基酸 **14**,通过采用两步反应的 Schöllkopf 双内酰亚胺法来实现。α-氨基酸甲酯 **14** 通过 Arndt-Eistert 同系化等一系列反应,转换成 β-氨基酸 **16**:这一系列反应包括上保护基、重氮生成-重排以及水解。

Potts 法[39]最初用于制备三氮唑 **17**。尽管经过调整[40],但这个合成路线仍因存在安全危害问题而不适合大规模生产。因此,一个实用的生产 **17** 的工艺路线得以开发出来[41]。关键中间体氯甲基噁二唑 **19** 通过 35%水合肼与三氟乙酸乙酯和氯乙酰氯溶液的程序性缩合,接着再用三氯氧磷脱水的一锅法来

131

制备。**19** 和乙二胺在甲醇中反应制备 **21**，这步转换中甲醇的使用是关键。在亲核试剂甲醇的存在下，原位生成活泼中间体 **20**，接着被乙二胺捕捉得到二脒化合物 **21**。将 **21** 倾倒在 HCl 水溶液中得到目标产物三氮唑 **17**，该化合物直接通过过滤得到其盐酸盐产物。这个制备过程的最终产量是 52%，几乎是原始路线的两倍。重要的是，反应中使用了等当量的水合肼，并在第一步反应中完全消耗掉，从而使反应具有更安全的操作条件和更干净的废液流。

Merck 公司第一代大规模制备西他列汀的方法是基于必需的(起始原料)β-酮酸酯 **23** 的不对称氢化来实现 **1** 的立体化学(控制)[40]。**23** 是由酸 **22** 在 Masamune 条件下转换而来的。在(S)- BinapRuCl_2-三乙胺配合物和催化量 HBr 存在下，能够得到 **23** 的对映选择性氢化产物。值得注意的是，HBr 的催化载用量可以降低至<0.1%而不影响对映选择性和产率。分离纯化后的酸 **24** 通过两步反应得到内酰胺 **25**，在 Mitsunobu 反应之后再用 EDC 偶联。因此，通过内酰胺 **25** 的水解，**24** 的羟基转化为相应保护的氨基酸 **26**。我们发现，**25** 的 *N*-苄氧基能有效地保护氨基，使得 **26** 在 EDC 与 *N*-甲基吗啉的存在下选择性地与三氮唑 **17** 偶联，以近似定量的收率得到 **27**。通过氢化，**1** 能够以无水磷酸盐的形式得到纯化分离，纯度>99.5%。通过酸 **22** 和三氮唑 **17** 经过八步反应，以 45%收率首次合成了西他列汀。

132

西他列汀第一代合成方法的多个要素都使该方法能适用于大规模生产。尽管如此，依赖于经β-酮酸酯中间体不对称氢化制备β-氨基酸片段的第一代合成路线是一个低效的方法。特别是采用 EDC 偶联/Mitsunobu 反应转化 **24** 的羟基为氨基保护的 **25** 这步，原子经济性差，是合成过程中总废料量产出的主要原因。为了克服这些缺点，得到更高效和环境友好的合成方法，Merck 工艺研究组聚焦于 *N*-保护/非保护的烯胺底物的不对称氢化来直接实现理想的

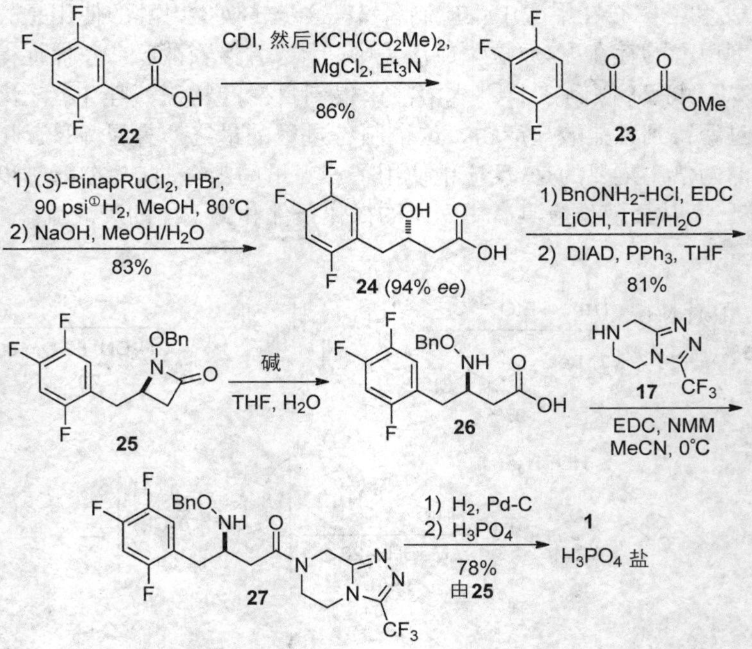

立体化学控制和西他列汀的功能化。

133

在烯胺的不对称氢化中，对(S)-苯酐氨酰胺手性辅助剂(PGA)的应用进行了评估[42]。酮酸酯**23**和PGA在甲醇中缩合以85%～90%的转化率得到烯胺**28**，纯的*Z*-烯胺异构体从反应混合液中结晶得到80%的分离产率。筛选了不同的非均相催化剂以便氢化**28**。Adam的催化剂(PtO_2)被证明在非对映选择性和转化率上是最有效的。醋酸的使用对反应的转化率和非对映选择性具有至关重要的影响。在优化条件下，PGA-烯胺**28**的氢化在5当量HOAc存在下发生反应，以90%的产率和91%的非对映选择性得到烯胺**29**。**29**水解后通过EDC与三氮唑**17**偶联得到酰胺**30**。通过氢解移除手性辅基得到西他列汀。

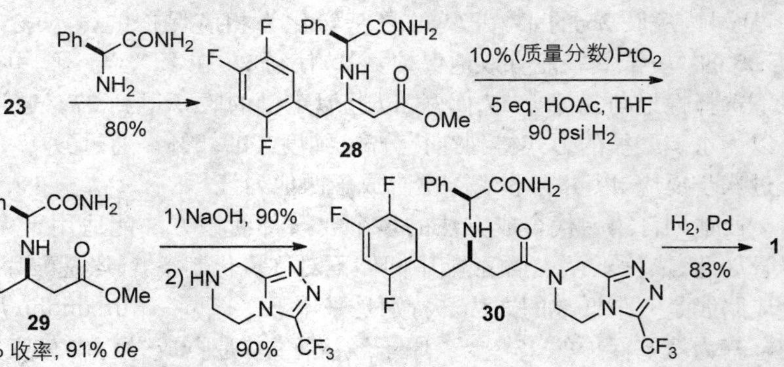

① 1psi=6 894.76 Pa。

与第一代合成方法相比，PGA 手性辅基方法减少了三步化学反应。然而，通过在合成过程中更早期引入三氮唑片段和用烯胺-三氮唑氢化取代相应烯胺-酯 **28** 氢化，一些基团的功能化操作步骤可以被潜在地减少，从而获得理想的立体化学(控制)。因此，**31** 和(*S*)- PGA 在催化量的醋酸中加热制备烯胺 **32**，以 91%的收率得到纯的 *Z* -烯胺异构体。事实上，氢化(催化剂 PtO_2，THF/MeOH)过程能以很高的选择性(97.4% *de*)和收率(92%)获得 PGA -烯胺 **33**。最终 PGA 基团在转移氢化条件下移去，以 92%的收率得到西他列汀(**1**)。西他列汀以 L -酒石酸盐的形式进行分离，得到 90%的收率和 99.9%(*ee*)的对映选择性。副产物 2 -苯乙酰胺在 PGA 的氢解断裂、结晶过程中得以完全清除。

134

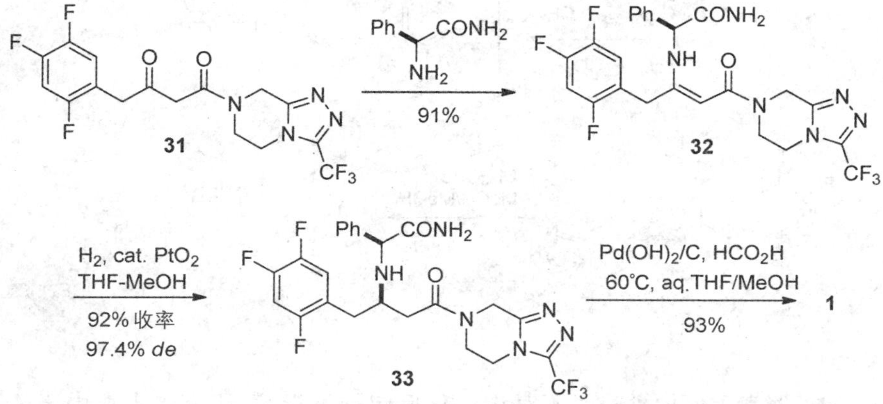

31 → 32 (91%)

H_2, cat. PtO_2, THF-MeOH, 92% 收率, 97.4% *de* → 33

$Pd(OH)_2/C$, HCO_2H, 60°C, aq.THF/MeOH, 93% → 1

尽管与第一代合成方法相比，化学步骤显著减少，但是(*S*)- PGA 的手性辅基的应用以及后续在氢解过程中产生的副产物 2 -苯乙酰胺，增加了废物处理的负担。最后，还需要一个更为有效的制造线路来移除手性辅基和实现不对称催化合成西他列汀手性中心。从这点看，很明显一个理想的用于下步合成的烯胺前体应当如中间体 **37**，可以组装西他列汀的全部骨架，包括杂环三氮唑片段。另外，将不对称转化作为合成线路的最后一步，也被认为能使手性催化剂价值最大化。然而，当开展这项研究时，文献报道的该类型的转化仅限于 *N* -酰基保护的烯胺。

为了达到这个最终目的，需要发展一个简短、精炼的脱氢西他列汀(**37**)的合成方法。该方法依赖于作为当量酰基阴离子的 Meldrum 酸(**34**)的功效。这个过程涉及 **22** 的活化，该活化通过与新戊酰氯生成混合酸酐，在 **34**、*i* - Pr_2NEt 和催化量 DMAP 存在下合成 **35**。通过降解 **35**，生成一个被哌嗪 **17** 捕捉的 *O*-乙烯酮中间体 **36**，来合成 β-酮酸酰胺 **31**[43]。将 NH_4OAc 和甲醇加入未经处理的反应液中，可以得到脱氢西他列汀(**37**)。而 **37** 包含了西他列汀 **1** 的整个结构，并且保留了两个氢原子。重要的是，在一个易于制备的一锅法过程中,用简单的过滤方法得到了产率为 82%的质量纯度为 99.6%的 **37**,从而省去了由水引起的必要性并且减少了废物的产生。

135

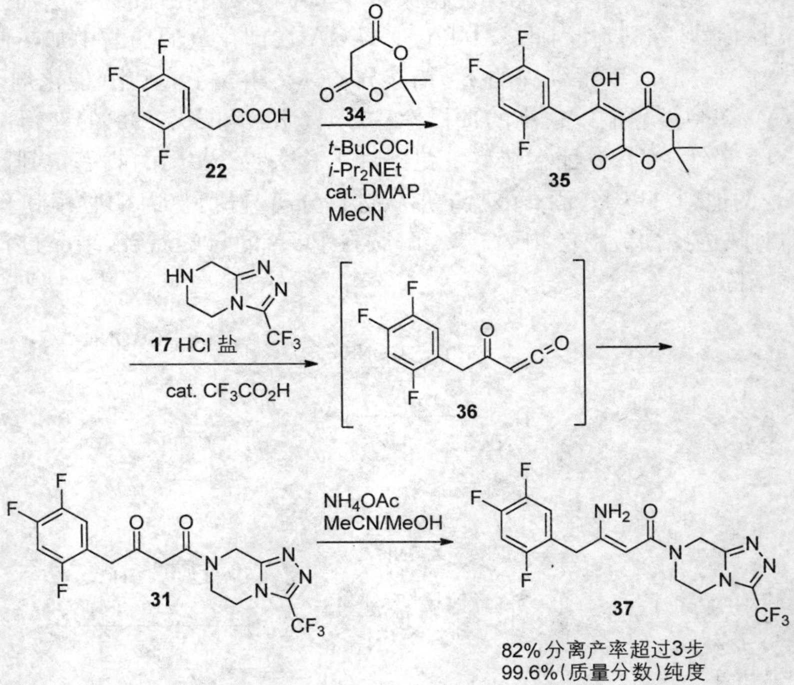

82%分离产率超过3步
99.6%(质量分数)纯度

为了探索无保护烯胺的不对称氢化反应的可行性,研究焦点集中于筛选商业化的手性双膦配体 **37** 与 Ir、Ru 和 Rh 盐的组合催化[44]。金属催化剂 Ir、Ru 和 Rh 被选作筛选对象是由于它们在不对称氢化作用方面确定的性能。令人惊奇的是,这个筛选结果不仅显示了对映选择性的趋势,也直接导致了一个活性化合物的发现。尽管 Ir 和 Ru 催化剂给出的结果很差,但[Rh(COD)$_2$OTf],特别是以二茂铁基团 JOSIPHOS 型配体的催化剂(如 **39**),都有很高的转化率和对映选择性。进一步的检查显示,其他配体不局限于二茂铁结构的类型可能会影响这一高对映体选择性的转换[45]。使用[Rh(COD)Cl]$_2$作为催化剂,配体 **40**～**43** 给出了还原 **37** 的最高对映选择性。总之,全面考虑产量、对应选择性、反应速率和配位体成本,最终决定采用[Rh(COD)Cl]$_2$-^{t}Bu-JOSIPHOS(**39**)的共催化体系来进一步发展可行的氢化工艺而实现 **1** 的商业化生产。

136

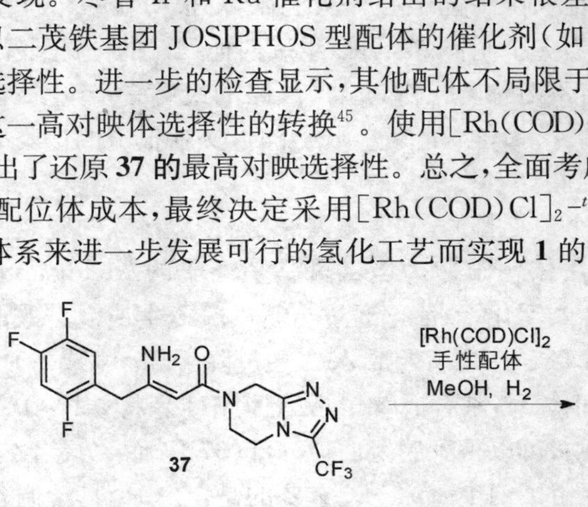

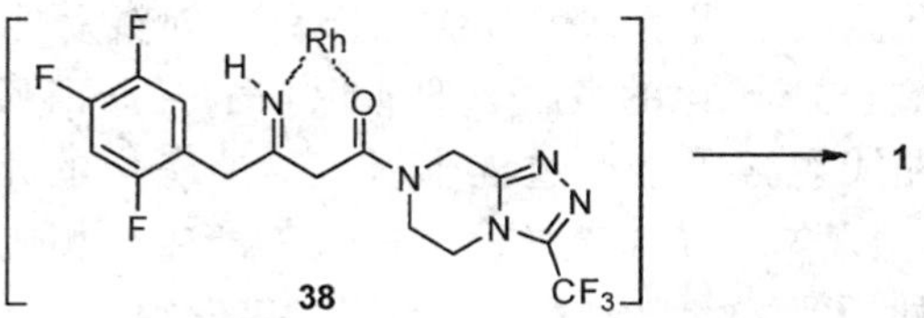

38

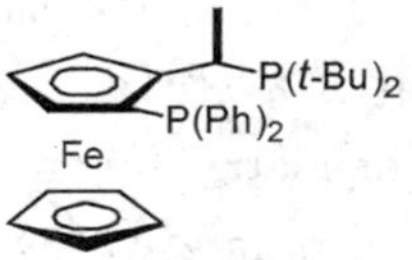

39, 95% *ee* 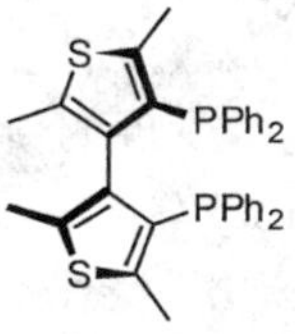　40, 97% *ee* 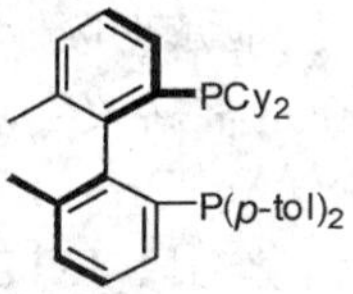　41, 97% *ee*

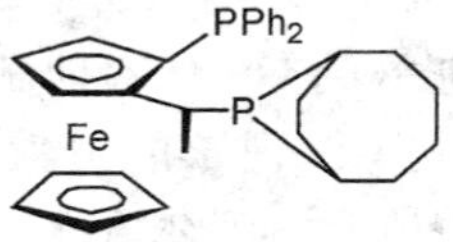

42, 98% *ee* 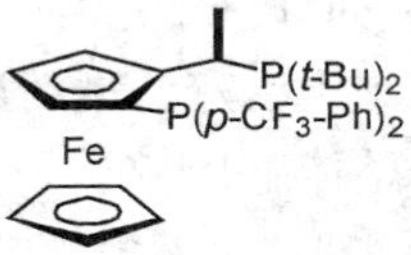　43, 98% *ee*

进一步详尽的开发表明，**37** 的氢化反应在甲醇中是最好的。有趣的是，人们发现加入少量的氯化铵(0.15%～0.3%，摩尔分数)对获得对映体选择性和转化率两方面一致效果是必需的[46]。从产生一致的氢化结果方面对该效应进行了深入研究，但机理不是很清楚。更重要的是，在 50℃条件下通过增加压力到 250 psi，催化剂载入量急剧减少到 0.15 %，不会牺牲产率、对映选择性或反应速率。减少催化剂的用量，进而仅仅通过简单地增加氢化压力来降低反应成本，体现了不对称氢化在 **1** 的立体化学控制中的优势。

机理研究表明，氢化过程通过 **38** 亚胺异构互变进行。在最优化条件下，在溶有氯化铵(0.15%)、[Rh(COD)Cl]$_2$(0.15%)和^{t}Bu JOSIPHOS**39**(0.155%)的甲醇溶液中，于 50℃通入 250 psi 氢气 16～18 h，**37** 的氢化过程极其顺利，可重现性地以 98%的收率和 95%*ee* 合成西他列汀(**1**)。用 Ecosorb C－941 处理反应混合物，稀有铑催化剂回收率高达 90%～95%。西他列汀游离碱，通过结晶可以从 **37** 中分离出来，产率 79%，*ee* 值和纯度均高于 99%。

西他列汀(**1**)的这种高效的、非对称的合成方法[47]已经实现了规模化生产。整个合成过程都是以最少的操作进行的：一锅法得到结晶产物(**37**)，其质量分数高于 99.6%；在低至 0.15%TBU JOSIPHOS－Rh(I)的存在下，**37** 的高对映选择性氢化以高产率得到 **1**，*ee* 值高于 95%。在贵金属催化剂从物流中被选择性地回收或清除后，**1** 作为游离碱被分离出来，然后进一步转换为最终的药用形式——水合磷酸盐，纯度和 *ee* 值均高于 99.9%。降低不对称氢化过程中铑(Ⅰ)催化剂的用量，同时联合采用一个简易的贵金属回收过程，使得该工艺线路具有极高的成本效益。该工艺的总产率高达 65%。

直接烯胺氢化路线说明了一个合成目标驱动创新发现的例子，合成目标作为原驱力驱动新合成转化的发现，即非保护的烯胺酰胺的对映选择性氢化。高效的工艺路线包含了生产过程中所有需要考虑的元素。而且，这个**1**的直接合成方法，显著减少了工艺过程中的废物产生。相比第一代的路线，从生产每千克西他列汀产生废料总量250千克，减少到50千克，该路线是一个环境友好的绿色工艺路线。最值得注意的是，在制造过程中产生的废水量被减少到零。大幅度地减少废物，几乎在西他列汀的整个产品生命周期中都得以实现，再加上在这种高效工艺中发现的新化学，使得该合成路线先后连续获得了总统绿色化学奖(Presidential Green Chemistry Award)、ICHEME阿斯特拉-捷利康公司奖(the ICHEME Astra - Zeneca Award)和托马斯·阿尔瓦·爱迪生专利奖(Thomas Alva Edison Patent Award)[48]。

总之，本章对西他列汀(**1**,Januvia)的发现、开发和合成都进行了评述。西他列汀是第一个批准用于治疗Ⅱ型糖尿病的DPP-4抑制剂。到目前为止，它已经表现出了良好的整体临床效果。由于发现**1**的贡献，获得了Prix Galien美国奖(Prix Galien USA Award)和托马斯·阿尔瓦·爱迪生专利(Thomas Alva Edison Patent Award)[49]。而且，西他列汀优秀的安全性和耐受性，使其成为一个极具吸引力、与其他降血糖药物进行联合治疗的候选药物。2007年，第一个固定剂量西他列汀与二甲双胍联合治疗也通过了美国FDA的批准，目前在美国市场上销售的商品名为Janumet[50]。Janumet是一个重要的新的治疗选择，与现有的单一疗法相比，可以帮助Ⅱ型糖尿病患者改善血糖控制。

10.7 参考文献

1. Wild, S.; Roglic, G.; Green, A.; Sicree, R.; King, H. *Diabetes Care* **2004**, *27*, 1047-1053.
2. Stumvoll, M.; Goldstein, B. J.; Haeften, T. W. *Lancet* **2005**, *365*, 1333-1346.
3. Kulasa, K. M.; Henry, R. R. *Expert Opin. Pharmacother.* **2009**, *10*, 2415-2432.
4. Herman, G. A.; Stein, P. P.; Thornberry, N. A.; Wagner, J. A. *Clin. Pharm. Ther.* **2007**, *81*, 761-767.
5. Thornberry, N. A.; Weber, A. E. *Curr. Top. Med. Chem.* **2007**, *7*, 557-568.
6. Deacon, C. F. *Expert Opin. Invest. Drugs* **2007**, *16*, 533-545.
7. Karasik, A.; Aschner, P.; Katzeff, H.; Davies, M. J.; Stein, P. P. *Curr. Med. Res. Opin.* **2008**, *24*, 489.
8. Holst, J. J.; Vilsboll, T.; Deacon, C. F. *Molec. Cell. Endocrinol.* **2009**, *297*, 127.
9. Kim, W.; Egan, J. M. *Pharm. Rev.* **2008**, *60*, 470.
10. Havale, S. H.; Pal, M. *Bioorg. Med. Chem.* **2009**, *17*, 1783-1802.
11. Pei, Z. *Curr. Opin. Drug Disc. Dev.* **2008**, *11*, 512-532.
12. Ahren, B. *Best Practice Res. Clin. Endocrin. Metab.* **2009**, *23*, 487-498.
13. Pratley, R. E.; Reusch, J. E. B.; Fleck, P. R.; Wilson, C. A.; Mekki, Q. *Curr. Med.*

Res. Opin. **2009**, *25*, 2361-2371.
14. Tiwari, A. *Curr. Opin. Invest. Drugs* **2009**, *10*, 1091-1104.
15. Kim, D.; Wang, L.; Beconi, M.; Eiermann, G. J.; Fisher, M. H.; He, H.; Hickey, G. J.; Kowalchick, J. E.; Leiting, B.; Lyons, K.; Marsilio, F.; McCann, M. E.; Patel, R. A.; Petrov, A.; Scapin, G.; Patel, S. B.; Sinha Roy, R.; Wu, J. K.; Wyvratt, M. J.; Zhang, B. B.; Zhu, L.; Thornberry, N. A.; Weber, A. E. *J. Med. Chem.* **2005**, *48*, 141-151.
16. Lankas, G. R.; Leiting, B.; Sinha Roy, R.; Eiermann, G. J.; Beconi, M. G.; Biftu, T.; Chan, C.-C.; Edmondson, S.; Feeney, W. P.; He, H.; Ippolito, D. E.; Kim, D.; Lyons, K. A.; Ok, H. O.; Patel, R. A.; Petrov, A. N.; Pryor, K. A.; Qian, X.; Reigle, L.; Woods, A.; Wu, J. K.; Zaller, D.; Zhang, X.; Zhu, L.; Weber, A. E.; Thornberry, N. A. *Diabetes* **2005**, *54*, 2988-2994.
17. Reimer, M. K.; Holst, J. J.; Ahren, B. *Eur. J. Endocrinol.* **2002**, *146*, 717-727.
18. Pospisilik, J. A.; Martin, J.; Doty, T.; Ehses, J. A.; Pamir, N.; Lynn, F. C.; Piteau, S.; Demuth, H.-U.; McIntosh, C. H. S.; Pederson, R. A. *Diabetes* **2003**, *52*, 741-750.
19. Mu, J.; Petrov, A.; Eiermann, G. J.; Woods, J.; Zhou, Y.-P.; Li, Z.; Zycband, E.; Feng, Y.; Zhu, L.; Sinha Roy, R.; Howard, A. D.; Li, C.; Thornberry, N. A.; Zhang, B. B. *Eur. J. Pharm.* **2009**, *623*, 148-154.
20. Edmondson, S. D.; Mastracchio, A.; Beconi, M.; Colwell, L. Jr.; Habulihaz, H.; He, H.; Kumar, S.; Leiting, B.; Lyons, K.; Mao, A.; Marsilio, F.; Patel, R. A.; Wu, J. K.; Zhu, L.; Thornberry, N. A.; Weber, A. E.; Parmee, E. R. *Bioorg. Med. Chem. Lett.* **2004**, *14*, 5151-5155.
21. Brockunier, L.; He, J.; Colwell Jr., L. F.; Habulihaz, B.; He, H.; Leiting, B.; Lyons, K. A.; Marsilio, F.; Patel, R.; Teffera, Y.; Wu, J. K.; Thornberry, N. A.; Weber, A. E.; Parmee, E. R. *Bioorg. Med. Chem. Lett.* **2004**, *14*, 4763-4766.
22. Xu, J.; Ok, H. O.; Gonzalez, E. J.; Colwell, L. F. Jr.; Habulihaz, B.; He, H.; Leiting, B.; Lyona, K. A.; Marsilio, F.; Patel, R. A.; Wu, J. K.; Thornberry, N. A.; Weber, A. E.; Parmee, E. R. *Bioorg. Med. Chem. Lett.* **2004**, *14*, 4759-4762.
23. Beconi, M. G.; Reed, J. R.; Teffera, Y.; Xia, Y.-Q.; Kochansky, C. J.; Liu, D. Q.; Xu, S.; Elmore, C. S.; Ciccoto, S.; Hora, D. F.; Stearns, R. A.; Vincent, S. H. *Drug Metab. Dispos.* **2007**, *35*, 525-532.
24. Bergman, A.; Ebel, D.; Liu, F.; Stone, J.; Wang, A.; Zeng, W.; Chen, L.; Dilzer, S.; Lasseter, K.; Herman, G.; Wagner, J.; Krishna, R. *Biopharm. Drug Dispos.* **2007**, *28*, 315-322.
25. Herman, G.; Stevens, C.; Van Dyck, K.; Bergman, A.; Yi, B.; De Smet, M.; Snyder, K.; Hilliard, D.; Tanen, M.; Tanaka, W.; Wang, A. Q.; Zeng, W.; Musson, D.; Winchell, G.; Davies, M. J.; Ramael, S.; Gottesdiener, K. M.; Wagner, J. A. *Clin. Pharmacol. Ther.* **2005**, *78*, 675-688.
26. Herman, G.; Bergman, A.; Liu, F.; Stevens, C.; Wang, A. Q.; Zeng, W.; Chen, L.; Snyder, K.; Hilliard, D.; Tanen, M.; Tanaka, W.; Meehan, A. G.; Lasseter, K.; Dilzer, S.; Blum, R.; Wagner, J. A. *J. Clin. Pharmacol.* **2006**, *46*, 876-886.

27. Herman, G.; Bergman, A.; Stevens, C.; Kotey, P.; Yi, B.; Zhao, P.; Dietrich, B.; Golor, G.; Schrodter, A.; Keymeulen, B.; Lasseter, K.; Kipnes, M. S.; Snyder, K.; Hilliard, D.; Tanan, M.; Cilissen, C.; De Smet, M.; Lepeleire, I.; Van Dyck, K.; Wang, A. Q.; Zeng, W.; Davies, M.; Tanaka, W.; Holst, J. J.; Deacon, C. F.; Gottesdiener, K. M.; Wagner, J. A. *J. Clin. Endocrin. Metab.* **2006**, *91*, 4612-4619.
28. Bergman, A.; Stevens, C.; Zhou, C.; Yi, B.; Laethem, M.; De Smet, M.; Snyder, K.; Hilliard, D.; Tanaka, W.; Zeng, W.; Tanan, M.; Wang, A. Q.; Chen, L.; Winchell, G.; Davies, M. J.; Ramael, S.; Wagner, J. A.; Herman, G. A. *Clin. Ther.* **2006**, *28*, 55-72.
29. Vincent, S. H.; Reed, J. R.; Bergman, A. J.; Elmore, C. S.; Zhu, B.; Xu, S.; Ebel, D.; Larson, P.; Zeng, W.; Chen, L.; Dilzer, S.; Lasseter, K.; Gottesdiener, K.; Wagner, J. A.; Herman, G. A. *Drug Metab. Dispos.* **2007**, *35*, 533-538.
30. Bergman, A.; Cote, J.; Yi, B.; Marbury, T.; Swan, S. K.; Smith, W.; Gottesdiener, K.; Wagner, J. Herman, G. A. *Clin. Pharm. Therap.* **2006**, *79*, P75.
31. Herman, G. A.; Bergman, A.; Yi, B.; Kipnes, M. *Curr. Med. Res. Opin.* **2006**, *22*, 1939-1947.
32. Mistry, G. C.; Bergman, A. J.; Luo, W.-L.; Cilissen, C.; Haazen, W.; Davies, M. J.; Gottestiener, K. M.; Wagner, J. A.; Herman, G. A. *J. Clin. Pharm.* 2007, *47*, 159-164.
33. Mistry, G. C.; Bergman, A. J.; Luo, W.-L.; Zheng, W.; Hreniuk, D.; Zinny, M. A.; Gottestiener, K. M.; Wagner, J. A.; Herman, G. A.; Ruddy, M. *Br. J. Clin. Pharmacol.* **2008**, *66*, 36-42.
34. Herman, G. A.; Bergman, A.; Wagner, J. *Diabetologia* **2006**, *49*, A795.
35. Karasik, A.; Aschner, P.; Katzeff, H.; Davies, M. J.; Stein, P. P. *Curr. Med. Res. Opin.* **2008**, *24*, 489-496.
36. Alba, M.; Sheng, D.; Guan, Y.; Williams-Herman, D.; Larson, P.; Sachs, J. R.; Thornberry, N.; Herman, G.; Kaufman, K. D.; Goldstein, B. J. *Curr. Med. Res. Opin.* **2009**, *25*, 2507-2514.
37. Williams-Herman, D.; Round, E.; Swern, A. S.; Musser, B.; Davies, M. J.; Stein, P. P.; Kaufman, K. D.; Amatruda, J. M. *BMC Endocri. Disord.* **2008**, *8*, 14.
38. Nauck, M. A.; Meininger, G.; Sheng, D.; Terranella, L.; Stein, P. P. *Diabetes Obes. Metab.* **2007**, *9*, 194-205.
39. Nelson, P. J.; Potts, K. T. *J. Org. Chem.* **1962**, *27*, 3243-3248.
40. Hansen, K. B.; Balsells, J.; Dreher, S.; Hsiao, Y.; Kubryk, M.; Palucki, M.; Rivera, N.; Steinhuebel, D.; Armstrong, J. D. III; Askin, D.; Grabowski, E. J. J. *Org. Process Res. Dev.* **2005**, *9*, 634-639.
41. Balsells, J.; DiMichele, L.; Liu, J.; Kubryk, M.; Hansen, K.; Armstrong, J. D. III *Org. Lett.* **2005**, *7*, 1039-1042.
42. Ikemoto, N.; Tellers, D. M.; Dreher, S. D.; Liu, J.; Huang, A.; Rivera, N. R.; Njolito, E.; Hsiao, Y.; McWilliams, J. C.; Williams, J. M.; Armstrong, J. D. III; Sun, Y.; Mathre, D. J.; Grabowski, E. J. J.; Tillyer, R. D. *J. Am. Chem. Soc.* **2004**, *126*, 3048-3049.

43. For detailed mechanistic studies, see Xu, F.; Armstrong, J. D. III; Zhou, G. X.; Simmons, B.; Hughes, D.; Ge, Z.; Grabowski, E. J. J. *J. Am. Chem. Soc.* **2004**, *126*, 13002-13009.
44. For preliminary communication, see Hsiao, Y.; Rivera, N. R.; Rosner, T.; Krska, S. W.; Njolito, E.; Wang, F.; Sun, Y.; Armstrong, J. D. III; Grabowski, E. J. J.; Tillyer, R. D.; Spindler, F.; Malan, C. *J. Am. Chem. Soc.* **2004**, *126*, 9918-9919.
45. In collaboration with Solvias AG, Switzerland, extensive screenings were carried out to search for the most suitable catalyst for this hydrogenation.
46. Clausen, A. M.; Dziadul, B.; Cappuccio, K. L.; Kaba, M.; Starbuck, C.; Hsiao, Y.; Dowling, T. M. *Org. Process Res. Dev.* **2006**, *10*, 723-726.
47. Hansen, K. B.; Hsiao, Y.; Xu, F.; Rivera, N.; Clausen, A.; Kubryk, M.; Krska, S.; Rosner, T.; Simmons, B.; Balsells, J.; Ikemoto, N.; Sun, Y.; Spindler, F.; Malan, C.; Grabowski, E. J. J.; Armstrong, J. D. III. *J. Am. Chem. Soc.* **2009**, *131*, 8798-8804.
48. This manufacturing process received the Presidential Green Chemistry Challenge Award (2006) for alternative synthetic pathways, the IChemE Astra-Zeneca Award for excellence in green chemistry and chemical engineering (2005), and the Thomas Alva Edison Patent Award (2009) for Merck's U. S. Pat. 7,468,459.
49. Efforts leading to the discovery and development of sitagliptin led to the receipt of the Prix Galien USA Award for Best Pharmaceutical Agent (2007) and the Thomas Alva Edison Patent Award (2007) for Merck's U. S. Pat. 6,699,871.
50. Reynolds, J. K.; Neumiller, J. J.; Campbell, R. K. *Expert Opin. Investig. Drugs* **2008**, *17*, 1559-1565.

141

11 阿利克仑(泰克特纳)：一种全新治疗高血压的肾素抑制剂

Victor J. Cee

$1 \bullet [(HO_2CCH)_2]_{1/2}$

USAN: Aliskiren
Trade name: Tekturna®
Speedel/Novartis
Launched: 2007

11.1 背景

据统计，全世界有十亿人患高血压，并且高血压极易引起中风、冠心病、心衰和晚期肾病[1]。肾素-血管紧张素系统(RAS)被认为是血压和心血管功能的主要调节机制，为药物治疗提供许多新的靶点[2]。虽然肾素催化肾素-血管紧张素系统的第一步和决速步骤，但其抑制下游血管紧张素转化酶(ACE)这一点最先确立了该途径治疗高血压的临床相关性。基于肾素-血管紧张素系统治疗高血压的又一突破性进展是发现血管紧张素Ⅱ受体阻断剂(ARBs)，ARBs也有同样的降压效果，而且可以降低ACE抑制剂的副作用。2007年，随着阿利克仑(**1**，Aliskiren)，商品名：泰克特纳(Tekturna)，一种全新的肾素抑制剂获得批准，临床医生从此能够干预RAS系统的所有部分。现存的以RAS系统为靶标的疗法在安全性和有效性上很有优势，应用阿利克仑临床治疗高血压的效果以及其对与高血压相关的靶器官的损伤将依赖这些优势。

1898年，芬兰的生理学家Robert Tigerstedt和他来自瑞典的学生Per Bergman提出用肾素这个术语来表示可溶性因子，他们将肾提取物注入兔子体内发现血压急剧增加，这种现象被认为是由肾素引起的[3]。许多年后，人们发现肾素产生于近肾小球细胞，血压的直接调控者并不是肾素，而是一种天冬氨酸蛋白酶，它通过切断血管紧张素原(相对分子质量为57 kD的一种蛋白

142

质)中的亮氨酸 10 -缬氨酸 11 之间的连接,来启动使血管收缩的八肽——血管紧张素Ⅱ的生成[4]。由于肾素对血管紧张素原和 RAS 系统的第一个限速酶的特异性,几十年来,肾素抑制剂一直被认为是一种有效的治疗高血压以及与高血压相关的靶器官损伤的好方法。

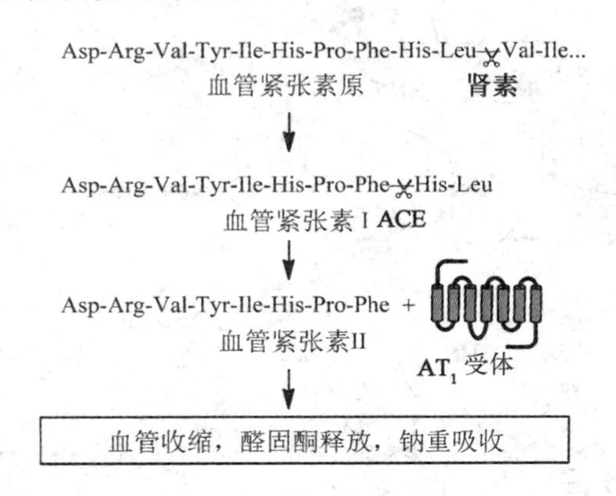

首个高效的肾素抑制剂被报道于二十世纪八十年代,它是血管紧张素原末端部分的衍生物,包括一个连接在亮氨酸-缬氨酸键之间的非水溶性的胺。H - 142 (**2**)被认为是一系列衍生物中最有效的肾素抑制剂,IC_{50} = 10 nmol/L,并且对天冬氨酰蛋白酶 D 有很高的选择性[5]。不久之后,由于抑胃酶氨酸是天然的天冬氨酰蛋白抑制剂的一部分,来自默克公司的一个研究组报道了键合抑胃酶氨酸的猪血管紧张素原衍生物—(3*S*,4*S*)- 4 -氨基- 3 -羟基 -甲基庚酸。化合物 **3** 是有效的肾素抑制剂(K_i = 1. 9 nmol/L),对组织蛋白酶 D 的选择性大约是前者的 70 倍[6]。该研究小组率先报道了这个体内概念验证结果,**3** 的衍生物能完全抑制猪肾素,这与静脉注射 2 mg/kg 的神经节被阻断的麻醉大鼠模型结果一致。基于过渡态电子等排体概念,药物化学拓展研究最终合成出了优化的含羟基多肽,例如:雷米克仑(**4**,Remikiren,罗氏)、伊那克仑(Enalkiren)、占吉仑(Zankiren, Abbott)、迪它克仑(Ditekiren)、特来克仑(Terlekiren,辉瑞)、SR43845(赛诺菲-安万特)、FR115906(山内制药),均已进入Ⅱ期临床[7]。不幸的是,这些多肽类分子生物利用度低、耐受期过短,最终都停止研发。考虑到不改变多肽的特征,人们认识到:P1 侧链(**3** 中特征性的苄基)、P3 侧链(**3** 中特征性的甲基环己基)可能被直接相连,这个关键性的进展产生了阿利克仑——首个有效的、可以面向市场的药物[8-10]。

144

尽管在发展口服肾素抑制剂领域的竞赛中阿利克仑处于领先地位,但随着 1996 年 Ciba - Geigy 和 Sandoz 两家公司合并成诺华(Novartis),并于 1997 年成功开发出抗高血压药物血管紧张素受体阻断剂(Angiotensin Receptor Blocker, ARB)缬沙坦(Valsartan,商品名 Diovan),阿利克仑的临床开发处于停滞状态。Ciba - Geigy 公司的前员工说服诺华将阿利克仑 I/Ⅱ期临床开发权对外授权,并成立了生物制药公司 Speedel 来完成这个项目的开发[11]。Speedel

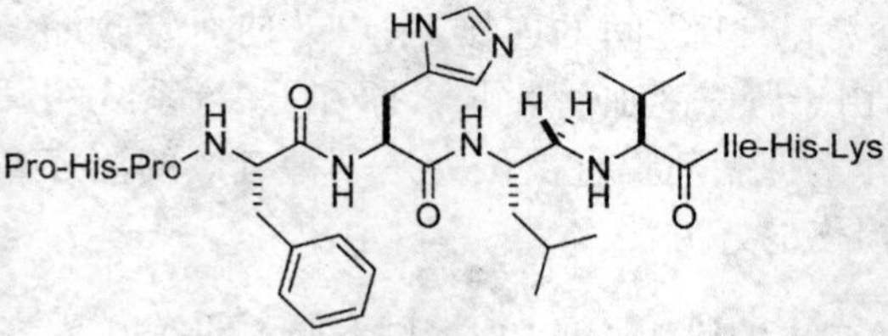

H142 (**2**)

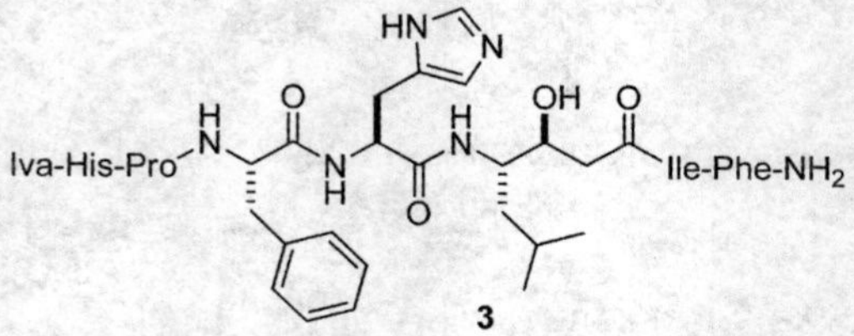

3

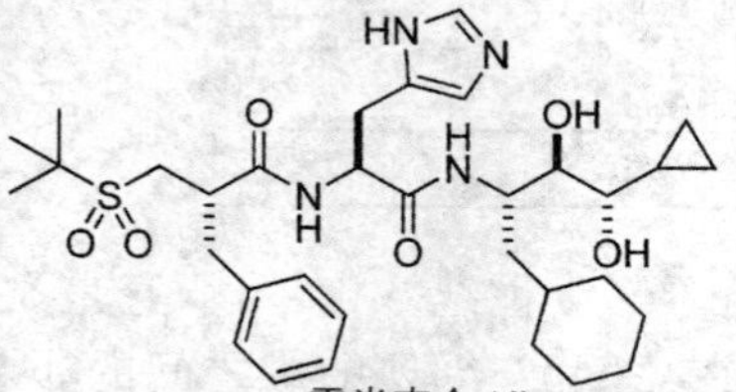

雷米克仑 (**4**)

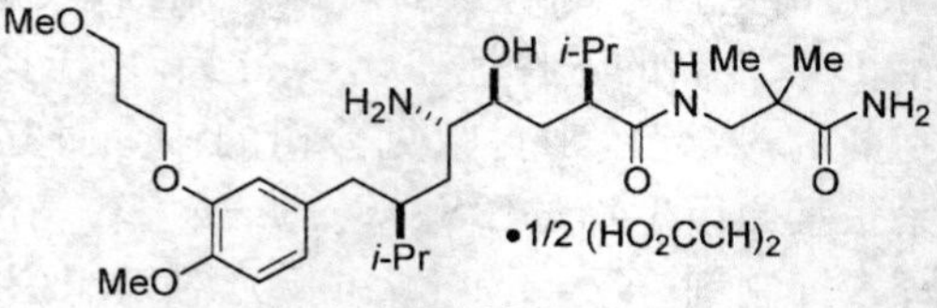

阿利克仑 (**1**)

公司成功将阿利克仑开发成一个具有商业前景的项目并且验证了(该化合物具有成药性)概念的临床证明，2002 年诺华收回该项目开发权。继广泛的Ⅲ期发展计划之后，阿利克仑于 2007 年获得美国食品药品监督管理局(FDA)和欧洲药品管理局(EMEA)批准，用于治疗高血压，目前在美国以商品名泰克特纳(Tekturna)上市，在世界其他范围内以商品名 Rasilez 上市。最近，Tekturna HCT(阿利克仑和利尿剂氢氯噻嗪)和 Valturna(阿利克仑和血管紧张素受体拮抗剂缬沙坦)联合治疗获得 FDA 批准，用于治疗单一药物不足以控制的高血压和可能需要多种药物控制血压的患者的初始治疗。

11.2 药理学

一种完善的衡量肾素抑制作用的方法就是血浆肾素活性(Plasma Renin Activity，PRA)体内测量，在该方法中血管紧张素原裂解的抑制速率被确定。研究表明，PRA 的降低与血管紧张素Ⅱ的降低水平有关，PRA 的降低最终能激活肾素-血管紧张素系统(RAS)[12]。血浆肾素浓度(Plasma Renin Concentration，

PRC)也能被测量，这为在操作上抑制 RAS 各个节点的反馈机制的探索提供了初步理解。大量数据分析表明：8 周内服用 150 和 300 mg 阿利克仑的高血压患者血浆肾素活性急剧且持续性下降，而血浆肾素浓度补偿性增加[13]，如表 11-1 所示。血浆肾素浓度的增加被认为是 RAS 的正反馈机制引起的；消耗 ACE 抑制剂雷米普利(Ramipril)作用下的血管紧张素Ⅱ或者干扰血管紧张素受体阻断剂缬沙坦作用下的血管紧张素Ⅱ/AT_1的信号同样引起 PRC 的增加。基于阿利克仑治疗引起的 PRC 增加可导致高血压，一旦终止治疗，血压可能回升。然而，临床研究表明这种现象不会发生[9]。

表 11-1　高血压患者治疗 8 周后 RAS 抑制剂的 PRA 和 PRC 的改变

组　　别	PRA 改变百分比/%	PRC 改变百分比/%
安慰剂	+11.5	+12.2
阿利克仑，150 mg	−74.7	+95.9
阿利克仑，300 mg	−71.5	+146.7
雷米普利，10 mg	+110.6	+67.9
缬沙坦，320 mg	+159.6	+137.8

11.3　构效关系(SAR)

人们认识到第一代多肽抑制剂中的 P1 和 P3 侧链可由一些柔性连接头连接，由此产生了第一代多肽肾素抑制剂，这一系列抑制剂的肽特征有所减少。自二十世纪九十年代初期开始，基于这种设计理念，Parke-Davis[14,15]、蒙特利尔大学[16]、辉瑞[17]和诺华[18,19]的研究组开发出大量合理有效的衍生物。以诺华合成的 **6** 为例，可以发现 **6** 比之前的临床候选药物 CGP038560 (**5**)的活性强 100 倍。

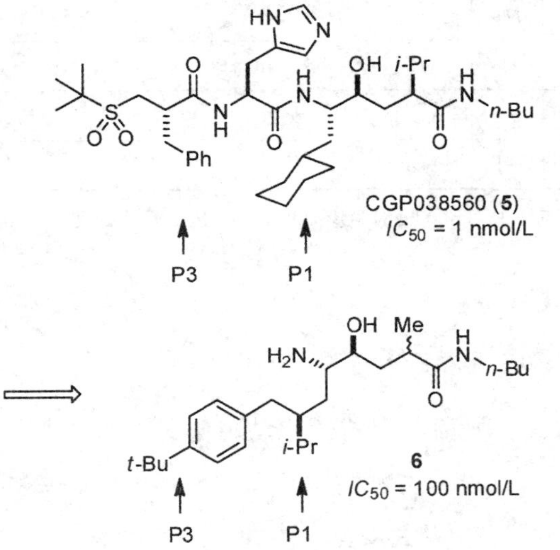

CGP038560 (**5**)
IC_{50} = 1 nmol/L

6
IC_{50} = 100 nmol/L

进一步优化 P3 取代基发现 3,4 -双烷氧基取代的苯环活性增加，最优的组合是 3 -(3 -甲氧基丙氧基)和 4 -甲氧基（**7**,表 11 - 2)。化合物 **7** 在缓冲液和血浆中都有着极高的肾素抑制活性，在钠贫化狨猴体内生物活性适中，平均动脉压的峰值可减少到 9 mm Hg①,持续作用时间达 8 h [20]。化合物 **7** 的 X 射线共结晶结构含有重组的人肾素结构，表明甲氧基丙氧基侧链有一个小的非酶作用部位，命名为 $S3^{sp}$。化合物 **8** 包含正戊氧基基团，通过对化合物 **7** 和化合物 **8** 的比较，显示末端甲氧基非常重要。化合物 **8** 的肾素抑制浓度在缓冲液和血浆中分别是化合物 **7** 的四倍和七十倍。诺华的研究员报道称：在大量优化 **7** 的工作中发现酰胺氮末端的 P2′位(R^3)一般能改善钠贫化狨猴模型的体内药物活性，就体外活性而言，酰胺化合物 **9** 稍次于化合物 **7**,通过增加一个较大的异丙基团(R^2)活性可能被重新提高，例如 **10** 中的(R^2)P1′取代。进一步优化酰胺结构(R^3)表明双甲基取代最优，阿利克仑(**1**)在缓冲液和血浆中都有低于纳摩级的高活性。在钠贫化狨猴模型中阿利克仑具有完美（最高 MAP=－30 mm Hg)而持久(持续＞24 h)的活性，这使其成为目前最有效的肾素抑制剂[21]。

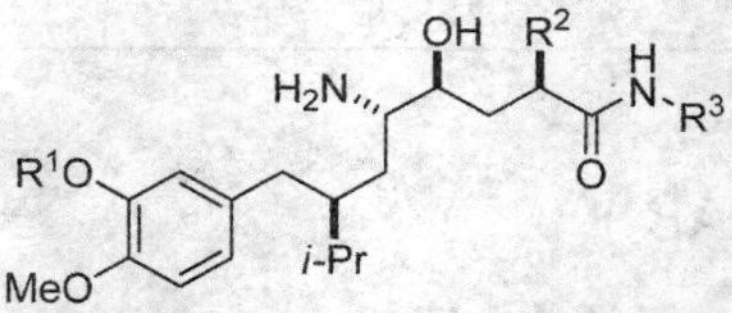

表 11 - 2　阿利克仑的发现和构效关系(SAR)

化合物	R^1	R^2	R^3	纯化的肾素 IC_{50} /(nmol/L)	血浆肾素 IC_{50} /(nmol/L)	MAP 峰值[a] /(mm Hg)	MAP 耐受性[b]/h
7	$-(CH_2)_3OMe$	Me	n - Bu	1	1	−9	8
8	$-(CH_2)_4Me$	Me	n - Bu	4	70	NR	NR
9	$-(CH_2)_3OMe$	Me	$-(CH_2)_2CONH_2$	7	17	NR	NR
10	$-(CH_2)_3OMe$	i - Pr	$-(CH_2)_2CONH_2$	1	3	NR	NR
1	$-(CH_2)_3OMe$	i - Pr	$-CH_2C(Me)_2CONH_2$	0.6	0.6	−30	＞24

a：钠贫化狨猴模型口服 3 mg/kg 时平均动脉压(MAP)的最大改变量。b：MAP 值回到正常值的时间，NR：没有报道。

11.4　药代动力学和药物代谢

健康受试者口服阿利克仑的药代动力学具有如下特点：吸收快（T_{max} =

① 1 mmHg=133.322 Pa。

1～3 h)，在多步骤的消除动力学中其末端消除相长($t_{1/2}$=40 h)，绝对生物利用度低(F=2.6%)，个体差异不大。按每日一次多次给药的剂量口服有如下特征：7～8 个剂量之后达到平稳期(累计因子=2)。在平稳期中，200～400 ng/mL (330～660 nmol/L)范围内 300 mg 的阿利克仑可达到 c_{max}，15～30 ng/mL (25～50 nmol/L)范围内达到 c_{trough}。血浆蛋白结合力适中(47%～51%的结合率)，血浆中近一半的药物是未结合的或游离的。阿利克仑主要以原药形式通过肝胆消除，小部分通过 CYP3A4 氧化代谢，意味着代谢产物接触率低。通过对大量人类受试者的联合给药研究表明阿利克仑的潜在药物-药物相互作用总体较低：阿伐他汀(Atorvastatin)、酮康唑(Ketoconazole)、环孢霉素(Cyclosporine)增加阿利克仑的浓度时间曲线下面积(AUC)，袢利尿剂呋塞米(Furosemide)减少阿利克仑的 AUC。体外研究表明：阿利克仑是 P-糖蛋白酶(Pgp)的作用底物(Michaelis-Menten 常数 K_m=2.1 μmol/L)，联合给药时，阿伐他汀、酮康唑、环孢霉素能增加阿利克仑的 AUC，这与这些药物能够抑制 P-糖蛋白酶介导的肠道外排一致。由此，二者在协同给药时就会引起 AUC 的增加。至于在与呋塞米联合给药时阿利克仑接触率降低的原因则不详[13]。

11.5 药效和安全性

据报道，阿利克仑单一疗法，与利尿剂氢氯噻嗪(HCT)、血管紧张素受体抑制剂(ARB)缬沙坦、ACE 抑制剂雷米普利分别联用，均可减少静止时的平均舒张压(msDBP)。来自几组临床试验中安慰剂对照组的大量数据表明，规定量的 150 和 300 mg 阿利克仑可将非安慰剂对照组的 msDBP 分别减少到 3.2和 5.5 mm Hg[9]，与规定量的其他 RAS 拮抗剂(ARBs 和 ACE 抑制剂)水平相当，支持阿利克仑作为单一治疗药物。联合给药研究表明：阿利克仑和标准剂量的利尿剂氢氯噻嗪[22]、血管紧张素受体抑制剂缬沙坦[23]、雷米普利[24]联用引起额外的血压下降仅与 HCT、缬沙坦、雷米普利有关，对于患者来说，阿利克仑与这些药物配伍使用的降压效果不如单一用药。

表 11-3 单一使用和联合给药时阿利克仑的疗效

阿利克仑剂量	单一使用和联合给药，ΔmsDBP/mm Hg			
	单一使用[a]	+HCT[b] 6.25/12.5/25 mg	+缬沙坦[c] 320 mg	+雷米普利[d] 10 mg
150 mg	−3.2	−1.3/−1.8/−3.3	ND	ND
300 mg	−5.5	ND/−3.8/−4.9	−2.5	−2.1

a：针对小于 65 岁的高血压患者，扣除安慰剂引起的变量测得的 msDBP。b：针对中度高血压患者，用药 8 周后扣除 HCT 患者接受氢氯噻嗪引起的变化测得的 msDBP。c：扣除缬沙坦引起的变化测得的 msDBP；患者接受 160 mg 缬沙坦/150 mg 阿利克仑 4 周，再接受 320 mg 缬沙坦/300 mg 阿利克仑额外 4 周。d：扣除雷米普利引起的变化测得的 msDBP；患者接受 5 mg 雷米普利/150 mg 阿利克仑 4 周，再接受 10 mg 雷米普利/300 mg 阿利克仑额外 4 周。ND：未知。

目前，阿利克仑“ASPIRE HIGHER”临床评估试验正在进行，14 个试验组中有超过 3.5 万名患有心衰、糖尿病和器官自我免疫性疾病的患者参与研究，以观察肾素抑制剂的作用效果[25]。迄今为止，三个针对器官自我免疫性疾病患者的短期试验结果已有相关报道。在Ⅱ型糖尿病、肾病、高血压患者中，阿利克仑在糖尿病中对蛋白尿的评估（AVOID）试验表明，在最大 ARB 氯沙坦（Losartan）剂量下，阿利克仑也可以额外保护肾脏[26]。反之，阿利克仑左心室肥大的评估（ALLAY）试验表明，在左室肥厚的超重高血压患者中，相对单一用药而言，阿利克仑与 ARB 氯沙坦合用并不会进一步降低左心室质量[27]。最后，阿利克仑治疗心力衰竭（ALOFT）试验表明，给已经接受标准治疗的稳定性心衰和高血压患者使用阿利克仑，心脏功能明显好转[28]。正在进行的“ASPIRE HIGHER”试验最终可能会确定阿利克仑在治疗心血管疾病和肾病中的作用。

148

欧洲药品评估局关于阿利克仑的资料包括安全注意事项，其中的数据来自共计 11 566 名受试者的临床研究。与安慰剂组（40.2%）相比，阿利克仑副作用更小，为 37.7%。腹泻是最常见的副作用，与安慰剂组（1.2%）相比，阿利克仑（2.4%）更常见。由于抑制了 ACE 依赖的缓激肽降解，ACE 抑制剂引起咳嗽，而阿利克仑可明显改善此副作用（阿利克仑是 1.0%，ACE 抑制剂是 3.8%），像之前人们所认识到的一样，阿利克仑对肾素血管紧张素原具有特异性[9]。

11.6 合成方法

发现阿利克仑的合成路线[20,21,29]主要包含三个关键中间体：α-氨基醛 **11**，异丙基取代丙烷 **12** 和 β-氨基丙酰胺 **13**。单元 **11** 和 **12** 的格氏试剂结合构建出阿利克仑的完整连续碳骨架和 C4 位立体手性中心。氧化后，β-氨基丙酰胺 **13** 与酸缩合。

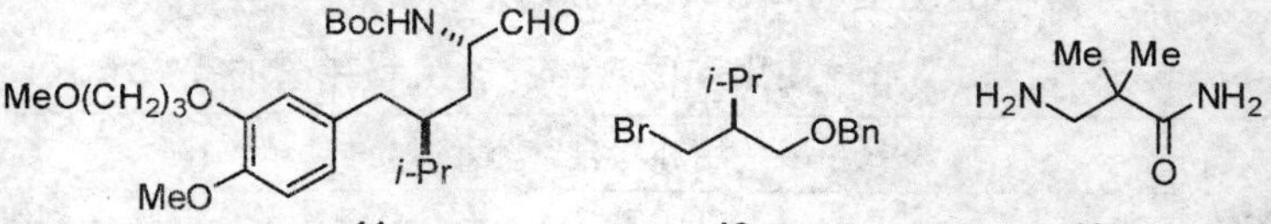

11　　**12**　　**13**

醛 **11** 的最优合成方法在 2003 年已被报道[29]，先由异香草醛 **14** 与 1,3-二溴丙烷进行烷基化，然后甲醇钠取代另一个溴构建甲氧基丙氧基侧链（**15**）。还原溴代后得到关键中间体苄溴 **16**。酰基噁唑烷酮 **17** 的烯醇锂盐进行烷基化反应得到 **18**，高选择性地获得所需非对映异构体。应用常规化学方法经三步即可获得烷基溴化物 **19**。Schöllkopf 手性辅剂 **20** 的烯醇锂盐与溴化物 **19** 的烷基化反应是双向匹配的，能够以高收率（85%）、高选择性（*dr*>98∶2）获

149

得(2*S*,5*R*,2′*S*)型产物 **21**。*ent* - **19** 与 Schöllkopf 手性辅剂 **20** 的烯醇锂盐反应不是双向匹配的,转化率低且 C_2 无选择性。从 **19** 开始的底物导向性变得很强,使用手性双乙氧基二氢吡嗪进行烷基化,非对映体选择性为 95∶5(图中未示出)。无论在哪一种情况下,酸化后的二氢哌嗪降解变成相应的酯,然后在游离胺的作用下转化为氨基甲酸酯,最后通过还原,高对映选择性和非对映选择性获得关键醛 **11**。

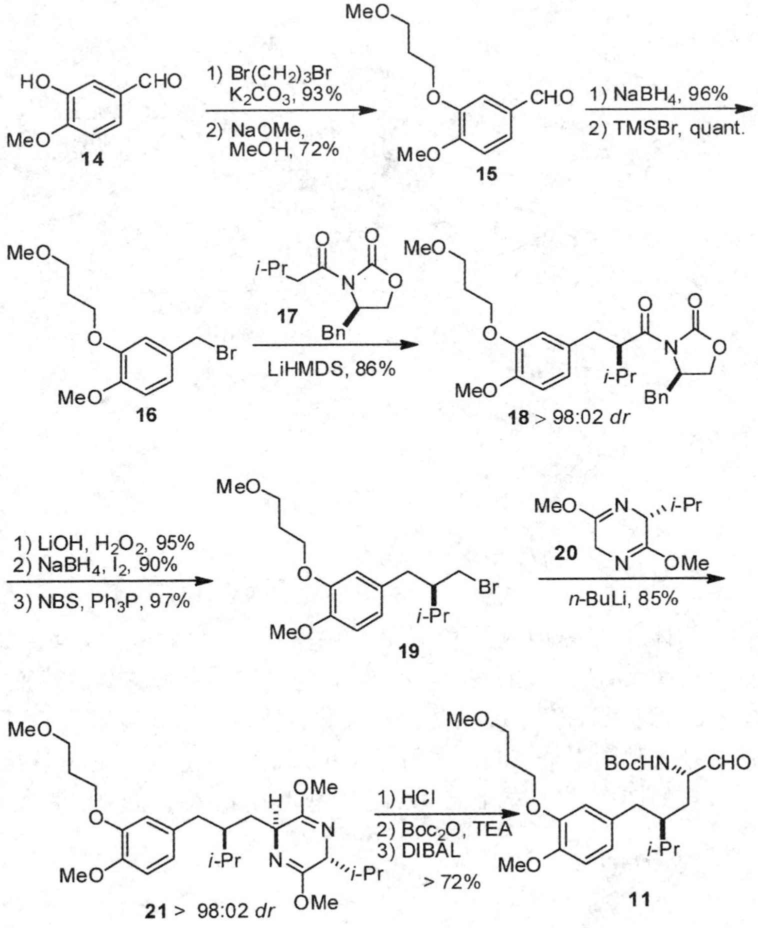

关键片段异丙基取代丙烷 **12** 的合成是以合成醛 **11** 的酰基噁唑烷酮 **17** 为底物,通过烯醇化钛的烷基化完成的。用这个反应制得 **22**,产率中等但非对映选择性很高(dr>99∶1)。再经三步反应将酰亚胺 **22** 以较好的收率转化成烷基卤化物 **12**。**11** 和 **12** 的连接,是用过量三倍的 **12** 的格氏试剂与 **11** 反应,产生不可分离的非对映异构体混合醇(**23**),由此以中等收率构建出阿利克仑的全部骨架。小心控制反应条件,目标产物 4*S* 构型的非对映异构体可以高收率选择性地转化成纯的 *N*,*O*-缩醛 **24**,用快速色谱法可除去未反应的 4*R* 非

对映异构体和微量副产物 $5R-N,O$-半缩醛。再经三步反应生成要与β-氨基丙酰胺 **13** 偶联的酸 **25**。

151

关键中间体β-氨基丙酰胺 **13** 从 2-氰基-2-甲基丙酸乙酯 **26** 合成而得。氰基还原生成胺，将所生成的胺用 Cbz 保护生成 **27**。接下来高压条件下氨解还原移除 Cbz 保护剂，得到 **13** 的盐酸盐。化合物 **13** 和 **25** 再通过 DEPC 偶联得到含保护基的阿利克仑(**28**)。接着去保护以高收率获得 **1** 的盐酸盐。根据迄今为止报告的产率，已知的制备 **1** 的全合成路线需 20 步，总收率为 3%。

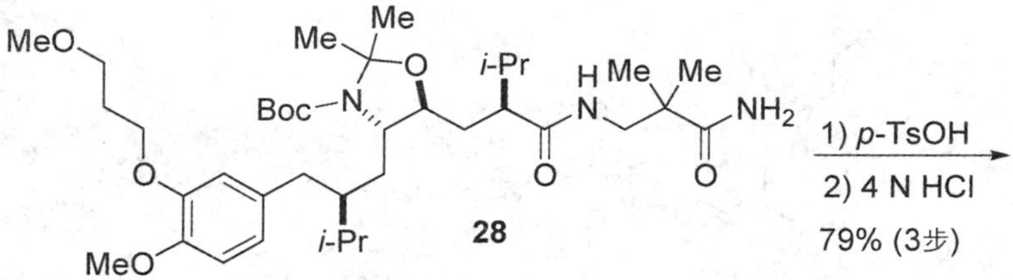

28 → 1) p-TsOH 2) 4 N HCl 79% (3步) → 1•HCl

由于阿利克仑合成路线的复杂性，生产工艺需要广泛优化，下面的讨论集中在最有可能用于生产的工艺路线。此条商业化路线成功的关键是将阿利克仑大致分解为等体积的两个中间体 **29** 和 **30**，二者都包含一个异丙基取代的手性中心，以及药物化学合成中常用的非手性中间体 **13**[9]。**29** 和 **30** 连接后，相邻的氨基醇被接入，此步反应具有高度底物控制的非对映选择性。

152

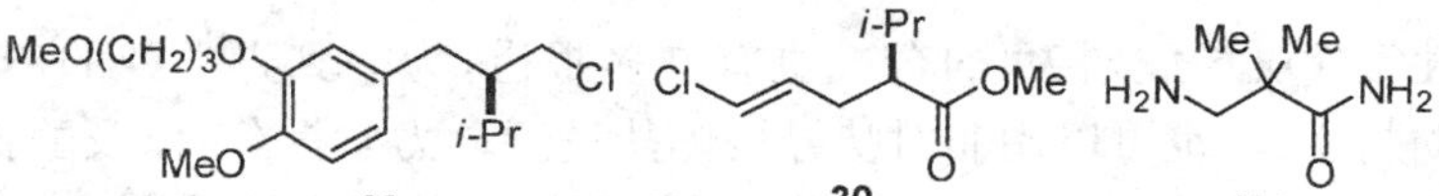

29　30　13

合成关键中间体烷基氯化物 **29** 的方法已有许多报道[30-32]，专利 WO 020025 报道过一种极有效的方法，可以使反应达到千克级[32]。这种方法首先是通过异戊酸乙酯(**31**)的烯醇锂化物与一个取代的苯甲醛(**15**，在药化合成线路中常用的中间体)进行 Aldol 反应，从而得到高非对映选择性的外消旋体 ***rac*-32**。酰基化之后进行消除得到三取代的烯烃，再经皂化反应得到酸 **33**。Knochel 及其同事开发出一种与 taniaphos 系列类似的双膦配体 **34**，使用 **34** 并且在 Rh(Ⅰ)催化下的不对称催化氢化具有高效性和高选择性[33]。最后在标准条件下[34]对 **35** 进行还原和氯化得到关键中间体烷基氯化物 **29**。这样从 **15** 制得 **29** 一共五步，总收率为 37%。

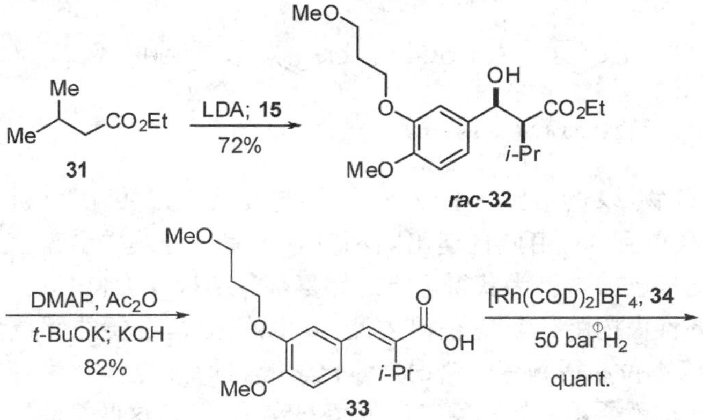

31 → LDA; 15, 72% → *rac*-32 → DMAP, Ac_2O; t-BuOK; KOH, 82% → 33 → $[Rh(COD)_2]BF_4$, 34; 50 bar① H_2; quant. →

① 1 bar$=10^5$ Pa。

153

MeO
O
MeO
O
OH
i-Pr
35 > 95% *ee*
1) $NaBH_4$, I_2, 90%
2) $SOCl_2$, py, 70%

MeO
O
MeO
Cl
i-Pr
29

H
Me
P[3,5-$(CF_3)_2C_6H_3]_2$
Fe
$P(C_6H_5)_2$
34

手性氯代戊烯酸酯 **30** 的合成也有许多报道，为得到光学纯的产物，可以用手性助剂合成，也可以用非对映异构体盐进行动力学拆分，以及酶拆分的方法[35,36]。专利 WO 0209828 报道[36]了一种用酶拆分的极有效的方法，并已用于阿利克仑的工业化合成[9]。异戊酸甲酯(**36**)的烯醇化物与反式的(*E*)-1,3-二氯丙烯反应得到外消旋的烷基化产物 ***rac*-30**，再通过猪肝酯酶(PLE)进行动力学拆分，得到高对映选择性的 2*S*-构型的光学纯产物。而副产物酸 **37** 可以通过包括酯化和外消旋化在内的两步反应、一锅反应再次生成外消旋 ***rac*-30**。

Me
Me
CO_2Me
36
LDA, *t*BuOK
Cl / Cl
79%
i-Pr
Cl
OMe
O
***rac*-30**
PLE, pH 8
DMF-DMA;
NaOMe, 97%
i-Pr
Cl
OMe
O
(2*S*)-30 47%, > 99% *ee*
\+
i-Pr
Cl
OH
O
37

烷基氯化物 **29** 的格氏试剂(2.2 倍量)与氯代戊烯酸酯 **30** 进行镍催化的 Kumada 偶联得到 **38**，由此构建出阿利克仑的完整连续碳骨架。经酯皂化反应得到 **39** 的环己铵盐。为获得重要的邻氨基醇结构，C4 和 C5 的官能团化先以 **39** 的选择性卤内酯化反应获得内酯 **40**，以便构建必要的邻位氨基醇衍生物。该内脂 C4 位易得到一个错误立体化学醇，且 C5 立体化学控制相当具有挑战性，因此这就要求在构建氨基时保留 C5—Br 键。这两个问题最终都得以解决：通过用氢氧化锂处理 **40** 得到一个 C5 位构型反转的环氧中间体，酸化开环后 C4 位构型反转，最后得到 γ-内酯 **41**[37]。

154

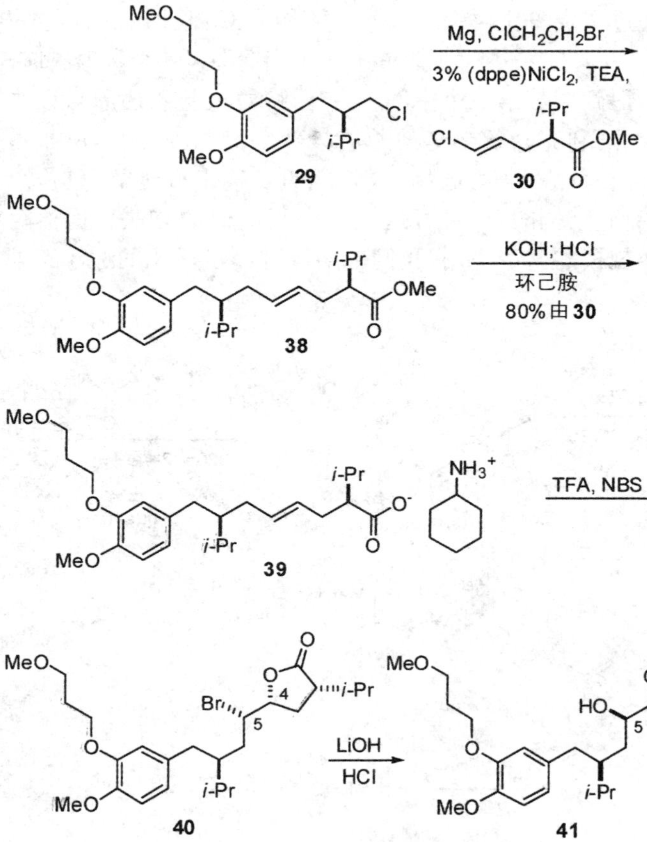

化合物**39**的卤代内酯化的选择性过程由 Bartlett 及其同事发现，他们指出 2 位取代的戊烯酸酯环化高立体选择性地得到顺式 γ-内酯，假设以中间体 A 作为过渡态，其中两个取代基占据假平伏键[38]。值得注意的是，类似的化合物 *N*,*N*-二甲酰胺**42**在同样的条件下能得到 *trans*-γ-内酯，并且 C4 的立体选择性正确[39]。该结果与 Yoshida 及其同事[40]之前观察到的现象一致，他们认为要消除 2 位取代基与 *N*-甲基的 $A_{1,3}$-张力，必须经过一个中间过渡态 B，且该过渡态有假平伏键和假直立键。

155

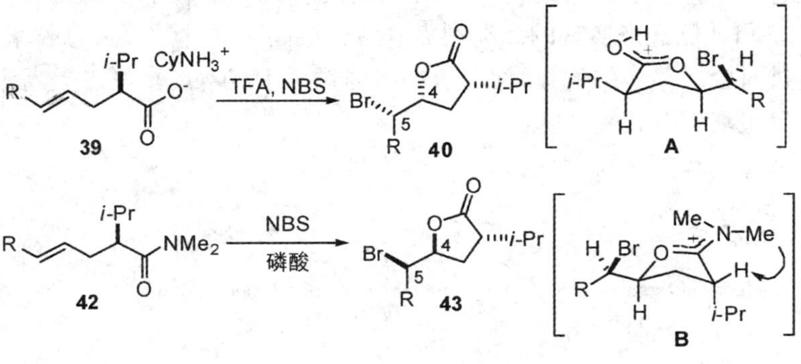

化合物**41**通过甲磺酰化再引入叠氮基团得到C5位胺化的产物**44**(四步反应总收率为71%)。在2-羟基吡啶的催化作用下将β-氨基丙酰胺**13**直接引入内酯结构上,得到倒数第二个中间体**45**。将叠氮基团还原再以半富马酸盐的形式分离得到阿利克仑的半富马酸盐(**1**)[37]。到目前为止,已报道的阿利克仑的合成是以异香草醛**14**为起始原料,经历长达十五步的反应,总收率为14%。鉴于阿利克仑结构的复杂性,这是一个很高效的方法。但值得注意的是,该方法只对小规模的生产适用,我们也期待进一步优化的适于工业化生产的新方法。

41 → 1) MsCl, TEA; 2) NaN_3, DMPU; 71%由 39 → 44 → 13, 20% 2-羟基吡啶, 三乙胺, quant. → 45 → H_2, 5% Pd/C; 富马酸; 81% → $1 \bullet [(HO_2CCH)_2]_{1/2}$

总之,阿利克仑(**1**)是第一个也是目前唯一的可面向市场的肾素抑制剂,使临床医师可以干预RAS的各个活性位点。单一用药时,阿利克仑对降血压的疗效与其他将RAS作为靶点的药物相似,但如果将其与利尿剂或与其他将RAS作为靶点的药物联合使用,阿利克仑似乎有一种额外的功效。正在进行的对患有器官自我免疫性疾病的患者的临床试验,将可以解释阿利克仑在治疗心血管疾病和肾脏疾病发挥作用的机制。相对于之前的一些肾素抑制剂,阿利克仑是一种比较成功的药。主要原因是它具有缩减的肽结构,这一点是通过P1和P3侧链来实现的。阿利克仑总合成路线共计20步,总收率为3%。最终通过对合成路线的优化,使反应路线缩短为15步,产率可以提高到14%,并且可以实现工业化生产。

11.7 参考文献

1. World Health Organization, International Society of Hypertension Group. *J. Hypertens.* **2003**, *21*, 1983-1992.

2. Zaman, M. A.; Oparil, S.; Calhoun, D. A. *Nat. Rev. Drug Discov.* **2002**, *1*, 621-636.
3. Tigerstedt, R.; Bergman, P. *Skand. Arch. Physiol.* **1898**, *8*, 223-271.
4. Persson, P. B. *J. Physiol.* **2003**, *552*, 667-671.
5. Szelke, M.; Leckie, B.; Hallett, A.; Jones, D. M.; Sueiras, J.; Atrash, B.; Lever, A. F. *Nature* **1982**, *299*, 555-557.
6. Boger, J.; Lohr, N. S.; Ulm, E. H.; Poe, M.; Blaine, E. H.; Fanelli, G. M.; Lin, T.-Y.; Payne, L. S.; Schorn, T. W.; LaMont, B. I.; Vassil, T. C.; Stabilito, I. I.; Veber, D. F. *Nature* **1983**, *303*, 81-84.
7. Fisher, N. D. L.; Hollenberg, N. K. *J. Am. Soc. Nephrol.* **2005**, *16*, 592-599.
8. Wood, J. M.; Maibaum, J.; Rahuel, J.; Grütter, M. G.; Cohen, N.-C.; Rasetti, V.; Rüger, H.; Göschke, R.; Stutz, S.; Fuhrer, W.; Schilling, W.; Rigollier, P.; Yamaguchi, Y.; Cumin, F.; Baum, H.-P.; Schnell, C. R.; Herold, P.; Mah, R.; Jensen, C.; O'Brien, E.; Stanton, A.; Bedigian, M. P. *Biochem. Biophys. Res. Comm.* **2003**, *308*, 698-705.
9. Jensen, C.; Herold, P.; Brunner, H. R. *Nat. Rev. Drug Disc.* **2008**, *7*, 399-410.
10. Maibaum, J.; Feldman, D. L. *Ann. Rep. Med. Chem.* **2009**, *44*, 105-127.
11. *Drug Discovery Today* **2005**, *10*, 881-883.
12. Nussberger, J.; Wuerzner, G.; Jensen, C.; Brunner, H. R. *Hypertension* **2002**, *39*, e1-8.
13. Vaidyanathan, S.; Jarugula, V.; Dieterich, H. A.; Howard, D.; Dole, W. P. *Clin. Pharmacokinet.* **2008**, *47*, 515-531.
14. Plummer, M.; Hamby, J. M.; Hingorani, G.; Batley, B. L.; Rapundalo, S. T. *Bioorg. Med. Chem. Lett.* **1993**, *3*, 2119-2124.
15. Plummer, M. S.; Shahripour, A.; Kaltenbronn, J. S.; Lunney, E. A.; Steinbaugh, B. A.; Hamby, J. M.; Hamilton, H. W.; Sawyer, T. K.; Humblet, C.; Doherty, A. M.; Taylor, M. D.; Hingorani, G.; Batley, B. L.; Rapundalo, S. T. *J. Med. Chem.* **1995**, *38*, 2893-2905.
16. Hanessian, S.; Raghavan, S. *Bioorg. Med. Chem. Lett.* **1994**, *4*, 1697-1702.
17. *Lefker, B. A.; Hada, W. A.; Wright, A. S.; Martin, W. H.; Stock, I. A.; Schulte, G. K.; Pandit, J.; Danley, D. E.; Ammirati, M. J.; Sneddon, S. F.* Bioorg. Med. Chem. Lett. **1995**, *5*, 2623-2626.
18. Göschke, R.; Cohen, N.-C.; Wood, J. M.; Maibaum, J. *Bioorg. Med. Chem. Lett.* **1997**, *7*, 2735-2740.
19. Rahuel, J.; Rasetti, V.; Maibaum, J.; Rüger, H.; Göschke, R.; Cohen, N.-C.; Stutz, S.; Cumin, F.; Fuhrer, W.; Wood, J. M.; Grütter, M. G. *Chem. Biol.* **2000**, *7*, 493-504.
20. Göschke, R.; Stutz, S.; Rasetti, V.; Cohen, N.-C.; Rahuel, J.; Rigollier, P.; Baum, H.-P.; Forgiarini, P.; Schnell, C. R.; Wagner, T.; Gruetter, M. G.; Fuhrer, W.; Schilling, W.; Cumin, F.; Wood, J. M.; Maibaum, J. *J. Med. Chem.* **2007**, *50*, 4818-4831.
21. Maibaum, J.; Stutz, S.; Göschke, R.; Rigollier, P.; Yamaguchi, Y.; Cumin, F.; Rahuel, J.; Baum, H.-P.; Cohen, N.-C.; Schnell, C. R.; Fuhrer, W.; Gruetter, M.

157

G.; Schilling, W.; Wood, J. M. *J. Med. Chem.* **2007**, *50*, 4832-4844.

22. Villamil, A.; Chrysant, S. G.; Calhoun, D.; Schober, B.; Hsu, H.; Matrisciano-Dimichino, L.; Zhang, J. *J. Hypertens* **2007**, *25*, 217-226.
23. Oparil, S.; Yarows, S. A.; Patel, S.; Fang, H.; Zhang, J.; Satlin, A. *Lancet* **2007**, *370*, 221-229.
24. Uresin, Y.; Taylor, A. A.; Kilo, C.; Tschöpe, D.; Santonastaso, M.; Ibram, G.; Fang, H.; Satlin, A. *J. Renin Angiotensin Aldosterone Syst*. **2007**, *8*, 190-198.
25. Sever, P. S.; Gradman, A. H.; Azzi, M. *J. Renin Angiotensin Aldosterone Syst*. **2009**, *10*, 65-76
26. Parving, H.-H.; Persson, F.; Lewis, J. B.; Lewis, E. J.; Hollenberg, N. K. *New Engl. J. Med.* **2007**, *358*, 2433-2446.
27. Solomon, S. D.; Appelbaum, E.; Manning, W. J. *Circulation* **2009**, *119*, 530-537.
28. McMurray, J. J. V.; Pitt, B.; Latini, R.; Maggioni, A. P.; Solomon, S. D.; Keefe, D. L.; Ford, J.; Verma, A.; Lewsey, J. *Circulation: Heart Failure* **2008**, *1*, 17-24.
29. Göschke, R.; Stutz, S.; Heinzelmann, W.; Maibaum, J. *Helv. Chim. Acta* **2003**, *86*, 2848-2870.
30. Sandham, D. A.; Taylor, R. J.; Carey, J. S.; Fässler, A. *Tetrahedron Lett*. **2000**, *41*, 10091-10094.
31. Herold, P.; Stutz, S.; Spindler, F. WO 02002487, 2002.
32. Herold, P.; Stutz, S. WO 02002500, 2002.
33. Ireland, T.; Grossheimann, G.; Wieser-Jeunesse, C.; Knochel, P. *Angew. Chem. Int. Ed.* **1999**, *38*, 3212-3215.
34. Rueger, H.; Stutz, S.; Göschke, R.; Spindler, F.; Maibaum, J. *Tetrahedron Lett*. **2000**, *41*, 10085-10089.
35. Herold, P.; Stutz, S. WO 01009079, 2001.
36. Stutz, S.; Herold, P. WO 02092828, 2002.
37. Herold, P.; Stutz, S.; Spindler, F. WO 02002508, 2002.
38. Bartlett, P. A.; Holm, K. H.; Morimoto, A. *J. Org. Chem.* **1985**, *50*, 5179-5183.
39. Herold, P.; Stutz, S. WO 02008172, 2002.
40. Tamaru, Y.; Mizutani, M.; Furukawa, Y.; Kawamura, S.-I.; Yoshida, Z.-I.; Yanagi, K.; Minobe, M. *J. Am. Chem. Soc.* **1984**, *106*, 1079-1085.

158

12 维那卡兰(Kynapid)：一种治疗心房颤动抗心律失常新药

David L. Gray

159

OMe
OMe
O
N
OH
1

美国通用名: Vernakalant
商品名: Kynapid®
公司: Cardiome Pharma
预期上市: 2010+

12.1 背景

最普遍的心律失常是小心房无规律、快速地跳动，这被称为心房颤动(atrial fibrillation,AF)。在上心室，异常的电信号导致快速心脏收缩，但这是与心室不同步的收缩。心律失常的发病率随着年龄增长而增长，50 岁以后，上升到 6%～10%[1,2]。据估计，在美国，有 300 万到 500 万人经历过 AF[3]。有几种不同的潜在病症可造成 AF，这种情况可能是间歇性(阵发性)的，也可能是持续性的。当心房颤动被患者觉察到时，心律失常就被归类为 AF 症状。然而，在很多情况下，病人并没有很明确地感受到 AF，诊断结果来自观察到的异常的心电图(EKG)，但心电图检测目标往往是为了其他目的。因此，患者呈现出的频谱，从阵发性 AF 到持续性 AF。阵发性 AF 往往不需要干预就可以自动恢复，回到正常状态。具有 AF 的患者经常抱怨无力、疲劳、胸痛，严重时令人感到害怕[4]。尽管快速连续的心房颤动能伴随更严重的心室率跳动，但 AF 心房颤动并不会立即对生命造成威胁。相对于异常的心房节律(比如 AF)和心房扑动，多室型心律失常需要立即进行医疗干预。然而，在很长一段时间，由于复发性 AF，会导致中风的高发病率，并且在这种状态下，心血管病致死性的风险是普通情况的两倍[5,6]。肌纤维震颤包括许多连续的心房收缩，这将导致血液不能完全通过上心脏室。心室内血液交流不完全可能导致心室中血栓

160

的形成。这些血栓如果不能在其溶解之前从心室中清除，它们将进入脑心室，从而导致中风。据估计，1/6 的中风患者伴随着心室收缩的发生[7]。这些患者携带未治疗的 AF 生活了几十年，并且长期心律失常的原因并没有完全被研究清楚。通常认为，严重的 AF 长时间会使心脏变弱，造成不期望的心血管肌肉的重塑。

并没有一种很明确的方法减轻心房颤动对心血管的不良影响[8]。伴随着心室的每一次收缩，正常心房的同步跳动提供从心脏流出的血流量的 15%～30%。心房的同步运动对心室的负载和膨胀很重要，这可以使心室有足够的血液，从而产生充足的泵压[9,10]。现在较为普遍的策略表明：对于那些能够忍受 AF，或者是无临床症状的人，在 AF 较为频繁、严重或者是延长的地方，推荐使用药理学上的干扰疗法。对于 AF 病人的药物疗法，一般有两个策略[11,12]。其中的一个策略考虑到与上下心室的不同步，而聚焦于限制心肌（心室）的不正常跳动上。这种干扰策略称作速率控制疗法（Rate Control Therapy）。另外一种是趋向寻求纠正传导系统的异步性，从而修复正常的窦性心律（Sinus Heart Rhythm, NSR），所以这种被称作心律控制疗法（rhythm control therapy）。最近，一种试图通过去除心房中不正常的传导节点，从而修复 NSR 的外科手术干扰技术，已经针对少部分病人做了研究。不管选择何种疗法，如果 NSR 不能维持，为了降低中风的风险，内科医生通常会建议许多心房颤动的病人采用慢性抗凝疗法[13,14]。抗凝疗法有不良的副作用，为了其安全使用，需要严密监控血液中的血块因素。

几次大型的研究已经比较了速率控制和心律控制疗法，但在长期患者身上并没有发现具有统计学意义的差别[3]。广泛的术语抗心律失常药物（anti-arrhythmic），包括所有改变不期望的心律或者心律节奏状况的试剂。这些化合物通常通过它们最初的作用模式归类，该归类模式是在 20 世纪 70 年代得到普及推广的 Vaughn - Williams 法[15]。速度控制策略依赖于使用表征确定、一般较安全的抗心律失常药物来控制心率，包括Ⅱ级 β-阻断剂（如美托洛尔，Metoprolol）和Ⅳ级钙通道阻断剂（异搏定/Verapamil，地尔硫卓/Diltiazem）。这些药物通常并不能完全清除潜在的心律失常，但它的目的在于通过阻止过快的心房速率或者心室速率，从而减少症状的严重程度以及对心脏肌肉的影响。内科医生对 β-阻碍和钙通道阻碍患者比较熟悉，他们能通过患者低血压效果同步定位出心血管问题。

161

对于有效的心律控制，通常首先是通过强烈的非手术介入方法修复 NSR，这被称作心率转变法。通过这种方式，患者的心脏被重新设定，而这种设定是通过外部电极护垫，将电流传导给心脏。当心房颤动变得正常时，患者就被称为转变了。心率转变法的过程在实现转化方面成功率很高，然而，在这个过程中，病人必须被麻醉，并且 AF 经常会复发。

通过一种抗心律不齐的药物（包括 **2** ～**7**），可以将 AF 转变为 NSR，这是

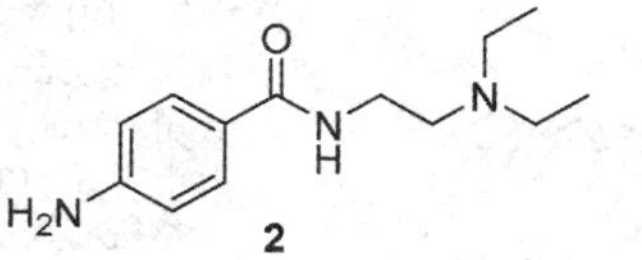

2

美国通用名: Procainamide
商品名: Pronestyl®(IV)
上市时间: 1951
1a 类抗心律失常药物

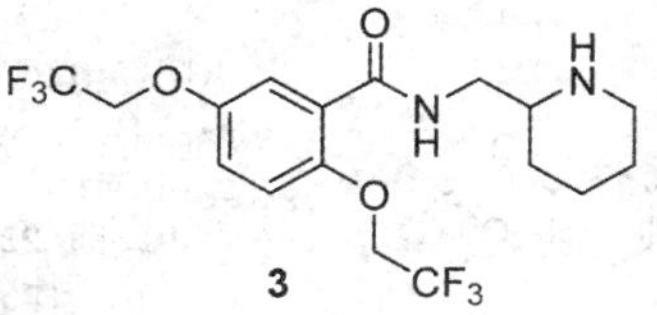

3

美国通用名: Flecainide
商品名: Tambocor®
公司:3M Pharmaceuticals
上市时间: 1982
1c 类抗心律失常药物

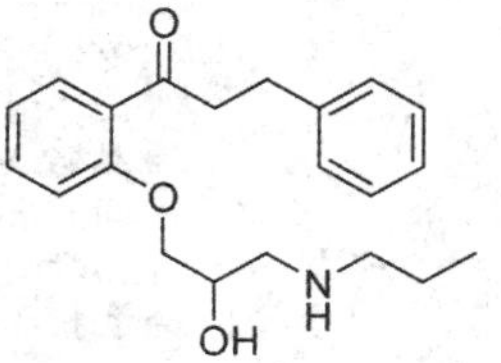

4

美国通用名: Propafenone
商品名: Rhythmol SR®
公司: Abbott
上市时间: 1982
1c类抗心律失常药物

一种直接作用于心脏肌肉细胞(即肌细胞)的药物，对抗钠离子通道传导电流(普鲁卡因胺/Procainamide **2**，氟卡胺/Flecainide **3**，丙胺苯丙酮/Propafenone **4**)，也对抗内部修整(I_{Kr})的钾离子通道电流(伊布利特/Ibutilide **5**，多菲莱德/Dofetilide **6**)。还有一些抗心律不齐药物对钠离子通道和钾离子通道同时起作用(如决奈达隆/Dronedarone **7** 和与其具有相似结构的前体胺碘达隆 Amiodarone)。在这两种机理中，几种药物已经在特殊的一组 AF 患者中显示了修复 NSR 的临床功效。在这几种用药中，氟卡胺、丙胺苯丙酮、伊布利特、多菲莱德和决奈达隆获得 FDA 批准，应用于特定患者的 AF 到 NSR 的急性转变。

162

这些制剂都被小心地使用，因为它们具有重要的、与其作用机理有关的安全问题。Ⅰ类抗心律不齐药物在以下两个方面具有相反的作用：提高心脏信号增强的钠离子通道和减慢心肌细胞的电传导速率。Ⅰ类药剂的效力以一种独立的速率方式增强，因此，这些化合物在急性 AF 上能够表现出高度的信号衰减。Ⅲ类心律失常抑制快速内向的钾电流可以延长心肌细胞的再极化作用，使这些细胞对那些能造成 AF 的异常细胞缺乏敏感度。不幸的是，这些试剂不能选择性靶向所有心脏组织，且通过其拮抗作用严重影响心室节奏。伴随Ⅲ类(以及一些Ⅰ类)的一些并不常见但被详细研究过的心律失常叫 Torsades de Pointes (TdP)，属一种不及时终止将会致命的心室颤动[16]。TdP 与部分心脏电流异常的长期延滞相关(准确来说，是从 QT 间隔延迟到 EKG)。因此，这些患者因为严重的心血管问题(例如 TdP)而被监护。与混合钾钠通道阻滞剂胺碘酮相关的 AF 良好转换和维持速率被危险的肺毒性慢慢破坏。然

163

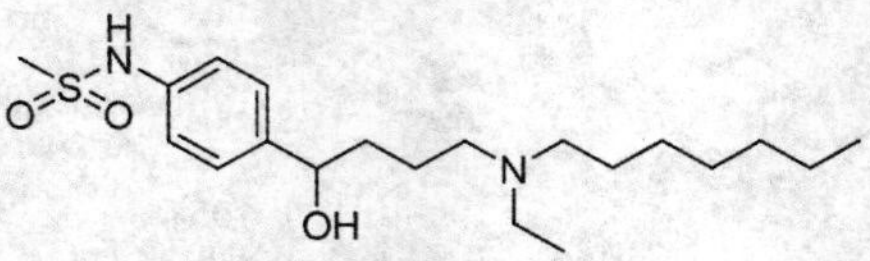

5

美国通用名: Ibutilide
商品名: Corvert®
公司:Pfizer
上市时间: 1996
III 类抗心律失常药物

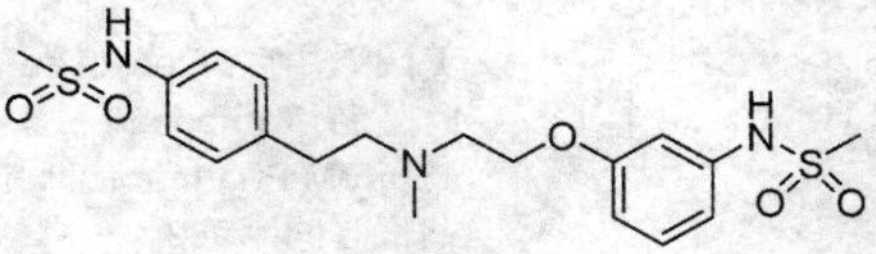

6

美国通用名: Dofetilide
商品名: Ticosyn®
公司:Pfizer
上市时间: 2000
III 类抗心律失常药物

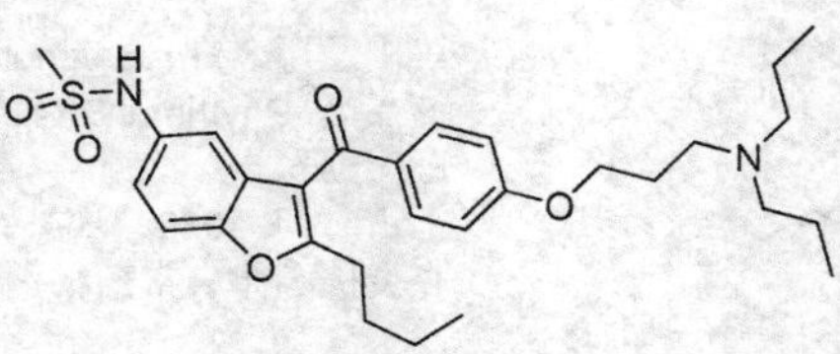

7

美国通用名: Dronedarone
商品名: Multaq®
公司:Sanofi-Aventis
上市时间: 2009
III 类抗心律失常药物

而,它的有效性支持一种观点,即其在多个离子通道的活性可以使患者的治疗效果更好。即使这些药剂在转变 AF 和保持 NSR 的初期很有效,但大约半数的成功治疗的患者在一年之内出现复发 AF[17]。安全转变和控制 AF 的治疗仍然有很大的需求,它减少了抗凝疗法的需求并阻止了长期心室异常的破坏性影响。

12.2 药理学

离子通道的打开和关闭控制特定离子跨膜交换,并且在极化中产生的相应变化可以控制或调解细胞功能。对每一种类型的离子通道,都有很多亚型,而这些亚型在各种组织中表达都不相同。主要的钠、钙、钾通道亚型的位置和表达允许心脏内的特定组织对离子梯度作出合适的反应。在人体中,钾离子通道亚型 Kv1. 5 在心肌细胞中表达,但是在信室中并未被发现[18,19]。Kv1. 5 是一个四聚体,该四聚体作为一个整流电压门控,在心肌组织中通过调节缓慢流出的钾离子跨膜来实现再极化这些细胞。研究也发现,Kv1. 5 在人类心房肌细胞中调控着胰岛素的分泌,并且这种离子通道亚型的表达可能在有心室收缩病人的体内下调[20]。阻断在心房组织中占主导地位的极化电流在理论上对心室影响很小或者基本没有,但可延长其在心房中的动作电位,促使组织对 AF 造成的异常(再入)信号敏感性降低[21]。人们推测选择性地靶向带有选择性钾离子通道拮抗剂的 Kv1. 5 亚型,可能使心律正常化而对心室没有相应的、不确定性的致心律失常影响[22]。

12.3　构效关系(SAR)

包括 Merck[23,24]，Sanofi - Aventis[26,27] 和 Proctor & Gamble[28] 在内的几家公司，发表了一篇文章，报道了有针对性地选择 Kv1.5 阻滞剂的研究项目。2003年，Cardiome 制药公司首次提交了几个专利申请，这些专利报道了反式 *trans* - 环己胺烷基醚(包括 **8**，**9** 和 **1**)并且明确宣称这些化合物可以阻止心房钾离子通道亚型[29]。接下来发表的研究结果表明，Cardiome 起初的研究重心放在寻找选择性心室缺血的抗心律失常药物[30]。作为这个项目的一部分，他们使用麻痹大鼠冠状动脉而开发出心律失常模型，这在预测离子阻滞剂类抗心律失常药物潜力方面被证明是有效的。与人类心脏不同，大鼠心房上的潜在表现依靠像 Kv1.5(这在老鼠心房中是表达的)这类钾离子通道。构效关系研究围绕能阻止这类模型中心律失常的化合物而开展。这些化合物也在表达克隆 Nav1.5，Kv1.5，Kv4.2 和 Kv2.1 的 HEK 细胞中进行测试，用以指导化合物的设计和选择[31]。有希望的先导化合物被进一步应用到狗的心房收缩模型中，用来证明其在类似于人类的心血管系统上转换 AF 的潜力。通过使用环己烷氨基醚系列，在项目进展的各个不同阶段，有些先导候选药物得以衍生出来。在早期工作中，顺式 *cis* - 和反式 *trans* - 环己基氨基类化合物都有离子通道活性。所以最初将它们混合为一类类似物制备，再进行分离。化合物 **8** 中酯基在体内易于水解，从而引导药化功能基向醚连接的类似物如 **9** 衍生。编者曾报道，向对特定钾离子通道(Kv1.5)具有选择性的化合物方向进行衍生，但这些化合物也需要满足对某些钠离子通道具有活性的条件。最终，维那卡兰(**1**，Vernakalant)在选择性抑制 Kv1.5 钾通道和 Nav1.5 钠通道上显示出联合功能。维那卡兰(**1**)先进的临床前期研究证实其抗心律失常的潜力和可接受的药代动力学特性[32]。

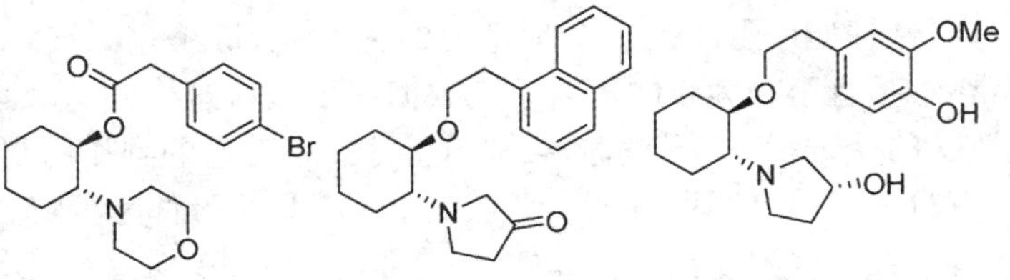

8　　**9**　　**10**

12.4　药代动力学和药物代谢

在健康的志愿者和病人体内，维那卡兰通过细胞色素 P450 CYP2D6 对肾脏和肝脏的代谢作用是清楚的[33]。最主要的代谢过程是 *O* - 去甲基化，得到代

164

谢产物酚衍生物**10**，这种物质以其葡(萄)糖苷酸形式被清除和排泄。这种代谢产物(主要是其共轭的葡萄糖苷酸)在稳定状态的循环水平超过了其母体药物水平，但是，对于目标钠和钾离子通道来说其代谢依然是不活泼的。

165

通过几种人类药代动力学研究，静脉注射给药维那卡兰的清除半衰期是3～4 h。在Ⅱ期临床研究中，其主要疗效终点在注射给药 90 min 内可将新近发生的 AF 转化到正常窦性心律。通过这种方法，在 2～5 mg 剂量下观测到完美的疗效。对于 AF 患者转换成 NSR[34]，推荐的方案是 10 min 内注射 3 mg 的剂量，如果患者并未转换，紧接着 15 min 内再注射 2 mg 的剂量。最近，维那卡兰的口服配方已经在 AF 患者转换为 NSR 方面被证明有效[34]。使用延长释放制剂，600 mg 的口服剂量能维持血药浓度(12 h)大约 3 mg+2 mg I. V. 的水平。口服生物利用度大约为 15%。维那卡兰(**1**)通过 CYP2D6 代谢的半衰期和清除率依据实验模型中该酶的多形态表达的不同而不同。

12.5 药效和安全性

前期的临床工作将注意力集中在发现一个可将最近发生 AF 的患者心率进行转换的药物。Cardiome 和 Fujisawa 公司(现在称为阿斯特拉制药)联合开发了维那卡兰(**1**)的临床研究，该药物产生完美的 AF 转换速率，并且没有因选择性试剂用量的减少导致心室传导异常[35]。到 2009 年底时，维那卡兰已经进行了 5 次大规模的临床试验和几次小规模的临床试验，总共超过 1 200 个 AF 患者。四项第Ⅲ期临床试验中的房室心律转换实验(Atrial Arrhythmia Conversion Trials，ACT1，2，3 和 4)检测了最近发病的 AF 患者(少于 45 天)，并且测量了用药后各个时期转换成 NSR 的速率[36-38]。在这些研究中，转换速率是 45%～63%，这些研究排除了心功能受损和心脏衰竭史的患者。虽然目前对于 QT 延长还没有具体的研究，但在患者和志愿者之间监测显示，在所有试验中，在 QT 间隔中，只有少量增加不直接伴随 TDP 的发生。

心房选择性钾通道阻滞剂一个理论上的优点是，最小化无选择性阻滞剂的心率异常效应，且至今为止的短期研究数据似乎支持这一结论，尽管这些数据来自低风险的受试者[39]。报道称，维那卡兰疗法最普遍的副作用是改变或丧失味觉，还有打喷嚏。这四项维那卡兰给药的 ACT 实验都是静脉注射的，尽管推迟了一段时间，但阿斯拉特在 2008 还是获得了 FDA 对这个药物的批准。公司随后出售了美国之外的销售权给 Merck 公司，Merck 公司继续为在 2009 年 8 月进入欧洲市场而做准备。Merck 公司也获得了维那卡兰口服制剂的授权，其对于最近新出现的 AF 的转换速率在首次药物疗法之后 90 天内获得了统计学意义的提高。支持口服制剂的Ⅱ期试验检测了 AF 的转换速率和转换后的患者在 NSR 上的保持情况[40]。在Ⅱ期试验进行到现在为止，口服制剂量为 300～600 mg 一次，每天两次，持续 90 天。90 天中，600 mg 的口服剂量是

单一 2～5 mg 的静脉注射给药所需药剂量的 2 万倍。这对药物高效合成以降低制造成本提出了新要求。 166

12.6 合成方法

在编写这本书的时候，以前的化学期刊并没有维那卡兰完整的合成路径报道。但有几篇 Cardiome 公司的专利描述了这些化合物的合成路径[29,41,42]。2007 年，Beatch 等发表了一篇关于其合成的报道，报道还包括离子通道拮抗剂先导化合物衍生合成，该结构非常类似于 **1**[31]。为了合成像 **9** 一样的环已胺-2-芳基醚，作者采用了多种灵活的化学方法，最终得到对映异构体的混合物。尽管并没有具体地提到，但可以从专利中推测出，维那卡兰可以用这些方法中的一个成功地合成出来，并最终通过 HPLC 分离得到纯产品。一旦优先的候选药物(**1**)被确证，初始的药物化学工作就是少量修改和优化，从而解决目标分子的手性挑战。在早期的专利中，纯的对映异构体 **1** 可规模化合成立足于原始发现的路径[29]。

11 → 1) Boc_2O, THF, 95%；2) NaH, BnBr, TBAI, THF, > 98% → **12** → 1) TFA, 1 h, 62%；2) H_2O, **13**, 80℃, 10 h, 72% → **13**

14：1:1混合反式异构体 → MsCl, Et_3N, CH_2Cl_2, 0℃ 到室温；**15** 的化醇钠盐, DME, 回流, 70% → **15** → **16**

17 → **18**：1:1混合反式异构体 167

→ 1) 非手性制备HPLC分离对映异构体；2) H_2, 5% Pd/C, HCl, *i*PrOH, >98% → **1** (> 98.5% *ee*)

商业化(*R*)-吡咯烷-3-醇(**11**)带有一个必要的手性中心，该化合物 *N*-Boc 保护后在标准条件下邻位苄化，生成 **12**。然后在酸性条件下除去 *N*-Boc。在双相反应体系中，释放的吡咯烷胺有效地打开氧化环己烯而得到预期关于环己烷环反式(*trans*)的加合物 **14**。由于吡咯烷呈现的手性中心，环氧化合物打开得到 1∶1 的对映异构体。作为甲磺酸衍生物，在 **14** 中环己醇是活泼的，接下来与预先生成的 **15** 的醇钠在 DME 溶剂中回流几天。一个有趣的现象就是，这个 S_N2 取代反应再一次产生了反式环己基环。从而得到一个合理的结论，吡咯氮最开始取代分子内甲磺酸，产生对称的吖丙啶镒盐 **17**，而 **17** 最终被醇盐负离子开环(**15** 的)，从而产生反式产物[31]。在这一阶段中，使用非手性制备 HPLC 分离得到 *R*,*R*,*R*-**18** 和 *S*,*S*,*R*(未显示出)单一异构体化合物，光学纯度超过 98.5%。为了完成维那卡兰的合成，邻苯基保护基在异丙醇和 HCl 水溶液催化剂中通过 5%的 Pd/C 在氢气保护下，被定量地移除，这导致 **1** 作为盐酸盐出现。在多克级别上，该合成线路经过 7 步，产品的总收率大概是 11%。这条路线的一个不理想的方面是最后阶段需要手性 HPLC 分离，这导致半数合成原料被丢弃，尽管这种方法有效地转化了吡咯醇的绝对手性从而避免了手性拆分。维那卡兰(**1**)包含三个手性碳，所以低成本的组装这三个中心是任何可规模化合成线路的关键因素。确实，在这里呈现的 3 种合成方法的进展说明，通过改用更经济的手性源和构建模块来追求更低的原料药成本的追求永无止境。3,4-二甲氧基苯乙基醇(**15**)是一个方便、容易得到的可用的原料，因此，所有合成维那卡兰的醚片段均来自此物也就不足为奇了。类似地，反式环己基氨基醇核心骨架中临近杂原子对化学键的形成提供了条件，在所有合成中这个点的断开均被用到。

168

第二个合成路径是避免对映体的色谱分离和利用酶的氢氧化而得到绝对的手性[43,44]。暴露在空气以及合适的培养基中，*Pseudomonas putida* 单胞菌有效地从氯苯中得到手性 *cis*-二醇 **20**[45]。确定 **20** 作为起始原料就解决了多次为所需的氧化态调整中的手性交换、分离问题。首先，Rh/Al_2O_3 催化剂催化氢化 **20**，产生 *cis*-二醇 **21**，产率 60%~70%。为了羟基基团的分化，六元环骨架未被完全还原。不幸的是，这条路径的专利描述并未报道接下来步骤的收率，但是对每一个中间体化进行了详细的表征。从实验描述中我们可以了解，所有这些反应都是多克级规模的。部分还原为 **21** 后，化学团队的研究人员使用苯磺酸盐差异保护和活化羟基。

Cl
19
Pseudomonas putida,空气
Cl OH OH
20
Rh/Al_2O_3, H_2
THF, 60%~70%

21 → 22：$PhSO_2Cl$, Et_3N, CH_2Cl_2, Bu_2SnO, 收率未报道

22 → 23：H_2, 10% Pd/C, EtOH, 收率未报道

23 → 25：$Mg(ClO_4)_2$, CH_2Cl_2, 然后, **24**, 收率未报道

25 → 1：**11**, 无水条件, 90℃, 收率未报道

169

Bu_2SnO 和 Et_3N 的加入催化了随后的化合物 **21** 与苯磺酰氯在非烯丙基羟基上的选择性反应，以便区分反式醇。第二个氢化是在乙醇中使用 10% Pd/C，生成单磺酸化 *trans*-环己基二醇 **23**。**15** 中原先的羟基通过生成三氯化衍生物 **24** 而活化，然后 **24** 在路易斯酸催化下与 **23** 偶联，从而便于与有位阻的亲核试剂反应。最终，在 **25** 中用被未保护的 *R*-吡咯烷-3-醇取代苯磺酸基，反应得到维那卡兰(**1**)，重结晶即可得到光学纯的异构体[46]。

最近，发展了一个利用两个手性池原料优势的改进方法，通过把整个反应流线化来实现以往步骤中所采用的原料吡咯-3-醇(**11**)消除反应[42,43]。在药物发展中，随着越来越多的产品需求提升，为了有针对性地降低制造成本，昂贵的反应试剂和原料一般是被排除的。尽管这三条合成线路相似地都需要多步化学反应，但是对于药物产品的规模化量和成本利用率都有明显的改进。口服维那卡兰的成功当然更进一步促进了该药物的低成本化学合成。

虽然不是一个商品化产品，但(1*R*,2*R*)-*trans*-2-苄氧基-环己胺(**26**)可以购买或人工合成[47]。该胺和(*S*)-2-乙酰氧基丁二酸酐定量反应，从而可以合成手性吡咯环。对于这种偶合，手性酸酐需要通过一个有效的乙酰化和环化的苹果酸大规模地工业生产[48]。吡咯烷的构建首先通过一个无关紧要的化合物 **28** 和 **29** 混合反应得到，并且不经纯化即进行后续反应，然后在乙酰氯中回流活化端基酸从而关环，得到吡咯二酮 **30**。这一过程保持了所有的三个立

OBn
NH_2
26
27, CH_2Cl_2, > 99%
OAc
27
Bn
O
N
H
OAc
OH
28
+
29

170

AcCl, 回流
1 h, 85%
30
H_2, 10% Pd/C
MeOH, 99%

OH
31
24, $HBF_4 \cdot Et_2O$, 甲苯, 75%
Cl_3C
NH
OMe
24
32

1) $BH_3 \cdot THF$, THF,
74% (粗品)
2) 重结晶
1

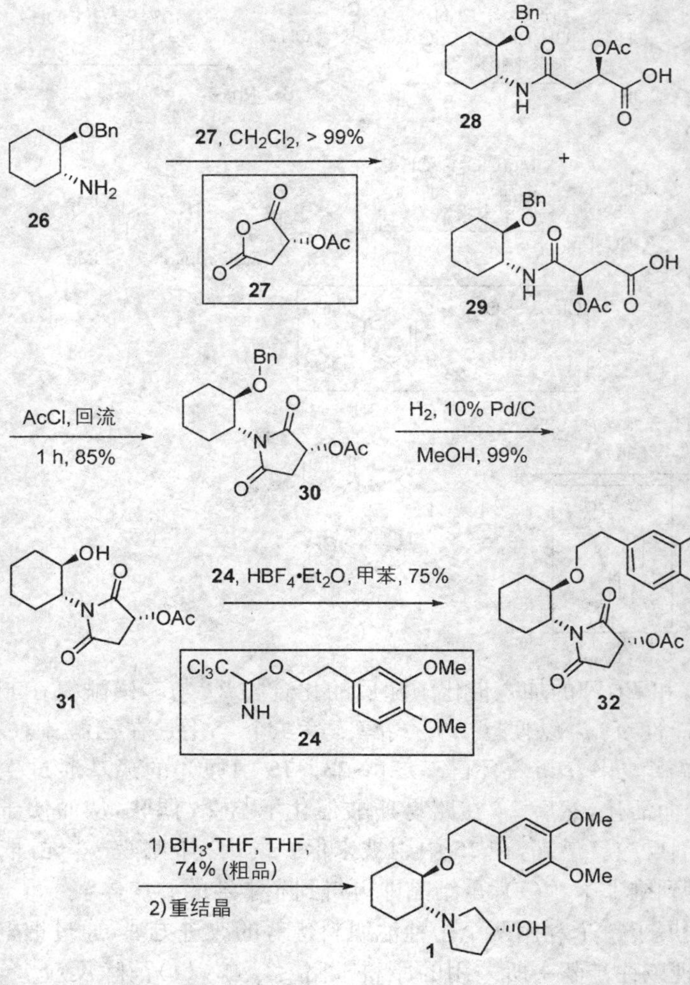

体中心，定量钯催化 OBn 基团的氢解作用在 **31** 中通过无保护的环已醇在四氟硼酸下与三氯乙酸偶合，这一步中 **32** 收率为 75%。最后转化的是吡咯-3-醇环系的去保护，通过硼烷还原亚胺和水解醋酸，最终完成单一转化。这个合成策略使用 6 步转化(包括重结晶)，在大规模生产水平上产率为 33%。

171

总而言之，研究发现钠和选择性钾离子通道阻滞剂维那卡兰的使用能够将心房震颤转换成正常窦性节律。不管是口服的，还是其他配方，已经表现出很好的 AF 疗效和有利的心室安全性。在接近 2009 年底的时候，维那卡兰是否在美国开发和上市是不确定的，FDA 和欧洲监管机构持积极态度。在产品商标确定之前，合作公司还在等候继续进行的Ⅲ期结果。Merck 公司在 2009 年通过合作伙伴宣布承担这个化合物的开发，现在正在进行口服制剂最后关头的试验。

12.7 参考文献

1. Feinberg, W. M.; Blackshear, J. L.; Laupacis, A.; Kronmal, R.; Hart, R. G. *Arch. Intern. Med.* **1995**, *155*, 469-473.
2. Podrid, P. J. *Cardiol. Clin.* **1999**, *17*, 173-188, ix-x.
3. Go A. S.; Hylek E. M., Phillips K. A.; et al. *J. Am. Med. Assoc.* **2001**, *285*, 2370-2375.
4. Hinton, R. C.; Kistler, J. P.; Friedlich, A. L.; Fisher, C. M. *Am. J. Cardiol.* **1977**, *40*, 509-513.
5. Flaker, G. C.; Blackshear, J. L.; McBride, R.; Kronmal, R. A.; Halperin, J. L.; Hart, R. G. *J. Am. College Cardiol.* **1992**, *20*, 527-532.
6. Cabin, H. S.; Clubb, K. S.; Hall, C.; Perlmutter, R. A.; Feinstein, A. R. *Am. J. Cardiol.* **1990**, *65*, 1112-1116.
7. Wolf, P. A.; Abbott, R. D.; Kannel, W. B. *Stroke* **1991**, *22*, 983-988.
8. Reiffel, J. A. *Am. J. Cardiol.* **2008**, *102* suppl., 3H-11H.
9. Fuster V.; Ryden L. E.; Cannom D. S.; et al. *Eur. Heart J.* **2006**, *27*, 1979-2030.
10. Fuster, V.; Ryden, L. E.; Cannom, D. S.; et al. *Circulation* **2007**, *114*, e257-e354.
11. Roy, D.; Talajic, M.; Nattel, S.; Wyse, D. G.; Dorian, P.; Lee, K. L.; Bourassa, M. G.; Arnold, J. M.; Buxton, A. E.; Camm, A. J.; Connolly, S. J.; Dubuc, M.; Ducharme, A.; Guerra, P. G.; Hohnloser, S. H.; Lambert, J.; Le Heuzey, J. Y.; O'Hara, G.; Pedersen, O. D.; Rouleau, J. L.; Singh, B. N.; Stevenson, L. W.; Stevenson, W. G.; Thibault, B.; Waldo, A. L. *N. Engl. J. Med.* **2008**, *358*, 2667-2677.
12. Cain, M. E. *N. Engl. J. Med.* **2002**, *347*, 1825-1833.
13. Hart, R. G.; Pearce, L. A.; Aguilar, M. I. *Ann. Intern. Med.* **2007**, *146*, 857-867.
14. Lip, G. Y.; Edwards, S. J. *Thromb. Res.* **2006**, *118*, 321-333.
15. Vaughan Williams, E. M. In: *Symposium on Cardiac Arrhythmias*, Sandfte E.; Flensted-Jensen E.; Olesen K. H. eds. Sweden, AB ASTRA, Södertälje, **1970**, pp 449-472.
16. Kowey, P. R.; VanderLugt, J. T.; Luderer, J. R. *Am. J. Cardiol.* **1996**, *78*, 46-52.
17. Greene, H. L.; Waldo, A. L. *J. Am. Coll. Cardiol.* **2003**, *1*, 20-29.
18. Mays, D. J.; Foose, J. M.; Philipson, L. H.; Tamkun, M. M. *J. Clin. Invest.* **1995**, *96*, 282-292.
19. Feng, J.; Wible, B.; Li, G. R.; Wang, Z.; Nattel, S. *Circ. Res.* **1997**, *80*, 572-579.
20. Wagoner, D. V. R. *Drug. Discov. Today* **2005**, *2*, 291-295.
21. Stump, G. L.; Wallace, A. A.; Regan, C. P.; Lynch, J. J. *J. Pharmacol. Exp. Ther.* **2005**, *315*, 1362-1367.
22. Fedida, D.; Wible, B.; Wang, Z.; Fermini, B.; Faust, F.; Nattel, S.; Brown, A. M. *Circ. Res.* **1993**, *73*, 210-216.
23. Lagrutta, A.; Wang, J. X.; Fermini, B.; Salata, J. J. *J. Exp. Ther.* **2006**, *317*, 1054-1063.
24. Regan, C. P.; Kiss, L.; Stump, G. L.; McIntyre, C. J.; Beshore, D. C.; Liverton, N. J.; Dinsmore, C. J.; Lynch, J. J. *J. Pharmacol. Exp. Ther.* **2008**, *324*, 322-330.

25. Nanda, K. K.; Nolt, M. B.; Cato, M. J.; Kane, S. A.; Kiss, L.; Spencer, R. H.; Wang, J. X.; Lynch, J. J.; Regan, C. P.; Stump, G. L.; Li, B.; White, R.; Yeh, S.; Bogusky, M. J.; Bilodeau, M. T.; Dinsmore, C. J.; Lindsley, C. W.; Hartman, G. D.; Wolkenberg, S. E.; and Trotter, B. W. *Bioorg. Med. Chem. Lett.* **2006**, *16*, 5897-5901.
26. Peukert, S.; Brendel, J.; Pirard, B.; Brueggemann, A.; Below, P.; Kleemann, H.; Werner, H. H.; Schmidt, W. *J. Med. Chem.* **2003**, *46*, 486-498.
27. Gross, M. F.; Beaudoin, S.; McNaughton-Smith, G.; Amato, G. S.; Castle, N. A.; Huang, C.; Zou, A.; Yu, W. *Bioorg. Med. Chem. Lett.* **2007**, *17*, 2849-2853.
28. Blass, B. E.; Coburn, K.; Lee, W.; Fairweather, N.; Fluxe, A.; Wu, S. D.; Janusz, J. M.; Murawsky, M.; Fadayel, G. M.; Fang, B.; Hare, M.; Ridgeway, J.; White, R.; Jackson, C.; Djandjighian, L.; Hedges, R.; Wireko, F. C.; Ritter, A. L. *Bioorg. Med. Chem. Lett.* **2006**, *16*, 4629-4632.
29. Barrett, A. G.; Beatch, G. N.; Choi, L. S. L.; Jung, G.; Liu, Y.; Plouvier, B.; Wall, R.; Zhu, J.; Zolotoy, A. WO2004099137, 2004.
30. Bain, A. I.; Barrett, T. D.; Beatch, G. N.; Fedida, D.; Hayes, E. S.; Plouvier, B.; Pugsley, M. K.; Walker, M. J. A.; Walker, M. L.; Wall, R. A.; Yong, S. L.; Zolotoy, A. *Drug Dev. Res.* **1997**, *42*, 198-210.
31. Plouvier, B.; Beatch, G. N.; Jung, G. L.; Zolotoy, A.; Sheng, T.; Clohs, L.; Barrett. T. D.; Fedida, D.; Wang, W. Q.; Zhu, J. J.; Liu, Y.; Abraham, S.; Lynn, L.; Dong, Y.; Wall, Walker, M, J, A. *J. Med. Chem.* **2007**, *50*, 2818-2841.
32. Orth, P. M. R.; Hesketh, C.; Mak, C. K. H. *Cardio. Res.* **2006**, *70*, 486-496.
33. Zhongping, L. Mao, L. Z.; Wheeler, J. J.; Clohs, L.; Beatch, G. N.; Keirns, J. *J. Clin. Pharmacol.* **2009**, *49*, 17-29.
34. Beatch, G. N.; Wheeler, J. J. WO 2008137778, 2008.
35. Roy, D; Rowe, B. H; Steill, I. G.; Coutu, B.; Ip, John H.; Phaneuf, D.; Lee, J.; Vidaillet, H.; Dickinson, G.; Grant, S.; Ezrin, A. M.; Beatch, G. N. *J. Am. Coll. Cardiol.* **2004**, *44*, 2355-2361.
36. Dorian P.; Pinter A.; Mangat I. *J. Cardio. Pharmacol.* **2007**, *50*, 35-40.
37. Kowey P. R.; Roy D.; Pratt C. M. *Circulation* **2007**, *116*, II636-637.
38. Rowe B. H.; Dickinson G.; Mangal B. *Ann. Emerg. Med.* **2008**, *52* Suppl., S48 (Abstract 22).
39. Cheng, W. M. J.; Rybak, I. *Clin. Med. Ther.* **2009**, *1*, 215-230.
40. Ongoing Study by Cardiome Pharma, ClinicalTrials. gov Identifier: NCT00668759.
41. Barrett, A. G.; Choi, L. S. L. WO2005016242, 2005.
42. Bain, A. I.; Beatch, G. N.; Walker, M. J.; Plouvier, B.; Sheng, T.; Longley, C. J.; Yong, S. L.; Zhu J. J.; Zolotoy, A. B.; Wall, R. A.; Zhu, J. J. US2005209307, 2005.
43. Barrett, A. G.; Choi, L. S. L.; Chou, D. T. H.; Hedinger, A.; Jung, G.; Kurz, M.; Moeckli, D.; Passafaro, M. S.; Plouvier, B.; Sheng, T.; Ulmann P. WO2006088525, 2006.
44. Chou, D. T. H.; Jung, G.; Plouvier, B.; Yee, J. G. K. WO 2006138673, 2006.
45. Hudlicky, T.; Luna, H.; Barbieri, G.; Kwart, L. D. *J. Am. Chem. Soc.* **1988**, *110*,

173

4735-4741.
46. Hashimoto, M.; Eda, Y.; Osanai, Y.; Iwai, T.; Aoki, S. *Chem. Lett.* **1986**, *6*, 893-896.
47. Ditrich, K.; Reuther, U.; Bartsch, M. WO20070912, 2007.
48. Mhaske, S. B.; Argade, N. P. *J. Org. Chem.* **2001**, *66*, 9038-9040.

175

13 考尼伐坦(Vaprisol):低钠血症拮抗剂加压素 V_{1a}和 V_2

Brian A. Lanman

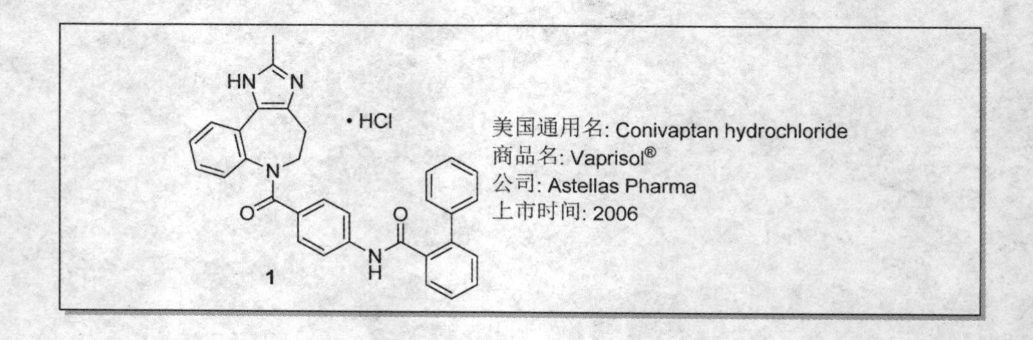

13.1 背景

低钠血症是指血清钠浓度小于 135 mmol/L 的一种电解质不平衡现象,在医院患者中非常普遍,发病率将近 15%[1,2]。除了对生命有潜在威胁外,低钠血症还是患者患心力衰竭[3,4]、急性 ST 段抬高心肌梗死[5]、肝硬化[6]的独立预测指标。

低钠血症是由全身的水含量相对于全身的钠含量过量引起的。导致低钠血症的原因有很多如:抗利尿激素异常分泌综合征(SIADH)、肝硬化和充血性心脏病(CHF)等。无论是哪种原因,精氨酸抗利尿激素(AVP)(也称抗利尿激素(ADH),即一种调节肾无电解质水的重吸收的神经激素),能增强肾中水的保留,从而导致血清钠浓度下降[7]。低钠血症依据细胞外液(ECF)的体积的交换特性,分为高容量性低钠血症、正常容量性低钠血症和低容量性低钠血症。高容量性低钠血症,肝硬化概率增大,CHF 和 ECF 的体积上升;正常容量性低钠血症则保持正常;低容量性低钠血症,则会导致严重的腹泻症,ECF 量降低[8,9]。

176

在低钠患者人群中,无补偿性的血钠浓度下降导致细胞外空间的水进入脑组织。然而脑组织里的钠含量是严格控制的，这将导致脑水肿。如果低血钠症恶化得缓慢，脑溶解物减少能减轻脑肿胀。但是，大量或者快速的血钠减少会导致很多CNS(中枢神经系统)相关的症状，比如头痛、恶心、呕吐、肌肉痉挛、昏睡、注意力不集中和抑郁反应。更严重的是，低钠血症会导致癫痫、昏迷、呼吸停止、永久性脑损伤，甚至死亡[1]。

较缓和的低血钠症，典型的治疗方法是限制水的摄入量(<800 mL/d)，但是这种治疗途径由于血清渗透压升高会使人感到口渴，而且要有很多需要遵从医嘱的地方[1,10]。对于严重的低钠血症，治疗办法是以注射高渗盐水来提高血清钠浓度。髓袢利尿剂(例如：利尿磺胺)常用于减轻潜在的容量负荷过重[1]。高渗盐水治疗并不是很理想的治疗方案，因为这样存在血浆钠水平调节过快的风险，导致水从脑组织迅速转移到血管容积，触发神经脱髓鞘从而导致癫痫、昏迷、四肢瘫痪甚至死亡[1]。

在引入特效的加压素受体拮抗剂前，低钠血症的药物治疗主要是使用髓袢利尿剂和非特异性加压素信号抑制剂，如碳酸锂和地美环素(Demeclocycline)[11]。这些治疗方法的使用由于一系列副作用受到限制。袢利尿剂会导致电解质失衡，降低可预测性响应[11]。碳酸锂治疗效果较差，并且会有肾功能损伤而且在很多患者中效果有限。因此碳酸锂几乎被地美环素(一种治疗慢性低钠血症的四环素类抗生素)所取代[12]。地美环素的缺点是会引起中毒性肾损害(特别是在肝硬化患者中)，导致可逆性尿毒症和引起光敏性[1,11]。

考尼伐坦盐酸盐(**1**)是第一个FDA批准治疗血钠过低的药物，通过调节血管加压素受体上的AVP拮抗作用，来调节非电解质水在肾集合管的重吸收。考尼伐坦盐酸盐(**1**)作为一种新型治疗低钠血症药物能明显地治疗多种异常水积留疾病。

自2009年起，考尼伐坦盐酸盐(**1**)作为三大加压素受体拮抗剂之一，在全球获准用于治疗低钠血症。莫扎伐普坦盐酸盐(Mozavaptan Hydrochloride，**2**)于2006年在日本获批准，比考尼伐坦盐酸盐(**1**)在美国获批准的时间早。2009年，托伐普坦(Tolvaptan，**3**)紧随**1**作为治疗低钠血症的药物获得美国FDA批准。本章将详细讨论考尼伐坦盐酸盐(**1**)的药理特征及其合成。

13.2 药理学

精氨酸抗利尿激素作为人体中的抗利尿激素，是垂体后叶响应血浆质量摩尔浓度升高和血容量减少而释放的一种肽激素。抗利尿激素通过促进肾集合管里的水分重吸收和调节末梢血管压力来维持正常的血浆容量和质量摩尔浓度。这些作用是由两个不同的G蛋白偶联受体来调节的：V_{1a}受体主要存在于血管平滑肌和肾髓质的间质细胞中；V_2受体主要在肾集合管表达。"抗利尿激素"这一术语源于这种激素具有血管收缩(血压升高)的性能，这是由

177

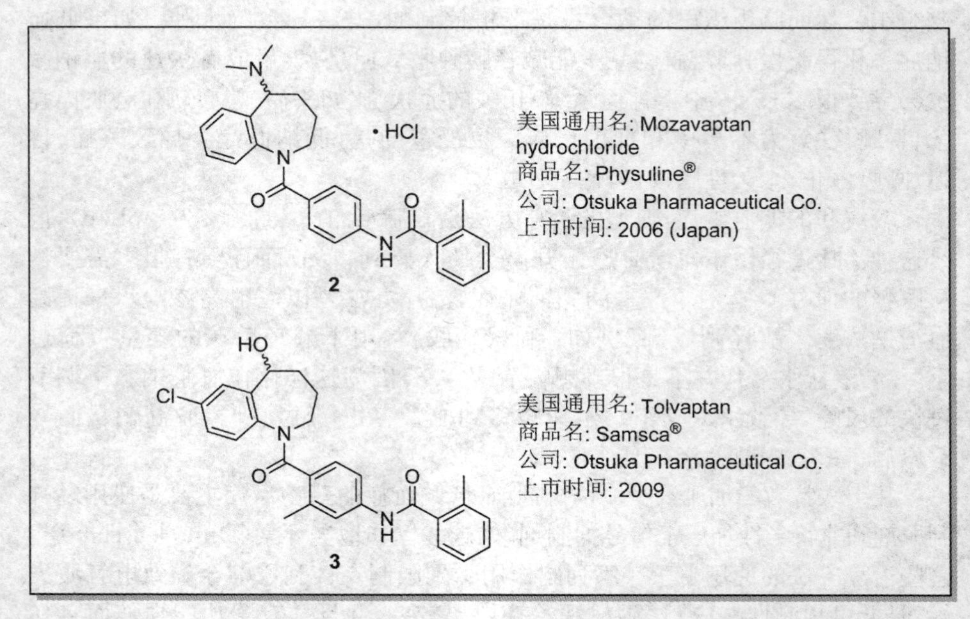

V_{1a}受体调节的。相反，抗利尿激素保持水分的性能是由肾脏 V_2 受体起作用的，它能增加在靠近肾集合管细胞上皮薄膜中特异性水通道蛋白-2(Aquaporin-2)的通道数量。水通道数量的增加会明显地提高肾集合管与水的可渗透性，极大地促进了肾脏对电解质水的重吸收。尽管 V_2 受体调节主要肾脏对抗利尿激素的响应，但 V_{1a}受体是通过减少骨髓血流量来提高肾脏水的重吸收，从而增加髓质渗透压以及肾脏水的重吸收的(图 13-1)[13]。

178

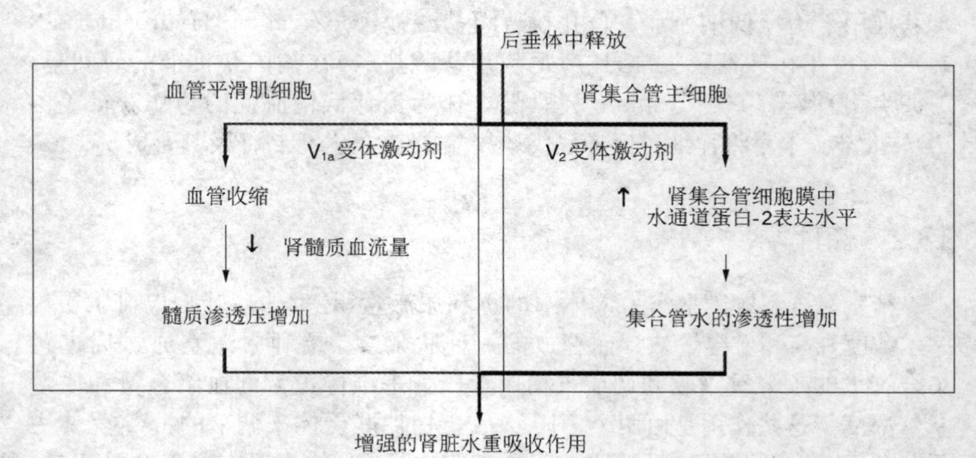

图 13-1　抗利尿激素对肾脏水重吸收的作用

由于 AVP 的双肾和血管作用，山内制药公司(Yamanouchi Pharmaceuticals)的科学家开始对双 V_{1a}/V_2抗利尿激素受体拮抗剂产生兴趣。尤其这些药物有望成为治疗充血性心脏病(CHF)的唯一使用的治疗药物。AVP 分泌异常导致高容量性低钠血症和血管阻力不断增加[14]。通过不断探索，最终诞生了考尼伐坦盐酸盐(**1**)。

在转染人体 V_{1a}和 V_2抗利尿激素受体的 CHO 细胞中，**1** 展现出[3H]-AVP 结合性，K_i分别为 4.3 和 1.9 nmol/L[15]。化合物 **1** 对老鼠 V_{1a}和 V_2 受体展现出相似的活性，K_i分别为 0.48 和 3.0 nmol/L(表 13-1)。由于抗利尿激素和催产素受体有很大的结构相似性，**1** 和 AVP 同样展现出后叶催产素受体特性(大鼠受体的 K_i分别为 44.4 和 3.4 nmol/L)[16]，如表 13-1 所示：**1** 对大鼠 V_{1a}和 V_2 受体平衡的结合性能与 AVP 紧密相关。相反，抗利尿激素受体拮抗剂莫扎伐普坦盐酸盐(**2**)和托伐普坦(**3**)展现出中等至显著的 V_2 受体选择性。

表 13-1　大鼠 V_{1a}、V_2 和后叶催产素(OT)受体结合性能

化合物	K_i/(nmol/L)			选择性
	V_{1a}[16,17]	V_2[16,17]	OT[16]	(V_{1a}/V_2)
精氨酸抗利尿激素(AVP)	1.1	3.2	3.4	**0.34**
考尼伐坦盐酸盐(**1**)	0.48	3.0	44.4	**0.16**
莫扎伐普坦盐酸盐(**2**)	193	42	1 550	**4.6**
托伐普坦盐酸盐(**3**)	325	1.3	n. a.	**250**

179

在功能上，**1** 在 hV_{1a}-转染的 CHO 细胞中展现出 AVP-诱导的钙释放抑制率 IC_{50}是 0.43 nmol/L；在 hV_2-转染的 CHO 细胞中展现出对 AVP-诱导的 cAMP 生成抑制率 IC_{50}能达到 0.39 nmol/L[15]。在大鼠平滑肌的 A10 细胞中，AVP-诱导的钙释放，**1** 展现出对 V_{1a}-介导的细胞内钙释放抑制率 IC_{50}是 1.2 nmol/L；在猪肾中的 LLC-PK_1细胞中，**1** 展现出对 V_2-介导的 cAMP 生成的抑制率 IC_{50}是 17.3 nmol/L[16]。

在大鼠体内，**1** 静脉注射给药展现出剂量依赖性地抑制 AVP-诱导的血压升高，ID_{50}为 13 μg/kg[18]。**1** 的给药也会显著增加尿量(ED_3值是 28 μg/kg)[16]，并且以剂量依赖性的方式降低尿渗浓度。大鼠口服化合物 **1** 证明有活性，剂量依赖性地抑制 AVP-诱导的舒张压增加，并且在注入 3 mg/kg 剂量后能维持 8～10 h 与剂量浓度相关的利尿作用[19]。在狗的药效学实验中也观察到了类似的结果[20]。明显的是，老鼠每日用 1 或 3 mg/kg 的剂量一周后，会导致无钠排泄的尿量持续增加，并没有快速抗药反应[21]。

13.3　构效关系 (SAR)

在发现 V_2-选择性后叶加压素拮抗剂莫扎伐普坦盐酸盐的工作中[22]，大家

制药公司(Otsuka)的研究人员报道,去对称的二甲氨基莫扎伐普坦(**4**)对 V_{1a} 和 V_2 受体显示了可比较的亲和性。这种带有亲脂性的端基苯甲酰胺取代基通常能增强血管加压素受体的络合能力。该研究被山内(Yamanouchi)的科学家推进,他们为了发现一个双重 V_{1a}/V_2 受体拮抗剂,制备了一系列 **4** 的衍生物,即在端基苯甲酰胺环上携带亲脂性的取代基。这些研究导致了化合物 **5** 的确定,**5** 不仅拥有类似于 **4** 与 V_{1a} 和 V_2 受体的络合能力,且部分增强了体内活性(如在口服 10 mg/kg 的剂量后增加排尿量)[23]。

为了提高水溶性和 **5** 的口服生物利用度,山内的科学家接下来探索了在苯并氮杂环的 4 -或 5 -位引入氨基研究[24]。尽管 1,4 -苯并二氮䓬类似物对 V_{1a} 和 V_2 的络合能力明显减弱,但 1,5 -苯并二氮 **6** 䓬则被证明对于两种亚型受体络合能力增强。用一系列甲基吡啶、氨甲酰脲和烷基胺替代 **6** 中 5 -氨基以期进一步改善 **6** 的水溶性,这样得到化合物 **7**。**7** 不仅拥有与 **6** 类似的 V_{1a} 和 V_2 的络合能力,并且极大地提高了水溶性和口服生物利用度(反映在尿量的增加上)[24]。

通过用(*E*)-芳基甲基二烯更换 C—N 键而限制苯并氮杂环 5 -位增溶基团的取向,能进一步增强与 V_{1a} 和 V_2 络合的亲和性。然而,由此产生的化合物容易发生酸或碱催化的中间体异构化[25]。为了更好地限制苯并氮杂环 5 -位的取代基的取向,通过固定 4 -位制备了一系列类似物[26]。这个噻唑苯并杂环系统(参考化合物 **8**)被证明对这些研究来说是一个有用的模板。从这个模板开始,一系列有甲基吡啶和烷基氨增溶基团的 2 -位取代的噻唑类似物被制备出来了,揭示了由于 2 -烷基氨基取代的噻唑苯并杂环与 V_{1a} 和 V_2 均有强结合(如 **8**)而成为具有潜力的络合体。对噻唑环进一步取代研究发现:用咪唑环来统一更换噻唑环可以增强后叶加压素受体的络合能力[26]。通过对烷基胺 2 -取代物的主链长度优化,人们随后确定了 **9**,该化合物显示了对 V_{1a} 和 V_2 受体的亚纳摩尔级别的络合能力[26],以及显著增强了口服活性(在 3 mg/kg 的口服剂量后,增加了 3.15 mL 的排尿量)。进一步对化合物 **9** 的咪唑苯并杂环类似物进行研究,结果显示,用甲基取代 2 -叔丁基氨基导致口服活性急剧增加(3 mg/kg 口服剂量下排尿量增加 13.3 mL)[26]。因为同时具有 V_{1a} 和 V_2 受体络合能力和口服生物活性的潜力,咪唑苯并杂环 **1**(盐酸盐形式)成为进一步药物开发的重点。

180

表 13-2 体内和体外加压素受体拮抗剂活性[23,24,26]

类别	化合物	K_i/(nmol/L)		UV /mL[c]
		V_{1a}[a]	V_2[b]	
1	莫扎伐普坦盐酸盐 (**2**)	195	9.8	6.65
2	**4**	8.1	7.2	0.38

续 表

类别	化合物	K_i/(nmol/L)		UV /mL[c]
		V_{1a}[a]	V_2[b]	
3	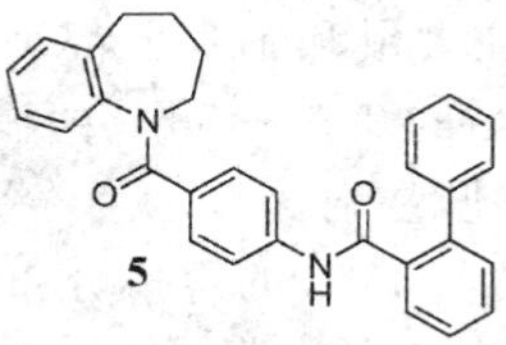 5	14	7.6	0.67
4	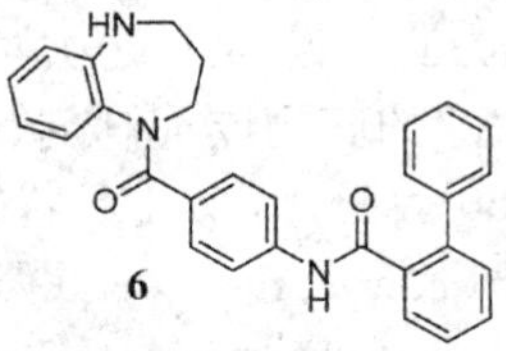 6	1.4	1.7	0.76
5	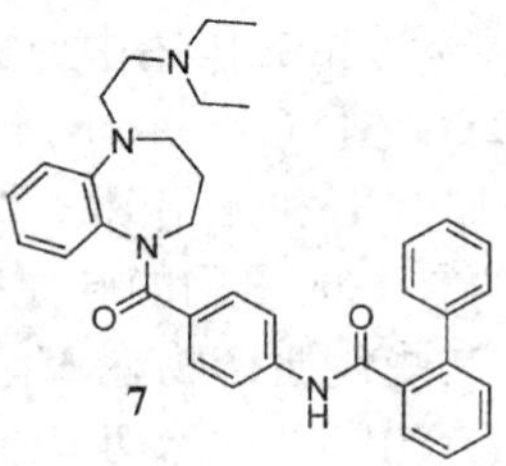 7	5.4	5.1	8.13
6	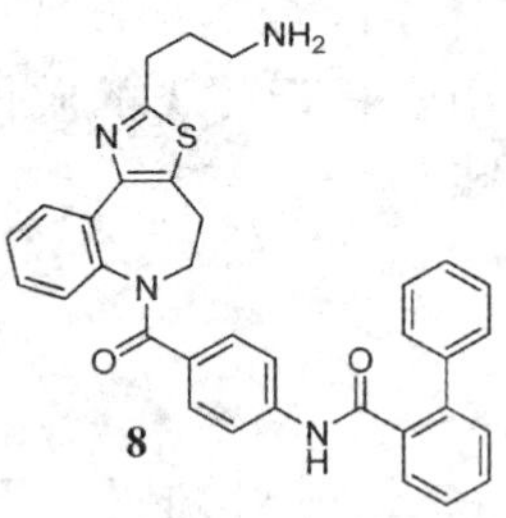 8	4.0	1.1	1.80
7	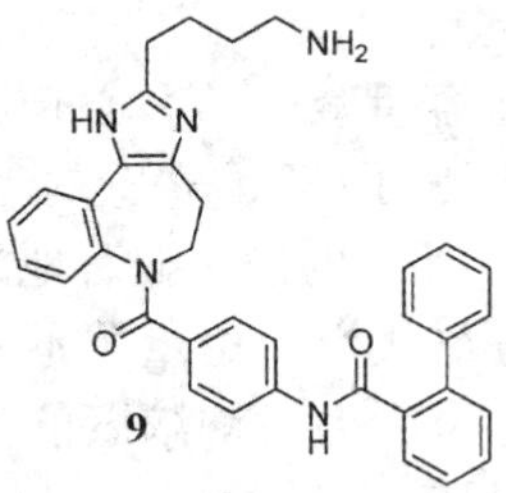 9	0.5	0.5	3.15 (3 mg/kg)
8	考尼伐坦盐酸盐(**1**)	0.9	1.5	13.3 (3 mg/kg)

a 通过大鼠肝脏细胞血浆膜中[^{3}H]加压素取代来测定。

b 通过兔子肝脏细胞血浆膜中[^{3}H]加压素取代来测定。

c 在 10 mg/kg(除特殊说明外)剂量下口服给药 2 h 后的平均排尿量(mL)。

181

13.4 药代动力学和药物代谢

考尼伐坦盐酸(**1**)的药代动力学性能在大鼠和狗身上都没有文献报道。在人体中,**1** 的血药峰浓度在健康男性口服后的 0.67～2 h,并且考尼伐坦盐酸(**1**)显示了 34%～55%口服生物活性[27]。静脉注射 **1** 显示了终端消除半衰期为 5 h,平均清除量为 15.2 L/h[28],且伴随一个 34 L 的容量分布[27]。在血药浓度为 10～1 000 ng/mL 的条件下,考尼伐坦的人类血浆蛋白结合率>99% [28]。

考尼伐坦盐酸盐(**1**)口服或输液均表现为非线性药代动力学特征[28]。这种非线性似乎源于 **1** 的存在形式,作为 CYP3A4 的底物或抑制剂。CYP3 A4 是唯一对 **1** 的新陈代谢有响应的细胞色素 P450 酶 [28],因此,**1** 是特别容易受到药物-药物相互作用的[28]。**1**(10 mg)和酮康唑(Ketoconazole,200 mg;一个强有力的 CYP3A4 抑制剂)共作用,使得 **1** 的 AUC 值增加了 11 倍。考尼伐坦盐酸盐对 CYP3A4 的抑制也能导致其在药物-药物相互作用中成为一个不利因素:在与 **1** 联合给药时, CYP3A4 底物咪达唑仑(Midazolam)和辛伐他汀(Simvastatin)的 AUC 都显著增加(分别增加两倍和三倍)[28]。为了将不良药物相互作用的风险降低至最小,**1** 只能在病人住院时采用静脉注射方式使用。

CYP3A4 将 **1** 代谢为 **4** 个代谢物产物,这些代谢产物在 V_{1a} 和 V_2 受体上的活性相对于 **1** 分别为 3%～50%和 50%～100% [28]。然而,经静脉注射组合接触这些代谢物后,这些代谢物活性只有母体 **1** 的 7%,因此这些对于临床效果的贡献(活性)是细小甚微的。一个用放射性标记的 **1** 的质量平衡研究显示:83%的剂量随粪便排出,剩余的随尿液排出 [28]。

13.5 药效及安全性

考尼伐坦盐酸盐是一个潜在的双重 V_{1a} 和 V_2 后叶加压素受体拮抗剂,在没有显著耗尽的电解质的条件下增加了水的排泄。

在关键的Ⅲ期临床试验中,84 个没有血容量减少的右心衰患者被随机静脉注射考尼伐坦盐酸盐 **1**(40 或 80 mg/d)或使用 4 天的安慰剂[29,30]。静脉注射的剂量为 20 mg。与安慰剂组相比,**1** 的两个剂量的使用显著地改善了血钠浓度和无电解质水的排泄。此外,人们发现考尼伐坦的用量并不总是与迅速变化的血清钠浓度有关。这个发现非常有意义,因为血钠浓度的快速变化可以导致神经脱髓鞘。随后在对 251 名患者的研究中显示,20 mg/d 的考尼伐坦静脉输液量,可以改进血钠浓度和无电解质水的排泄[31]。

血流动力学效应采用双盲、单剂量对 NYHA Ⅳ/Ⅲ类心脏衰竭患者进行研究[32]。在一项对 142 名病人随机进行静脉注射考尼伐坦盐酸盐 **1**(10、20 或 40 mg)或使用安慰剂的研究中,考尼伐坦盐酸盐(**1**)的给药导致肺毛细管边缘压力和右心房压力显著降低，并且伴随着排尿量增加。安慰剂组的心脏指数、系统性肺血管阻力、血压和心率没有显著变化[32]。然而，在后续十项失败的Ⅱ期心脏衰竭的研究中，与安慰剂组相比，没能证明考尼伐坦的使用与心脏病改善结果有关联，比如住院时间、运动耐力、功能状态、脱模分数或心力衰竭症状[28]。

在这些研究的基础上，FDA 批准通过考尼伐坦盐酸(**1**)用于治疗住院患者的低钠血症和血容量过多低钠血症，但目前没有发现可以治疗充血性心力衰竭[28]。由于其促进排水的效果，考尼伐坦是禁忌用于低血容量性低钠血症患者的，因为这会进一步减少血管容量，可能会带来严重的后果。因为人们发现考尼伐坦对生殖有不良的影响(例如降低生育率)，并且胚胎发育中有副作用，所以在怀孕期间使用必须非常谨慎[28]。**1** 的生殖影响可能与 **1** 对老鼠催产素受体的活性有关。最常见的不良反应发生在接受 **1** 治疗的病人的输液部位。其他常见的不良反应包括头痛、低血压、恶心和便秘[28]。

13.6 合成方法

最初的考尼伐坦盐酸盐(**1**)合成方法是由山内制药公司的研发小组采用商业化的苯并氮杂环酮 **10** 来进行的[26]。**10** 和对硝基苯甲酰氯酰化作用得到苯甲酰胺 **11**。随后 **11** 在钯碳上催化氢化生成苯胺 **12**，**12** 反过来与联苯二酰氯缩合后得到双酰胺 **13**。双酰胺 **13** 随即与溴化铜在沸腾的氯仿/乙酸乙酯中加热而得到 **14**。有趣的是，α-溴代酮 **14** 和盐酸乙脒在沸腾的溶有碳酸钾的乙腈溶液中缩合，不仅得到了所需的咪唑苯并氮杂环产物(**1**；53%的收率，两步)，也得到了相应的唑酮苯并氮杂环产物 **15**(7%的收率，两步)，推测该产物是对脒啶片段上苯并氮唑酮上的氧原子进行亲核进攻继而氨解得到的。利用硅胶柱色谱法将副产物 **15** 从 **1** 中分离，继而将纯的产物游离碱用 HCl 酸化得到考尼伐坦盐酸盐(**1**)。

10 → (Et_3N, CH_2Cl_2, 75%) → **11** → (H_2, Pd/C, EtOH, 94%) → **12** → (Et_3N, CH_2Cl_2, 82%) → **13**

184

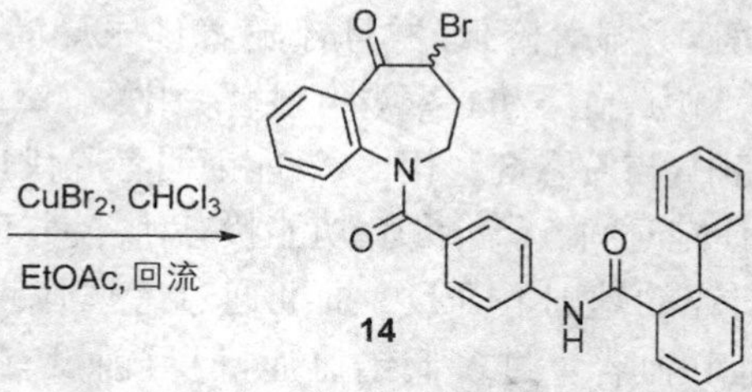

$CuBr_2$, $CHCl_3$

EtOAc, 回流

14

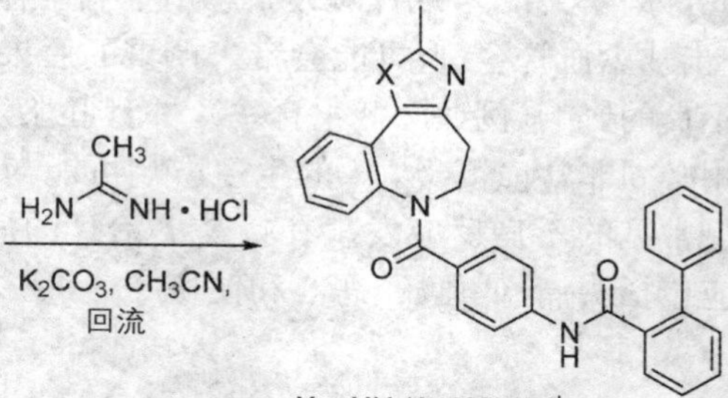

H_2N CH_3 NH · HCl

K_2CO_3, CH_3CN, 回流

X = NH (**1**; 53%, 2步),
O (**15**; 7%, 2步)

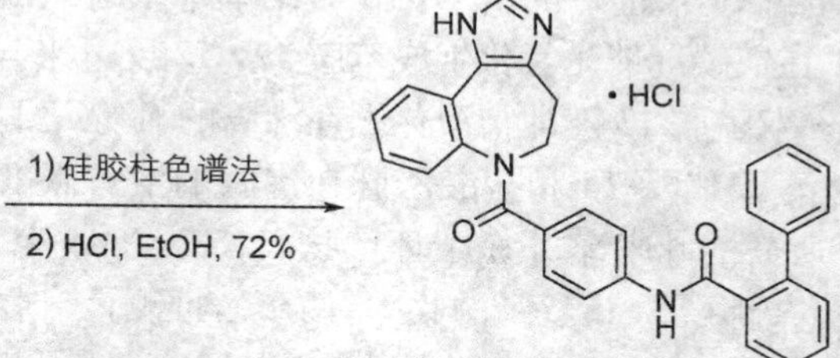

1) 硅胶柱色谱法

2) HCl, EtOH, 72%

· HCl

Conivaptan•HCl (**1**)

获得足够量的 **10** 以便大规模地合成 **1**，山内公司工艺研究小组随后将 **10** 的制备转化为一个从邻氨基苯甲酸 **16** 开始的五步反应[33]。紧随酸催化的 **16** 的酯化反应后发生苯胺甲苯磺酰化得到磺酰胺 **17**，**17** 继而与 4-氯丁腈烷基化后得到 *N*-(3-氰丙基)邻氨基苯甲酸盐 **18**。**18** 与氢化钠在 DMF 中进行的 Dieckmann 环化反应生成 **19**。将 **19** 倾倒在醋酸和浓盐酸的混合物中，对氰基水解和脱羧，且伴随着甲苯磺酰基保护基团的消除，最终从 **16** 以 33%的总收率得到 **10**。

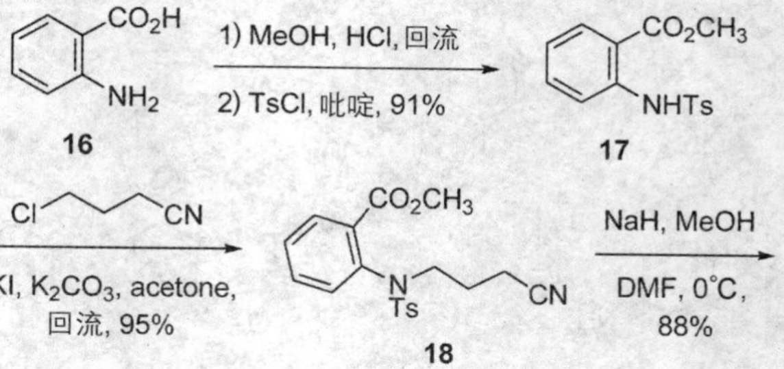

185

CO_2H NH_2 **16**

1) MeOH, HCl, 回流

2) TsCl, 吡啶, 91%

CO_2CH_3 NHTs **17**

Cl CN

KI, K_2CO_3, acetone, 回流, 95%

CO_2CH_3 N Ts CN **18**

NaH, MeOH

DMF, 0°C, 88%

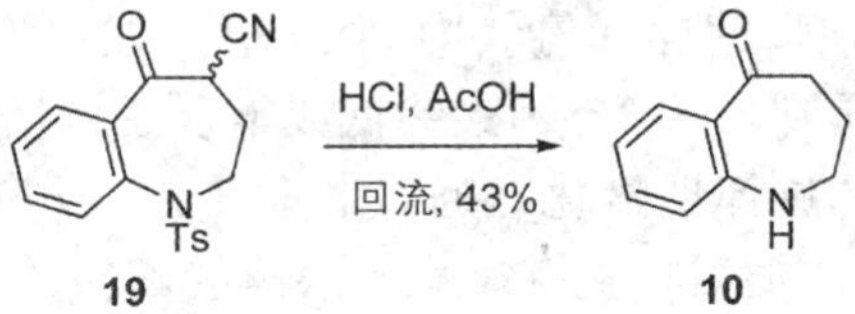

19 —HCl, AcOH / 回流, 43%→ 10

有效获得 **10** 后，山内公司工艺研究小组将他们的注意力转向这一合成的两个缺点：(1) 多变的咪唑环的形成(**14→1**)，这一步导致副产物 **15** 生成且使应用色谱纯化 **1** 成为必要步骤；(2) 在合成早期需要合成联苯甲酰氯(来自昂贵的联苯二羧酸)，这导致了在后续合成步骤中昂贵原料相当大的浪费。

在工艺研究小组对 **1** 的合成方法进行改进的过程中，调整了咪唑环的形成和联苯二酰氯的引入顺序[33]。因此 **20** 最初是由对硝基苯甲酰胺 **11** 和单质溴在氯仿溶液中溴化而得到的。通过对 **20** 与乙脒盐酸缩合反应的仔细研究发现，这个反应对碳酸钾的含水量极其敏感。人们发现，**21** 的收率是直接与含水量成比例的，使用无水碳酸钾主要得到唑酮苯并氮杂环副产物 **15** 与 **21** 的混合物(1.3∶1)。相比之下，使用含水量为 15%的碳酸钾可以得到预期的产物 **21** 与副产物(10∶1)。编者认为产品分布对于水的敏感性可能反映了中间体产物咪唑酮的酮/烯醇式互变的平衡，因为含水量增加会导致烯醇异构体浓度的降低。幸运的是，结晶 10∶1 的 **21** 和副产物的混合物以 67%的收率得到了高纯度的 **21**，这避免了大规模的中间体的色谱纯化。

186

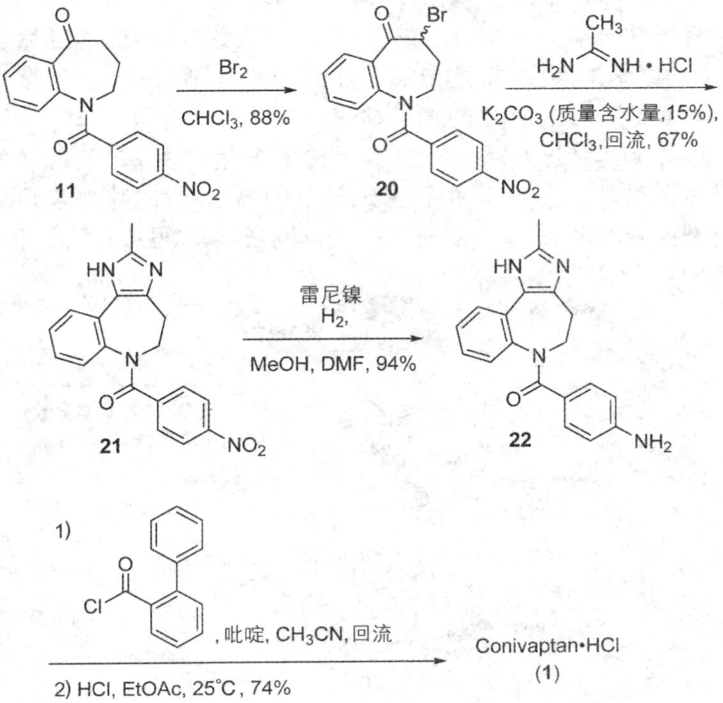

11 —Br_2 / $CHCl_3$, 88%→ 20 —H_2NC(CH_3)=NH • HCl, K_2CO_3 (质量含水量,15%), $CHCl_3$,回流, 67%→

21 —雷尼镍 H_2, / MeOH, DMF, 94%→ 22

—1) 2-联苯甲酰氯, 吡啶, CH_3CN, 回流 / 2) HCl, EtOAc, 25℃, 74%→ Conivaptan•HCl (**1**)

对于 **21** 的硝基在雷尼镍和氢气中催化氢化，在移除催化剂并在甲醇/水中重结晶之后，可以得到苯胺 **22**，为最终低成本合成氯化联苯-2-羰基提供了条件。苯胺 **22** 片段的选择性酰化是通过和联苯-2-羰基氯在吡啶和乙腈的混合液中回流实现的。随后将含有氯化氢溶液的乙酸乙酯加入到冷却的反应液中，沉淀得到考尼伐坦盐酸盐，分离收率为 74%。

187

在 2005 年，山内工艺研究小组(由阿斯特拉收购)报道了他们对考尼伐坦盐酸盐(**1**)最初合成方法所进行的进一步的细化研究[34]，由此得到了 **1** 的多千克级规模的合成工艺。第二代工艺路线的主要特点包括：(1) 提高了总收率；(2) 增加了合成汇集点；(3) 避免使用了氯化溶剂；(4) 避免了使用雷尼镍的氢化反应。

N-对甲苯磺酰苯并氮唑酮 **23** 是这个合成方法中的起始原料。**23** 与吡啶溴化氢盐发生溴化后从乙醇中重结晶，得到 α-溴代酮 **24**，用于形成咪唑环关键反应的研究。在第一代合成方法中，人们发现无水碳酸钾的使用会产生相当量的副产物唑酮苯并氮杂环(35%)。无论是含水碳酸钾(质量分数 15%)或无水碳酸钾在 15%(质量分数)水溶液，都在很大程度上抑制这种副反应。然而，还是能以约 85%的收率得到 **25**。不足为奇的是，溴代酮 **24** 在随后的艾姆斯试验(Ames test)中被发现有积极的疗效，这预示它是一个诱变剂。因此随后的尝试致力于避免这个中间体的分离。最终，人们发现 **23** 先在醋酸和 48%的氢溴酸的混合溶剂中发生溴化，继以甲苯和水萃取，是制备 α-溴代酮 **24** 的合适替代方法。盐酸乙脒、碳酸钾和 10%(质量分数)的水随后被添加到生成的 **24** 的甲苯溶液中，将这个混合体系加热到 100℃。水洗该反应混合体系，从异丙醇中重结晶 **25** 的盐酸盐，以 69%的收率得到 **25** (2 步)，且避免了对中间体 α-溴代酮 **24** 进行分离。接下来化合物 **25** 在 80%的硫酸中去对甲基苯磺酰基。由于 **26** 的硫酸二氢盐的高水溶性，咪唑苯并氮杂环 **26** 作为游离碱被分离出来，这一步通过用 2-叔丁醇萃取再从乙腈水混合物中重结晶实现。

23 → Br_2, HBr / AcOH → **24** → H_2NC(CH_3)=NH·HCl / K_2CO_3, H_2O (10%,质量分数), $PhCH_3$, 100℃, 69% (2步) → **25** → H_2SO_4 / 80℃, 90% → **26**

188

为了提高 **1** 的合成收率，阿斯特拉工艺研究小组设想由预制的 4 -联苯-2 -苯胺羰基单元(参考 **29**)直接酰化合成 **26**，而不是依照第一代工艺合成线路中的合成顺序从 **26** 得来。该策略减少了 **1** 的生产周期，使得关键中间体 **26** 和 **29** 可同时在独立的反应器中制备。人们还希望这样的方法可以避免使用对硝基苯甲酸衍生物中间体，因为雷尼镍还原这样的中间体需要大规模的专门设施[34]。

最初人们是由甲基-或乙基- 4 -对氨基苯甲酸甲酯和联苯二羧基酸(**27**)来制备苯甲酸 **28** 的，但产率相当低(分别只有 48%和 7%)。然而，人们发现，当以 DMPA 作为碱时，4 -氨基苯酸与联苯- 2 -羰基的酰化能以优异的产量得到 **28**(95%)。对于 **26** 与苯甲酸 **28** 选择性酰化是采用与第一代合成方法中 **28** 用相关氯酸($SOCl_2$, CH_3CN)和 **26** 在乙腈中酰化的类似方法。随后向反应混合物中加入氯化氢的乙醇溶液而得到考尼伐坦盐酸盐沉淀物，分离收率为 90%。

27 → 1) $SOCl_2$, DMF, $PhCH_3$, 40℃; 2) 4-氨基苯甲酸, DMAP, 丙酮, 95% → **28** → $SOCl_2$, CH_3CN → **29** → 1) **26**, CH_3CN; 2) HCl, EtOH, 90% → Conivaptan•HCl (**1**)

通过对 **1** 合成方法的改进，阿斯特拉工艺研究小组最终开发了一个千克级规模的方法生产 **1**，该方法相对于早期发现的工艺路线来说既降低了成本又增加了合成的安全性[34]。在此过程中，由氰基苯并氮杂唑酮 **19** 额外得到了总收率为 56%的盐酸考尼伐坦。这相对于第一代过程合成方法来说，增加了四倍的收益率。而相对于最初的发现路线来说，增加了六倍的收益率。

189

总之，考尼伐坦盐酸盐，一个基于咪唑苯并氮杂环的血管 V_{1a} 和肾 V_2 后叶加压素受体的双重拮抗剂，代表了第一代由 FDA 批准的、通过在受体水平直接抑制 AVP 的抗利尿作用治疗血容量过多低钠血症的药物。通过 **1** 的静脉注射可以预见性地提高非电解质水的排泄，提高因血清钠浓度，最小化过快血清钠校正和神经性副作用导致的风险。虽然在心脏衰竭患者的临床试验中，发现 **1** 具有良好的血流动力学作用，但这些作用都未能转化为重要的指标改善结果，比如运动耐受力和住院时间。基于 **1** 和相关的后叶加压素受体拮抗剂如托伐普坦(**3**)的临床试验正在进行，这些药物在治疗心力衰竭、肝硬化和其他流体保持的疾病上有着极大的潜力。

13.7 参考文献

1. drogué, H. J. ; Madias, N. E. *N. Engl. J. Med.* **2000**, *342*, 1581 - 1589.
2. Flear, C. T. ; Gill, G. V. ; Burn, J. *Lancet* **1981**, *2*, 26 - 31.
3. Gheorghiadel, M. ; Abraham, W. T. ; Albert, N. M. ; Stough, W. G. ; Greenberg, B. H. ; O'Connor, C. M. ; She, L. ; Yancy, C. W. ; Young, J. ; Fonarow, G. C. *Eur. Heart J.* **2007**, *28*, 980 - 988.
4. Lee, D. S. ; Austin, P. C. ; Rouleau, J. L. ; Liu, P. P. ; Naimark, D. ; Tu, J. V. *JAMA.* **2003**, *290*, 2581 - 2587.
5. Goldberg, A. ; Hammerman, H. ; Petcherski, S. ; Zdorovyak, A. ; Yalonetsky, S. ; Kapeliovich, M. ; Agmon, Y. ; Markiewicz, W. ; Aronson, D. *Am. J. Med.* **2004**, *117*, 242 - 248.
6. Borroni, G. ; Maggi, A. ; Sangiovanni, A. ; Cazzaniga, M. ; Salerno, F. *Dig. Liver Dis.* **2000**, *32*, 605 - 610.
7. Lehrich, R. W. ; Greenburg, A. *J. Am. Soc. Nephrol.* **2008**, *19*, 1054 - 1058.
8. Lewis, J. L. , III. Hyponatremia. In *The Merck Manual for Healthcare Professionals* [Online]; Porter, R. S. , Kaplan, J. L. , Eds. ; Merck Research Laboratories: Whitehouse Station, NJ, 2009. www. merck. com/mmpe/sec12/ch156/ch156d. html, accessed November 2009.
9. Miller, M. *J. Am. Geriatr. Soc.* **2006**, *54*, 345 - 353.
10. Ghali, J. K. *Cardiology* **2008**, *111*, 147 - 157.
11. Hline, S. S. ; Pham, P. -T. T; Pham, P. -T. T; Aung, M. H. ; Pham, P. -M. T; Pham, P. -C. T. *Ther. Clin. Risk. Manag.* **2008**, *4*, 315 - 326.
12. Forrest, J. N. Jr. ; Cox, M. ; Hong, C. ; Morrison, G. ; Bia, M. ; Singer, I. *N. Eng. J. Med.* **1978**, *298*, 173 - 177.
13. Franchini, K. G. ; Cowley, A. W. Jr. *Am. J. Physiol.* **1996**, *270*, R1257 - R1264.
14. Farhan, A. ; Guglin, M; Vaitkevicius, P. ; Ghali, J. K. *Drugs* **2007**, *67*, 847 - 858.
15. Tahara, A. ; Saito, M. ; Sugimoto, T. ; Tomura, Y. ; Wada, K. ; Kusayama, T. ; Tsukada, J. ; Ishii, N. ; Yatsu, T. ; Uchida, W. ; Tanaka, A. *Br. J. Pharmacol.* **1998**, *125*, 1463 - 1470.

16. Tahara, A. ; Tomura, Y. ; Wada, K. ; Kusayama, T. ; Tsukada, J. ; Takanashi, M. ; Yatsu, T. ; Uchida, W. ; Tanaka, A. *J. Pharmacol. Exp. Ther.* **1997**, *282*, 301 - 308.
17. Yamamura, Y. ; Nakamura, S. ; Itoh, S. ; Hirano, T. ; Onogawa, T. ; Yamashita, T. ; Yamada, Y. ; Tsujimae, K. ; Aoyama, M. ; Kotosai, K. ; Ogawa, H. ; Yamashita, H. ; Kondo, K. ; Tominaga, M. ; Tsujimoto, G. ; Mori, T. *J. Pharmacol. Exp. Ther.* **1998**, *287*, 860 - 867.
18. ED_3 refers to the dose required to produce a 3 - mL increase in urine volume.
19. Tomura, Y. ; Tahara, A. ; Tsukada, J. ; Yatsu, T. ; Uchida, W. ; Iizumi, Y. ; Honda, K.

Clin. Exp. Pharmacol. Physiol. **1999**, *26*, 399 - 403.

20. Yatsu, T.; Tomura, Y.; Tahara, A.; Wada, K.; Tsukada, J.; Uchida, W.; Tanaka, A.; Takenaka, T. *Eur. J. Pharmacol.* **1997**, *321*, 255 - 230.
21. Risvanis, J.; Naitoh, M; Johnston, C. I.; Burrell, L. M. *Eur. J. Pharmacol.* **1999**, *381*, 23 - 30.
22. Ogawa, H.; Yamashita, H.; Kondo, K.; Yamamura, Y.; Miyamoto, H.; Kan, K.; Kitano, K.; Tanaka, M.; Nakaya, K.; Nakamura, S.; Mori, T.; Tominaga, M.; Yabuuchi, Y. *J. Med. Chem.* **1996**, *39*, 3547 - 3555.
23. Matsuhisa, A.; Tanaka, A.; Kikuchi, K.; Shimada, Y.; Yatsu, T.; Yanagisawa, I. *Chem. Pharm. Bull.* **1997**, *45*, 1870 - 1874.
24. Matsuhisa, A.; Koshio, H.; Sakamoto, K.; Taniguchi, N.; Yatsu, T.; Tanaka, A. *Chem. Pharm. Bull.* **1998**, *46*, 1566 - 1579.
25. Matsuhisa, A.; Kikuchi, K.; Sakamoto, K.; Yatsu, T.; Tanaka, A. *Chem. Pharm. Bull.* **1999**, *47*, 329 - 339.
26. Matsuhisa, A.; Taniguchi, N.; Koshio, H.; Yatsu, T.; Tanaka, A. *Chem. Pharm. Bull.* **2000**, *48*, 21 - 31.
27. Burnier, M.; Fricker, A. F.; Hayoz, D.; Nussberger, J.; Brunner, H. R. *Eur. J. Clin. Pharmacol.* **1999**, *55*, 633 - 637.
28. Vaprisol (conivaptan hydrochloride injection) [package insert]. Deerfield, IL: Astellas Pharma US, Inc.: **2008**.
29. Verbalis, J. G.; Bisaha, J. G.; Smith, N. *J. Card. Fail.* **2004**, *10*, S27.
30. Zeltser, D.; Rosansky, S.; van Rensburg, H.; Verbalis, J. G.; Smith, N. *Am. J. Nephrol.* **2007**, *27*, 447 - 457.
31. Verbalis, J. G.; Rosansky, S.; Wagoner, L. E.; Smith, N.; Barve, A.; Andoh, M. *Crit. Care Med.* **2006**, *34*, A64.
32. Udelson, J. E.; Smith, W. B.; Hendrix, G. H.; Painchaud, C. A.; Ghazzi, M.; Thomas, I.; Ghali, J. K.; Selaru, P.; Chanoine, F.; Pressler, M. L.; Konstam, M. A. *Circulation* **2001**, *104*, 2417 - 2423.
33. Tsunoda, T.; Yamazaki, A.; Iwamoto, H.; Sakamoto, S. *Org. Process Res. Dev.* **2003**, *7*, 883 - 887.
34. Tsunoda, T.; Yamazaki, A.; Mase, T.; Sakamoto, S. *Org. Process Res. Dev.* **2005**, *9*, 593 - 598.

191

14 利伐沙班(拜瑞妥):一种血栓性疾病 Factor Xa 靶点抑制剂

Ji Zhang 和 Jason Crawford

1

美国通用名: Rivaroxaban
商品名: Xarelto®
公司: Bayer/Johnson & Johnson
上市时间: 2008(EU)

14.1 背景

血栓(血液凝块)疾病,以及随后的并发症,是导致一般人群的发病和死亡的首要原因[1]。据估计,在 2005 年美国有超过 90 万的静脉血栓栓塞疾病患者[2],其中有三分之二需要住院治疗。超过 60 万的患者是非致死性静脉血栓栓塞。而近 30 万是致死性血栓栓塞,其中包括超过 2 200 例重度静脉血栓疾病和 29.4 万例肺栓塞。主要死亡(93%)原因是突发的致命性肺栓塞,或确诊的静脉血栓栓塞。据估计,34 万例患者发展成静脉血栓栓塞的并发症,包括33.6 万例重度静脉血栓后综合征和 3 300 例慢性血栓栓塞性肺动脉高压综合征。

抗凝治疗的常用治疗试剂有两个[3],一个是高度硫酸化的多糖注射肝素,另一个是维生素 K 拮抗剂(通过间接抑制凝血途径的几个步骤起效)——口服华法林(Warfarin)**2**。这些疗法的主要缺点包括治疗窗窄、需要常规和经常监测患者、大剂量反应的个体和个体内变异。重要的是要注意,华法林等香豆素衍生物,如醋硝香豆素 **3**(具有短半衰期)和苯丙香豆素 **4**(具有较长的半衰期)需要至少 48～72 h 来充分产生抗凝血作用。众所周知,华法林与许多常用的药物,甚至与某些食物起作用,这使得华法林的给药被进一步复杂化。因此当需要任何即时的效果时,肝素和低分子量肝素,例如依诺肝素(商品名:Lovenox 或者克赛),必须及时给药。不幸的是,这些抗凝血剂的治疗方法存

192

在不便之处，限制药效和固有的副作用。暴露于华法林的个体可能会形成一个基于抗体的免疫反应产生耐药，这会使潜在的血栓疾病及其治疗和预后大大复杂化[4]。因此，发展安全、高效的口服抗凝血剂，可以显著降低静脉血栓栓塞的发病率和相关死亡率，给患者提供有意义的好处，也将降低医疗保健体系的经济负担[5]。

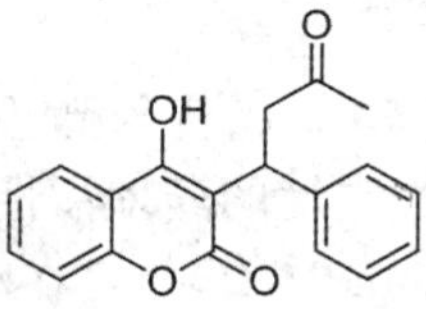

2

美国通用名: Warfarin
商品名: Coumadin®
Jantoven®, Marevan® 和 Waran®
上市时间: 1954

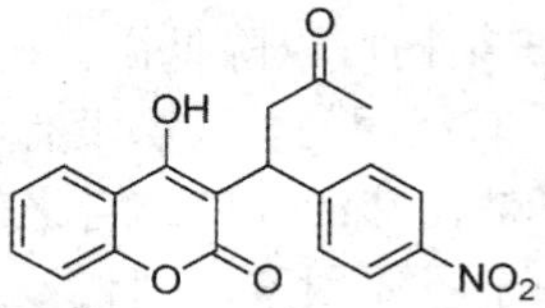

3

美国通用名: Acenocoumarol
商品名: Sintrom® 或 Sinthrome®
上市时间: 1950s

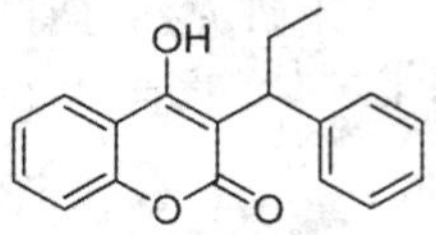

4

美国通用名: Phenprocoumon
商品名: Marcoumar® Marcumar® 或 Falithrom®
上市时间: 1950s

193

为了解决未满足的医疗需求问题，药物发现科学家近年来开始专注于 Xa 因子抑制剂的发展，以此作为治疗靶点[6]。众所周知，活化的丝氨酸蛋白酶因子 Xa 通过内在和外源性激活凝血途径，在血液凝固级联中起着至关重要的作用。Xa 因子通过凝血酶原酶复合物催化凝血酶原转化凝血酶。凝血酶在血栓形成中有好几个功能，包括血纤维蛋白原向纤维蛋白的转化、血小板的激活和其他凝血因子的反馈激活。总之，这些效果提供了一个反馈回路，用于扩增形成的凝血酶。通过降低扩增产生的凝血酶，因子 Xa 的抑制作用会产生抗血栓形成作用，从而减少凝血酶介导的凝血和血小板激活，而不会影响现有的凝血酶水平。因此现有的凝血酶水平足以确保初级止血的作用，原则上，这将提供良好的安全性属性。出于这些原因，Xa 因子已成为一个特别有前途的抗凝血治疗的靶点[7]。

利伐沙班(**1**, Rivaroxaban)，最初命名为 BAY59－7939，是一种由拜耳制药公司(Bayer HealthCare)和强生制药公司(Johnson & Johnson)开发的具有口服生物利用度的药物，为一类新型高度有效 Xa 因子抑制剂(噁唑烷酮衍生物)的成员之一。该化合物在加拿大、德国和英国获得销售许可，并在欧洲批准上市，商品名为拜瑞妥/Xarelto(2008)。2009 年 3 月，美国 FDA 心血管和肾脏药物顾问委员会一致支持利伐沙班的获批。值得注意的是，如果获得批准，将标志着这是自 FDA 在 1954 年批准的华法林以来第一个批准的口服抗凝血剂药物。利伐沙班的批准标志着血栓栓塞性疾病治疗的一个重大进步。在本章中，将详细讨论利伐沙班的药理特征和合成[8]。

14.2 药理学

一系列的噁唑烷酮衍生物的先导化合物的优化导致发现了利伐沙班(**1**)[9]。基本筛选试验中，该化合物表现出一种高度的药理活性和选择性，可以直接抑制 FXa(IC_{50}=0.7 nmol/L，K_j=0.4 nmol/L)，并且在动物模型中的初步研究表明(表 14-1)，它具有优良的体内抗血栓形成活性和良好的药代动力学特征。利伐沙班上的亲脂性氯代噻吩结构可以降低游离分数和水溶性，但是尝试找出结构发生较大变化的亲水性官能团的替代都没有成功。

利伐沙班(**1**)的另一个独特的特点是在其活性肽结合区缺乏一个高度碱性的基团，这是导致其能口服吸收的一个重要因素。利伐沙班已被证实在健康的志愿者体内具有相对较高的生物利用度[10]。在临床研究中，两个主要的单中心、剂量递增、安慰剂对照及单盲的Ⅰ期临床研究已经评估了这种药物的药理作用[11]。单剂量和多剂量方案都已进行了评估，并且具体的药代动力学和药效学性质已阐明。

194

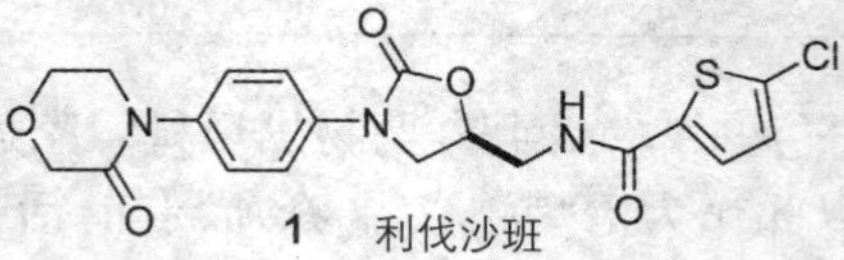

1 利伐沙班

试验发现，利伐沙班竞争性地抑制人 FXa 和凝血酶原酶的活性(IC_{50}=2.1 nmol/L)。与大鼠血浆(IC_{50}=290 nmol/L)相比，它抑制人和兔血浆(IC_{50}=21 nmol/L)内源性的 FXa 更具有生理活性。利伐沙班已经被证明在人体血浆中的抗凝血作用，加倍的凝血酶原时间(Prothrombin Time，PT)和活化部分凝血活酶时间(Activated Partial Thromboplastin Time，APTT)，分别为 0.23 μmol/L 和 0.69 μmol/L。在体内，利伐沙班剂量依赖性地降低大鼠静脉瘀血模型的静脉血栓形成(ED_{50}=0.1 mg/kg iv)。利伐沙班的药理作用已被 Perzborn 等更详细地阐述[12]。

14.3 构效关系(SAR)

围绕利伐沙班的构效关系，拜耳的 Roehrig 及其合作者[9]彻底地进行了研究。在具有优异的体外抗菌活性(IC_{50}为 0.7 nmol/L)和良好的口服生物利用度(在雄性 Wistar 大鼠中为 60%，在雌性 Beagle 犬中为 60%～86%)的系列药物中，利伐沙班被认为是最有药效活性的。

对来自高通量筛选(HTS)的先导化合物 **5**(IC_{50} 为 120 nmol/L)进行优化，得到异吲哚啉酮 **6**(IC_{50} 为 8 nmol/L)，**6** 可作为一种有效的 FXa 抑制剂(图 14 - 1)。不幸的是，在这个系列中，由于生物利用度过低，不能达到理想的药代动力学效果。后来，人们认识到，5 -氯- 2 -甲酰胺片段对具有药理活性的 FXa 的抑制必不可少，当对基于 HTS 的活性化合物进行重新评估时，噁唑烷酮类化合物被确定进行进一步优化。令人惊讶的是，虽然 **7**(IC_{50} 为20 μmol/L)是一个非常微弱的 FXa 抑制剂，但若将 **7** 中的噻吩片段更换为 5 -氯噻吩，得到先导化合物 **8**(IC_{50} 为 90 nmol/L)，则 **8** 的抑制活性提高 200 倍。基于这种潜在的先导化合物，启动了 SAR 的进一步优化。

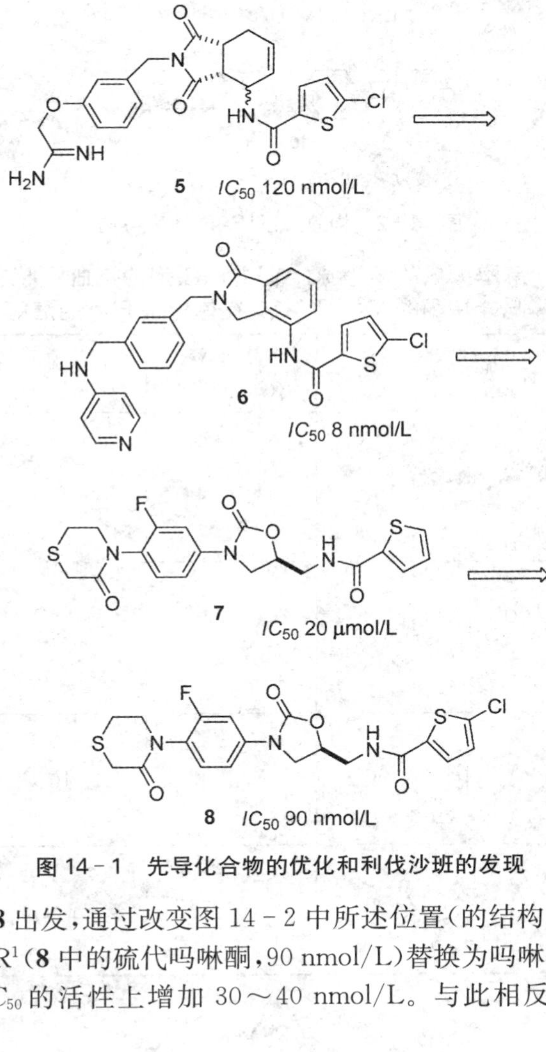

5 IC_{50} 120 nmol/L

6 IC_{50} 8 nmol/L

7 IC_{50} 20 μmol/L

8 IC_{50} 90 nmol/L

图 14 - 1 先导化合物的优化和利伐沙班的发现

195

从化合物 **8** 出发，通过改变图 14 - 2 中所述位置(的结构)，产生了一些结构类似物。将 R[1](**8** 中的硫代吗啉酮，90 nmol/L)替换为吗啉酮或者吡咯烷酮导致 FXa 在 IC_{50} 的活性上增加 30～40 nmol/L。与此相反，*N*，*N* -二甲胺

(74 nmol/L)或哌嗪(140 nmol/L)不太成功。基于这些结果,对引入吗啉-3-酮(**1**)或吡咯烷酮(**11**)进行了评估,发现能增加相应活性到一个理想的范围(**1** 是0.7 nmol/L,**11** 是 4 nmol/L)。将芳基的质子(R^2)替换为氟或三氟甲基优化吗啉酮系列,其活性并没有进一步增加(化合物 **12** 和 **13**)。有趣的是,在 R^3 处接上甲基的吗啉系列活性大幅下降(1 260 nmol/L 变为 43 nmol/L)。在第二阶段基于 SAR 的研究中,试图使用亲水性的 2-氯噻吩替代来提高药代动力学性质,不幸地发现,即使对简式结构 **10** 中基团 R^4 和 R^5 进行较大结构变动,结果也收效甚微。因此,具有亚纳摩尔活性的化合物 **1**,被选中做进一步的评估。

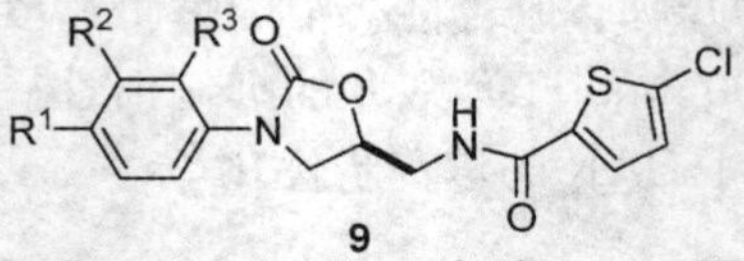

9

变动 R^1(见表14-1)和 R^2, R^3

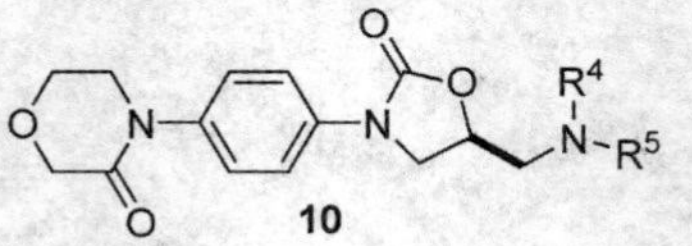

10

变动 R^4 和 R^5

图 14-2 构效关系(SAR)研究导向

表 14-1 麻醉大鼠的动静脉(AV)并联模型的抗血栓形成作用和噁唑烷酮的 FXa 抑制剂[9]在体外抗 FXa 的潜能

化合物	ED_{50} iv /(nmol/L)	ED_{50} po /(nmol/L)	IC_{50} /(nmol/L)
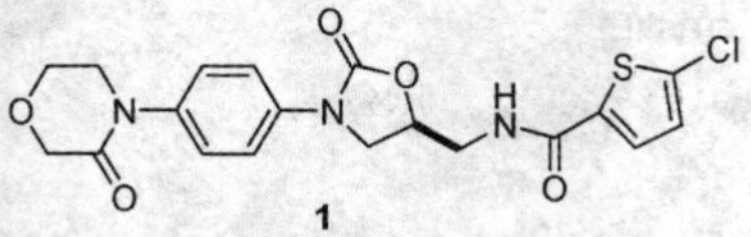 **1** Rivaroxaban	1	5	0.7
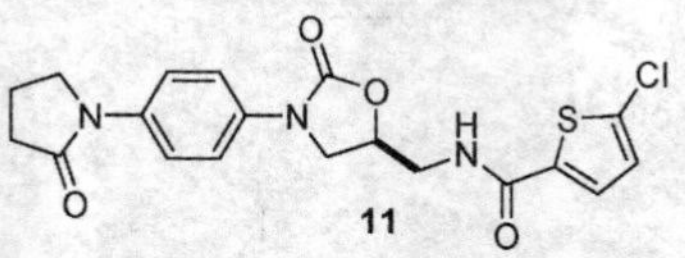 **11**	7	>30	4.0
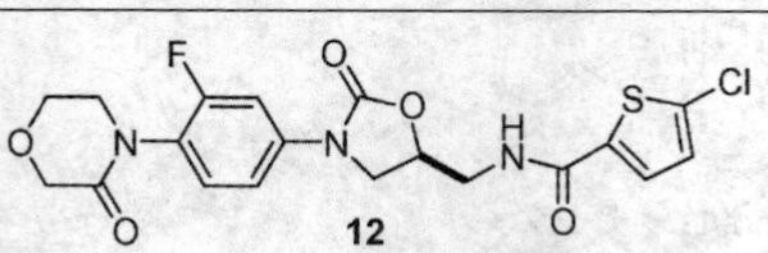 **12**	1	10	1.4
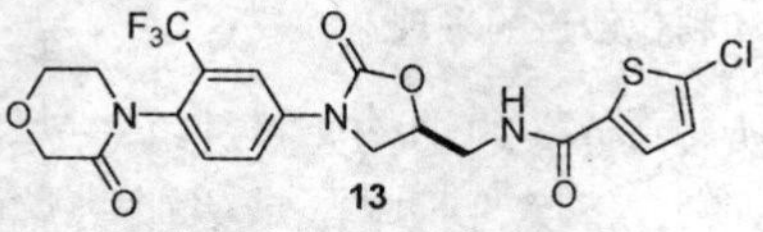 **13**	3	n. d.	1.0

来源:参考文献 9。

14.4 药代动力学和药物代谢

在单剂量给药时，口服利伐沙班溶液时吸收达到血药峰浓度的时间是 30 min，而摄入片剂时，则花费了 2 h。在多次的每日剂量疗法中，利伐沙班花了 3～4 h 达到血药峰浓度。最终半衰期从多剂量治疗的 3.7～9.2 h 到单剂量治疗的 7～17 h 间变化[11]。

试验发现，当摄入更高的片剂剂量时，肾排泄利伐沙班的时间降低，这是由它的溶解度下降导致的。这种趋势有有利的一面，因为它会减少意外过量的风险。其他测试利伐沙班的药代动力学特性的研究，特别是其中一个研究表明，吸收的药物并没有随着胃酸 pH 的变化而改变。在为老年人设置复方药时这一点尤其重要，因为复方药经常包括抗酸剂或者与 H2 -受体阻滞剂联合用药。这些药代动力学参数减轻了对药物吸收的担忧，并清楚地表明利伐沙班优于老药维生素 K 拮抗剂，相反，后者对胃液 pH 的变化和食物吸收时的肠道蠕动非常敏感。

单十二指肠给药和(狗，人)单剂量口服剂量 ^{14}C 标记的利伐沙班进药后，对其代谢和分布进行了研究[13]。在所有时间点，血浆中主要的化合物及物种是不变的。总体而言，78%～95%之间的给药剂量可检测到任一不变的药物或者代谢物，这些经过两个主要的代谢途径：吗啉片段的氧化降解和酰氨键的水解。

表 14-2 利伐沙班的药代动力学性质

研究设计	单剂量给药	多剂量给药
曲线下峰面积(AUC)	片剂或溶液剂量比	剂量比
T_{max}	30 min(溶液) 2 h (片剂)	3～4 h (所有剂量)
$t_{1/2}$	3～4 h (溶液) 7～17 h (片剂)	0 天：3.7～5.8 h 7 天：5.8～9.2 h

来源：参考文献 11。

14.5 药效和安全性

通过两个主要的临床研究[14](621 例患者接受择期全膝关节置换术，706 例接受择期全髋关节置换)，对骨科手术后服用利伐沙班的患者在预防血栓形成方面的疗效和安全性进行了评估。在这些研究中，利伐沙班(2.5～10 mg，每天两次)与依诺肝素(Enoxaparin，40 mg，每天一次)相比，更具有优势。

在另一个Ⅲ期临床试验中[15]，2 531 例接受全膝关节置换术的患者接受口服利伐沙班(10 mg,每天一次)治疗,6~8 h 后开始手术,或皮下注射依诺肝素(40 mg,每天)12 h 后开始手术。结果发现,利伐沙班组比依诺肝素组($P=0.005$)有症状疾病发生率低。利伐沙班组有 0.6%的患者、依诺肝素组有 0.5%的患者发生大出血。在主要的胃肠道药物相关的不良事件的发生率方面,利伐沙班组是 12.0%,而依诺肝素组为 13.0%[13]。

14.6 合成方法

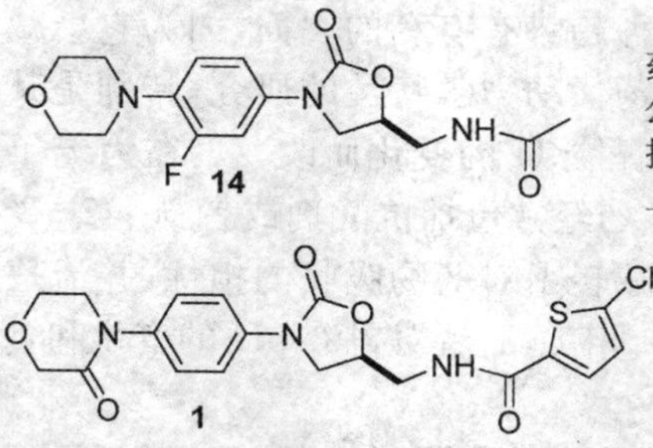

药名: Linezolid (Zyvox®)
公司: (辉瑞)Pfizer
抗生素药物
上市时间: 2000

药名: Rivaroxaban (Xarelto®)
公司: 拜耳(Bayer/J&J)
Xa因子抑制剂
上市时间: 2008

利奈唑胺(Linezolid,商品名 Zyvox)**14**[16]是已销售的一类新型噁唑烷酮抗生素的第一个成员,与之相似,利伐沙班(**1**)的合成使用 4-氟硝基苯(**15**)作为起始材料(示意图 14-1)。第一个利伐沙班合成方法是由拜耳的勒里希(Roehrig)和他的同事开发的,使用的是芳香族分子亲核取代(S_NAr),即在 NMP 中,NaH 存在下用吗啉-3-酮(**15**)取代 4-氟硝基苯(**16**),得到 *N*-对硝基苯基吗啉酮(**17**)。然后硝基取代物用 Pd/C 催化氢化合成苯胺 **18**。苯胺 **18** 与 *S*-2-邻苯二甲酰亚氨基甲基环氧乙烷(**19**)随后发生偶联反应生成氨基醇的加合物 **20**,收率为 92%,用 *N*,*N′*-羰基二咪唑(CDI)处理后环合得到的噁唑烷酮 **21**,产率为 87%。甲胺存在下,在乙醇水溶液中(或 $NH_2NH_2 \cdot H_2O$ 在回流的甲醇中)*N*-邻苯二甲酰基去保护,将所得的伯胺 **22** 用 5-氯噻吩-2-羰基氯酰化,得到目标咪唑啉酮化合物 **1**,收率为 86%。

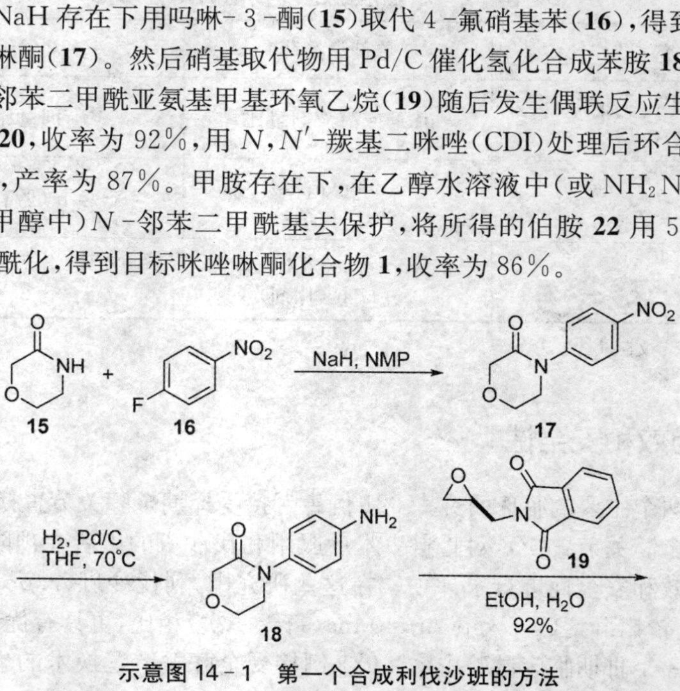

示意图 14-1 第一个合成利伐沙班的方法

示意图 14－1(续)

如示意图 14－2 所示，S－2－邻苯二甲酰亚氨基甲基环氧乙烷(**19**)可以在各种条件下制备，其中包括缩水甘油(**24**)和邻苯二甲酰亚胺(**25**)在 THF 中室温下发生 Mitsunobu 反应(80%～86%产率)缩合[17]。据报道，使用苄基三甲基氯化铵(TMBAC)作为相转移催化剂，邻苯二甲酰亚胺或其钾盐可与廉价的市售试剂 R－环氧氯丙烷(**26**)反应得到 **19**，产率为 72%～75%[18]。通过使用易得的具有光学活性的(2,3－环氧－1－丙基)芳基磺酸酯(**27**)来制备 **19**，其收率可达 90%[19]。

示意图 14－2　制备关键中间体 S－2－邻苯二甲酰亚氨基甲基环氧乙烷 **19** 的方法

在合成 **1** 的第二条路线中[20]，5-氯噻吩-2-羧酸(**28**)与 $SOCl_2$ 反应制备的酰氯 **23** 在碳酸氢钠存在下与 *S*-3-氨基-1,2-丙二醇盐酸盐(**29**)反应生成二羟基酰胺(**30**)如示意图 14-3 所示。然后 **30** 的伯醇通过 HBr 的 HOAc 溶液溴化生成溴代醇 **31**，接着其与吗啉代苯胺衍生物 **18** 缩合得到 **32**。最后，用 *N*,*N'*-羰基二咪唑(CDI)关环得到 **1**。

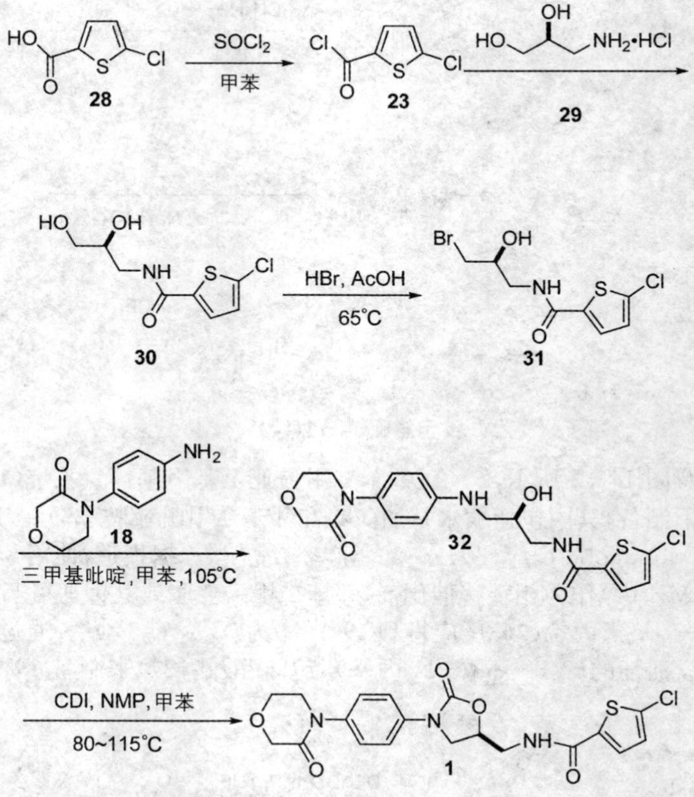

示意图 14-3　第二个合成利伐沙班的方法

在大规模合成利奈唑胺[21] (Pharmacia/Upjohn)中，廉价的 *S*-表氯醇(Epichlorohydrin)被用作手性源制备关键中间体 **34**(示意图 14-4)，一种结晶原料。将氨基甲酸叔丁酯(**33**)加到 ^{t}BuOLi 的乙醇/DMF 溶液中，接着加入氯化物 **34** 得到利奈唑胺(**14**)，分离收率为 73%。相反，拜耳团队应用了一个更简单的合成噁唑烷酮的方法，通过直接在回流的四氢呋喃中加热氨基醇 **35** 与 *N*,*N'*-羰基二咪唑(CDI)，并使用催化量的 DMAP，合成噁唑烷酮 **36**(或 **21**)，分离产率为 87%。

在开发利伐沙班的过程中，拜耳医药保健中心的 Pleiss 等人合成了 $[^{14}C]$ 放射性标记的利伐沙班[22]，这对临床研究药物的吸收、分布、代谢和排泄(ADME

34

2当量 ^tBuOLi 乙醇/DMF溶液

73%

33

14

美国通用名: Linezolid (Zyvox)

公司: Pharmacia/Upjohn (Pfizer)

上市时间: 2000

202

CDI

87%

35

36

多步

1

利伐沙班

示意图 14－4　不同的关环方法合成利奈唑胺和利伐沙班中的噁唑烷酮片段

研究)是必需的。^{14}C 标记的利伐沙班 **38** 的合成方法基于以前报道的合成。在 EDC・HCl 和 HOBT 存在下，4－{4－[5S－5－(氨基甲基)－2－氧代－1,3－噁唑烷－3－基]苯基}－吗啉－3－酮(**22**)与 5－氯－2－噻吩[^{14}C]－羧酸(**37**)偶联，并使用手性 HPLC 进行纯化，得到[^{14}C]－放射性标记的利伐沙班 **38**，收率为 85%，它具有较高的化学和光学纯度，并且其对映异构体过量值(*ee* 值)高于 99%(示意图 14－5)。此外，利伐沙班代谢物 M－4(化合物 **39**)，由 5－氯代－2－噻吩甲酰氯(**23**)和[^{14}C]标记的甘氨酸反应制备，收率为 77%(示意图 14－6)。

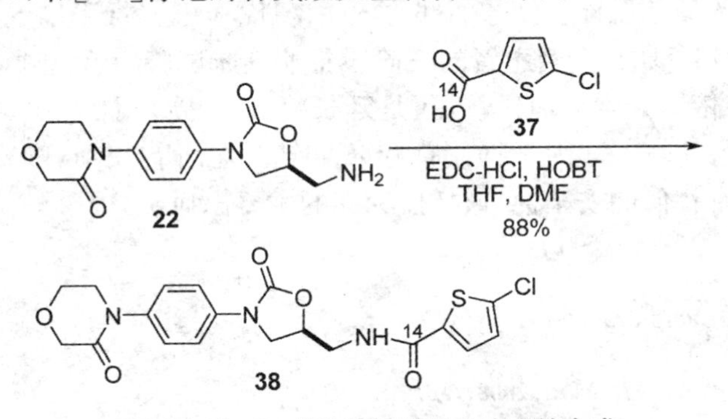

示意图 14－5　^{14}C 标记的利伐沙班的合成

203

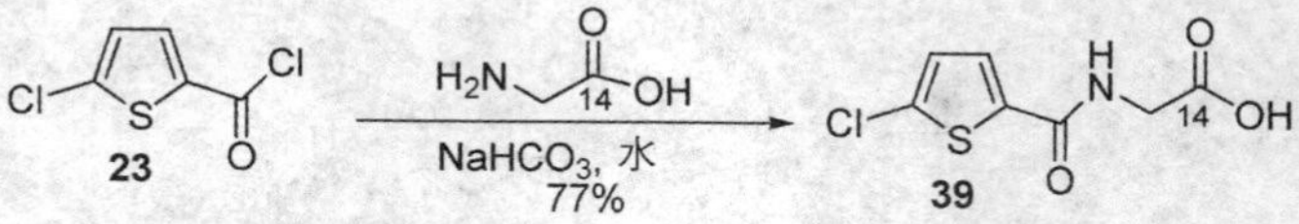

示意图 14－6 ^{14}C标记的利伐沙班代谢产物 M－4 的合成

14.7 发展中的化合物：阿哌沙班[23-25]和奥米沙班[26-28]

有几个新的 Xa 因子抑制剂目前正在开发中。一个是阿哌沙班(Apixaban，BMS－562247)**40**，处在Ⅲ期临床试验阶段，如获批准，将由百时美施贵宝公司和辉瑞公司的合资企业销售，可以治疗静脉血栓栓塞。其他正在开发的 Xa 因子抑制剂奥米沙班(Otamixaban)**41**，由赛诺菲-安万特(Sanofi－Aventis)在进行Ⅱ期临床试验研究(在写作的时候)，可用于治疗急性冠脉综合征。

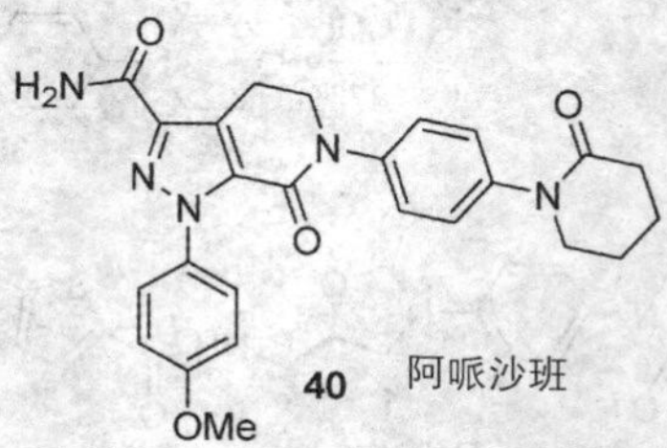

40 阿哌沙班

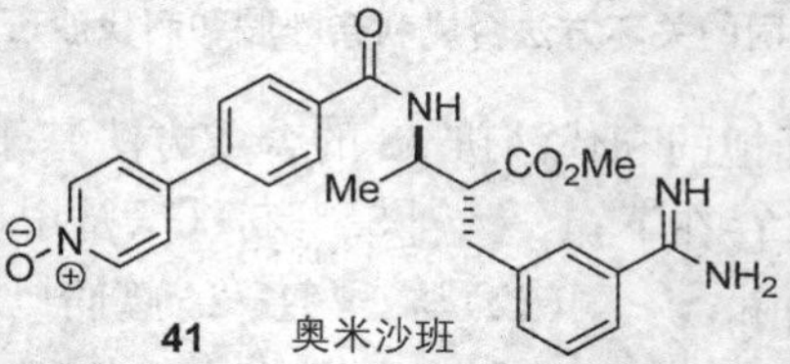

41 奥米沙班

总之，利伐沙班是一种直接口服 Xa 因子抑制剂，而且是第一个在欧洲和加拿大市场被批准的 Xa 因子抑制剂。有望成为这一类抑制剂的新成员，目前正处于后期临床开发阶段。利伐沙班可以用于曾接受全髋关节或全膝关节置换手术患者的静脉血栓栓塞事件的预防。利伐沙班进行了广泛的临床研究，其中包括涉及近 12 000 名患者的三阶段Ⅲ期临床试验。这三项研究的结果表明，无论是与依诺肝素全面比较，还是延长疗程(5 周)利伐沙班与短期(2 周)依诺肝素进行比较，Xa 因子抑制剂疗效卓越。在所有三项试验中，利伐沙班和依诺肝素有相似的安全性，包括低利率的主要出血。

204

14.8 参考文献

1. Merli, G. J. *Am. J. Med.* **2008**, *121*, S2－S9.
2. Heit, J. A.; Cohen, A. T.; Anderson, F. A. Paper presented at the 47th Ann. Meet.

Am. Soc. Hematol., December 10 - 13, 2005.

3. (a) Lugassy, G.; Brenner, B.; Samana, M.-M.; Schulman, S.; Cohen, M. *Thrombosis and Anti-Thrombotic Treatment* Martin Dunitz Publishers, **2000**. (b) Iqbal, O.; Aziz, A.; Hoppensteadt, D. A.; Ahmad, S.; Walenga, J. M.; Bakhos, M.; Fareed, J. *Emerging Drugs* **2001**, *6*, 111 - 135.
4. (a) Hirsh, J.; Fuster, V. *Circulation* **1994**, *89*, 1449 - 1468. (b) Hirsh, J.; Fuster, V. *Circulation* **1994**, *89*, 1469 - 1480.
5. Eriksson, B. I.; Quinlan, D. J. *Drugs* **2006**, *66*, 1411 - 1429.
6. (a) Quan, M. L.; Smallheer, J. M. *Curr. Opin. Drug Discov. Dev.* **2004**, *7*, 460 - 469. (b) Linkins, L.-A.; Weitz, J. I. *Annu. Rev. Med.* **2005**, *56*, 63 - 77. (c) Chang, P. *IDrugs* **2004**, *7*, 50 - 57.
7. Klauss, V.; Spannagl, M. *Current Drug Targets* **2006**, *7*, 1285 - 1290.
8. (a) Escolar, G.; Villalta, J.; Casals, F.; Bozzo, J.; Serradell, N.; Bolos. *Drugs Fut.* **2006**, *31*, 484 - 493. (b) Kakar, P.; Watson, T.; Lip, G. Y. H. *Drugs Today* **2007**, *43*, 129 - 136.
9. Roehrig, S.; Straub, A.; Pohlmann, J.; Lampe, T.; Pernerstorfer, J.; Schlemmer, K.-H.; Reinemer, P.; Perzborn, E. *J. Med. Chem.* **2005**, *48*, 5900 - 5908.
10. Kubitza, D.; Becka, M.; Voith, B.; Zuehlsdorf, M.; Wensing, G. *Clin. Pharmacol Ther.* **2005**, *78*, 412 - 421.
11. Kubitza, D.; Becka, M.; Wensing, G.; Voith, B.; Zuehisdorf, M. *Eur. J. Clin Pharmacol.* **2005**, *61*, 873 - 880.
12. Perzborn, E.; Strassburger, J.; Wilmen, A.; Pohlmann, J.; Roehrig, S.; Schlemmer, K. H.; Straub, A. *J. Thromb. Haemost.* **2005**, *3*, 514 - 521.
13. Weinz, C.; Schwarz, T.; Pleiss, U.; *et al. Drug Metab. Rev.* **2004**, *36* (Suppl. 1): Abst. 196.
14. (a) Turpie, A. G.; Fischer, W. D.; Bauer, K. A.; Kwong, L. M.; Irwin, M. W.; Kalebo; P.; Misselwitz, F.; Gent, M. *J. Thromb. Haemost.* **2005**, *3*, 2479 - 2486. (b) Eriksson, B. I.; Borris, L.; Dahl, O. E.; Haas, S.; Huisman, M. V.; Kakkar, A. K.; Misselwitz, F.; Kalebo, P. *J. Thromb. Haemost.* **2006**, *4*, 121 - 128.
15. Lassen, M. R.; Ageno, W.; Borris, L. C.; Lieberman, J. R.; Rosencher, N.; Bandel, T. J.; Misselwitz, F.; Turpie, A. G. G. *N. Engl. J. Med.* **2008**, *358*, 2776 - 2786.
16. Li, J. J.; Johnson, D. S.; Sliskovic, D. R.; Roth, B. D, *Contemporary Drug Synthesis*, Wiley & Sons, Hoboken, 83 - 87, 2004.
17. Gutcait, A.; Wang, K.-C.; Liu, H.-W.; Chern, J.-W. *Tetrahedron: Asymmetry* **1996**, *7*, 1641 - 1648.
18. Eur. Pat. Appl.; 1403267, 31 Mar **2004**.
19. PCT Int. Appl., 2004037815, 06 May **2004**.
20. Thomas, C. R. DE 10300111, EP 1583761, JP 2006513227, WO 2004060887.
21. Perrault, W. R.; Pearlman, B. A.; Godrej, D. B.; Jeganathan, A.; Yamagata, K.; Chen, J. J.; Lu, C. V.; Herrinton, P. M.; Gadwood, R. C.; Chan, L.; Lyster, M. A.; Maloney, M. T.; Moeslein, J. A.; Greene, M. L.; Barbachyn, M. R. *Org. Proc. Res. Dev.* **2003**, *7*, 533 - 546.

22. Pleiss, U. ; Grosser, R. *J. Label Compd. Radiopharm.* **2006**, *49*, 929 - 934.
23. Bates, S. M. ; Weitz, J. I. *Drugs Fut.* **2008**, *33*, 293 - 301.
24. Pinto, D. J. P. ; Orwat, M. J. ; Koch, S. ; Rossi, K. A. ; Alexander, R. S. ; Smallwood, A. ; Wong, P. C. ; Rendina, A. R. ; Luettgen, J. M. ; Knabb, R. M. ; He, K. ; Xin, B. ; Wexler, R. R. ; Lam, P. Y. S. *J. Med. Chem.* **2007**, *50*, 5339 - 5356.
25. Carreiro, J. ; Ansell, J. *Expert Opin. Investig. Drugs* **2008**, *17*, 1937 - 1945.
26. Nutescu, E. A. ; Pater, K. *IDrugs* **2006**, *9*, 854 - 865.
27. Cohen, M. ; Bhatt, D. L. ; Alexander, J. H. ; Montalescot, G. ; Bode, C. ; Henry, T. ; Tamby, J. -F. ; Saaiman, J. ; Simek, S. ; De Swart, J. *Circulation* **2007**, *115*, 2642 - 2651.
28. Sakai, T. ; Kawamoto, Y. ; Tomioka, K. *J. Org. Chem.* **2006**, *71*, 4706 - 4709.

15 内皮素拮抗剂治疗肺动脉高压的药物

207

David J. Edmonds

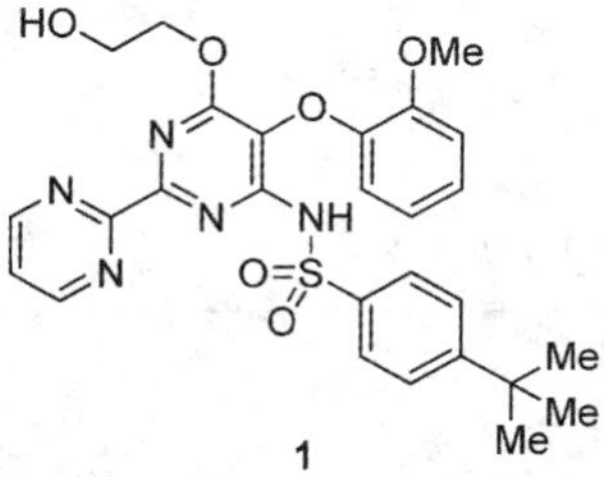

1

美国通用名: Bosentan
商品名: Tracleer®
公司: Roche/Actelion
上市时间: 2001

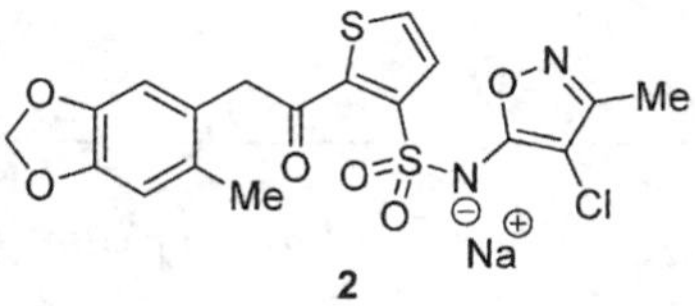

2

美国通用名: Sitaxsentan
商品名: Thelin®
公司: Encysive/Pfizer
上市时间: 2006 (EU)

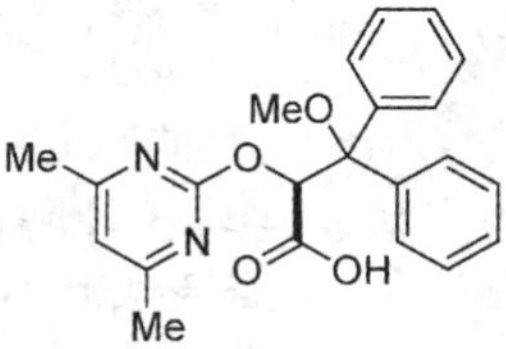

3

美国通用名: Ambrisentan
商品名: Letairis®/Volibris®
公司: BASF/Gilead/GSK
上市时间: 2007

15.1 背景

208

到目前为止,肺动脉高压(Pulmonary Arterial Hypertension, PAH)病处于一种长期不断加重的、无法治愈的状态,这种无法治愈性以肺部高压为特征。如果不加治疗,就会使得右心室承担额外的压力,从而导致心脏功能失败,进而死亡。肺动脉高压包含一个很宽范围的失调,这种失调是通过病理学上相似性划分的。PAH 是肺高压疾病中最重要的一种疾病。如表 15-1 中显示的,PAH 被进一步划分为几个亚种,这是一种按疾病起源的归类[1]。先天性的 PAH 是指那些无明确的致病原因,但是在家族病史中存在相似病例的情况。PAH 的遗传基因还在研究当中,最近也被进行综述评论[2]。其余发病病因可能与各种基本的条件有关系,比如药物的使用(特别是一些食欲抑制剂和兴奋剂的使用),或暴露在毒素中。与肺静脉或毛细血管疾病相关的 PAH 被单独归类,因为这是一种在新生儿中就持续发生的 PAH。

表 15-1　肺高血压的临床归类

1. 先天性的
2. 家族性的
3. 与下列相连 3.1　胶原血管病 3.2　先天性全身肺分流 3.3　门静脉高血压 3.4　HIV 感染 3.5　药物和毒素 3.6　其余的(包括甲状腺疾病,戈谢病和脾切除术)
4. 与静脉或毛细血管相关的疾病 4.1　肺静脉闭塞病 4.2　肺毛细血管瘤
5. 新生儿持续性的肺高血压

PAH 是一种罕见的疾病,在普通人群中,每年以突发性形式发病的比例为每百万人约两例[3-5],普遍为每百万人约 1 300 例。对于先天性 PAH,平均发病年龄为 36 岁,且在女性中发病率增加(约 2∶1)。据估计,各种类型的肺动脉高压的总发病率为每百万人 30～50 例[6]。PAH 的症状包括呼吸短促、疲劳、胸部疼痛和运动耐受力差。然而,这些症状通常与各种心血管疾病相关,并且 PAH 的确切诊断是很复杂的,通常要延迟 2 年或者更长时间。PAH 被定义为静息时的平均肺动脉血压大于 25 mmHg(1 mmHg=133.3 Pa),或者是运动时大于 30 mmHg。这是通过右心导管插入术,结合其他血液动力学测定的,包括肺毛细血管楔压(≤15 mmHg)和肺血管阻力(≥3 个单位)。对于未得到治疗的 PAH,愈后也是相当差的,平均存活时间仅仅约为 3 年。然而,使用现代治疗手段,前景得到相当大的改观。PAH 与其余的疾病联系在一起(例如 HIV 感染或者系统性硬化病),通常是促成这类患者大量死亡的主要因素[7,8]。使用 WHO 等级评估(表 15-2),诊断中大部分患者都呈现为Ⅲ或Ⅳ类[9]。

PAH 的发病机理很复杂,并且到目前为止,疾病起源的理解也很匮乏。在患者中观察到,有三种与产生高血压相关联的元素,即血管收缩、局部血栓形成和血管壁重塑。后者由于平滑肌和内皮细胞的肥厚和增生造成血管壁变厚。在PAH患者体内观察到几类内源性血管失调，这被认为是肺血管内皮细胞损伤或技能失调造成的。含氮氧化物是一种强大的血管扩张剂和抗凝血剂，并且在PAH患者的肺部已经观察到内皮型含氮氧化物合酶表达的减少，同时也观察到前列环素代谢产物的排泄量减少，这表明这种重要的血管扩张神经物质的浓度也降低了。在PAH患者肺部的内皮缩血管肽-1的水平也增加了，并且它的增加与疾病的发展密切相关[3-5]。

表15-2　WHO功能分类(PAH症状)

类　别	症　状　描　述
Ⅰ	没有限制体力活动；正常的活动不会造成过度的疼痛，呼吸短促和头昏眼花
Ⅱ	轻微限制体力活动，静息时无不适，但是正常的活动造成呼吸短促、疲劳、胸疼和头昏眼花
Ⅲ	对体力活动显著限制；静息时无不适，但是少量体力活动造成呼吸短促、疲劳或者胸疼
Ⅳ	从事任何体力活动均有症状，静息时呈现呼吸短促，易疲劳

15.2　PAH的治疗

历史上，肺动脉高血压患者的治疗选择是非常局限的，直到20世纪80年代，还被认为是不可治疗的。传统的治疗高血压的方法对于PAH作用很小，尽管利尿剂和抗凝血剂都被用作一种积极的治疗手段。钙离子通道拮抗剂，例如硝苯地平(Nefedipine)，在部分患者中是很有效的，这部分患者血管反应测试显示为阳性，对于这部分个体来说，他们后来症状有很大好转。然而，钙离子通道拮抗剂疗法只对一小部分患者有效，当疾病导致右心脏功能失效时，就需要外科手术的介入。PAH极差的愈后使得患者只能接受移植手术，最早的心肺移植手术之一就是在PAH患者身上进行的。器官捐献者的稀缺和移植手术技术的有待提高，使得只有那些严重心脏功能衰退的患者才能进行心—肺移植手术，其中单或双肺移植者优先[3,9]。

210

对于PAH，有针对性的药物疗法起源于20世纪80年代，即使用环前列腺素(Prostacyclin)。环前列腺素(前列腺素 I_2)是一种强有效的阻止血管重构的内源性血管扩张神经药物，其合成来源于环前列腺素(**4**)，即依前列腺醇(Epoprostenol)，它最初作为一种过渡性治疗措施用来提高移植手术的生存概率。但是在很多患者身上可以看出，在某种程度上，他们不再需要外科手术，病情也能得到持续性改善[4,9]。

依前列腺醇疗法的副作用，例如头疼和颌部疼痛，都在用药过程中观测到了，但最主要的副作用与其传输情况有关。在血液中，依前列腺醇的半衰期极

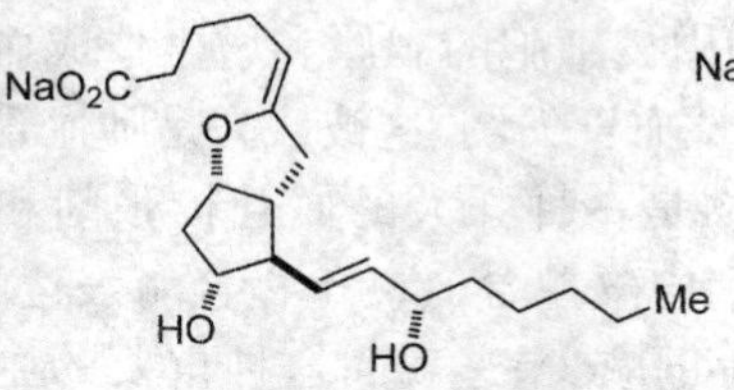

美国通用名: Epoprostenol sodium (**4**)
商品名: Flolan®

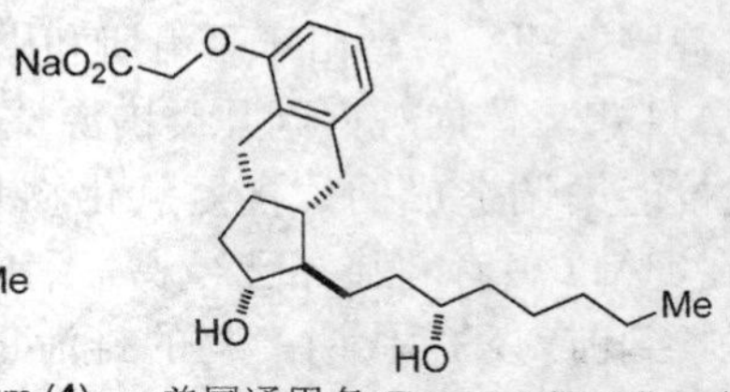

美国通用名: Treprostniil sodium (**5**)
商品名: Remodulin®

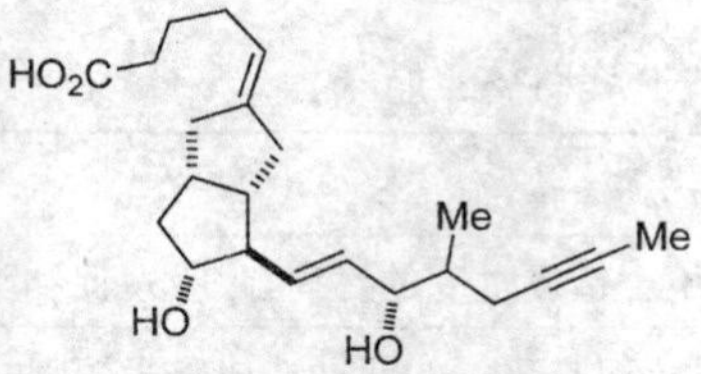

美国通用名: Iloprost (**6**)
商品名: Ventavis®

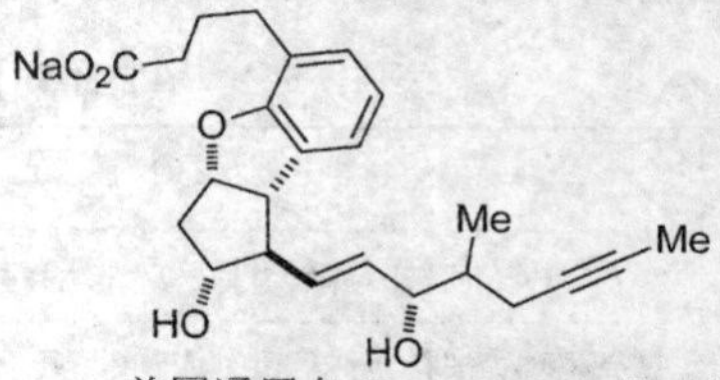

美国通用名: Beroprost sodium (**7**)

其短暂(2～3 min),因此,只能不断地通过静脉导管进行静脉注射。这可能导致并发症,例如局部感染、脓毒病或者形成导管相关的血栓。另外,若中断治疗,由于泵衰竭将会导致威胁生命的反弹。化合物本身在室温下是不稳定的,必须储存在冰箱中。尽管有这些严重的副作用,但是对于 WHO 列出的第Ⅳ类 PAH 患者,依前列腺醇仍然是一种有效的治疗手段。依前列腺醇的这些问题促进了可供选择试剂的发展。曲前列环素(Treprostinil,**5**)是环前列腺素的一种合成类似物,血清中半衰期为 3 h,在室温下稳定,这使得操作起来更容易。它能使用类似注射胰岛素的器械皮下注射,但疼痛和炎症在注射部位是很常见的。伊洛前列素(Iloprost,**6**)是另一种用来治疗 PAH 的环前列腺素类似物。这种化合物在结构上和天然环前列腺素更加接近,但是其血清稳定性得到提高,半衰期大约为 30 min,同时在室温下化学性质稳定。伊洛前列素采用吸入方式给药,这优于静脉注射,然而,成功的治疗需要一个喷雾器,并且每天需进药 6～9 次。曲前列环素和伊洛前列素在第Ⅲ类 PAH 患者身上都已被使用过。贝拉普罗(Beraprost,**7**)作为一种口服的环前列腺素类似物,已经被开发出来,但它的半衰期短暂,需要一天四次给药。它自 2005 年已经在日本使用,在欧盟和美国也正进行临床试验[9,10]。

PDE5 抑制剂已经在勃起性功能障碍中使用,对于 PAH 它也是一种有前景的新试剂。PDE5 的抑制作用导致 cGMP 增加,这种增加导致 NO 介导血管舒张。cGMP 是 PDE3 的一种内源性抑制剂,它的增加也可能导致环前列腺素的量增加。在肺血管系统中,PDE5 的表达是高效的。使用 PDE5 抑制剂疗法使得 WHO 分类的 PAH 患者治疗疗效得到明显改善,而不会诱导系统性低血压。西地那非(Sildenafil, **8**)和他达拉非(Tadalafil ,**9**),商品名分别为 Revatio 和 Adcirca,对于 PAH 患者治疗都有改善,伐地那非(Vardenafil)正在进行临床试验[9,11]。

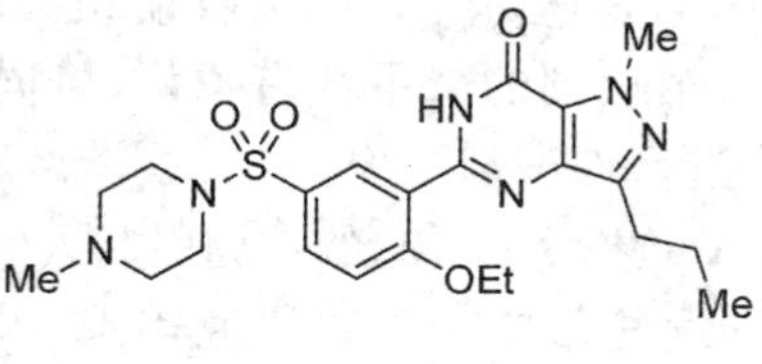

美国通用名: Sildenafil (**8**)
商品名: Revatio®

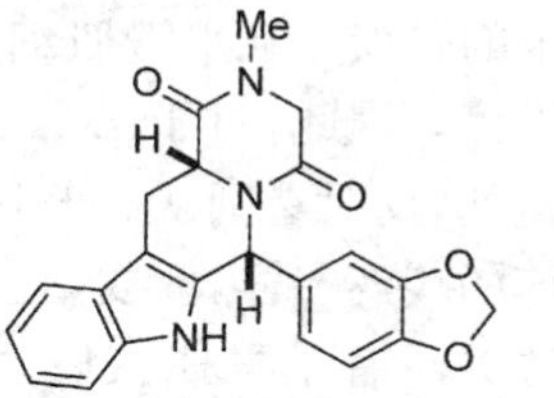

美国通用名: Tadalafil (**9**)
商品名: Adcirca®

15.3 内皮素拮抗剂

内皮素是一类许多组织中均可产生的内源性肽类激素,这些组织包括血管内皮细胞、肾和某些癌组织。Hickey 等人在 1985 年报道了内皮源性血管收缩的存在,内皮素-1(ET-1)在 1988 年被 Yanagisawa 等人从猪血管内皮细胞的培养基中分离出来。ET-1 是现在已知的最好的神经收缩药物,并且其作用超过 Angiotensin Ⅱ。接下来的研究证实,在人类基因组中存在一个能编码同样肽的基因,该基因伴随着一个非常类似的肽的分离基因,分别被命名为内皮素-2 和内皮素-3。事实上,似乎内皮素在哺乳动物中被很好地保存下来,甚至与从蛇毒中分离出的能使心脏中毒的毒素肽有很好的结构相似性[12]。ET-1 的生物合成来源于前类皮素原-1,这种前类皮素原包含 203 个残基肽。这种前体断裂后用来合成大的内皮素-1。人类大的 ET-1 有 38 个残基肽构成,通过内皮素转化酶(ECE),这些残基肽被进一步断裂。成熟的 ET-1 是由包含两个二硫键的 21 个残基肽组成的。这两个二硫键一个从 Cys1 到 Cys15,另外一个从 Cys3 到 Cys11,从而使得这种肽具有一种双环结构[12]。

212

内皮素的生物活性因组织不同而多种多样[12]。内皮素通过结合两个不同的 G 蛋白偶联受体中的一个发挥作用,而这两个受体大约有 55%的同源性。它们在不同的部位表达,并且对各种内皮素具有不同的选择性。同时,它们对血管的作用存在很大程度上的不同。内皮素受体 A 型(ET_A)在血管平滑肌和成纤维细胞中都可以表达,并且对 ET-1 具有选择性,然而,B 型(ET_B)却在内皮细胞和平滑肌细胞中表达,并且每一亚型都有相似的亲和力[13]。把 ET-1 连接到 ET_A受体上会导致血管收缩,且当 ET-1 被移除时,这种收缩依然会存在。ET_A也会抑制平滑肌细胞中的钙离子通道,这也许就是 ET-1 使肌肉持续收缩的原因。相比之下,在健康的肺血管中,内皮细胞 ET_B受体的活性导致血管舒张,但会被环前列腺素和含氮氧化物所阻止,从而抑制 ET-1 的生成,进而将 ET-1 从循环系统中清除。平滑肌中 ET_B受体也可能调节肌肉收缩。这两种受体亚类型都会抑制 ET-1 强大的有丝分裂活动,而 ET-1 可以造成血管平滑肌细胞的增殖。在 PAH 患者中,这一过程很复杂,通过转变为内皮素系统而实现。除导致 ET-1 在血液中的增加外,ET-1 受体也发生了一个功能上的转变。在平滑肌细胞中的表达将导致肌肉收缩频繁，并且也可能促进纤维症。因此，对于 ET_A/ET_B 拮抗剂的二重性有争议，赞同者的观点是其相对益处，反对者则认为 ET_A 是选择性试剂[7-9,14,15]。

与其他的疾病一样，内皮素在 PAH 患者中所起的作用引起人们对拮抗剂的潜在疗法关注有了早期认识，并且近些年成为重要研究焦点[8,9,13,16]。其中 Roche(罗氏)公司科学家的研究促成了波生坦(Bosentan)的发现。他们在药物化学上的研究开始于高通量潜在先导化合物的筛选，即嘧啶磺酰胺 **10** 的形成过程，这是一个能络合 ET_A(IC_{50} = 18 μmol/L)和 ET_B(2 μmol/L)的弱竞争抑制剂。该先导化合物原本是为糖尿病项目开发的，具有口服生物利用度，但并不能降低血糖[17,18]。**10** 的优化涉及吡啶核心骨架四个位点的取代基的改变，产生了一个有价值的结果。优化的主要突破就是发现 Ro46 - 2005 (**11**)——一个有潜力的混合拮抗剂[19]，它提供了一个口服生物利用度工具来评估体内内皮素受体的病理学作用。该系列化合物提供了一个灵活的选择方法，化合物 **12** 被证明是一个很好的具有选择性的 ET_B 拮抗剂，这有利于理解受体亚种的作用[20]。罗氏小组追求有潜力的混合型催化剂在发现波生坦(**1**)时达到顶峰，波生坦(**1**)显示出 8 nmol/L 的 IC_{50}s(ET_A)和 150 nmol/L 的 IC_{50}s(ET_B)。波生坦的磺酰氨基团，对于活性是必需的，其 pK_a 是 5.5，这个酸度使得 lgD 为 1.3，并且具有良好的水溶性(在 pH 为 7.4 时为 3 mg/mL)[18]。

213

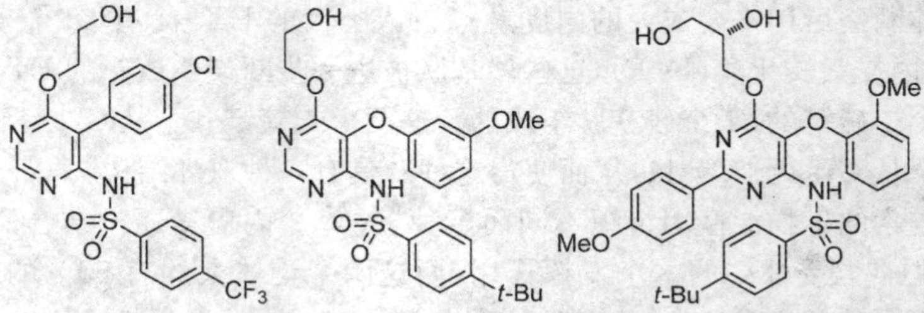

10
ET_A IC_{50}: 18 μmol/L
ET_B IC_{50}: 2 μmol/L

11: Ro 46-2005
ET_A IC_{50}: 0.22 μmol/L
ET_B IC_{50}: 1 μmol/L

12
ET_A IC_{50}: 2.2 μmol/L
ET_B IC_{50}: 69 nmol/L

研究发现波生坦约有 50%的生物利用度，伴随 98%的蛋白结合率，清除率为 2 mL/(min・kg)，终端清除半衰期为 5.4 h。波生坦可以被细胞色素 P450 酶(CYPs)代谢，被肝清除[7,15]。主要的代谢路径包括叔丁基组的邻位去甲基化和氧化[21]。波生坦诱导 CYPs 3A4 和 2C9，后者产生潜在药物-药物相互作用(DDI)，而通常使用的是抗凝药物华法林(Warfarin)，它能被酶所代谢。其余潜在的 DDI 包括斯伐他汀(Simvastatin)、环孢霉素 A(Cyclosporine A)、红霉素(Erythromycin)、荷尔蒙避孕药(Hormonal Contraceptives，ET - 1 会在胎儿的形成过程中起作用，所以怀孕是禁忌的)和西地那非(Sildenafil)。波生坦和西地那非的相互作用导致血浆中波生坦的浓度上升而导致西地那非的浓度下降。然而，这两种药物曾在联合治疗中被同时使用，且并没有出现明显的问题[7,15]。一般来讲，波生坦在临床上具有良好的耐受性。最主要的副作用是伴随肝转氨酶增加发生肝中毒，这是由胆盐输出泵被阻止引起的[14]。因此，在治疗过程中，肝酶必须每月检测。大约有 3%的患者由于肝酶的影响导致疗法的终止。但是，如果停止使用波生坦，副作用就会消失。临床上，用波生坦治疗的积极结果是：在 2001 年被证明是治疗 PAH 的第一种口服药。对于 WHO 归类为Ⅱ～Ⅳ类的患者，现在推荐的剂量是：62.5 mg 或者 125 mg，每天两次[9]。

斯他生坦(**2**，Sitaxsentan)作为一种选择性 ET_A拮抗剂的由 Encysive 公司开发，是第二个上市的内皮素拮抗剂。它们的先导化合物系列包含了氨基异噻唑，该基团通过磺酰胺与噻吩连接，并包含于最终形成的斯他生坦中。研究者基于自己的研究广泛研究了噻吩-2-酰胺类似物，发现 *N*-芳基甲酰胺对 ET_A有较高的效力，并且对 ET_B有优异的选择性。在 *N*-芳基中的 SAR 呈现出一定程度的灵活性，对系列吸电基环和供电基环都具有广泛的耐受性[22]。然而，最有希望的化合物，例如氨基化合物 **13**，半衰期却很短，这可能与酰胺的断裂以及口服生物利用度低有关。接下来的研究致力于通过取代氨基提高这些化合物的基本特性。胺类、脲、氨基甲酸酯和其他可供选择的物质发生氨基取代后，抗 ET_A的潜力都剧烈下降。最终，使用苄基酮作为连接体与具有潜力的胺结合，获得了药效优异的酰胺，该酰胺具有很好的口服生物利用度。对芳香取代基的再优化获得了斯他生坦[23]。

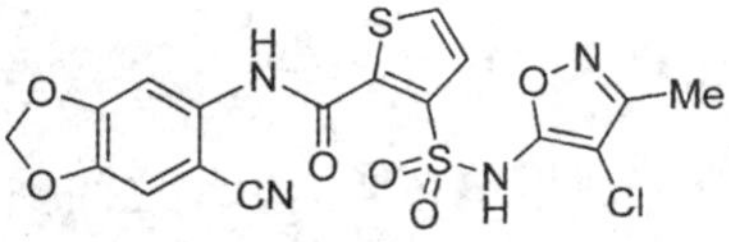

214

13
ET_A IC_{50}: 3.4 nmol/L
ET_B IC_{50}: 40.4 μmol/L
F = 8%

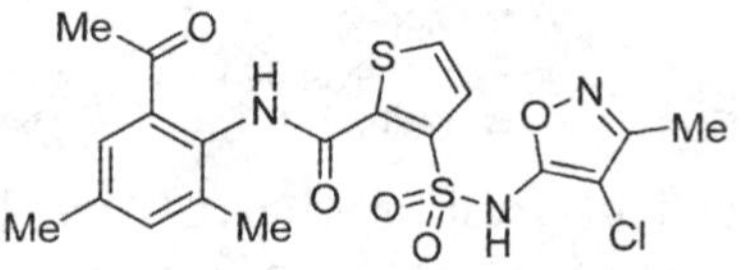

14
ET_A IC_{50}: 0.04 nmol/L
ET_B IC_{50}: 442 μmol/L
F = 70%

最近更多的报告表明，在酰胺系列中，结构-生物利用度存在有趣的关系。在接下来的候选药物筛选中，研究者注意到，通过在芳环上连接邻位酰基生成甲酰氨基，能很好地提高生物利用度。这促使了化合物 **14** 的发现，其在狗身上有 70%的生物利用度，对于治疗 ET_A，药效、选择性均较好。作者认为，通过移除不溶性的物质，在酮和胺类间形成分子内氢键，有助于渗透性[24]。

斯他生坦在阻止 ET-1 连接 ETA 受体(IC_{50}=1.4 nmol/L)方面，效果和选择性都较好。然而，在 ET_B受体(IC_{50}=9.8 μmol/L)上就没有活性了[23]。临床上，发现其具有优秀的口服生物利用度(70%～100%)，终端清除半衰期为 10 h，每天所需剂量为 100 mg；在血浆中，蛋白结合率高(99%)；在肝脏中主要被 CYPs 2C9 和 3A4 广泛地代谢为不活泼的物质；50%～60%通过肾脏排泄，在排泄物中平衡[25]。斯他生坦抑制 CYP 2C9，观测到对华法林暴露效率增加了两倍。环孢霉素 A 是禁忌，但是并未观察到它与西地那非的药物相互作用[15]。在实验中，斯他生坦耐受性很好，文献报道中也提到其副作用很小。可逆的肝酶异常现象也被观测到了，但是其比波生坦频率低得多[15,25]。

最近最受推崇的内皮素拮抗剂是安利生坦(Ambrisentan)，一个中等选择性的 ET_A拮抗剂，最先被 BASF 和 Knoll 公司开发出来。该项目开始于 BASF 筛选与 ET_A受体相连的小分子化合物筛选。筛选确证了两个最先作为除草剂开发的化合物(**15** 和 **16**)。人们发现，这两个化合物能与 ET_A结合，并且有很好的成药性(K_i=250 和 160 nmol/L)和选择性(对 ET_B的 K_i=3 和4.7μmol/L)。这个先导结构的不利之处在于，它们有两个手性中心，研究小组想简化结构以提高成药性。通过努力，他们发现了达卢生坦(Darusentan)并因此获得了奖项。在达卢生坦中，四中心被对称性地取代。为了探究活性对映体和优化安利生坦吡啶环的收率，他们开展了进一步的研究。安利生坦与 ET_A结合显示出很好的效果(K_i=1 nmol/L)，而相比 ET_B(K_i=195 nmol/L)，选择性相差 200 倍[26]。这个项目在药物发现中作为一个高质量的先导化合物例子的代表，与分子结构的前瞻性优化联系了起来。

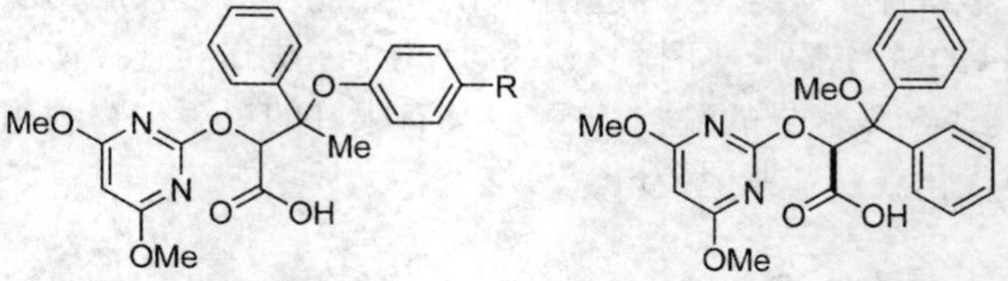

215

15: R = *i*-Pr
16: R = SMe

17 (达卢生坦)

安贝生坦(Ambrisentan)的选择性介于波生坦和斯他生坦之间，应该注意的是，在每一个病例中，结合率和抑制率数据都依不同的测试而明显不同。高 ET_A选择性的斯他生坦治疗会导致血液中 ET-1 水平的降低(也许可能是 ET_B的活性导致 ET-1 的流失)，而使用波生坦和安贝生坦则会增加血液中 ET-1 的水平。在临床研究中，安贝生坦有一个很高的生物利用度，且末端排泄半衰期是 15 h，允许每天剂量为 5～10 mg。在某种程度上，安贝生坦能在肝脏中发生糖酯化反应或一定程度的 CYP 酶代谢，并且它还是外排泵 P-gp 的底物。在与西地那非和华法林的联合用药研究当中，并未观察到药物相互作用，这对于联合疗法是很有利的[7,15]。

口服内皮素拮抗剂治疗 PAH 的风险对该疾病的治疗具有明显的影响。这三种功能试剂在临床及继续监测中已经证实其显著作用。在 6 min 的行走距离中，即一个标准化的运动耐受力测试中就可以观察到明显的改善，在临床恶化时间、血液动力学参数、血管重塑方面，也可以观测到明显的改善。在 WHO 功能归类的患者中的改善也被注意到，这意味着服用药物对于提高生活质量是有好处的。这三种可用的 ET-1 拮抗剂由于缺少明确的比较数据而无法进行直接比较。类似的，接下来的 ET－1 拮抗剂治疗的长期存活试验由于伦理上禁止长期安慰剂对照试验而很难建立。然而，与历史未治疗生存率数据相比较，这三种试剂都显示出明显的优势[7-9,14,15]。

15.4 波生坦的合成

波生坦(**1**)的结构被认为是嘧啶中心带着四个取代基。在药物化学背景下，为了探索 SAR，能够随意改变围绕核心骨架的每一个取代基是很重要的。波生坦的发现为合成脚手架型的化合物提供了一个很好的例子，即用一个简单策略制备宽广范围的类似物[18,27]。在这种状况下，各种对产生多样性有利的因素和过程的有效性是一致的，并且工业生产工艺线路与发现合成线路改变很少。烷基化苯酚与溴代丙二酸(**18**)而将芳氧基取代物引入作为路径起始步骤。然后双酯 **20** 与脒 **21** 缩合，引入 C2 取代基，合成核心环体系。通过与三氯氧磷的作用，**22** 转变成二氯化物 **23**，通过选择性 S_NAr 反应引入磺酰氨基团。在发现的这条路线中，使用磺酰铵钾盐在 150℃的 DMSO 中也可以完成。但是在优化的工业路线上，S_NAr 反应是在甲苯中使用 **24** 和无机碱及相转移催化剂完成的。

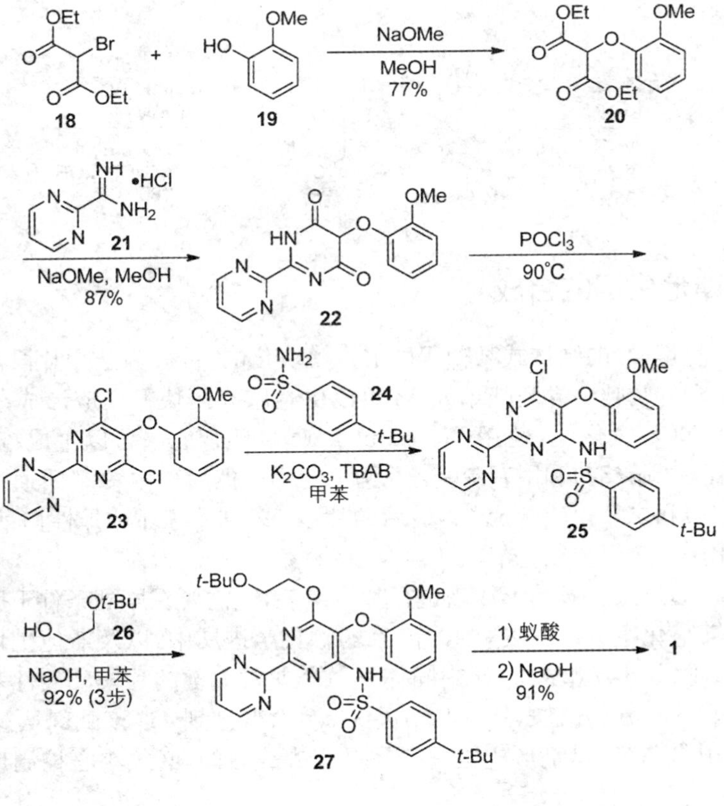

216

217 氯化物 **25** 可以直接由波生坦和乙烯乙二醇钠在过量乙烯乙二醇中得到，但是，产物很难从少量的副产物吡啶酮 **28** 和二聚体 **29** 中分离出来。为了解决这个问题，化学研究者将单叔丁基醚(**26**)加入到乙烯乙二醇装置中，接下来在甲苯中进行加成反应，使三步氯化和双 S_NAr 反应可以在一种溶剂中以优异的收率生成波生坦醚 **27**。为了得到波生坦，**27** 在蚁酸中加热脱保护，接下来皂化生成 **1**，重结晶后收率为 91%[28]。

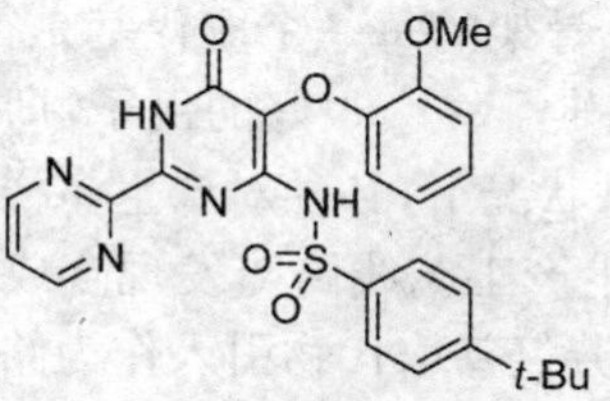

在合成波生坦的过程中避免二聚物生成的路径在专利文献中曾报道过一条。首先，乙烯乙二醇发生 S_NAr 反应，接着原始的醇以醋酸酯 **30** 的形式被保护起来。第二步使用磺酰胺 **24** 和皂化酯保护基，生成波生坦(**1**)[29]。据报道这条路径在纯度和收率上都很好，但是，其仍存在不利因素，即通过优化的路径不能提高产出量。

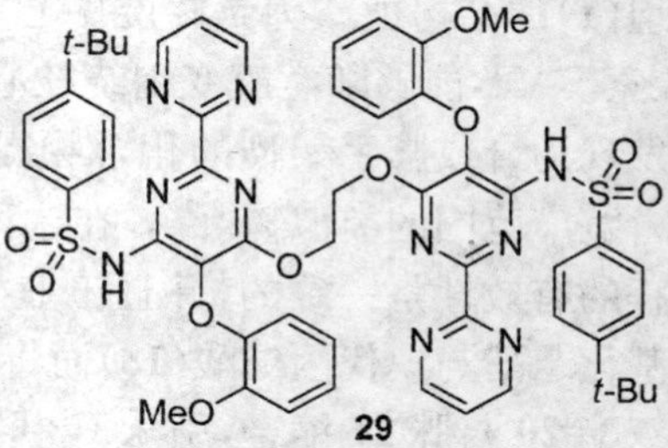

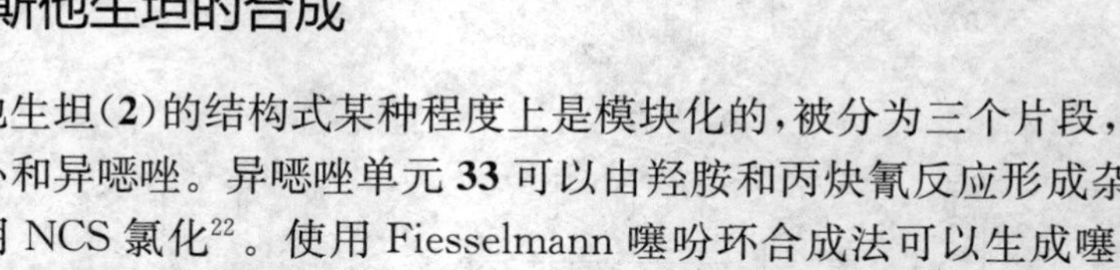

15.5 斯他生坦的合成

斯他生坦(**2**)的结构式某种程度上是模块化的，被分为三个片段，即芳环、噻吩中心和异噁唑。异噁唑单元 **33** 可以由羟胺和丙炔氰反应形成杂环[30]，接下来使用 NCS 氯化[22]。使用 Fiesselmann 噻吩环合成法可以生成噻吩环，原料是氯化丙烯腈(**34**)和甲基巯基乙酸盐(**35**)[31]。然后磺酰氯基团通过中间体氯化铜(Ⅱ)和二氧化硫合成[32]。最后的片段 **39** 通过芳环选择性白朗(Blanc)氯甲基化法直接组装氯化苄[33]。 218

接着，通过磺酰胺的形成来进行片段组装，这需要在剧烈条件下胺去质子化，紧接着皂化生成噻吩羧酸 **40**[22]。在药物化学进展中，以及斯他生坦和一大范围类似物(如 **14**)合成中，该中间体是一个非常关键的片段。酸性基团被转化为魏因(Weinreb)酰胺，然后与格氏(Grignard)试剂 **41**(该试剂从氯化物 **39** 生成)作用[22]。格氏试剂形成这一步是具有挑战性的，必须小心控制反应温度低于 8℃以防止 Wurtz 偶合生成二聚体副产物[33]。只需简单的步骤片段即可组装成斯他生坦(**2**),但是在最后几步中最难的成键反应需要繁琐的纯化方法才能得到纯的钠盐[33]。

219

15.6 安贝生坦的合成

安贝生坦(**3**)不同于波生坦和斯他生坦之处在于它包含羧酸而不是酸性磺酰胺。正如上文提到的一样,药化小组尝试简化先导化合物的结构从而得到一个单一手性中心的化合物。这种策略是从极其简单的模块来快速构建类似物。安贝生坦和其他类似物合成路线只需四步就使得最终的化合物成为外消旋体[26,34]。因此氯乙酸甲酯(**42**)和二苯乙酮(**43**)通过 Darzens 缩合形成关键环氧化合物中间体 **44**。在这条线路中,$BF_3 \cdot OEt_2$ 甲醇溶液被用于环氧化合物的开环反应中以便生成外消旋的二级醇 **45**。醇与吡啶基砜 **46** 之间的 S_NAr反应被用来引进杂环侧臂。在一定的条件下,酯水解就能生成安贝生坦(**3**)。尽管安贝生坦的准确合成收率并未报道,但是该线路确定有效,并且被用来系统性地改变每一个基团。在第一步中用到几个对称的二苯甲酮衍生物,在不同的醇或甲基酮中,环氧环可以选择性地在苄基位开环,并且广泛的嘧啶碱基可用于该取代反应[26,34]。

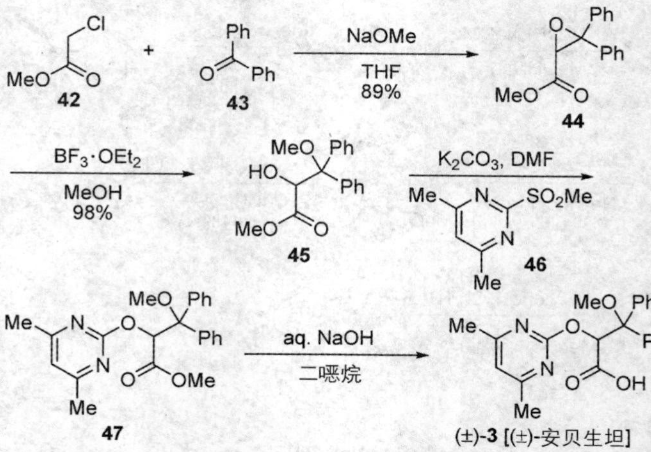

很明显，安贝生坦和其相关化合物需要作为单一对映体结构而合成得到，有几种方法可供选择。通过梦萨伦催化剂(Manganese Salen Catalyst)催化相应烯烃的不对称环氧化，能以中等的对映选择性制备环氧化合物 **44**[34]。然而，关键中间体的拆分被证明是很重要的。一个拆分策略将普遍导致原料损失50%，但是，当原料价格很便宜，合成步骤很简短时，这个不利因素就被减轻很多。羧酸 **48** 的拆分被证实是很理想的，正如达卢生坦(Darusentan，**17**)所显示的工艺路径一样[35]。在优化的合成路线中，酯 **45** 按照之前的方法制备，但是催化量的对甲苯磺酸的使用使环氧化合物开环。该酯化物不用分离，而是直接水解出游离酸 **48**，**48** 可以通过与 *S*-苄胺 **49** 结晶而拆分。这个合成反应使得 *S*-酸在二苯甲酮中以优异的总收率形成铵盐 **50**。在芳基化反应中，该盐可以直接被应用，以高收率得到达卢生坦(**17**)。重复一次，安贝生坦合成并未被明确报道，然而，很相近的化合物 **52** 用相近的方法以优异的收率制备出来了。

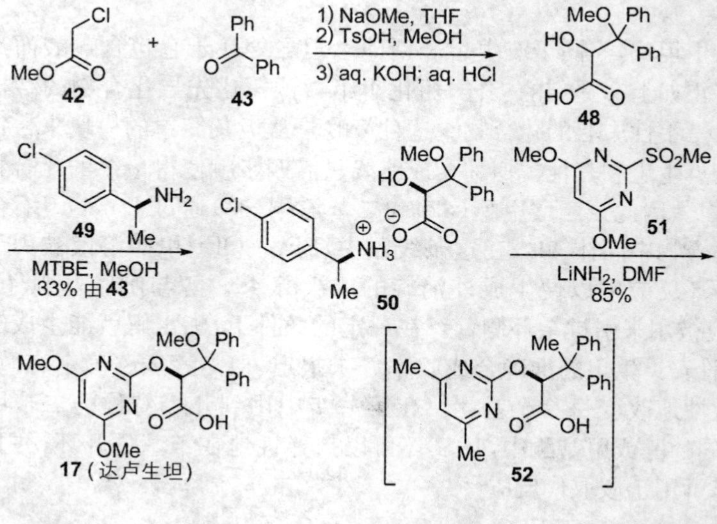

这个工艺研究小组同时观察到，加入酸和所需的醇，在甲苯中，从甲醚 *S*－**44**（由酸盐 **50** 得到）可以制备其他安贝生坦类似物的单一对映异构体。通过共沸除去甲醇促使反应完成，再通过环氧化合物 **53** 或者阳离子中间体 **54**，得到没有消旋的产物 **55**[35]。

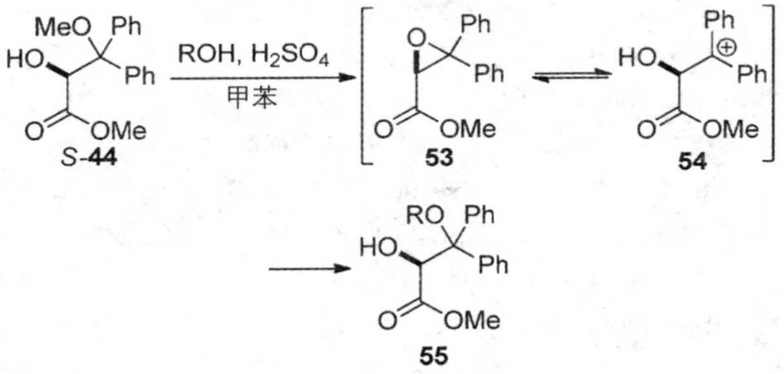

15.7 结论

自从 ET－1 的发现导致绝症患者治疗有了很大改进以来，在最近 20 年来，科学上的努力取得了很大进展，ET－1 拮抗剂已成为治疗 PAH 的一线药物。在这里所描述的每一种病例中，有效的、多用途的合成路线的发展允许更加广泛的 SAR 的研究。在发现和设计这些药物的过程中，化学工作者的素质（重要性）是很重要的。除了三种试剂已经被证明有利于 PAH 外，达卢生坦（**17**）和阿曲生坦（Atrasentan，**56**）用于治疗持续性高血压和难治性结肠癌的临床研究分别已经接近尾声，这意味着这些令人着迷的机理也将持续吸引人们的注意[36,37]。

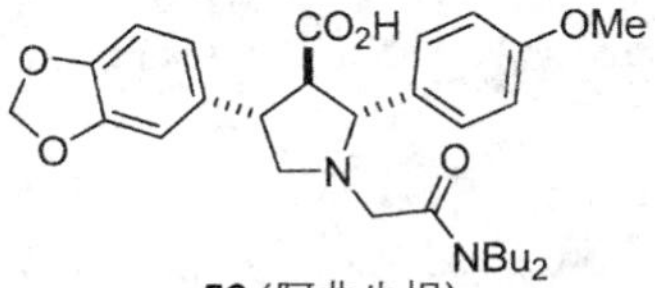

56（阿曲生坦）

15.8 参考文献

1. Simonneau, G.; Galiè, N.; Rubin, L. J.; Langleben, D.; Seeger, W.; Domenighetti, G.; Gibbs, S.; Lebrec, D.; Speich, R.; Beghetti, M.; Rich, S.; Fishman, A. *J. Am. Coll. Cardiol.* **2004**, *43*, 5S－12S.
2. Newman, J. H.; Trembath, R. C.; Morse, J. A.; Grunig, E.; Loyd, J. E.; Adnot, S.; Coccolo, F.; Ventura, C.; Phillips, J. A.; Knowles, J. A.; Janssen, B.; Eickelberg, O.; Eddahibi, S.; Herve, P.; Nichols, W. C.; Elliott, G. *J. Am. Coll. Cardiol.* **2004**, *43*, 33S－39S.

3. Rubin, L. J. *New Engl. J. Med.* **1997**, *336*, 111 - 117.
4. Gain, S. P.; Rubin, L. J. *Lancet* **1998**, *352*, 719 - 725.
5. Farber, H. W.; Loscalzo, J. *New Engl. J. Med.* **2004**, *351*, 1655 - 1665.
6. Peacock, A. J. *Br. Med. J.* **2003**, *326*, 835 - 836.
7. Valerio, C. J.; Kabunga, P.; Coghlan, J. G. *Clin. Med. Ther.* **2009**, *1*, 541 - 556.
8. Kabunga, P.; Coghlan, J. G. *Drugs* **2008**, *68*, 1635 - 1645.
9. Hoeper, M. M. *Drugs* **2005**, *65*, 1337 - 1354.
10. Badesh, D. B.; McLaughlin, V. V.; Delcroix, M.; Vizza, C. D.; Olschewski, H.; Sitbon, O.; Barst, R. J. *J. Am. Coll. Cardiol.* **2004**, *43*, 56S - 61S.
11. Montani, D.; Chaumais, M.-C.; Savale, L.; Natali, D.; Price, L. C.; Jaïs, X.; Humbert, M.; Simonneau, G.; Sitbon, O. *Adv. Ther.* **2009**, *26*, 813 - 825.
12. Doherty, A. M. *J. Med. Chem.* **1992**, *35*, 1493 - 1508.
13. Bialecki, R. A. *Annu. Rep. Med. Chem.* **2002**, *37*, 41 - 52.
14. Channick, R. N.; Sitbon, O.; Barst, R. J.; Manes, A.; Rubin, L. J. *J. Am. Coll. Cardiol.* **2004**, *43*, 62S - 67S.
15. Opitz, C. F.; Ewert, R.; Kirch, W.; Pittrow, D. *Eur. Heart J.* **2008**, *29*, 1936 - 1948.
16. Liu, G. *Annu. Rep. Med. Chem.* **2000**, *35*, 73 - 82.
17. Burri, K. F.; Breu, V.; Cassal, J.-M.; Clozel, M.; Fischli, W.; Gray, G. A.; Hirth, G.; Löffler, B.-M.; Müller, M.; Neidhart, W.; Ramuz, H.; Trzeciak, A. *Eur. J. Med. Chem.* **1995**, *30*, 385S - 389S.
18. Neidhart, W.; Breu, V.; Bur, D.; Burri, K.; Clozel, M.; Hirth, G.; Müller, M.; Wessel, H. P.; Ramuz, H. *Chimia* **1996**, *50*, 519 - 524.
19. Clozel, M.; Breu, V.; Burri, K.; Cassal, J.-M.; Fischli, W.; Gray, G. A.; Hirth, G.; Löffler, B.-M.; Müller, M.; Neidhart, W.; Ramuz, H. *Nature* **1993**, *365*, 759 - 761.
20. Breu, V.; Clozel, M.; Burri, K.; Hirth, G.; Neidhart, W.; Ramuz, H. *FEBS Lett.* **1996**, *383*, 37 - 41.
21. Mealy, N. E.; Bagès, M. *Drugs Fut.* **2001**, *26*, 1149 - 1154.
22. Wu, C.; Chan, M. F.; Stavros, F.; Raju, B.; Okun, I.; Castillo, R. S. *J. Med. Chem.* **1997**, *40*, 1682 - 1689.
23. Wu, C.; Chan, M. F.; Stavros, F.; Raju, B.; Okun, I.; Mong, S.; Keller, K. M.; Brock, T.; Kogan, T. P.; Dixon, R. A. F. *J. Med. Chem.* **1997**, *40*, 1690 - 1697.
24. Wu, C.; Decker, E. R.; Blok, N.; Li, J.; Bourgoyne, A. R.; Bui, H.; Keller, K. M.; Knowles, V.; Li, W.; Stavros, F. D.; Holland, G. W.; Brock, T. A.; Dixon, R. A. F. *J. Med. Chem.* **2001**, *44*, 1211 - 1216.
25. Scott, L. J. *Drugs* **2007**, *67*, 761 - 770.
26. Riechers, H.; Albrecht, H.-P.; Amberg, W.; Baumann, E.; Bernard, H.; Böhm, H.-J.; Klinge, D.; Kling, A.; Müller, S.; Raschack, M.; Unger, L.; Walker, N.; Wernet, W. *J. Med. Chem.* **1996**, *39*, 2123 - 2128.
27. Burri, K.; Clozel, M.; Fischli, W.; Hirth, G.; Löffler, B.-M.; Neidhart, W.; Ramuz, H. U.S. Pat. 5, 292, 740, **1994**.
28. Harrington, P. J.; Khatri, H. N.; DeHoff, B. S.; Guinn, M. A.; Boehler, M. A.; Glasser, K. A. *Org. Process Res. Dev.* **2002**, *6*, 120 - 124.

29. Taddel, M. ; Naldini, D. ; Allegrini, P. ; Razzetti, G. ; Mantegazza, S. U. S. Pat. 2009/0156811 A1, **2009**.
30. Haruki, E. ; Hirai, Y. ; Imoto, E. *Bull. Chem. Soc. Jpn.* **1968**, *41*, 267.
31. Huddleston, P. R. ; Barker, J. M. *Synth. Commun.* **1979**, *9*, 731 - 734.
32. Corral, C. ; Lissavetzky, J. ; Alvarez-Insúa, A. S. ; Valdeolmillos, A. M. *Org. Prep. Proc. Int.* **1985**, *17*, 163 - 167.
33. Blok, N. ; Wu, C. ; Keller, K. ; Kogan, T. P. U. S. Pat. 5, 783, 705, **1998**.
34. Riechers, H. ; Klinge, D. ; Amberg, W. ; Kling, A. ; Muller, S. ; Baumann, E. ; Rheinheimer, J. ; Vogelbacher, U. J. ; Wernet, W. ; Unger, L. ; Raschack, M. U. S. Pat. 7, 119, 097 B2, **2006**.
35. Jansen, R. ; Knopp, M. ; Amberg, W. ; Koser, S. ; Müller, S. ; Münster, I. ; Pfeiffer, T. ; Riechers, H. *Org. Process Res. Dev.* **2001**, *5*, 16 - 22.
36. Weber, M. A. ; Black, H. ; Bakris, G. ; Krum, H. ; Linas, S. ; Weiss, R. ; Linseman, J. V. ; Wiens, B. L. ; Warren, M. S. ; Lindholm, L. H. *Lancet* **2009**, *374*, 1423 - 1431.
37. Nelson, J. B. ; Love, W. ; Chin, J. L. ; Saad, F. ; Schulman, C. C. ; Sleep, D. J. ; Qian, J. ; Steinberg, J. ; Carducci, M. *Cancer* **2008**, *113*, 2478 - 2487.

Ⅳ

中枢神经系统疾病

16 伐伦克林(戒必适)：一个用于戒烟的 α4β2 尼古丁受体部分激动剂

227

Jotham W. Coe，Frank R. Busch 和 Robert A. Singer

1

美国通用名: Varenicline
商品名: Champix® 和Chantix®
公司: Pfizer
上市时间: 2006

16.1 背景

烟草相关疾病已经成为当前可阻止性死亡的首要致死因素。若按目前状况发展，全球范围内现有的13亿吸烟者中，将有半数死于与吸烟直接相关的疾病[1]。从20世纪50年代开始至今，研究人员一直针对吸烟对人体健康的影响进行评估[2]。累计研究结果表明，接近半数吸烟者死于吸烟引发的疾病，他们的平均寿命较正常水平整整减少了10年[3]。在美国，针对这种普遍现象的科学与医学认识始于1964年，在当年的《外科医学报告》(Report of the Surgeon General)中报道了吸烟会引发肺癌以及慢性支气管炎[4]。在接下来的几十年中，来自医学团体以及政府健康部门的消息也愈发清晰。现在，甚至被动吸烟也被认为是一种对人体健康的危害[5]。时至今日，最具挑战性的工作是如何通过相应手段帮助吸烟者成功戒除烟瘾。事实上，70%的吸烟者希望能够停止吸烟，但是其中超过95%的尝试戒烟者，都由于吸烟行为本身以及尼古丁的高度成瘾性和烟草中的活性成分，而以失败告终[6]。毫无疑问，尼古丁(Nicotine，**2**)被公认为烟草依赖性的首要诱发因素。

228

戒除烟瘾的治疗手段的出现可以追溯到无烟烟草的出现[7]。1967年12月，位于瑞典的AB Leo Lakemedal AB公司的制药研究中心的主任Ove Fernö收到一封大学(Stefan Lichtneckert and Claes Lundgren)的来信。在信中,Lichtneckert 和 Lundgren 两人陈述了他们进行的大气压力对人类生理影响的研究,他们注意到,一些潜水艇员在海上服役期间使用一种叫作 snus 的无烟烟草产品来帮助他们抵抗烟瘾。而在瑞典的乡村中,snus 更是普遍地被老年人使用。他们写信给 Fernö,提出纯尼古丁可能是一种有用的戒除烟瘾的辅助手段。Fernö 本人也是一位重度吸烟人士,而他的妻子更是非常反对他吸烟。Murray Jarvik 和 Michael Russell 的短期研究表明,尼古丁和吸烟成瘾之间并没有确切的联系,特别是在将戒烟困难归罪于尼古丁的强成瘾性方面。Fernö 作为一名有机化学家,一直追求"纯净"尼古丁的给药方式,在尝试了多种实施方式之后,决定用口香糖作为最安全的实现方法。咀嚼的动作控制了尼古丁从口香糖中的释放速度,在使用时为使用者提供了自我控制的方式,使得吸烟时的兴奋感大大降低。将一种离子交换剂掺入到橡胶糖中,使得尼古丁变得更为稳定。咀嚼橡胶糖时,唾液进入,使得尼古丁离子得以在口腔中释放,之后通过某些技术手段来测定血液中的尼古丁水平,Fernö 发现,只有很少一部分被吸收。不久之后,Fernö 发现加入缓冲剂会提高尼古丁的吸收水平[8]。

2

美国通用名: Nicotine
商品名: Nicorette®
公司: Leo Läkemedel AB
上市时间: 1978

3

美国通用名: Bupropion
商品名: Zyban®
公司: GlaxoSmithKline
上市时间: 1997

尼古丁替代治疗剂(Nicotine Replacement Therapy, NRT)抑制了吸烟者在戒烟期间的情绪低落和冷淡症状的发生[8]。尼古丁离子交换树脂(Nicotine Polacrilex),或者叫尼古丁口香糖(例如力克雷/Nicorette)于 1978 年首先在瑞士被批准上市,后于 1984 年由弗兰克·道尔(Merrill Dow)引进美国,起初以 2 mg 剂量使用,1992 年将剂量增加到 4 mg[9]。如今,在美国 NRT 可以不凭处方购买,NRT 也以多种药剂形式在市面上销售,包括皮外贴剂、片剂、呼吸器以及鼻喷雾。在其他国家,也可以其他药剂形式销售,如舌下含片。NRT 在临床试验中,对比安慰剂组,平均戒烟成功率增加两倍。在最佳情况下,短期对比结果中,服用安慰剂的戒烟成功率为 20%~25%,服用 NRT 的戒烟成功率为 40%~50%;长期对比结果中,服用 NRT 的平均戒烟率为 20%,而服用安慰剂的为 10%。所有数据比例都基于行为干预的程度,这样可以帮助戒烟者获得更高的戒烟成功率。多重选择可以使个人的尼古丁控制管理能力得到最佳的发挥,但是,与此同时,如此多样化的选择使得选择合适的治疗方法变得愈发复杂。尼古丁的口服生物利用度比较差,在人体中的半衰期只有 1~2 h[10]。

而另一个烟瘾戒除药物，安非他酮(Bupropion，**3**)，则是偶然发现的。1985年首次以“Wellbutrin”(威克倦)为商品名上市销售，是一种安全与强耐受性的抗抑郁药物，同时它又可以诱导自发减少吸烟量，提高戒烟成功率。在1997年，安非他酮又以商品名“Zyban”(耐烟盼)作为第一个口服戒烟剂重新由葛兰素史克公司引入治疗当中，因此，它也是第一个作为戒烟药物而被批准的非尼古丁产品[11]。戒烟率同NRT相近的药物与安非他酮一起被引入到临床治疗当中[12]。像安非他酮这样的药物工具被引入到戒烟治疗途径当中，而且这些药物可以与专门针对戒烟设计的行为完善疗法共同使用，进一步巩固药物的疗效[13]。

随着全球范围对吸烟所带来的健康问题的进一步认识以及NRT药物的批准上市恰逢尼古丁成瘾作为一种可治愈的神经紊乱疾病在人群当中大幅增长，促使研究机构将利用最先进的药物进行辅助戒烟研究。在Zyban获批入市后9年，伐伦克林(Varenicline，**1**)作为第一个针对尼古丁成瘾的特效药被开发出来。本章中，我们将详细讨论伐伦克林(**1**)的药理学疗效以及合成。

16.2　化学发现工程

1993年，辉瑞公司的科学家团队启动了一个项目，用以开发尼古丁部分阻断剂来帮助吸烟者戒烟。他们认为尼古丁的依赖性与成瘾性是戒烟困难的关键因素[14]。而成瘾性的物质一般具有两个关键特征，以至于它们具有依赖性并且能使它们的作用效果得以加强：在最容易上瘾的给药方式当中，这些物质同血浆与脑组织获得了相对更快的接触，而这些暴露同中脑边缘多巴胺在脑伏核与前额叶皮层中的释放有相互联系。例如，可卡因在鼻嗅吸入时具有一定的成瘾性，但将可卡因加热吸食可卡因烟雾时，其成瘾性大大增强。另一个例子就是海洛因，是吗啡的二乙酰化产物，可以作为吗啡的前药来使用。研究表明，鞘内(脊椎管内)注射吗啡，在216 min之后，血液中吗啡暴露浓度达到峰值，而以同样的方式注射海洛因只需6 min即达到血液吗啡浓度峰值[15]。这种大幅度的上升是所有滥用化学品共有的一种药物动力学特征，这些例子都突出了给药方式对潜在成瘾性的重要影响。所有易成瘾和易滥用药物都能以与其药理学相符合的途径大幅提高人体脑内儿茶酚胺水平，同时也会导致中脑边缘多巴胺在脑伏核与前额叶皮层中的释放[16,17]。

在大脑中，尼古丁与具有高亲和性的尼古丁乙酰胆碱受体相结合(nAChRs)。研究表明，nAChRs在腹侧被盖区域所包含的一些β2亚单元对于持续加强尼古丁在动物体内的作用是十分必要，也是十分有效的。这种联系在缺乏β2亚单元的基因移除小鼠上表现得尤为明显，当在小鼠体内腹侧被盖区域直接引入与β2亚单元相关的RNA基因时，小鼠又恢复了对尼古丁的自身反应而产生觅药行为[18]。位于腹侧被盖区域的主要尼古丁受体的活性

230

(95%以上是 α4β2 亚型的 nAChR)显示出其能引起中脑边缘多巴胺系统中伏核区域的多巴胺分泌量下降,而且这也被认为是尼古丁成瘾的最基本机制。通过这种机制,吸食烟草时所吸收的尼古丁的生理效应创造出强烈的愉悦感,而这种愉悦感又会进一步引发依赖性。因此节制吸烟会导致较低的多巴胺水平,引起对烟草的需求感以及情绪低落的症状,而这会进一步引发烟瘾,同时也是吸烟者尝试戒烟之后故态复发的主要原因。

辉瑞公司的科学家们构想了一种"双重作用"机制,以应对吸烟者的尼古丁依赖症状;他们寻求一种药物,其不仅可以防止吸烟时的多巴胺水平升高,同时也可以防止在戒烟期间引发多巴胺水平降低甚至停止分泌,希望凭此能够稳定导致烟瘾复发的这种双重冲动。根据上述的构想,科学家们将神经元 α4β2 nAChR 中的尼古丁受体部分作为尼古丁活性的首要靶点。科学家设想这种受体的部分激活,可以引起中脑边缘多巴胺水平的适当调整,干扰受体活性,消除由吸烟引起的多巴胺水平补偿。因此,这种部分激动剂在治疗吸烟诱发的尼古丁依赖时,显示出特殊的适应性。

人工合成化合物系列以及大多数已知的尼古丁类天然产物在根据(—)-Cytisine (**4**)(野靛碱,又名金雀花碱)相关的一系列化合物合成之前已经进行过分类,(—)- Cytisine (**4**)是一种天然生成的羽扇豆科生物碱,广泛地存在于金链花的种子以及其他豆科植物的植株当中[19]。尽管早在 1862 年野靛碱就已被人们熟悉,并且成为化学与生物学研究对象已长达一个世纪的时间,但在 1994 年之前,它在尼古丁方面的药理学作用一直不为人所知。作为一种有效的 α4β2 烟碱乙酰胆碱受体的高亲和性配体,Papke 和 Heinemann 研究认为,野靛碱作为一种在 α4β2 nAChR 上有潜力的高亲和性配体,可以作为尼古丁受体部分激动剂[20]。一份文献报道也表明野靛碱拥有作为戒烟辅助药物的潜在价值,目前在东欧市场以 Tabex 的商品名销售[21]。这些商品化案例鼓舞了科学家们将更多精力投入到改善其吸收度以及大脑渗透性当中(图 16 - 1),并且引导科学家对大量具有更优良性质的野靛碱衍生物进行更深入的研究(如 **5**)。同时科学家们也在追求在其[3. 3. 1]-桥环体系构建当中引入更多变化,但这些变化通常缺乏有效的活性并且表现出生理功能的拮抗性质[22]。而[3. 2. 1]-桥环苯并氮杂䓬类(如 **7**)所具有的未知的尼古丁活性对药物开发提

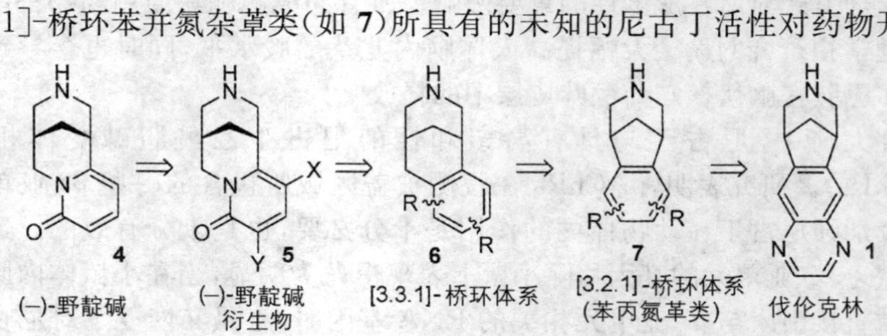

图 16 - 1

出了更高的目标[23]。这一系列的发展促进了高效尼古丁受体部分激动剂的发现，也最终在1997年促使了药物Chantix(戒必适)中活性成分伐伦克林(**1**)的诞生。在全面的开发之后，伐伦克林(**1**)最终在2006年被美国FDA批准进入市场使用[24,14]。

16.3 药理学

伐伦克林(**1**)是α4β2烟碱乙酰胆碱受体的一种部分激动剂，而同时它具有针对α4β2烟碱乙酰胆碱受体的纳摩尔浓度级别的亲和性，比尼古丁的亲和性强得多(大于20倍)。在针对人体胚胎肾细胞表达α4β2烟碱乙酰胆碱受体的体外功能膜片钳试验研究中，伐伦克林在尼古丁浓度高达45%情况下，仍然可以发挥尼古丁受体部分激动剂的功效。在激发体外鼠脑切块内[3H]-多巴胺释放以及增加大鼠体内伏隔核多巴胺释放方面，与尼古丁相比伐伦克林显示出明显较低的活性(仅为40%～60%)。**1**结合尼古丁在体外及活体中的试验可以看出相对于仅用伐伦克林单独进行试验，两者结合明显削弱了尼古丁诱发的多巴胺释放，这表明伐伦克林在针对尼古丁的拮抗作用方面的有效性。在大鼠的尼古丁自我给药试验中，伐伦克林减少了尼古丁的吸收，显示出更低的突破点。这些数据都显示，在某种程度上，通过部分激活α4β2烟碱乙酰胆碱受体来防止这些受体被尼古丁完全激活，伐伦克林可以重建吸烟者对于吸烟行为的主观控制。这些性质都符合包含部分激活机理的双重作用机制的描述[25,26]。

16.4 药代动力学和药物代谢

伐伦克林(**1**)是一个亲水性、具有弱碱性的小分子($\lg P=1.1$; $pK_a=9.9$;相对分子质量=211)。其分布以及代谢试验研究表明，它可以被很好地吸收，在大鼠、小鼠、猴以及人体上的试验显示，经过口服给药后，99%的C^{14}标记物质在尿液中回收，同时粪便中包含少于1%的C^{14}标记物质。在循环过程中，在所有药物代谢相关物种中，未发生改变的伐伦克林原药超过75%。药物代谢相关产物，均在C^{14}标记化合物监测下，由含黑色素小鼠组织直接给药下观察一个星期。在排泄物和循环中观察到*N*-氨基甲酰基葡萄糖醛酸化、*N*-甲酰化、己糖共轭化以及核氧化作用的代谢物。伐伦克林的蛋白结合能力较低(f_u～80%，中度容量分布为1.9 L/kg)。

伐伦克林既不是细胞色素P450酶的底物，也不是其抑制剂，同时它也不会受到由于P450活性改变而引起的药物-药物相互作用的影响。然而，尼古丁以及其他烟草吸食产物受P450代谢的影响。而更为特别的是，P450(CYP2A6和CYP2B6)能够将尼古丁代谢为可替宁(Cotinine)。戒烟时，个体肝脏中的酶

P450 为了应对这些化合物暴露的减少而变得更为高效。这样导致的结果是，另外一些需要由 P450 酶代谢的化合物（例如华法林）需要被监测并作出调整。而糖尿病患者在戒烟时，则需要调整胰岛素的水平，因为与烟草相关的血糖调整将会随着戒烟而停止。伐伦克林的血浆半衰期为 24 h，血药浓度峰值出现在服药后 4 h 并且不会受到进食的影响，4 天之后血液药浓度会达到稳定状态[27,28]。

232

16.5 药效和安全性

超过 6 000 名吸烟者参与的大范围临床研究表明，伐伦克林作为烟瘾戒除的药物辅助手段，拥有强大的功效。双盲、安慰剂对照试验也显示出其相较于缓释安非他酮以及安慰剂的优越性。针对患有心血管以及慢性阻塞性肺部疾病的研究同样显示出伐伦克林的疗效以及安全性[29]。最常见的副作用是与服用安慰剂比较，二至三倍频率发生的轻度至中度的恶心、睡眠障碍以及异梦。伐伦克林既不会习惯成瘾也不需按计划治疗。对伐伦克林的详细系统临床评价使得美国食品药品监督管理局在 2005 年 11 月优先审查了辉瑞公司关于伐伦克林的新药项目，旋即于 2006 年批准上市。2009 年，一次处方信息更新当中，显示出伐伦克林存在可能引发神经精神疾病的副作用。而相似的风险也在安非他酮缓释片剂上被发现。这些作用可能与尼古丁戒断症状有关。患者在接受戒除治疗后，这些症状得到解决，而这些症状通常与烟瘾复发相关。该药物与神经精神疾病的直接联系并未得到证明[30]。

16.6 合成方法

辉瑞的伐伦克林合成路线是紧随苯并氮杂䓬（Benzazepine，**8**）的原创合成路线之后的。该路线中的关键发现是在对苯并氮杂䓬（**8**）加以适当保护的条件下，相对于间位取代异构体，其可以高收率地转化为邻二硝基取代的中间体 **9**（图 16 - 2），而这一发现使得该线路被确定为合成路径与前期工艺化学路线，因为此前这种从 **8** 开始的合成方法在前期发展当中迟迟没有进展。这些转化的简便性和对称性为后期的喹啉合成提供了直接的合成方法，因此，伐伦克林的基本化学合成线路本质上同原始路线是一致的。该原始路线的安全因素在反应的多个阶段当中都进行了详细研究，并且制订了严格的安全文件，这对硝化反应来说是超乎想象的。以上合成 **8** 的多步反应在大量生产方面具有很高的有效性和可行性，但是进一步研究还是获得了其他合成途径，能够避免使用需要在特殊预防措施下操作的危险中间体和试剂。这种合成方式只产生简单无害的副产物——碱金属盐、醇或者水，因此避免了有害试剂的使用，使得满足纯净和安全生产要求成为可能。

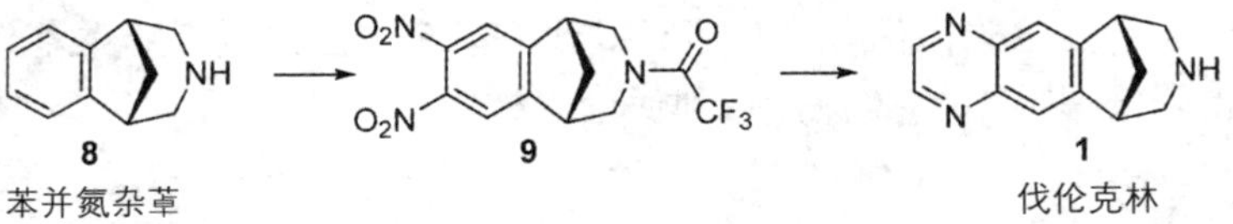

8
苯并氮杂䓬
9
1
伐伦克林

图 16-2

苯并氮杂䓬(**8**)的化学发现合成路线如示意图 16-1 所示。底物 **10**，环戊二烯与镁在四氢呋喃中反应(45%～64%收率)，这种苯炔参与的 Diels-Alder (DA)反应经常被用于原始的维替希/格氏(Wittig/Grignard)反应中[31]。方法学方面的研究将这一步的收率提升到 89%(参见示意图 16-4)。采用氧化裂解/还原胺化反应，以 OsO_4 催化苯并降冰片烯(Benzonorbornadiene，**11**)的 Van Rheenan 反应，紧接着 **12** 发生氧化裂解($NaIO_4$)并且用 $NaBH(OAc)_3$ 与苄胺还原胺化。最后，还原氢解完成苯并氮杂䓬核心结构，反应从 **11** 开始的整体收率为 70.8%[32]。

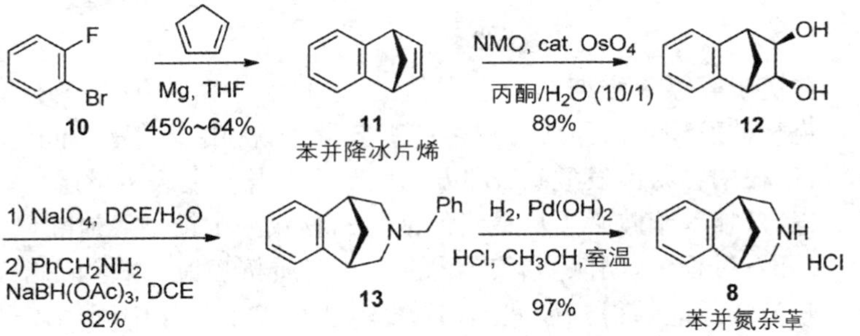

233

10
Mg, THF
45%~64%
11
苯并降冰片烯
NMO, cat. OsO_4
丙酮/H_2O (10/1)
89%
12
1) $NaIO_4$, DCE/H_2O
2) $PhCH_2NH_2$
$NaBH(OAc)_3$, DCE
82%
13
H_2, $Pd(OH)_2$
HCl, CH_3OH,室温
97%
8
苯并氮杂䓬

示意图 16-1

从苯并氮杂䓬(**8**)到伐伦克林 (**1**)的转化中，双硝基化之后即可原创性获得 **1**(示意图 16-2)。苯并氮杂䓬(**8**)的[3.2.1]-双桥环核心结构在很近的位置内包含了胺与芳基两个官能团。在亲电取代的反应条件下，芳环上的亲电进攻被传统的氨基甲酸酯与氨基保护所抑制。即使强硝化试剂也无法硝化芳环。三氟乙酰胺保护专门被引入用于隔绝氮原子，通过分散氮上电子云密度，防止双取代的阳离子中间体生成。这种保护使得硝化能够进一步发生。与此同时，一种强硝化试剂，硝基三氟甲磺酸也被发现；其被专门用于克服苯并氮杂䓬类衍生物硝化缓慢的情况。在三氟乙酰胺保护下，**14** 的硝化过程以较高的产率得到单硝化的产物。但是，对粗产品进行严格的检查后发现，其中含有少量的双硝化产物。在大量生产时，加入 1.3 当量的硝基三氟甲磺酸，少量的二硝化产物在母液中富集，并且发生结晶。析出物质被分离并表征，为邻二硝代的衍生物 **9**。当硝基三氟甲磺酸加入过量至 2 当量时，二硝代产物的收率超过 75%。该步中的空间选择性可能受到桥环体系的空间与电子效应影响，导致反应在邻位二硝代与间位二硝代中竞争，以 7∶1～11∶1 的比例，优先生成邻位取代产物。二硝代化合物 **9** 还原得到 **15**，**15** 与乙二醛亚硫酸氢钠缩合高收率地得到喹喔啉 **16**。脱保护得到伐伦克林(**1**)[23]。

234

8 苯并氮杂䓬 HCl —TFAA, pyr / CH_2Cl_2 / 88%→ **14** —HNO_3 / CF_3SO_3H / CH_2Cl_2, 室温 / 69%→ **9** —H_2, $Pd(OH)_2$ / HCl, CH_3OH, 室温 / 96%→ **15** —$OHCCHO{\cdot}2\ NaHSO_3$ / 65℃, THF/H_2O / 63%→ **16** —Na_2CO_3, 65℃ / CH_3OH/H_2O / 69%→ **1** 伐伦克林

示意图 16-2

由于关键步骤需要详细的安全评估，工艺化学团队详细考察了苯并氮杂䓬到伐伦克林的发现合成路线。从生产工艺上来说，由于硝基中间体在制备、储藏、操作过程中容易引发危险，所以在生产路线当中应该尽量避免。由于存在潜在的毒害风险，苯胺必须从最终的活性药物成分中被彻底清除(达到 10^{-6} 等级)。在开发过程中，团队实行广泛的品质与质量控制，以保证硝代芳香物质与芳香胺类物质能够得到彻底的清除[33]。针对二硝基化中间体以及硝代反应条件的安全评估表明，邻位取代产物是具有一定热震稳定性的。反应条件自身也并未发现任何安全隐患，即使粗产品溶液中所包含的间硝基异构产物并未被分离。通过结晶的方式分离邻二硝代中间体产物 **9** 能够对分离粗产物产生的溶液进行控制处理，减少潜在风险。

催化还原中的催化剂与反应条件是经过详细研究的，因为硝化中间体产物的还原同样包含风险，需要有策略的控制。这些步骤出现在喹喔啉合成的后半部分，因此，完全去除芳胺(例如 **15**)对于质量控制是很必要的。在对所有反应步骤进行了详细分析之后，团队总结出，从苯并氮杂䓬(**8**)出发到伐伦克林(**1**)的直接高效合成路线，在经过进一步开发之后，可以在工业生产环境中非常安全以及高效地进行操作[34]。

在从苯并氮杂䓬(**8**)的发现合成线路开发其工艺和生产工艺过程中，特别需要关注的几点如下：

● 尽管是大宗化学品，二茂体双烯需要在 250～300℃下分解，这需要专门的设备。

235

● 二茂体双烯不稳定且需要低温储藏，需要尽快使用或者稀释在烃类中储存。

● 苯炔化学反应在大量生产时会引发安全风险，需要进行相当谨慎的评估。

● OsO_4的使用存在污染小型中间试验工厂以及千克级实验室的风险，需要以每十亿的水平测试所有专用设备中所有中间体的锇元素残留。

在实验室初试阶段，不使用专用设备，在常规方式下安全裂解二茂体双烯是科学家们所追求的目标。研发团队预计，大量生产时需要外包给拥有专业设备的公司。

环戊二烯的不稳定性同样需要详细研究。在绝热环境下，环戊二烯会自发地二聚放热，因此即使是短期储存也需要冷藏，特别是储存量达到千克级时(示意图 16-3)。科学家详细地研究容器尺寸、储量、温度和溶剂稀释量等因素的影响，评估了其潜在的引起失控性反应的风险。已出版的报告结果明确表示，当环戊二烯的储量增加时，其储存时的风险也明显上升[35]。这一简单但又关键的合成步骤的生产与储存的相关内容使得科学家对苯并氮杂草工艺流程的最早期步骤部分忧虑重重。

250~300℃
放热
2

示意图 16-3

而苯炔步骤同样存在大规模生产问题。苯炔 DA 反应的巨大化学潜在价值一直受若干因素限制。基于胺茴酸(Anthranilic Acid，即邻氨基苯甲酸)的合成路径以及其他一些有气体释放的合成路径都需要特别的工艺，并且都包含具有潜在爆炸危险的重氮中间体。还有诸如合成前体昂贵、前体合成路线较长，以及诸如原位取代、底物还原、多聚反应等副反应所导致的产率低下、副产物分离等问题。可避免气体产生的合成方法有格氏金属交换反应和碱金属脱氨质子过程等。尽管许多卤化前体已经制备完毕，但反应失控的诱发因素和对反应过程的控制使得工艺化学家们对完善这一合成路线逐渐失去信心。而之后一段时间，新型的苯炔前体已经投入使用来使得反应能够被更好地控制，但是这些化合物需要昂贵的初始原料并且需要在 DA 反应中过量投入才能保证收率。这些困难一度使学界对于苯炔化学以及周边化学领域的兴趣大大降低[36]。在实验室制备阶段，经 Wittig 在 1958 年改良的格氏方法非常有效[31]，但这种方法在工业化生产量级时，会增加额外的风险[37]。

在实验室发现研究阶段，苯炔化学的再次验证促使了操作简易安全的苯炔反应的诞生(示意图 16-4)[38]。研究发现溶剂会影响卤素-金属交换过程的速率，同时也会影响 RLi 试剂对环戊二烯[一种 pK_a 值(~14)较低的化合物]的碱性。

非协同溶剂(Noncoordinating Solvents)保证了卤素-金属的交换过程能在较适宜的相对较低温度下进行(0℃)，而该温度可以支持苯炔二溴苯制备的

236

示意图 16－4

在环戊二烯存在下，以 89％的收率生成 1，4－二氢－1，4－亚甲基萘（**11**），产品经简单蒸馏即可得到。该反应解决了大量生产中苯炔的问题，而同时也有很大一部分反应在早期制备过程中是以千克级规模操作的[34]。然而，环戊二烯的制备和应用仍然存在问题。

氧化裂解和还原胺化反应在实验室制备中显示出相当的高效性（示意图 16－1）。利用 Van Rheenan 反应，苯并降冰片烯（**11**）与 *N*－甲基吗啉－*N*－氧化物发生的锇盐催化的双羟基化反应的效率，可以通过测定在高浓度（在 8∶1 的丙酮和水混合溶液中，0.5～1.5 mol/L）快速搅拌中从反应液中以细小晶体直接析出的产品而得到。在此条件下，锇的投料比很低（0.13％～0.26％，摩尔比）。产品分离后，用新鲜丙酮淋洗，得到二醇产品 **12**，收率为 89％。产品 **12** 的结晶现象使通过将二醇从催化剂媒介上脱下使得反应更为完全成为可能，因此得以重新将锇释放，完成催化剂循环。空间稳定的锇酸苯并降冰片烯双羟酯被认为会抑制水解，封闭锇元素，减缓了催化循环。高浓度溶液中的游离二醇的结晶使得反应能够更为完全，这是 Le Chatelier 原理的一个实例。高纯度产品可以从反应中直接得到，苯炔反应的少量副产物可以通过蒸馏去除[39]。

但是，除了反应的效率与纯度之外，我们的工程团队要求残留的 OsO_x 不仅需要从合成产品中，也需要从大容量多用途的制备仪器中被清除。电感耦合等离子体质谱（Inductively Coupled Plasma Mass Spectrometry）可以精确测定残留的锇浓度水平，可以用于监测低至 4×10^{-8} 的残留物浓度。硅胶过滤还原胺化产物 **13**（从下一步制得）可以有效清除所有残留锇（$<4\times10^{-8}$）。尽管如此，如果考虑将该合成转为商业化生产，则该步仍然需要专用的设备与仪器[34]。

在 **8** 的实验性合成阶段（示意图 16－1），二醇 **12** 通过两步反应转化为苄基苯并氮杂草 **13**。**12** 同 $NaIO_4$（1 当量）在二氯乙烷水溶液中氧化裂解生成二醛基中间体，二醛中间体可能以桥连的水化物形式存在。用水洗涤以去除 $NaIO_x$ 盐，产物在二氯乙烷中与苄胺（1.05 当量）混合。混合物中可能有分子内亚胺正离子形成，因此，水需要从混合物中分离出去，可以通过相分离并用棉花过滤。混合物加入到 $NaBH(OAc)_3$（3.6 当量）的二氯乙烷浆状溶液中，并用水洗处理，硅胶层过滤得到无锇的产物 **13**，产率为 82％～85％。**13** 的盐

237

酸盐通过酸化得到苯并氮杂草(**8**)的 HCl 盐，收率为 97%。

尽管从二溴苯(**17**)开始到苯并氮杂草(**8**)的实验室合成流程收率较高(64%～73%)，但是只有所有的关键点都得到解决之后(例如环戊二烯、苯炔和氧化物的管理)，该路线才能被用于生产。预计苯并降冰片烯(**11**)可能会变成一个大宗化学品，因此开发了一种臭氧串联分解过程，以通过无锇的过程来完成由苯并降冰片烯(**11**)到苯并氮杂草(**8**，示意图 16 - 5)的转化。**8** 在甲醇中的臭氧化产生甲氧基过氧化氢化的烯糖 **18**。氢气氛围下，5% Pt/C 的还原得到甲氧基烯糖 **19**，该化合物与苄胺和甲酸反应，再进一步氢化，得到 **13**。加入对甲苯磺酸，采用 Pearlman 催化剂氢化裂解 *N*-苄基保护基，以对甲苯磺酸盐的形式得到产物 **8**，结晶后，按照底物 **11** 计算，总体收率为 28%，这表明，在未来，可以将该路线作为可行的商业化生产选择路线之一[39]。

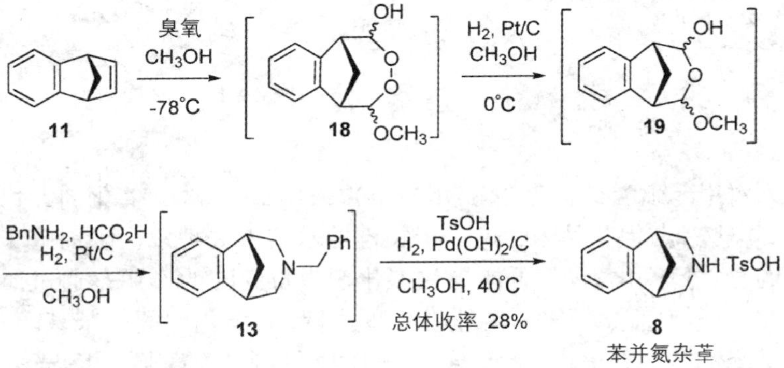

示意图 16 - 5

从苯并氮杂草到伐伦克林的二硝化过程收率高、直接且对于商业化操作生产来说十分安全。这些特征都决定了工艺化学的目标：使得苯并氮杂草的商业化合成成为可能。然而，通过专门研究而建立起来的较完善的伐伦克林的合成路线如下所示。

工艺化学家研究了一条针对 **8** 的合成路线，该路线使用了易得的茚满-1-酮-3-羧酸(indan-1-one-3-carboxylic acid)**20** 作为原料，该羧酸通过傅克反应由苯基琥珀酸酐制得(示意图 16 - 6)。在酯化之后(得到 **21**)，通过胺甲基化过程完成羰基的同系化，生成 **25**。将三甲基氰硅烷(1.2 当量)和催化剂 ZnI_2(0.01 当量)加入到甲苯中加热至 50℃若干小时，生成腈醇 **22**，但是该反应又以 2∶1 的比例生成了反式异构的副产物。不同批次 ZnI_2 间的性质不同给这一步造成了很大的麻烦。加入催化量的碘提高了反应的重现性和收率，推测这种改变可能是通过生成反应活性和溶解性更强的路易斯酸 $Zn(I_3)_2$ 来实现的。加入乙腈之后增加了溶液总体的极性和催化剂活性，使其达到与使用二氯甲烷作为溶剂相当的效果，使反应能够几乎定量地得到产物腈醇 **22**。

238

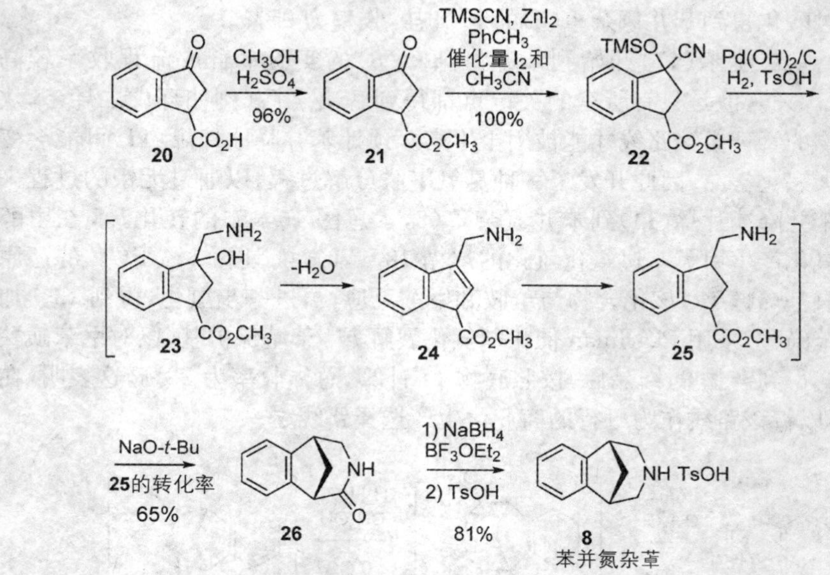

示意图 16-6

加入对甲苯磺酸或者硫酸(>1 当量),采用 Pearlman 催化剂,对 **22** 进行氢化得到酰胺 **25**,但产品需经过一步关键的水溶液处理以去除前一步反应可能残留的(痕量)氰化物,其可能导致催化剂中毒。酸的作用是通过质子化中间体胺**23**~**25**加速氰基还原,防止催化剂失活,并催化中间体苄基醇 **23** 的脱水。在此条件下,所得产物茚 **24** 优先还原得到 **25**,产物顺反异构比例为 10∶1。在碱性条件下,粗产物转化为一种高度结晶的桥环胺 **26**,**26** 高效地被现场生成的硼烷还原,生成苯并氮杂䓬 **8** 的苯磺酸盐[40,34]。

通过臭氧化过程,这种一锅法的合成方法使得原来连续加氢、脱水、还原以及内酰胺环化过程缩短。尽管通过水溶液处理完全有可能除去残余的氰化物,但氰化物的使用、存在仍被视为令人无法接受的安全隐患。鉴于 **25** 已经获得高效率的内酰胺化过程,内酰胺 **26** 又具有高度的晶体形态同时也具有完全的导向苯并氮杂䓬的转化性,工艺化学家的研发目标转向了如何最优化地合成茚内酰胺 **26** 的前体。

构建苯并氮杂䓬环核最直接的构环策略之一是哌啶酮与二取代芳烃的并环反应(示意图 16-7)[41]。烯醇化物与卤代芳基的偶联期望可以通过金属催化反应与硝基取代芳烃的 S_NAr 偶联实现。理论上,采用单硝基芳烃有两重意图:促进偶联以及为伐伦克林分子中的喹喔啉结构提供两个必要氮原子中的一个。羰基取代哌啶酮 **28** 与 **27** 可以高收率发生偶联;所有将 **29** 转化为茚酮 **30** 的尝试——包括采用 S_NAr 与金属催化手段——均告失败。分子的空间对称因素被视为失败的罪魁祸首,但是改变合成步骤(第一步偶联采用钯催化方法)同样失败了,这意味着硝基的官能团可能会阻碍整个历程[42]。

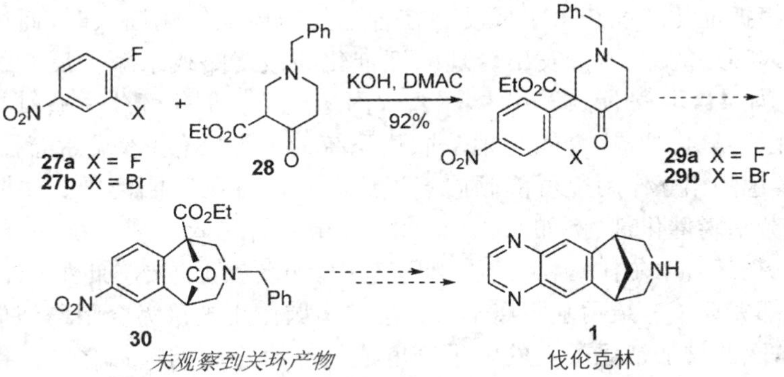

KOH, DMAC 92%

27a X = F
27b X = Br
28
29a X = F
29b X = Br
30
未观察到关环产物
1
伐伦克林

示意图 16－7

应用类似的方式，戊烯二酸二乙酯 **31** 可以较完全地与氟代硝基芳烃 **27a** 与 **27b** 发生偶联得到 **32a** 与 **32b**。而关环时不论是通过 S_NAr(**32a**, X=F)途径还是钯催化途径(**32b**, X=Br, 示意图 16－8)都以失败告终。据推测，**32** 中新形成的烯丙基离子可以不受空间位阻阻碍连接到硝代芳环上，使芳环产生富电子的性质，从而抑制了两种关环机制的发生。后续开发都依靠无硝基取代的中间体。

240

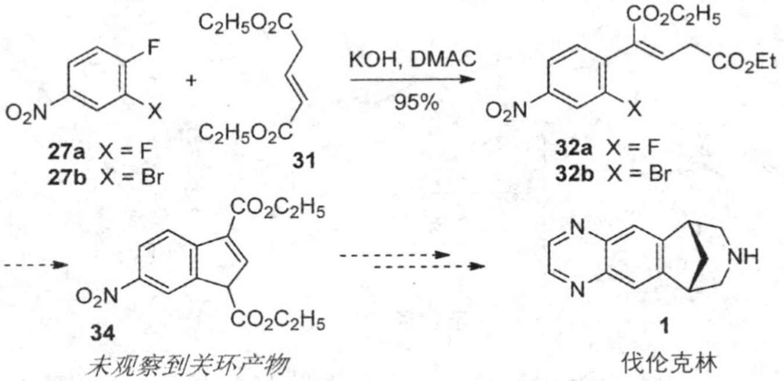

KOH, DMAC 95%

27a X = F
27b X = Br
31
32a X = F
32b X = Br
34
未观察到关环产物
1
伐伦克林

示意图 16－8

采用无硝代氟代芳烃 **37**[已由 *E*－甲基－3－甲氧基丙烯酸甲酯(**36**)与 2－(2－氟苯基)乙腈(**35**)通过迈克尔加成消除方法制备得到]的构环方式的简单探索再次说明直接的 S_NAr 环化在所有反应条件下都被阻碍。扩大共轭体系可能有一定作用；但是，共轭 sp^2 杂化芳基丙烯阴离子与另一个 sp^2 杂化碳原子分子内偶联的必要条件显示出这个反应的反应路径有高度的局限性(示意图 16－9)。

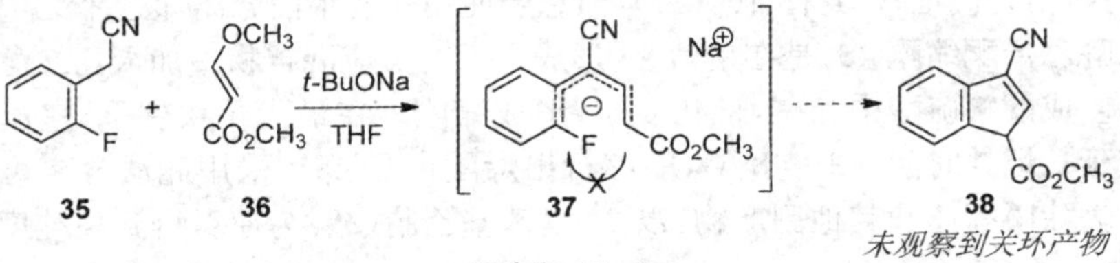

t-BuONa THF

35
36
37
38
未观察到关环产物

示意图 16－9

最终钯催化路线获得了成功。在合适的前体上氧化插入时，通过在过渡态上引入额外的原子，开发出合理的钯催化的最终路线来减少反应的空间局限性（例如 **41**，示意图 16 - 10）。尽管烯丙基离子在催化环化中通过与钯的相互作用阻碍氧化加成，可能与硝基取代系统的情况类似（参见示意图 16 - 7，16 - 8），这些相互作用很可能倾向于生成顺式的烯丙基阴离子。初期实验采用了三芳基膦催化剂（例如 0.1 当量的 PPh_3 或者二苯基膦二茂铁）以及许多其他钯源（5%，摩尔比），在四氢呋喃溶剂中，加入叔丁醇钠，加热条件下反应，但最终都失败了。烯丙基阴离子对芳溴的离域作用被认为会阻碍钯催化的氧化插入，因此增加钯原子上的电子密度成为克服难题的选择之一。更富电子的膦配体被证明确实成功地促进了氧化加成，被证明是成功的。**40** 以高产率生成茚 **38**，即采用 2 -二环己基-二苯基膦或者三环己基膦在 1,2 -二甲氧基乙烷或者四氢呋喃中，60℃反应 2～3 h[43]。在钯催化条件，加入化学当量的叔丁醇钠，**39** 与丙烯酸酯 **36** 以一锅法缩合得到茚 **38**，收率为 77%。

241

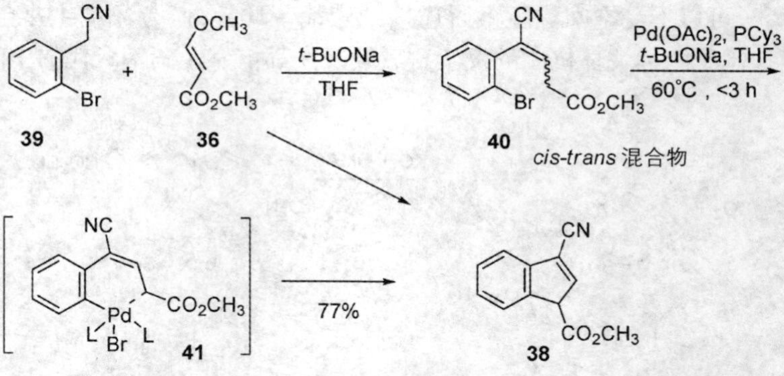

示意图 16 - 10

使用乙氧基丙烯酸酯（**42**，R＝Et；示意图 16 - 11）可以提高反应效率，避免甲氧基金属盐的产生。甲氧基金属盐会促使桥联二聚的钯复合物形成，导致钯催化效率受到阻碍，类似情况在氢氧化物中也被观察到。丙烯酸乙氧酯的使用将钯催化剂的投料量从 5%～10%降低到 0.5%～2.0%。

中性茚 **38** 在某些 pH 范围内的不稳定性使其分离面临巨大挑战。此外，膦配体的清除对下一步的氢化步骤是非常必要的。在此反应条件下，产物全部为氰基苯并亚甲基环戊二烯钠盐 **44** 异构体中的单独一个（产物结构由单晶 X -射线衍射确证；示意图 16 - 11），但想要使用常规手段分离却近乎无望[34,43]。乙二醇乙烯酮缩酮 **45**，是在钠盐 **44** 形成之后的反应混合物中加入乙二醇和酸现场生成的。硫酸中和碱，催化脱水，形成缩酮。在最优化条件下，室温对反应液延长搅拌时间（12～48 h），能够析出烯酮产品 **45**。采用此法分离可以高效地去除膦配体和其他副产物，以 2 -溴苯基乙腈（**39**）为原料得到高纯度的茚 **45**，收率为 75%～95%。

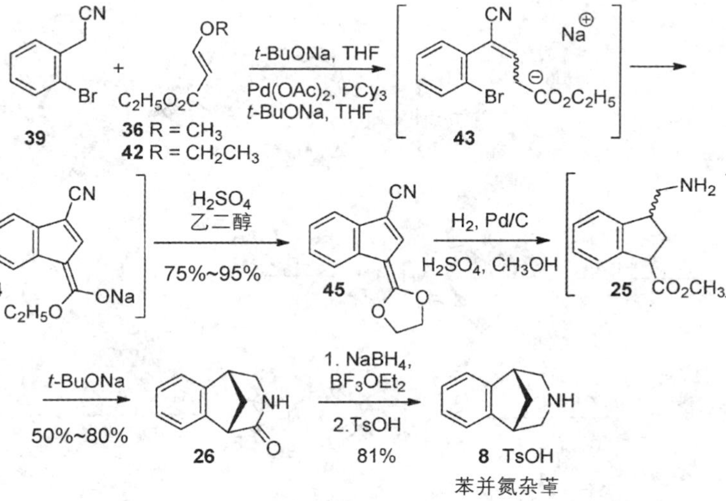

苯并氮杂䓬

示意图 16-11

向苯并氮杂䓬的转化，可以通过 **45** 在醇溶剂中酸性条件下氢化形成 **25** 之后获得，此时 **25** 无须分离。中间体 **25** 在碱性条件下可以直接环化生成结晶内酰胺 **26**。碱催化环合过程可以通过苯基亚甲基的差向异构作用来使环酰胺产品只能由 **25** 顺式异构底物生成。最终，通过反应现场生成还原硼烷还原 **26** 以 81%的收率得到 **8** 的对甲苯磺酸盐。

该路线是高效完善的，采用的是廉价的大宗化学品原料，并且无危险试剂的使用。通过截取结晶中间体，可以在不使用色谱分离手段的情况下获得高纯度的产品。商业化生产伐伦克林的七步合成反应仅包含过滤的流程以除去催化剂以及分离结晶中间体，总体的收率大于 50%[44a]。在已经获得高效的合成路线的情况下，研究队伍对 **1** 的合成进行了进一步优化(示意图 16-12)。他们发现 **8** 的盐酸盐形式相较于对甲苯磺酸盐形式，在分离时效率更高。在三乙胺催化下三氟乙酰基可以在吡啶位发生定量的反应，并且允许从 **8** 到 **14** 再到 **9** 的转化过程中，不对 **14** 进行单独分离。而二硝化过程，与上文曾提到的一样，受到了广泛的良好安全评估。

242

二氯甲烷，这样一个非绿色同时也在商业化过程中非传统使用的溶剂，由于其较低的沸点(41℃)和不易燃烧的特性而被故意选入生产流程中使用。低沸点的溶剂需要在硝化过程中额外加以控制，同时也需要对反应温度作出限制，即在操作温度和化合物 **9** 开始分解的温度之间设定一个高于 100℃的安全边界。硝化过程结束后，过滤粗产品，但并不干燥。直接重结晶以清除非预期的间位二硝化异构体。接下来，纯化后的 **9** 可以在氢气氛围下，Pd/C 催化还原。尽管苯二胺 **15** 在固体状态下非常稳定，但在溶液中超过一定时间后会发生分解，因此在整个流程中并未对 **15** 进行分离，而是直接投入乙二醛水溶液，

243

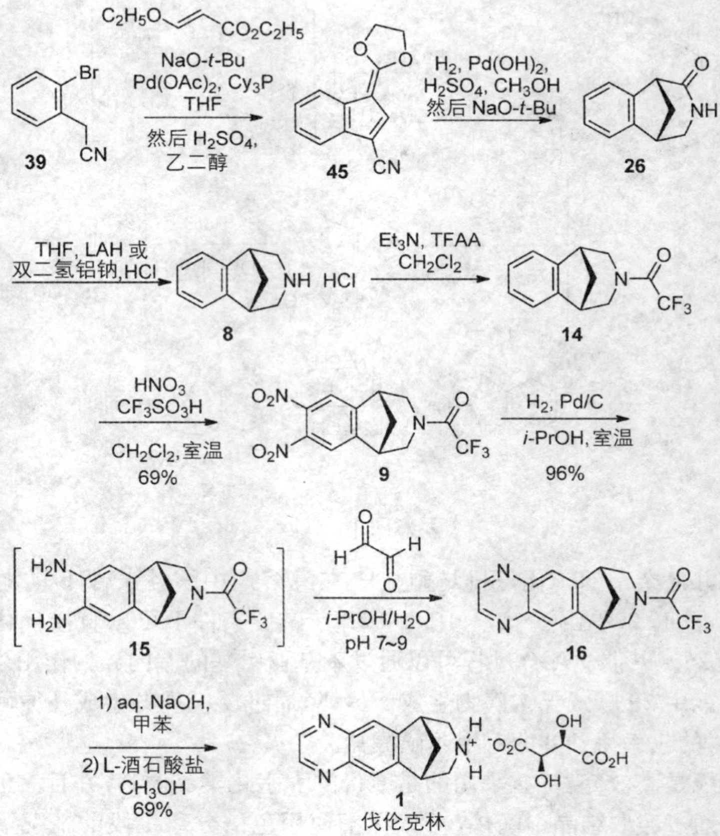

示意图 16－12

形成产品喹喔啉 16。在此步骤中加入碳酸氢盐控制 pH，以避免生成非预期的副产品[44,45]。该流程通过加入氢氧化钠快速定量地水解三氟乙酰胺来完成，通过不分离中间体以及在甲醇中形成 L－酒石酸盐来合并合成步骤，缩短合成路线。如何将酒石酸盐的构型控制到理想的 B 型，已由 Rose 以及其合作团队报道[46]。

由 DA 方法合成伐伦克林的工作已由 Reddy 博士的实验室于最近发表。合成关键桥环中间体的路线可以通过四溴二甲基吡嗪（**47**）与过量降冰片烯在碘催化下通过 DA 反应完成。**48** 的双羟化，氧化裂解和还原胺化制备 N－对甲氧基苄基伐伦克林（**50**），而 **50** 可以在氢气条件下脱保护以 10％的收率得到伐伦克林（**1**）[47]。该方法延续了通过烯烃氧化裂解和还原胺化来构建 **1** 中哌啶环的思路，但是该步在整个流程的后部分；此段路线在商业生产中会面临巨大的挑战，包括氰化物的污染风险以及在合成路线最后使用的锇与钯带来的问题。

244

本章介绍了针对伐伦克林（**1**）的一种合成路线，伐伦克林是一种 α4β2 尼

示意图 16 - 13

古丁受体部分激动剂，也是第一种专门针对烟瘾戒除的药剂。伐伦克林因针对烟瘾戒除的先进方式、安全性和高疗效，获得了无数制药公司创新奖项的认可[48]。通过原创开发路线对非手性目标进行合成，在克服危险过程和中间体中，遇到了很多开发难题。然而，在商业化路线中，引入消旋的中间体解决了最后一步的合成难题，使其只生成纯净的晶体中间体和无害的副产物。伐伦克林持续引起相关科学界的研究兴趣，并且最近开发的合成路线进一步表明合成这个非手性目标具有特殊的合成挑战性。

致谢

开发一个全新的制药产品需要无数科学家的艰辛投入。笔者谨向辉瑞公司所有为伐伦克林开发倾力贡献的专家们致以谢意。我们同时也非常感谢 Mikael Franzon 由药物研发历史角度对 NRT 开发讨论部分所做出的贡献。

16.7 参考文献

1. WHO, *Report on the Global Tobacco Epidemic, 2009: Implementing Smoke-Free Environments*. Geneva, http://whqlibdoc. who. int/publications/2009/9789241563918 _ eng. pdf, **2009**, accessed October, 2009.
2. Doll, R.; Hill, A. B. *Br. Med. J.* **1954**, 1451.
3. Doll, R.; Peto, R.; Boreham, J.; Sutherland, I. *Br. Med. J.* **2004**, *328*, 1519.
4. Bayne-Jones, S.; Burdette, W. J.; Cochran, W. G.; Farber, E.; Fieser, L. F.; Furth, J.; Hickam, J. B.; LeMaistre, C.; Schuman, L. M.; Seevers, M. H. *Smoking and Health: Report of the Advisory Committee to the Surgeon General of the Public Health Service*. U. S. Government Printing Office, **1964**, Washington.
5. U. S. Department of Health and Human Services, Centers for Disease Control and

Prevention, Coordinating Center for Health Promotion, National Center for Chronic Disease Prevention and Health Promotion, Office on Smoking and Health. *The Health Consequences of Involuntary Exposure to Tobacco Smoke: A Report of the Surgeon General — Executive Summary*. U. S. Government Printing Office, **2006**, Washington.

6. Centers for Disease Control and Prevention, *Early Release of Selected Estimates Based on Data from the January - September 2008 National Health Interview Survey*, U. S. data, **2008**, U. S. Printing Office, Washington.
7. (a) Nordgren P. ; Ramström L. *Br. J. Addict.* **1990**, *85*, 1107 - 1112. (b) Henningfield J. E. ; Fagerström K. -O. *Tob. Control* **2001**, *10*, 353 - 357. (c) Foulds J. ; Ramström L. ; Burke, M. ; Fagerström, K. -O. *Tob. Control* **2003**, *12*, 349 - 359. (d) Zhu, S. -H. ; Wang, J. B. ; Hartman, A. ; Zhuang, Y. ; Gamst, A. ; Gibson, J. T. ; Gilljam, H. ; Galanti, M. R. *Tob. Control* **2009**, *18*, 82 - 87.
8. Fagerström, K. -O. *J. Behav. Med.* **1982**, *5*, 343.
9. (a) Hjalmarson A. I. M. *J. Am. Med. Assoc.* **1984**, *252*, 2835 - 2838. (b) Herrera, N. ; Franco, R. ; Herrera, L. ; et al. *Chest* **1995**, *108*, 447 - 461.
10. (a) Stead, L. F. ; Perera, R. ; Bullen, C. ; Mant, D. ; Lancaster, T. *Cochrane Database of Systematic Reviews*, **2008**, *1*, CD000146. DOI: 10. 1002/14651858. CD000146. pub3. (b) Fagerström, K. -O. ; Axelsson, A. ; Sorelius L. *Soc. Res. Nicotine & Tobacco, Newslet.* **2008**, *14*.
11. (a) Hughes, J. R. *Cancer J. Clin.* **2000**, *50*, 143. (b) Fiore, M. C. ; Bailey, W. C. ; Cohen, S. J. ; Dorfman, S. F. ; Fox, B. J. ; Goldstein, M. G. ; Gritz, E. R. ; Hasselblad, V. ; Heyman, R. B. ; Jaén, C. R. ; Jorenby, D. ; Kottke, T. E. ; Lando, H. A. ; Mecklenburg, R. E. ; Mullen, P. D. ; Nett, L. M. ; Piper, M. ; Robinson, L. ; Stitzer, M. L. ; Tommasello, A. C. ; Villejo, L. ; Welsch, S. ; Wewers, M. E. ; Baker, T. B. ; Bennett, G. ; Heishman, S. J. ; Husten, C. ; Kamerow, D. ; Melvin, C. ; Morgan, G. ; Ernestine, M. C. ; Orleans, T. *J. Am. Med. Assoc.* **2000**, *283*, 3244. (c) Fiore, M. C. ; Bailey, W. C. ; Cohen, S. J. ; Dorfman, S. F. ; Goldstein, M. G. ; Gritz, E. R. ; Heyman, R. B. ; Jaén, C. R. ; Kottke, T. E. ; Lando, H. A. ; Mecklenburg, R. E. ; Mullen, P. D. ; Nett, L. M. ; Robinson, L. ; Stitzer, M. L. ; Tommasello, A. C. ; Villejo, L. ; Wewers, M. E. *Treating Tobacco Use and Dependence*, U. S. Department of Health and Human Services, U. S. Public Health Service, **2000**, U. S. Government Printing Office, Washington.
12. Hughes, J. R. ; Stead, L. F. ; Lancaster, T. *Cochrane Database of Systematic Reviews* **2007**, *1*, CD000031. DOI: 10. 1002/14651858. CD000031. pub3.
13. Hughes J. R. ; Keely, J. ; Naud, S. *Addiction* **2004**, *99*, 29 - 38.
14. Coe, J. W. ; Rollema, H. ; O'Neill, B. T. *Ann. Reports Med. Chem.* **2009**, *44*, 71 - 101.
15. Kotob, H. I. M. ; Hand, C. W. ; Moore, R. A. ; Evans, P. J. D. ; Wells, J. ; Rubin, A. P. ; McQuay, H. J. *Anesth. Analg.* **1986**, *65*, 718 - 722.
16. Benowitz, N. L. *Ann. Rev. Med.* **1986**, *37*, 21 - 32.
17. Goldstein, R. Z. ; Volkow, N. D. *Am. J. Psychiatry* **2002**, *159*, 1642 - 1652.
18. Maskos, U. ; Molles, B. E. ; Pons, S. ; Besson, M. ; Guiard, B. P. ; Guilloux, J. -P. ; Evrard, A. ; Cazala, P. ; Cormier, A. ; Mameli-Engvall, M. ; Dufour, N. ; Cloëz-Tayarani,

I.; Bemelmans, A.-P.; Mallet, J.; Gardier, A. M.; David, V.; Faure, P.; Granon, S.; Changeux, J.-P. *Nature* **2005**, *436*, 103-107.

19. Stead, D.; O'Brien, P. *Tetrahedron* **2007**, *63*, 1885-1897.
20. Papke, R. L.; Heinemann, S. F. *Mol. Pharmacol.* **1994**, *45*, 142-149.
21. Etter, J.-F. *Arch. Intern. Med.* **2006**, *166*, 1553-1559.
22. Coe, J. W.; Vetelino, M. G.; Bashore, C. G.; Wirtz, M. C.; Brooks, P. R.; Arnold, E. P.; Lebel, L. A.; Fox, C. B.; Sands, S. B.; Davis, T. I.; Rollema, H.; Schaeffer, E.; Schulz, D. W.; Tingley, F. D. III; O'Neill, B. T. *Bioorg. Med. Chem. Lett.* **2005**, *15*, 2974-2979.
23. Coe, J. W.; Brooks, P. R.; Vetelino, M. G.; Wirtz, M. C.; Arnold, E. P.; Sands, S. B.; Davis, T. I.; Lebel, L. A.; Fox, C. B.; Shrikhande, A.; Schaeffer, E.; Rollema, H.; Lu, Y.; Mansbach, R. S.; Chambers, L. K.; Rovetti, C. C.; Schulz, D. W.; Tingley, F. D. III; O'Neill, B. T. *J. Med. Chem.* **2005**, *48*, 3474-3477.
24. Coe, J. W.; Brooks, P. R.; Wirtz, M. C.; Bashore, C. G.; Bianco, K. E.; Vetelino, M. G.; Arnold, E. P.; Lebel, L. A.; Fox, C. B.; Tingley, F. D. III; Schulz, D. W.; Davis, T. I.; Sands, S. B.; Mansbach, R. S.; Rollema, H.; O'Neill, B. T. *Bioorg. Med. Chem. Lett.* **2005**, *15*, 4889-4897.
25. Rollema, H.; Coe, J. W.; Chambers, L. K.; Hurst, R. S.; Stahl, S. M.; Williams, K. E. *Trends Pharmacol. Sci.* **2007**, *28*, 316-325.
26. Rollema, H.; Chambers, L. K.; Coe, J. W.; Glowa, J.; Hurst, R. S.; Lebel, L. A.; Lu, Y.; Mansbach, R. S.; Mather, R. J.; Rovetti, C. C.; Sands, S. B.; Schaeffer, E.; Schulz, D. W.; Tingley, F. D. III; Williams, K. E. *Neuropharmacology* **2007**, *52*, 985-994.
27. Obach, R. S.; Reed-Hagen, A. E.; Krueger, S. S.; Obach, B. J.; O'Connell, T. N.; Zandi, K. S.; Miller, S. A.; Coe, J. W. *Drug Metab. Disp.* **2006**, *34*, 121-30.
28. Faessel, H. M.; Smith, B. J.; Gibbs, M. A.; Gobey, J. S.; Clark, D. J.; Burstein, A. H. *J. Clin. Pharmacol.* **2006**, *46*, 991-998.
29. Ebbert et al. *Int. J. Chron. Obstruct. Pulmon. Dis.* **2009**, *4*, 421-430.
30. Cahill, K.; Stead, L. F.; Lancaster, T. *Cochrane Database Syst. Rev.* **2008**, *3*, CD006103. DOI: 10.1002/14651858. CD006103. pub3.
31. Wittig, G.; Knauss, E. *Chem. Ber.* **1958**, *91*, 895-907.
32. Brooks, P. R.; Caron, S.; Coe, J. W.; Ng, K. K.; Singer, R. A.; Vazquez, E.; Vetelino, M. G.; Watson Jr., H. H.; Whritenour, D. C.; Wirtz, M. C. *Synthesis* **2004**, *11*, 1755-1758.
33. Busch, F. R.; Bronk, K. S.; Withbroe, G. J.; Sinay, T. U.S. Pat. 2007/0224690, **2007**.
34. Coe, J. W.; Watson, Jr., H. A.; Singer, R. A. *Varenicline: Discovery Synthesis and Process Chemistry Developments* in "Process Chemistry in the Pharmaceutical Industry, Challenges in an Ever Changing Climate," ed. Gadamasetti, K.; Braish, T., Francis & Taylor, **2007**, Boca Raton.
35. am Ende, D. J.; Whritenour, D. C.; Coe, J. W. *Org. Process Res. Dev.* **2007**, *11*, 1141-1146.
36. Riggs, J. C.; Ramirez, A.; Cremeens, M. E.; Bashore, C. G.; Candler, J.; Wirtz, M.

247

C.; Coe, J. W.; Collum, D. B. *J. Am. Chem. Soc.* **2008**, *130*, 3406–3412.

37. Kryka, H.; Hessela, G.; Schmitta, W.; Tefera, N. *Chem. Eng. Sci.* **2007**, *62*, 5198–5200.
38. Coe, J. W.; Wirtz, M. C.; Bashore, C. G.; Candler, J. *Org. Lett.* **2004**, *6*, 1589–1592.
39. Brooks, P. R.; Caron, S.; Coe, J. W.; Ng, K. K.; Singer, R. A.; Vazquez, E.; Vetelino, M. G.; Watson Jr., H. H.; Whritenour, D. C.; Wirtz, M. C. *Synthesis* **2004**, *11*, 1755–1758.
40. O'Donnell, C. J.; Singer, R. A.; Brubaker, J. D.; McKinley, J. D. *J. Org. Chem.* **2004**, *69*, 5756–5759.
41. Satyanarayana, G; Maier, M. E. *Tetrahedron* **2008**, *64*, 356–363.
42. Gallo, E.; Ragaini, F.; Cenini, S.; Demartin, F. *J. Organomet. Chem.* **1999**, *586*, 190–195.
43. Singer, R. A.; McKinley, J. D.; Barbe, G.; Farlow, R. A. *Org. Lett.* **2004**, *6*, 2357–2360.
44. (a) Handfield, Jr., R. E.; Watson, T. J. N.; Johnson, P. J.; Rose, P. R. U.S. Pat. 2007/7285686, **2007**. (b) Busch, F. R.; Withbroe, G. J.; Watson, T. J.; Sinay, T. G.; Hawkins, J. M.; Mustakis, I. G. U.S. Pat. 2008/0275051, **2008**.
45. McCurdy, V. E.; Ende, M. T.; Busch, F. R.; Mustakis, J.; Rose, P.; Berry, M. R. *Pharm. Eng.* **2010**, *30*, accepted.
46. Bogle, D. E.; Rose, P, R.; Williams, G. R. U.S. Pat. 6890927, **2005**.
47. Pasikanti, S.; Reddy, D. S.; Venkatesham, B.; Dubey, P. K.; Iqbal, J.; Das, P. *Tetrahedron Lett.* **2010**, *51*, 151–152.
48. Champix received the 2009 Canadian Prix Galien Innovative Product Award. Chantix was awarded the 2007 United States Prix Galien Award for Best Small Molecule Medicine and the 2006 Scrip for Best Small Molecule Drug Award and was a finalist in the International Prix Galien in 2008.

17 多奈哌齐、利凡斯的明、加兰他敏：阿尔茨海默症的胆碱酯酶抑制剂

249

Subas Sakya 和 Kapil Karki

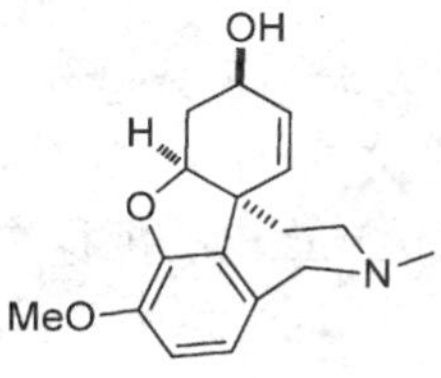

1

美国通用名: Galantimine
商品名: Razadyne®
公司: Johnson and Johnson
上市时间: 2001

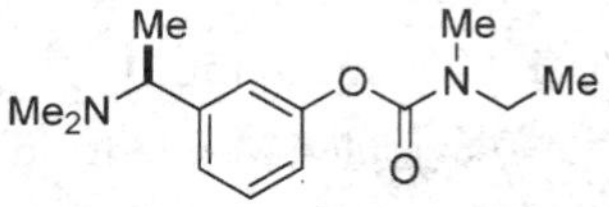

2

美国通用名: Rivastigmine
商品名: Exelon®
公司: Novartis AG
上市时间: 2000

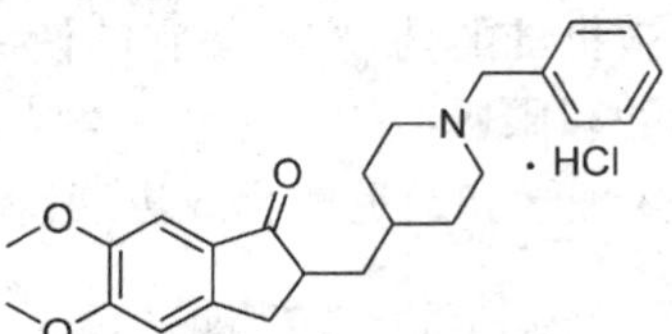

3

美国通用名: Donepezil
商品名: Aricept®
公司: Eisai Pharma/Pfizer
上市时间: 1996

17.1 背景

250

阿尔茨海默症(Alzheimer's Disease)是痴呆病的一种，它会使人失去记忆。关于这种疾病的痴呆症状和潜在的大脑病理学的描述，最早是由爱罗斯·阿尔茨海默(Alois Alzheimer)在1907年报道的[1]。从此以后，阿尔茨海默症的普遍性在全球范围内不断增加，而直到大约30年前才开始寻找到一种疗法。仅仅在美国，它就影响了大约530万人。这种疾病在老年人中更普遍，年龄在65岁的老年人中有超过10%的人都患有这种疾病。据报道，这种病的患

病率随年龄的增加而增加，年龄在85岁的老年人几乎50%的人都患有这种疾病。在全世界范围内，大约有3 500万人都患有阿尔茨海默症，预计这个数字到2050年将增长到1.07亿。在2005年，仅仅是用于治疗患有阿尔茨海默症和其他痴呆病患者的直接医疗费用就达到910亿美元。预计用于照料欧美地区患有阿尔茨海默症患者的费用每年都会增加，其中包括劳动力的丧失和医疗护理[2]。

这种病的病因还不清楚，但得出的结论是疾病的严重程度与血小板的生长和神经功能的减弱有关。老年痴呆症最大的危险因素是年龄的不断增加，但是与家庭病史和基因也有很大关系。起初，这种疾病进展缓慢，人们的认知功能逐渐丧失，最终导致短期记忆丧失。在随后的阶段，患者会经历日常生活起居(Activities of Daily Living, ADL)能力逐渐丧失的过程，并且行为问题开始显现。在疾病的晚期，因为大脑神经细胞开始进一步恶化和死亡，它最终会导致身体机能的丧失和死亡[2,3]。

导致痴呆和神经细胞死亡这种疾病的发展与形成老年斑和在大脑中的神经元纤维缠结有关。斑块来源于淀粉样前体蛋白(Amyloid Precursor Protein, APP)和神经元纤维缠结的β-淀粉样蛋白的沉积物，它们在死亡的细胞里面形成，来源于高磷酸化微管蛋白[4,5,6]。目前有许多疗法是通过阻止斑块和缠结的形成来尝试治疗这种疾病的[7,8,9]。

四种胆碱酯酶抑制剂，他克林(Tacrine，**4**)、盐酸多奈哌齐(Donepezil，**3**)、利凡斯的明(Rivastigmine，**2**)和加兰他敏(Galantamine，**1**)，已经被批准用于治疗阿尔茨海默症的认知和行为症状。美金刚胺(Memantine)，2004年获得批准。它是一种谷氨酸调节子，也已被证明可以有效地治疗中度到重度的阿尔茨海默症[10]。尽管他克林是第一个被批准的药物，但是它的使用局限于它的毒性、半衰期短和由于食物效应导致的有限吸收[11]。在这一章中，我们将回顾三种胆碱酯酶抑制剂的合成发现史、药理学和最近的合成进展。

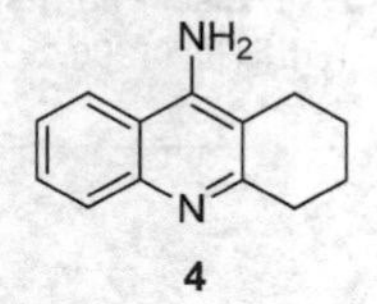

美国通用名: Tacrine
商品名: Cognex®
公司: Pfizer Inc
上市时间: 1993

17.2 药理学

251

阿尔茨海默症的病理生理学标志，是在150年前由阿尔茨海默发现的，它导致老年斑和神经元纤维缠结在中间颞叶结构和大脑皮层中[12]，此外，还有神经元和突触总体退化[5,6]。对阿尔茨海默症患者的行为药物学和行为神经科学的研究表明，对于治愈阿尔茨海默症患者，大脑神经递质乙酰胆碱(Aetylcholine,

ACh)有很重要的作用。早期的研究表明，在老年痴呆症患者中乙酰胆碱的含量有所降低，这表明有可能通过抑制乙酰胆碱酯酶(ACChE)来提高乙酰胆碱水平从而潜在地改善认知功能，这种酶是降解乙酰胆碱的[13,14,15]。丁酰胆碱酯酶(Butyrylcholine esterase，BuChE)，主要出现在外围，也能水解乙酰胆碱。此外，在阿尔茨海默症患者的晚期，已经在人脑中发现丁酰胆碱酯酶，并发现其在降低神经活性过程中可能发挥了作用[16,17]。

乙酰胆碱作用于神经元胆碱受体(nAChR)对神经元的活动。在阿尔茨海默症患者的晚期，神经元胆碱受体也被抑制了，这加剧了神经功能的丧失。[18]因此类胆碱的假说，即阿尔茨海默症患者脑中乙酰胆碱的功能丧失会导致认知功能的恶化，激发了相关药物发现工作的积极性。提高乙酰胆碱水平的最成功的策略是抑制乙酰胆碱被胆碱酯酶破坏，这促使发现了几个治疗阿尔茨海默症的胆碱酯酶抑制剂。早期被确认的先导化合物是他克林(**4**)和毒扁豆碱(**19**)，它们半衰期短且有毒性。

在第一批进入市场的药物中，多奈哌齐(**3**)已被证明能够抑制电鳗和人类红细胞的 AChE，它们的 K_i分别是 4～9 nmol/L 和 2.3 nmol/L。使用大鼠脑匀浆衍生的乙酰胆碱酯酶，发现其 IC_{50}是 5.7 nmol/L，而来源于老鼠血浆中的 BuChE 的 IC_{50}只达到 7 138 nmol/L[19]。其体外活性通过口服 5 mg 和 10 mg 的药物来开展结合实验得以证实。在服用 5 mg 剂量药物达 4 h 后和 10 mg 剂量药物达 8 h 后，可以发现老鼠脑组织乙酰胆碱酯酶的抑制作用[11]。在动物模型中，一个被动回避反应(Passive Avoidance Response, PAR)的测试是在与毒扁豆碱相比较下用药物剂量滴定的方式完成的，在这种动物模型中，对老鼠使用了莨菪碱来产生基底神经节核病变(Nuclueus Basalis Magnocelullaris, NMB)。相比生理盐水试验组，药物试验组在潜在效应上有着显著改善，并且多奈哌齐比毒扁豆碱作用效果好[20]。

利凡斯的明(Rivastigmine，**2**)被称为假不可逆转乙酰胆碱酯酶抑制剂，因为药物在结合后，氨基甲酰化发生在酶的活性部位丝氨酸残基上。然而氨基甲酰化作用是短暂的，并且酶又转变回原来的形式和恢复水解加合物的活性。因此，药物本身是一个可逆的和不具竞争性的乙酰胆碱酯酶和丁酰胆碱酯酶抑制剂。利凡斯的明在体外对抗人体红细胞乙酰胆碱酯酶和老鼠大脑中的乙酰胆碱酯酶的 IC_{50}达到 1.2 μmol/L 和 1.3 μmol/L，这比毒扁豆碱要弱 100 倍。然而在体内，相对于毒扁豆碱，乙酰胆碱酯酶抑制剂只降低了 10 倍。乙酰胆碱酯酶抑制效率是时间依赖性的，老鼠大脑中的体内抑制剂显示 EC_{50}为 4.2 μmol/kg。老鼠大脑的体内乙酰胆碱酯酶抑制剂峰值时间发生在皮下注射大约 1～2 h 后。通过一个单剂量为 2.0 mg/kg 的利凡斯的明抑制大约 40%的乙酰胆碱酯酶，时长可达 8 h，而毒扁豆碱抑制剂只能持续了 2 h[21]。

252

在皮下用药剂量为 0.5 mg/kg 时，利凡斯的明对老鼠大脑各个部分的抑制效率也进行了评估。相对于在延髓和纹状体内的乙酰胆碱酯酶抑制剂，利凡斯的明被证明能显著抑制在大脑皮质和海马体内的乙酰胆碱，且高出30%～40%。类似的选择性乙酰胆碱酯酶抑制剂口服时也显示一样的选择性抑制。在另一方面，毒扁豆碱也能同样地抑制在大脑中所有部位的乙酰胆碱酯酶。这预示着与AD有强烈的相关性，因为已证明在皮质和海马体中乙酰胆碱酯酶更高的缺失会导致阿尔茨海默症患者认知和行为方面有更大的缺失。通过比较皮下注射和口服后的ED_{50}（口服和皮下注射ED_{50}之比为1.4），这种药物也显示出良好的口腔吸收效果。这得益于它的口服生物利用度、长效耐受性和相对较高的治疗比率，这种化合物已经尝试用于人类测试[22]。

加兰他敏(Galantamine, **1**)是一个天然产物，有一个独特的双重作用机制，可以通过变构结合来抑制乙酰胆碱酯酶和突出乙酰胆碱的效果。加兰他敏通过竞争性抑制活性部位中乙酰胆碱酯酶来抑制乙酰胆碱的降解。此外，它还被证明能优先抑制额叶皮质和海马体中的乙酰胆碱酯酶，在大脑中这两个区域的胆碱神经传递是最能影响阿尔茨海默症患者的。[23]加兰他敏在体外的IC_{50}为0.35 μmol/L，而乙酰胆碱酯酶和丁酰胆碱酯酶抑制剂的IC_{50}为18.6 μmol/L，比丁酰胆碱酯酶抑制剂的活性要弱53倍。在健康的志愿者单剂量口服10 mg/kg后，30 min时其红细胞乙酰胆碱酯酶抑制剂平均抑制率最大值是40%。在服用加兰他敏(5～15 mg)2～3个月的阿尔茨海默症患者中，乙酰胆碱酯酶抑制剂率从20%到40%不等。在停止治疗后，在最后使用药物的30 h后，没有发现抑制效果[24]。

通过神经元胆碱受体，胆碱能神经功能也能被控制，受体的丧失在加重阿尔茨海默症患者的症状和病情中发挥了关键性的作用。许多亚型的乙酰胆碱酯酶神经元胆碱受体(nAChR)在脑中形成，它们是九种已知亚型的α-亚基(乙酰胆碱的结合部位)和三种β-亚基结构。两种亚型的神经元胆碱受体，α-7和α-7 β-2 nAChR亚型，被人们认为可以影响阿尔茨海默症患者的大脑。神经元胆碱受体亚型的严重丧失，也似乎发生在大脑皮层和海马区，它们参与了记忆和认知功能。此外，对神经元胆碱受体的剂量依赖性的阻碍会导致认知和记忆的剂量相关的损伤。加兰他敏已被证明是一个神经元胆碱受体的配体，充当一个局部兴奋剂。基于它的变构结合数据和其引起的对结合在神经元胆碱受体的乙酰胆碱逐渐增强的效应，它被认为可以作为变构增效配体(APL)。因为可以作为APL，加兰他敏被证明能促进海马切片中氨基丁酸(GABA)和老鼠纹状体切片中多巴胺的释放。它也被证明能加强大脑皮层神经元中天门冬氨酸受体整个细胞的电流。综上所述，因为氨基丁酸、多巴胺、血清素涉及人类的情绪(如抑郁、焦虑)和行为的症状(例如具有攻击性)，这些额外的变构增效配体的影响是以改善阿尔茨海默症患者的行为作为基础的[23]。

加兰他敏被证实能在腹腔内用药后改善手术后记忆损伤的老鼠的记忆。在另一个被动回避的、有记忆缺陷的小鼠模型里，与他克林、毒扁豆碱和仅用溶剂组比较，加兰他敏能显著改善被动回避。这些动物模型显示，加兰他敏将改善阿尔茨海默症患者的一些认知缺陷[25]。

17.3　构效关系(SAR)

17.3.1　多奈哌齐（3）的发现历史

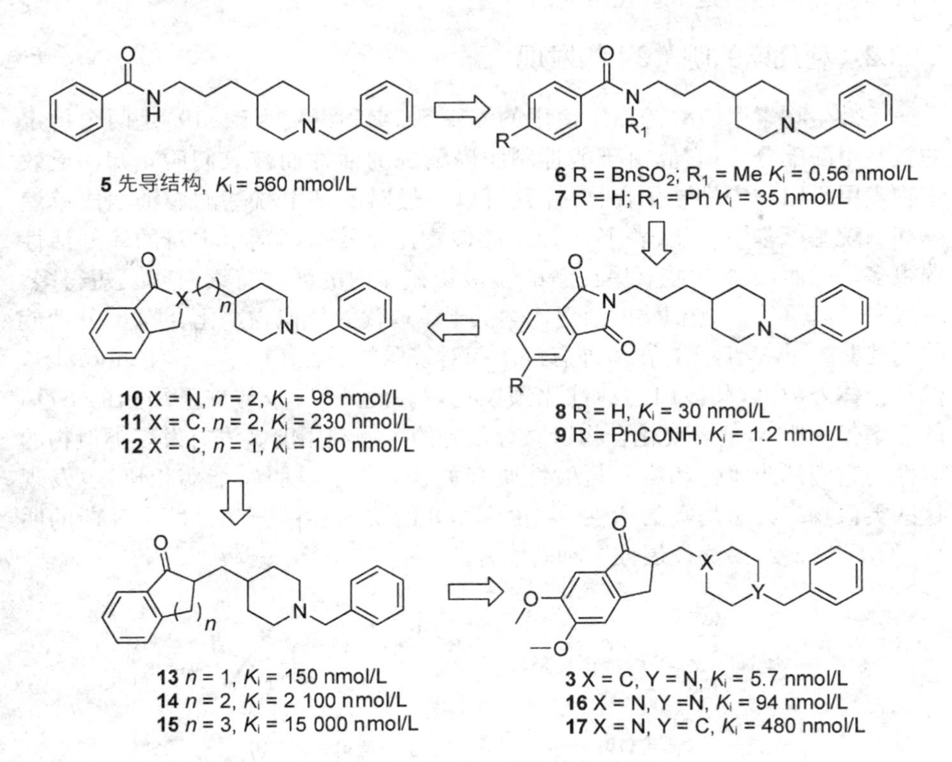

示意图 17－1　多奈哌齐的 SAR 研究

在对公司样本库的高通量筛选中，针对乙酰胆碱酯酶抑制剂试验使一个新颖结构被确定为先导化合物(**5**)。随后的 SAR 研究通过对（a）苯基、(b) 酰胺部分、(c) 链接器单元、(d) 哌啶环、(e) 苄基一系列的修饰来完成。烷基取代酰胺上的对位取代被发现可以提供有效的类似物(**6**, K_i＝0. 56 nmol/L vs **7**, K_i＝35 nmol/L)，使用离体研究证明该化合物在体内仍是有活性的。对环的进一步修饰限制了酰胺类似物，导致发现了与之同等活性的苯邻二甲酰亚胺类似物 **9**(K_i＝1. 2 nmol/L)。此外，人们发现第二个羰基并非必不可少(例如 **10**, K_i＝98 nmol/L)。氨基化合物的氮可以用碳来替换，并且链长可以减少一个碳(例如 **12**, K_i＝150 nmol/L)，得到异吲哚酮(**10**)和茚满酮均等化合物(**11** 和 **12**)。扩张到六元或七元环酮(**14** 和 **15**)导致了微弱的活性。最后，3，4－二甲氧基取代产生了一个有效的并且有优越活性的化合物 **3**(K_i＝

254

5.7 nmol/L)。对哌啶环和苄基的进一步修饰并没有提高活性(**3,16,17**)。对**12**的结合假设发生在(**a**)蛋白质与苄基和二甲氧苯基相互作用的疏水壁活性部位;(b)羧酸片段与哌啶季铵盐的阴离子位点的静电相互作用;(c)羰基与醇或酚之间的氢键相互作用。多奈哌齐结构的构象分析显示晶体结构具有最低能量,它也被预测是最活跃的构象异构体,这种基于定量构效关系分析基础上的构象异构体仅是苄基在不同的位置[19,26]。

17.3.2 利凡斯的明(2)的发现

乏效生物素甲(**18**)是临床使用的缩瞳剂,它和毒扁豆碱(**19**)是两个稳定的氨基甲酰酯分子,它们由于能抑制胆碱酯酶的活性而被人们所熟知。乏效生物素甲可以作为先导化合物,并且可以通过对氨基甲酰基的修饰生成单烷基和二烷基氨基甲酸盐(表 17-1)。类似物比乏效生物素甲本身的体外活性弱很多。然而,乏效生物素甲比新的类似物在体内的活性持续时间要短得多。一般来说,双取代的类似物的活性仍然低于单取代的类似物。化合物**h**(外消旋的利凡斯的明,表 17-1)在体外有一个相对较弱的活性(IC_{50}=~4 μmol/L),但基于体外数据,其体内的活性比预期更好。此外,口服与皮下用药的 ED_{50} 的比率仅为 1.5,这表明化合物口服有很好的生物利用度。没有发现类似物的活性与它们的疏水性和摩尔折射性质有关联。与丁酰胆碱酯酶相比,也发现这些类似物有几乎均等的活性[21]。化合物**8**的实质性拆分和手性利凡斯的明(**2**)的不断开发,最终发展成一种药物。

乏效生物素甲(**18**)　　毒扁豆碱(**19**)

255

表 17-1　体外和体内氨基甲酰衍生物的构效活性关系

化合物	R^1	R^2	IC_{50}/(μmol/L)	ED_{50}/(μmol/L)	ED_{50}(p.o.)/ED_{50}(s.c.)
a	H	Me	0.013	0.92	1.3
b	H	Et	0.40	8.47	2.6
c	H	*n*-Pr	0.11	2.80	4.0
d	H	*i*-Pr	12.10	40.0	

续　表

化合物	R^1	R^2	IC_{50}/(μmol/L)	ED_{50}/(μmol/L)	ED_{50}(p. o.)/ED_{50}(s. c.)
e	H	Allyl	0.43	6.01	3.8
f	H	*c* - hexyl	0.093	7.24	3.0
g	Me	Me	0.027	1.14	3.4
h	Me	Et	4.0	4.20	1.5
i	Et	Et	35.0	56.0	1.4

17.3.3　加兰他敏（1）的发现

用环已烷环、叔氨基、羟基和甲氧基来研究加兰他敏(**1**)的构效关系，这些研究表明所有这些官能团对活性有重要作用。有效的类似物是去甲氧基衍生物 **21**、氨基甲酸酯类 **20** 和几种季铵盐(例如 **23**、**24**)以及氮的去甲基类似物 **22**(表 17-2)。其中，苄基铵盐类似物 **24** 和苯酚类似物 **21** 具有最强的体外活性。这个氨基甲酰类似物 **20** 在体内也显示出剂量依赖性的活性，并且比加兰他敏在改善被动回避和小鼠前脑损伤模型中能提高 6 倍。此外，这种化合物也显示出较高的治愈比率。其他几个研究组也已经公布其他类似物和加兰他敏中间体的活性[27-29]。

表 17-2　加兰他敏类似物抗 RBC AChE 活性

20 R^1 = CONHnBu; R^2 = Me; R^3 = Me
21 R^1 = H; R^2 = Me; R^3 = H
22 R^1 = R^2 = H; R^3 = Me
23 R = Me; X = I
24 R = Bn; X = Br

化合物	IC_{50}/(μmol/L)
1(加兰他敏)	3.97
20	10.9
21	0.78
22	7.9
23	2.8
24	1.76

17.4 药代动力学和药物代谢

17.4.1 多奈哌齐(3)

通过对健康的志愿者的药代动力学研究可知,在急性口服后,多奈哌齐(**3**)具有线性和剂量正比的PK。使用剂量为0.3～0.6 mg的多奈哌齐后,血浆浓度峰值(c_{max})发生在(4.1±1.5) h,并且终端分布半衰期为(81.5±22.0) h。药代动力学特性在口服剂量为2、4、6 mg也显示大约3.3～4.7 h的T_{max}和54～80 h的终端半衰期。每天服用3和5 mg剂量,持续时间为21天,这种多剂量的研究显示在21～42天里的稳态血浆浓度(c_{ss})为18.2和13.2 μg/L。在3～4 h里达到最高浓度时,口服生物利用度为100%。如果多奈哌齐在早上或晚上或者食物消化前30 min给药,没有观察到对吸收速率或吸收程度上的影响。它的半衰期大约为71 h,允许每日服用[20,30]。

257

多奈哌齐的体外血浆蛋白结合率是96%,主要是白蛋白(75%)。与速尿灵(Furosemide)、地高辛(Digoxin)和华法林(Warfarin)的血浆蛋白结合率的竞争实验表明多奈哌齐的结合不受这些药物影响。使用多剂量药物研究表明有一个12 L/kg的分布容积,可在15天内实现药物血浆稳态浓度。比较了一下使用5 mg/天剂量的健康人群(30.2 μg/L)和阿尔茨海默症患者(29.6 μg/L)的稳态浓度,显示没有区别。

多奈哌齐在口服以后经历肝脏的初级代谢,主要是通过肾脏清除来排泄的,其中在尿液中发现79%保留在母体,而只有21%的在粪便中。在体外代谢的研究中证明CYP3A4是代谢多奈哌齐的主要同工酶,而CYP2D6起着次要的作用。正式PK的研究显示,多奈哌齐是不太可能干扰其他药物的代谢的。然而酮康唑(Ketoconazole)和奎尼丁(Quinidine),CYP3A4和CYP2D6的抑制剂,确实抑制了多奈哌齐在体外研究中的代谢[11]。

17.4.2 利凡斯的明(2)

利凡斯的明(**2**),健康成年人在口服3 mg剂量时发现有良好的吸收,它的绝对生物利用率达到约36%,并且血药浓度峰值出现在1 h以后。据报道,这种化合物在3 mg剂量内暴露率与剂量成比例,但是它随后在更高剂量下变成非线性[31]。每日服用两次,剂量从3 mg增加到6 mg,从血浆的浓度-时间曲线图来看,在这个区域增加了3倍。当测试的剂量范围为每日两次1～6 mg,对阿尔茨海默症患者的其他研究已经发现了药物有非线性药物动力学[32]。把这种药物与食物一起服用可以延迟吸收和延迟达到最大浓度的时间将近90 min。最大浓度也降低了30%,而血浆的浓度-时间曲线图增加了30%。药物与食物一起服用似乎能缓解仅口服药物可见的不良事件,也能提高生物利用度。尽管在阿尔茨海默症患者身上的利凡斯的明的半衰期只有大约 1.5 h，但药效的半衰期延长至近 10 h。据推测，它 PD 半衰期较长的原因是水解的缓慢和从乙酰胆碱酯酶活性部位的共价加合物的释放[33]。

利凡斯的明有一个中等的血浆蛋白结合率，为 40%，它产生了一个较大的游离片段，并且它容易穿透血脑屏障。在健康的成年人中，它的分布容积为 1.8～2.7 L/kg。利用可以在粪便中检测到的、少于 1%的母体化合物（检测），发现这种药物是高度代谢的。不活跃的主要代谢物是酚，这种酚可以导致乙酰胆碱酯酶中氨基甲酰基的分解以及系统前水解。通过硫酸盐结合清除代谢物可在 24 h 内完成，主要是通过肾脏排泄来清除的。因为没有肝氧化涉及利凡斯的明的代谢，所以预期没有药物之间的相互作用[32,33]。

17.4.3 加兰他敏（1）

线性药物动力学可以得到加兰他敏(**1**)的建议给药量为 8～24 mg/天。健康的志愿者单剂口服 10 mg 显示了药物的快速吸收，这导致血药浓度的峰值在 1～2 h。生物利用度是 100%，其血浆蛋白结合率低（～18%），血浆半衰期约为 5～6 h[34,35]。

258

每日重复给药，口服剂量为 12 和 16 mg，加兰他敏多次服用可以使最大的血浆药物浓度为 42～137 ng/mL 和最小血浆浓度为 19～97 ng/mL。在 2～6 个月的药物治疗后，没有发现药物积留。其平均分布容积为 175 L，这表明非特异性结合达到很高程度[35]。

加兰他敏与食物同用延迟了吸收率但不影响健康志愿者的吸收程度。10 mg药物的口服剂量显示延迟了最大血药浓度峰达到两倍，并且血药浓度峰值降低了 25%。药物的血浆浓度-时间曲线图（AUC）是不受影响的[36]。

加兰他敏主要是通过 CYP2D6 和 CYP3A4 来代谢的，这表明共同使用抑制这些同工酶的药物可以提升它的浓度，从而增强其胆碱能效应和潜在的副作用。几个主要的代谢产物已经进行了表征，相对乙酰胆碱酯酶抑制剂，所有的代谢产物都被发现是没有活性的。加兰他敏的肾清除率占血浆清除率的 20%～25%[36]。

17.5 药效和安全性

17.5.1 多奈哌齐（1）

源于几组多中心安慰剂对照临床研究以及关键的临床试验结果已经完成[37,38,39]，美国和欧洲有超过 3 000 个患者参与了该项研究和试验[30]。研究覆盖了多个剂量和治疗周期，对轻度至中度阿尔茨海默症患者而言，这个周期是从 12～52 周。结果考虑到了认知功能、日常生活能力、行为、全球临床状态和不良事件。总的来说，多奈哌齐被发现对人类的行为和神经症状有益处，如幻觉、注意力分散、异常的运动行为和冷漠。几项对在社区或疗养院的患有严重阿尔茨海默症的患者的药物研究也证明它是有效的[40]。多奈哌齐是现在唯一获得批准的治疗阿尔茨海默症所有阶段的药物。不良反应通常是轻度至中度，主要影响胃肠道，恶心、呕吐、腹泻是最常见的，这可以归因于药物的胆碱能作用[37]。

17.5.2 利凡斯的明（2）

利凡斯的明的临床试验表明它可以改善或维护轻度至中度阿尔茨海默症患者的认知功能、行为功能和自我照顾能力[41,42]。开放试验显示临床效果多达52周[43]。在这种病的早期阶段开始使用利凡斯的明治疗似乎比那些在晚期阶段开始治疗的效果好得多。该药副作用与胃肠道有关，很轻微类似于多奈哌齐[44,41]。

17.5.3 加兰他敏（1）

加兰他敏的临床研究采用患病3～6个月的阿尔茨海默症患者进行研究，研究结果显示，相对于安慰剂而言，加兰他敏对认知功能有显著效益。其他基线疾病严重度、载脂蛋白-E4基因型、年龄和性别并不影响对认知能力的有益作用。患者在治疗满12个月后已具有认知功能。相对于安慰剂治疗小组而言，患者基本行为的改善有了明显的提高，如基本的自理和日常休闲活动。药物治疗的患者也推迟了行为症状的出现。在减少异常行为、焦虑、抑制解除和幻觉症状方面，加兰他敏是最有效的[36,45]。

259

用加兰他敏治疗没有主要的副作用(AEs)，大多数情况下副作用程度都是温和的。大多数AEs，包括恶心、呕吐、腹泻，发生在治疗的升级期。有些病人在治疗6个月后体重减轻，但超过12个月治疗期后该副作用变得很小[36]。

17.6 多奈哌齐的合成

在由杉本公司(Sugimoto)最初发现的合成路线中[19,46]，新鲜制备好的LDA和六甲基磷酰胺(HMPA)存在下的四氢呋喃溶液与5,6-二甲氧基-1-茚酮(**25**)和1-苄基-4-哌啶-甲醛(**26**)发生醇醛缩合生成环外不饱和羰基化合物**27**，收率为62%(示意图17-2)。用10% Pd/C来氢化，随后用盐酸来形成盐，可以生成多奈哌齐盐酸盐(**3**)，收率为86%。

Mathad等人[47]最近报道了通过一个类似发现线路的工艺来制备**3**，仅对发现路线中的缩合方法进行了改进(示意图17-3)。他们在相转移催化剂下以氢氧化钠为碱完成**25**和**26**的醇醛缩合来生成中间体**27**，以优异的产率得到中间体**27**(88%)。这条路线的总收率为37%，与原来的路线相比有较大改善。

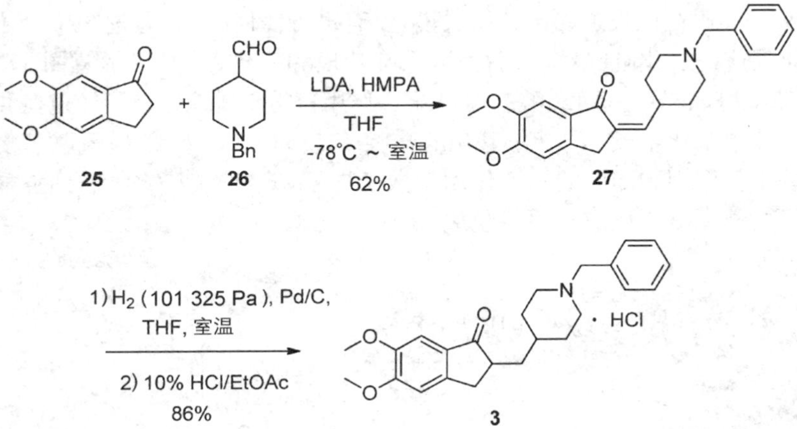

示意图 17－2　多奈哌齐的发现线路示意图

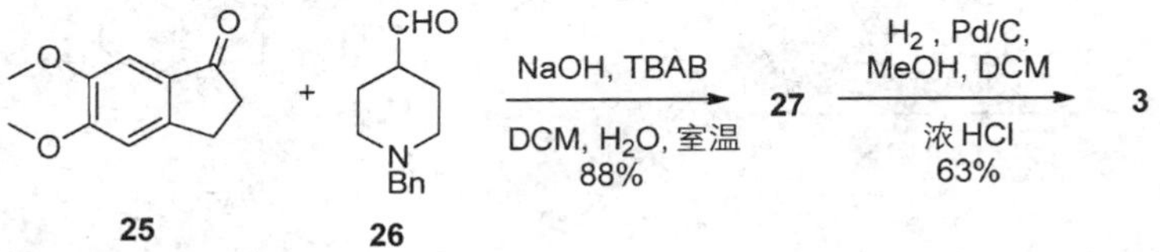

示意图 17－3　Mathad 等人改进的合成方法

Iimura[48]发现了一个不同寻常的方法来获得多奈哌齐(**3**)，如示意图 17－4 所示。室温下，在氢化钠存在下，5，6－二甲氧基－2－乙氧羰基－1－茚酮(**28**)和 4－氯甲基吡啶(**29**)可以发生烷基化反应，然后脱羧生成 **30**，产率为 85％。吡啶环 *N*－苄基化保护后，在 PtO_2 存在下，吡啶环氢化，生成盐酸盐 **3**，产率为 91％，从 **28** 开始总收率为 77％。根据文献的步骤，通过 5，6－二甲氧基－1－茚酮与碳酸二乙酯作用来生成茚酮酯 **28**[49]。这条路线是新颖有效的；然而，使用高活性和对水敏感的碱(NaH)和昂贵的催化剂 PtO_2 在工业规模是不可取的。

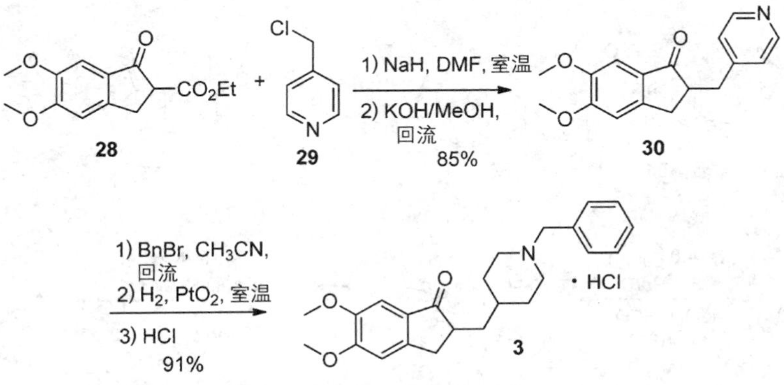

示意图 17－4　Iimura 等人的合成方法

Gutman[50]在他报道的工艺路线里，没有报告任何收率，通过一个分子内傅克酰化反应来氢化吡啶环，从而获得哌啶片段和构建茚酮环(示意图 17-5)。4-吡啶甲醛和二甲基丙二酸酯通过缩合作用获得二酯 **31**，二酯经过氢化后哌啶中间体苄基化生成 *N*-苯甲基化的哌啶 **32**。**32** 与 3，4-二甲氧基苄氯(**33**)进行烷基化作用和随后的水解作用生成了二羧酸 **34**。把 **34** 注射到强酸中发生分子内傅克酰化反应和原位脱羧，从而生成 **3**。

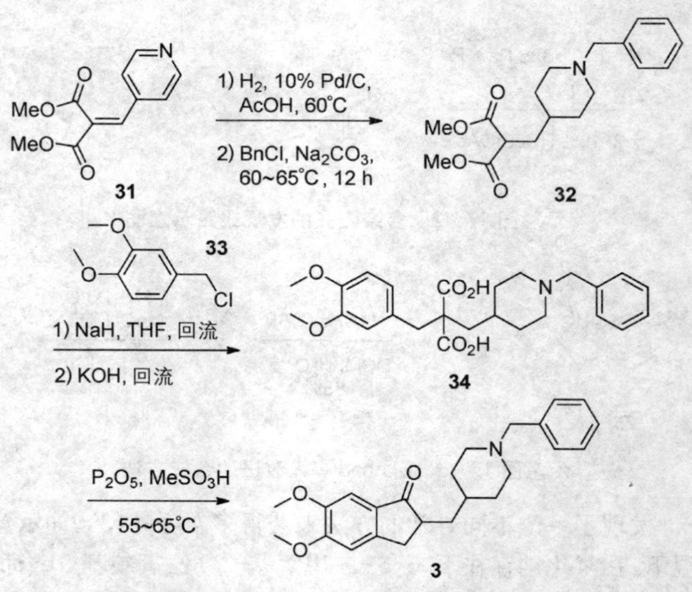

示意图 17-5 Gutman 等人的合成方法

由 Elati 等人[51]发现的一个合成方法，涉及了在对甲苯磺酸(TsOH)存在下用 **25** 和 4-吡啶甲醛缩合生成不饱和羰基化合物，收率为 96%。在 Pd/C 和高压氢气下，通烯烃和吡啶环的完全氢化作用可以生成哌啶 **37**，收率为 90%。最后，与苄溴进行 *N*-苄基化作用生成 **3**，收率为 65%(示意图 17-6)。

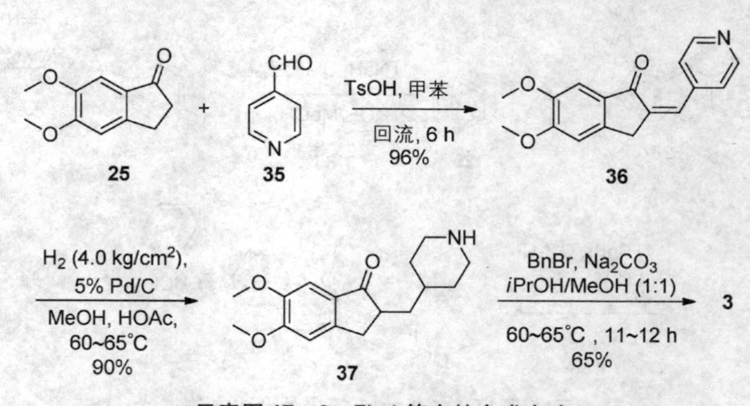

示意图 17-6 Elati 等人的合成方法

17.7 利凡斯的明的合成

262

除了上面发现的路线，[21,52] 几个利凡斯的明可替代合成法已有报道。这个发现路线涉及重要中间体酚 **39**[53]［通过采用斯特德曼(Stedman)方法制备］，如示意图 17-7 所示。然后，用 *N*-甲基-*N*-乙基氨基甲酰氯(**40**)来获得外消旋的利凡斯的明(±**2**)，进而用对二甲苯酰-D-酒石酸盐(DTTA)来拆分，生成(*S*)-利凡斯的明(**2**)。

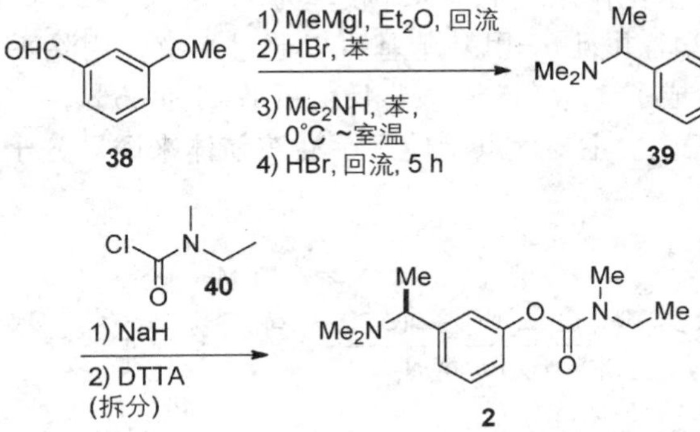

OHC, OMe, **38**

1) MeMgI, Et_2O, 回流
2) HBr, 苯
3) Me_2NH, 苯, 0℃ ~室温
4) HBr, 回流, 5 h

Me, Me_2N, OH, **39**

Cl, N, O, **40**

1) NaH
2) DTTA (拆分)

Me, Me_2N, O, Me, N, Me, O, **2**

示意图 17-7 利凡斯的明发现合成线路

Wock-Hardt 公司[54]报道了一个制备 **2** 的生产工艺(示意图 17-8)。在他们的方法里，使用 $NaCNBH_3$ 将酮 **41** 与二甲胺盐酸盐还原胺化来生成胺 **42**，收率为 69%。用 KO*t*-Bu 作为碱来替换 NaH，酚通过与 *N*-甲基-*N*-乙

263

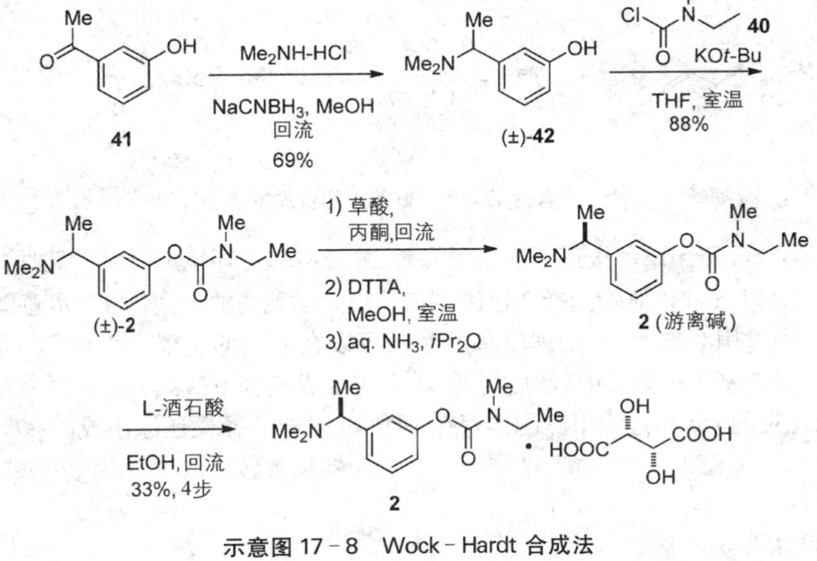

Me, O, OH, **41**

Me_2NH-HCl; $NaCNBH_3$, MeOH, 回流, 69%

Me, Me_2N, OH, (±)-**42**

Cl, N, O, **40**; KO*t*-Bu; THF, 室温, 88%

Me, Me_2N, O, Me, N, Me, O, (±)-**2**

1) 草酸, 丙酮,回流
2) DTTA, MeOH, 室温
3) aq. NH_3, *i*Pr_2O

Me, Me_2N, O, Me, N, Me, O, **2** (游离碱)

L-酒石酸; EtOH, 回流; 33%, 4步

Me, Me_2N, O, Me, N, Me, O, **2** · HOOC, OH, COOH, OH

示意图 17-8 Wock-Hardt 合成法

基氨基甲酰氯(**40**)发生酰化反应生成外消旋氨基甲酸酯 **2**,收率可达 88%(采用 HPLC 测定纯度为 98%)。通过形成草酸盐使外消旋体 **2** 进一步纯化,可使 **2** 作为一种无色草酸盐晶体存在,纯度可达 100%。用 DTTA 处理后,与酒石酸作用生成手性酒石酸盐 **2**。这个过程的总收率为 20%。

Hu 和他的同事[55]最近展示了一种对映选择性合成 **2** 的方法,这种方法使用了 **43** 和(*S*)-1-苯乙胺进行非对映选择性还原胺化,其中(*S*)-1-苯乙胺也可作为保护基(示意图 17-9)。还原胺化是通过使用 $Ti(OiPr)_4$ 和 Raney-Ni 来完成的,可以非对映选择性地生成纯的 **44**,收率为 74%。*N*-甲基化后,甲氧基苯基发生脱甲基化作用生成酚 **45**,收率为 77%。酚 **45** 与氨基甲酰氯 **40** 反应生成氨基甲酸酯,并且 α-甲基苄基可以通过水解作用除去。*N*-甲基化后与酒石酸成盐生成了 **2**,从 **45** 到该步反应的收率为 65%,整个工艺的总收率为 37%。这个工艺的主要优点是使用手性胺前体来诱导分子的手性,而不是使用拆分的方法。

Me
OMe
43
Ph NH2 , Ti(OiPr)4
H2, Raney-Ni
74%
Me Me
Ph N H
OMe
44
Cl N
O 40
1) HCOOH/HCHO,
回流
2) HBr, 回流
77%, 2 步
Me Me
Ph N Me
OH
45
1) NaH, THF, 室温
2) H2 (1.013 25×10⁶ Pa), Pd/C,
MeOH, 60°C
Me Me
Me N H O N Me
O
1) HCOOH/HCHO,
回流
2) L-酒石酸,
丙酮,回流
65%, 4步
2 · HOOC OH COOH OH
总收率37%

示意图 17-9 Hu 等人的合成方法

264

Avecia Pharma[56]报道了一个最高效、最经济和对环境最友好的路线,它是通过使用 Rh 催化对映选择性还原酮来获得光学纯的醇中间体 **47**(示意图17-10)。通过用双光气①来处理甲基乙基胺可以在原来的位置上生成 *N*-甲基-*N*-乙基氨基甲酰氯(**40**),然后与酚 **41** 反应生成氨基甲酸酯 **46**,收率为 67%。在催化量的 Rh 和过量甲酸配体存在下酮 **46** 对映选择性还原生成醇 **47**,产率为 95%,*ee* 值为 95%。醇 **47** 在同一个反应器里被转化成甲磺酸,并被二甲胺

① 原著有误——译者注。

取代生成 **2**，产率为 87%。这个过程的总收率为 56%。这个工艺有几个优势：(1) 原位生成氨基甲酰氯；(2) 使用非常低的催化剂负载来进行对映选择性还原反应；(3) 更少的步骤；(4) 吡啶替代了 NaH。

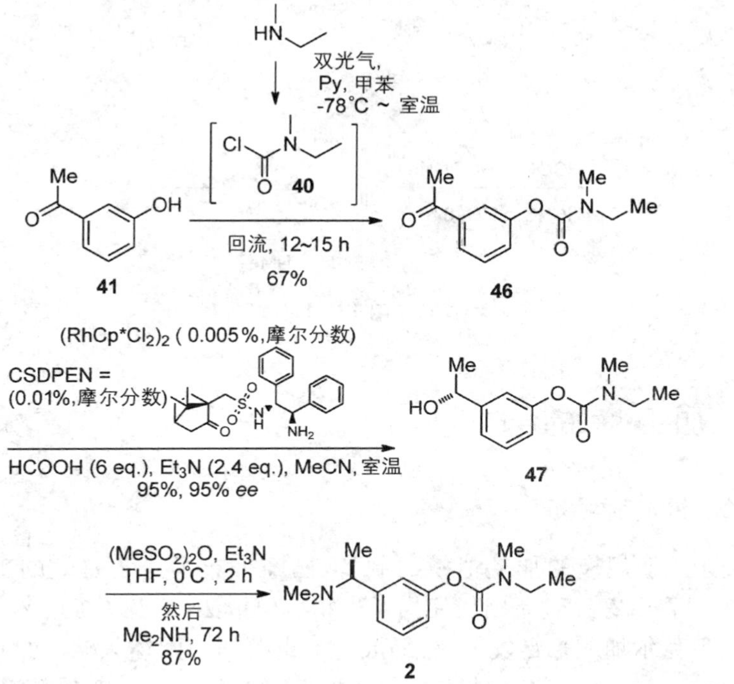

示意图 17 - 10　Avecia 制药公司的合成方法

一个生成^{14}C标记的利凡斯的明的有意思的方法是由诺华公司发布的，用来进行体内研究(示意图 17 - 11)[57]。合成^{14}C标记的 **2** 是从^{14}C标记碘化物 **48** 的氰化作用开始的，氰化作用生成了 3 -甲氧基苯基-^{14}C-腈，产率为 80%。甲基溴化镁与腈 **49** 在铜催化下进行加成，生成了一个亚胺，亚胺用盐酸水溶液水解得到相应的酮，然后转换成甲氧基肟 **50**。$NaBH_4$ - $ZrCl_4$ 配合物和(S)- 2 -氨基- 3 -甲基- 1，1 -二苯基丁醇(**51**)通过对映选择性还原生成游离胺 **52** 完成，收率为 87%。这时二甲基化后生成 **53**，甲氧基苯基去保护化后生成游离酚，游离酚按照已有的路线用氨基甲酰氯处理从而转化为^{14}C标记的利凡斯的明。

265

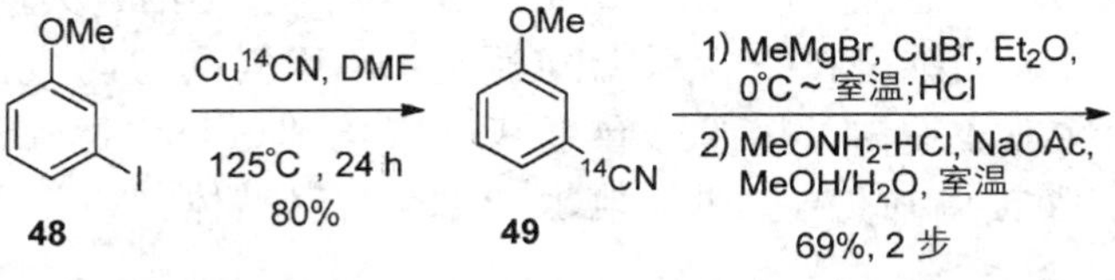

示意图 17 - 11　合成^{14}C标记的利凡斯的明前体

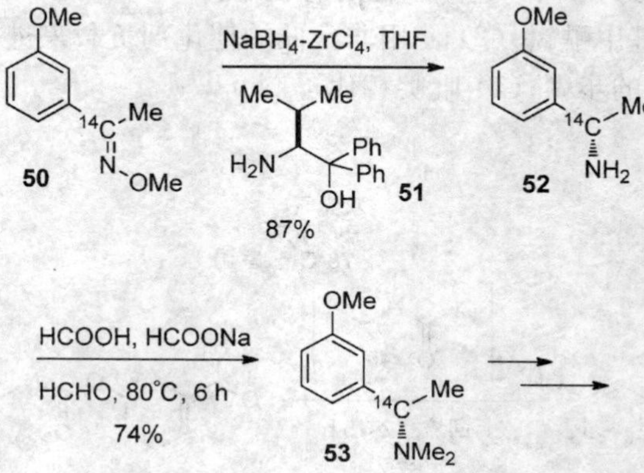

NaBH$_4$-ZrCl$_4$, THF

87%

HCOOH, HCOONa

HCHO, 80°C, 6 h

74%

示意图 17－11(续)

17.8 加兰他敏的合成

17.8.1 外消旋合成

关于工业规模的加兰他敏的制备，已经公布了一条有效的工业路线[58]（示意图 17－12）。这条路线使用了生物酶模拟法，涉及了酚醛氧化缩合，然后通过迈克尔加成来自发关环，形成一个重要的中间体天然产物(±)-诺维定(Narwedine，**62**)。该合成方法是从醛 **54** 的溴化开始的，然后是在酸性条件下选择性地去甲基化生成 **56**。芳基醛 **56** 与胺 **57** 还原胺化生成 **58**，被 *N*-甲酰化后生成环化前体 **59**。在筛选大量的酚醛氧化偶合条件后发现，当 **59** 用浓度低的 $K_3[Fe(CN)_6]$来处理时，可以获得最高产率(50%～54%)。然而，由于经济上的原因，在工业规模上(12 kg 的 **59**)，这种转变是在更高的浓度实现的，生成 **60** 的产率为 40%。中间体酮 **60** 首先形成丙二醇缩酮 **61** 被保护，然后用 $LiAlH_4$ 使甲酰基还原成甲基，然后缩酮水解生成外消旋的诺维定(**62**)，收率为 80%。外消旋的诺维定的动力学拆分通过使用(－)诺维定(**64**)的晶种结晶来诱导手性转化为(－)诺维定。这项技术是由 Barton[59] 首次应用的，后来由 Shieh[60] 改进，以从外消旋的诺维定得到光学纯的对映体，收率为 85%。Shieh 的机理研究表明，诺维定结晶成为一个聚合物，并且通过一个逆迈克尔反应和随后的 C－2 位置上的再关环来合成 **63**，从而可以使(＋)-诺维定和(－)-诺维定达平衡。用空间位阻大的氢化还原试剂来选择性地还原酮 **64**，如三异丁基硼氢化锂(L－Selectride)，紧随其后用 HBr 来成盐得到(－)-加兰他敏(**1**)的无色晶体。该工艺的总收率为 25%。

266

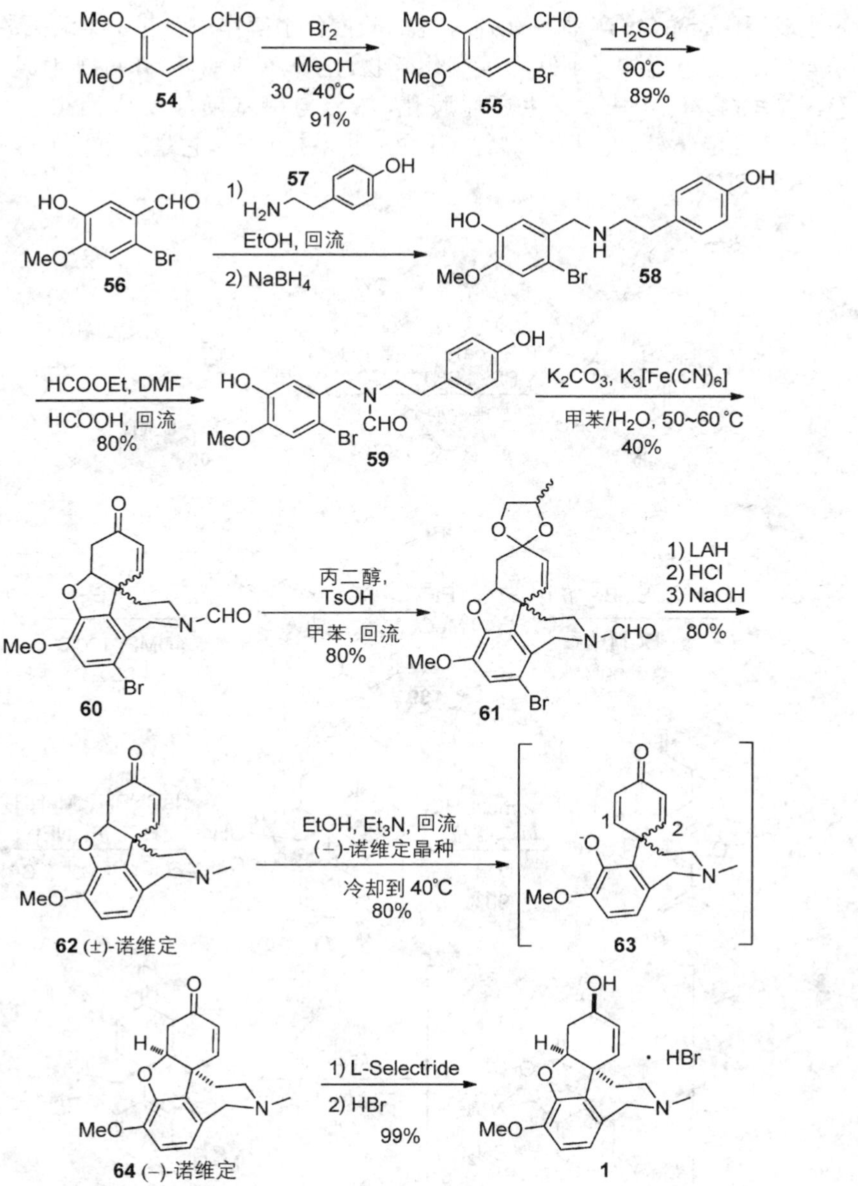

示意图 17-12 生物酶模拟合成法

最近，在工艺路线上，报道了一个对合成关键中间体诺维定(**64**)的改进方法，如示意图 17-13 所示。Magnus[61]使用苯酚中间体的简单对位烷基化作为主要反应来形成四级 C—C 键，代替了示意图 17-12 里描述的有一定问题的酚氧化反应。从易得的市售芳基溴与 **66** 发生 Suzuki 偶联反应来生成化合物 **67**，然后溴催化的酚与乙烯基乙醚发生加成，很容易高产量得到环化前体 **69**。**69** 的酚盐，由 TBS 基去保护产生，经过与烷基溴侧链的分子内对位烷基化作用

来生成环化产品 **70**，产率为 96%。**70** 的酸催化水解作用引起了半缩酮的开环，暴露出酚，这就增加了不饱和羰基化合物，生成了呋喃环，并重排生成半缩醛 **71**。半缩醛 **71** 与甲胺发生还原胺化，然后与甲基磺酸反应消去水来获得 (±)-诺维定(**64**)，收率为 72%。**64** 的总收率是 63%，它是从市场上容易获得的 **65** 得到的。

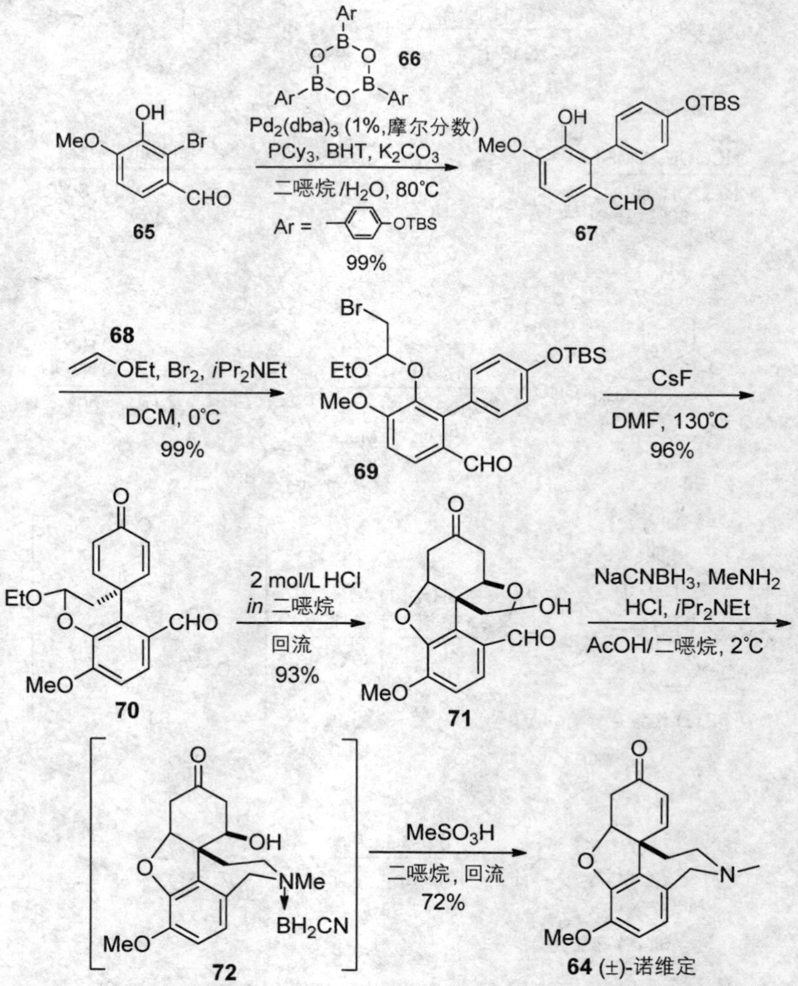

示意图 17－13　Magnus 合成法

17.8.2　(－)-加兰他敏（1）的不对称合成

(－)-加兰他敏的许多完整的不对称合成方法已经在其他地方出版和评述了[27]。两种最有效的和最近发现的合成方法在下文会有所涉及[27]。Trost 课题组已经报道了(－)-加兰他敏的三个不对称合成方法[62-64]。在第三代合成方法中，碳酸盐与溴化物 **65** 在催化剂 Pd(0)和手性配体 **74** 的存在下，发生不对称烯丙基烷基化（Asymmetric Allylic Alkylation，AAA）得到醚 **75**①，产率为 72%，*ee* 值为 88%。分子内 Heck 环合前体 **77** 是从 **75** 经过四个步骤得到的：(1) 将醛保护为二甲基缩醛；(2) 将酯还原为醇 **76**；(3) 通过对烯丙醇 **76** 使用改进后的 Mitsunobu 反应引入氰基；(4) 将缩醛转换回醛。在双齿膦配体、

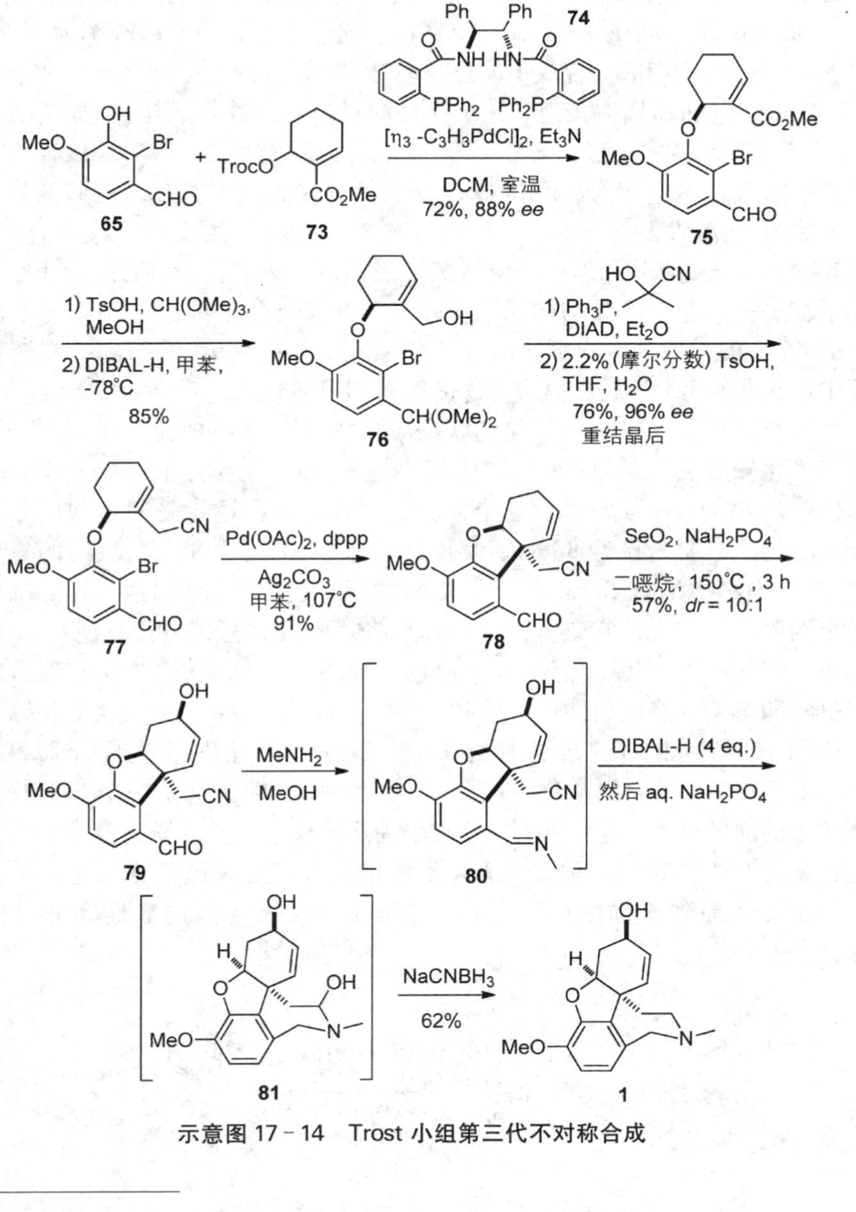

示意图 17-14 Trost 小组第三代不对称合成

① 原著为 **73**，应为 **75**——译者注。

1,3-双(二苯基膦)丙烷(dppp)和过量的碳酸银存在下,**77** 的 Heck 反应可以生成环化物 **78**,产率为 91%。使用 SeO_2,非对映选择性地烯丙基氧化 **78** 生成醇 **79**,产率为 57%,对非映体过量比率为 10∶1。该反应通过从 SeO_2 位阻大的空腔面来进攻的烯烃 ene 机理是合理化的。醛 **79** 用甲胺处理来形成亚胺 **80**,使用过量的 DIBAL-H,**80** 的亚胺和腈分别还原为胺和醛。由此产生的醛通过胺的分子内加成来形成半缩醛胺 **81**,**81** 用硼氢化氰钠还原来生成(−)-加兰他敏(**1**)。最后的四个步骤在一锅中反应,生成 **1**,产率为 62%,*ee* 值为 96%。从 **65** 和 **73** 合成 **1** 的总收率是 14.8%。

270

Node 和他的同事[65]报道了一个优良的对映选择性合成(−)-加兰他敏的方法,是通过新颖的远程不对称诱导来完成的(示意图 17-15)。该合成方法是从手性助剂(*R*)-*N*-叔丁氧羰基-D-苯基丙氨酸与对羟基苯乙胺的氨基偶联开始的,然后脱去 *N*-Boc 基来获得胺 **84**,从 **82** 开始反应的收率为 92%。胺 **84** 与 3,5-二苯甲氧基-4-甲氧苯甲醛(**85**)形成亚胺,然后用 HCl 处理来获得唯一一个非对映异构体反式咪唑烷酮 **86**,产率为 80%。用三氟乙酸酐保护 **86** 上的仲胺来生成氧化的环化前体 **87**,产率为 94%。酚 **87** 在三氟乙醇中用氧化剂双(三氟乙酰氧基)碘代苯(PIFA)可以完全生成 **88**,产率为 61%。与以前任何描述的氧化偶联反应相比,这是酚的最有效的氧化缩合。用三氯化硼脱去苄基,同时酚加成到不饱和羰基上形成唯一一个非对映异构体呋喃 **89**,产率为 95%。这个创新的远程不对称诱导是通过利用并环咪唑烷酮构象禁阻来设计 **88** 的七元环。此外,在中间体 **88** 中,从酚的氧原子算起,不饱和烯酮的 C-a 和 C-b 之间的距离是可以计算的,计算方法使用了半经验的 PM3 法,它是基于 Monte Carlo 技术的构象分析,发现 C-a 和氧原子之间的距离要短 0.055 nm。通过三氟甲磺酰化使酚式羟基消去,然后用甲酸和 Pd(0)催化剂催化还原得到 **90**,产率为 83%。用三异丁基硼氢化锂使酮 **90** 发生非对映选择性还原,然后脱去手性助剂生成亚胺 **91**,用 $NaBH_4$ 还原后再 *N*-甲基化生成(−)-加兰他敏(**1**)。这是一个非常有效地合成 **1** 的对映选择性合成方法,总收率为 23%,它是以市场上容易获得的对羟基苯乙胺为原料。这种方法避免了使用使人高度过敏的诺维定。手性助剂控制了从酚到二烯酮的分子内 Michael 加成的区域选择性和非对映选择性。

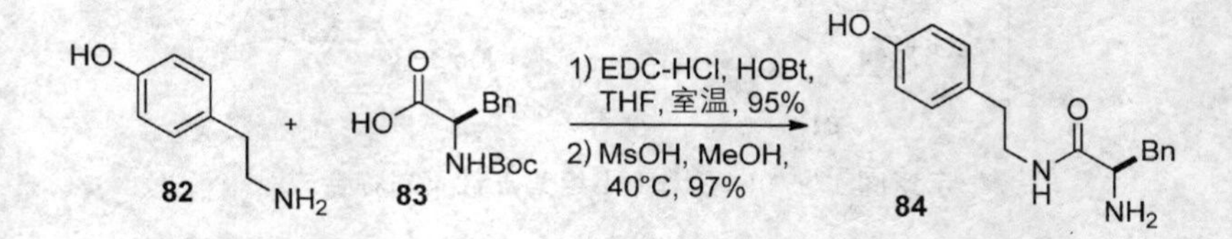

示意图 17-15 Node 等人的合成方法

271

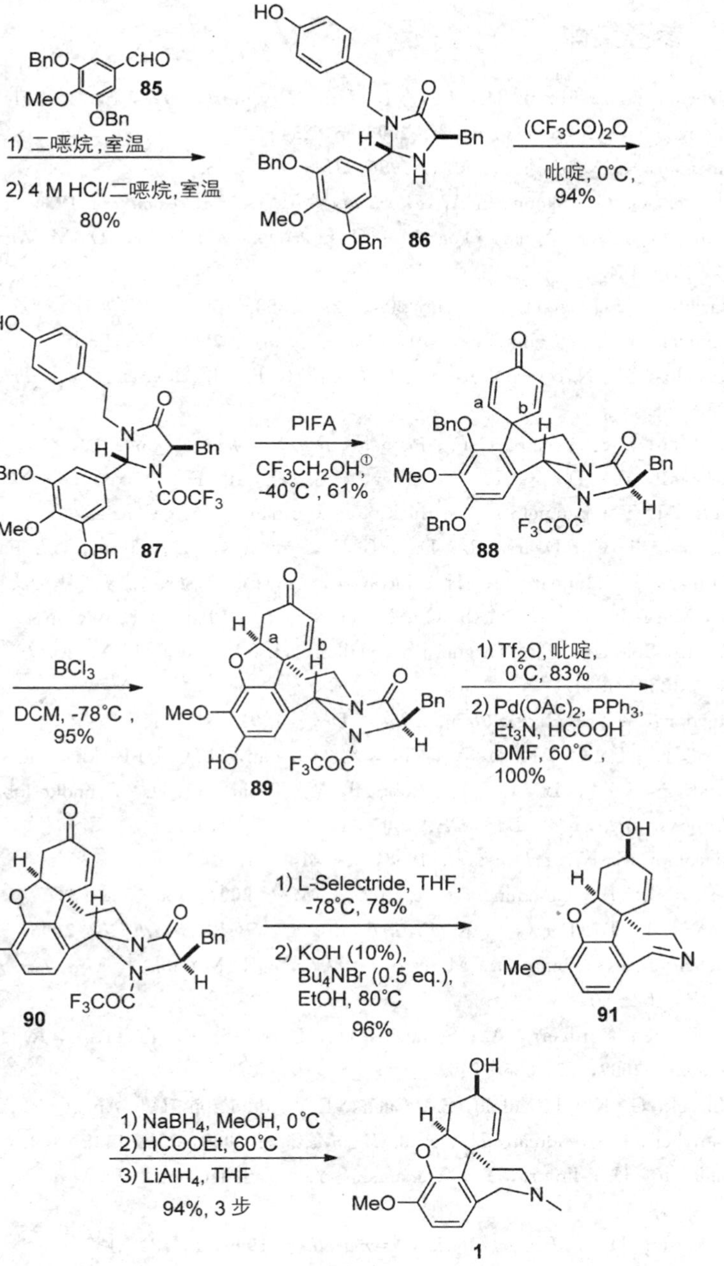

BnO
CHO
85
MeO
OBn
1) 二噁烷,室温
2) 4 M HCl/二噁烷,室温
80%
HO
N
O
H
Bn
N
H
BnO
MeO
OBn
86
$(CF_3CO)_2O$
吡啶, 0℃,
94%
HO
N
O
H
Bn
N
COCF$_3$
BnO
MeO
OBn
87
PIFA
CF_3CH_2OH①
-40℃, 61%
O
a
b
H
BnO
MeO
BnO
N
O
Bn
N
H
F$_3$COC
88
BCl_3
DCM, -78℃,
95%
O
H
a
b
H
MeO
HO
N
O
Bn
N
H
F$_3$COC
89
1) Tf$_2$O, 吡啶,
0℃, 83%
2) Pd(OAc)$_2$, PPh$_3$,
Et$_3$N, HCOOH
DMF, 60℃,
100%
O
H
H
MeO
N
O
Bn
N
H
F$_3$COC
90
1) L-Selectride, THF,
-78℃, 78%
2) KOH (10%),
Bu$_4$NBr (0.5 eq.),
EtOH, 80℃
96%
OH
H
MeO
N
91
1) NaBH$_4$, MeOH, 0℃
2) HCOOEt, 60℃
3) LiAlH$_4$, THF
94%, 3 步
OH
H
MeO
N
1

示意图 17-15(续)

---

① 原注为 CF_2CH_2OH,有误——译者注。

17.9 参考文献

1. Alzheimer, A. ; Forstl, H. ; Levy, R. *Hist. Psychiatry* **1991**, *2*, 71 - 101.
2. Anonymous, *Alzheimers Dement*. **2009**, *5*, 234 - 270.
3. Katzman, R. *N. Engl. J. Med*. **1986**, *314*, 964 - 973.
4. Glenner, G. G. ; Wong, C. W. *Biochem. Biophys. Res. Commun*. **1984**, *120*, 885 - 890.
5. Irvine, G. B. ; El-Agnaf, Omar M. ; Shankar, G. M. ; Walsh, D. M. *Mol. Med*. **2008**, *14*, 451 - 464.
6. Hardy, J. ; Selkoe, D. J. *Science* **2002**, *297*, 353 - 356.
7. Ringman, J. M. ; Cummings, J. L. *Behav. Neurol*. **2006**, *17*, 5 - 16.
8. Pangalos, M. N. ; Jacobsen, S. J. ; Reinhart, P. H. *Biochem. Soc. Trans*. **2005**, *33*, 553 - 558.
9. Jacobsen, J. S. ; Reinhart, P. ; Pangalos, M. N. *NeuroRx* **2005**, *2*, 612 - 626.
10. Reisberg, B. ; Doody, R. ; Stoeffler, A. ; Schmitt, F. ; Ferris, S. ; Moebius, H. J. ; Apter, J. T. ; Baumel, B. ; Bernick, C. ; Carman, J. S. ; Charles, L. P. ; Corey-Bloom, J. ; DeCarli, C. ; Duara, R. ; DuBoff, E. ; Edwards, N. ; Eisner, L. ; Farlow, M. R. ; Flitman, S. ; Hubbard, R. H. ; Jacobson, A. ; Jurkowski, C. L. ; Kiev, A. ; Kirby, L. C. ; Margolin, D. ; Merideth, C. ; Mintzer, J. E. ; Pfeiffer, E. ; Richter, R. ; Sadowsky, C. H. ; Solomon, P. ; Targum, S. ; Tilker, H. ; Usman, M. *N. Engl. J. Med*. **2003**, *348*, 1333 - 1341.
11. Heydorn, W. E. *Expert Opin. Invest. Drugs* **1997**, *6*, 1527 - 1535.
12. Iqbal, K. ; Del C. Alonso, A. ; Chen, S. ; Chohan, M. O. ; El-Akkad, E. ; Gong, C. -X. ; Khatoon, S. ; Li, B. ; Liu, F. ; Rahman, A. ; Tanimukai, H. ; Grundke-Iqbal, I. *Biochim. Biophys. Acta, Mol. Basis Dis*. **2005**, *1739*, 198 - 210.
13. Giacobini, E. *Neurochem. Int*. **1998**, *32*, 413 - 419.
14. Farlow, M. R. ; Cummings, J. L. *Am. J. Med*. **2007**, *120*, 388 - 397.
15. Francis, P. T. ; Perry, E. K. *Brain Cholinergic Syst. Health Dis*. **2006**, 59 - 74.
16. Scacchi, R. ; Gambina, G. ; Moretto, G. ; Corbo, R. M. *Am. J. Med. Genet. Part B* **2009**, *150B*, 502 - 507.
17. Ferris, S. ; Nordberg, A. ; Soininen, H. ; Darreh-Shori, T. ; Lane, R. *Pharmacogenet. Genomics* **2009**, *19*, 635 - 646.
18. Wilcock, G. K. ; Lilienfeld, S. ; Gaens, E. ; Addington, D. ; Ancill, R. ; Bergman, H. ; Campbell, B. ; Feldman, H. ; et al. *Br. Med. J*. **2000**, *321*, 1445 - 1449.
19. Sugimoto, H. ; Iimura, Y. ; Yamanishi, Y. ; Yamatsu, K. , *J. Med. Chem*. **1995**, *38*, 4821 - 4829.
20. Wilkinson, D. G. *Expert Opin. Pharmacother*. **1999**, *1*, 121 - 135.
21. Weinstock, M. ; Razin, M. ; Chorev, M. ; Tashma, Z. *Adv. Behav. Biol*. **1986**, *29*, 539 - 549.
22. Weinstock, M. ; Razin, M. ; Chorev, M. ; Enz, A. *J. Neural. Transm. Suppl*. **1994**, *43*, 219 - 225.
23. Lilienfeld, S. ; Parys, W. *Dementia Geriatr. Cognit. Disord*. **2000**, *11*, 19 - 27.

24. Bickel, U.; Thomsen, T.; Weber, W.; Fischer, J. P.; Bachus, R.; Nitz, M.; Kewitz, H. *Clin. Pharmacol. Ther.* **1991**, *50*, 420-428.
25. Bickel, U.; Thomsen, T.; Fischer, J. P.; Weber, W.; Kewitz, H. *Neuropharmacology* **1991**, *30*, 447-454.
26. Cardozo, M. G.; Kawai, T.; Iimura, Y.; Sugimoto, H.; Yamanishi, Y.; Hopfinger, A. J. *J. Med. Chem.* **1992**, *35*, 590-601.
27. Marco-Contelles, J.; Carreiras, M. D. C.; Rodriguez, C.; Villarroya, M.; Garcia, A. G. *Chem. Rev.* **2006**, *106*, 116-133.
28. Han, S. Y.; Sweeney, J. E.; Bachman, E. S.; Schweiger, E. J.; Forloni, G.; Coyle, J. T.; Davis, B. M.; Joullie, M. M. *Eur. J. Med. Chem.* **1992**, *27*, 673-687.
29. Jia, P.; Sheng, R.; Zhang, J.; Fang, L.; He, Q.; Yang, B.; Hu, Y. *Eur. J. Med. Chem.* **2009**, *44*, 772-784.
30. Shigeta, M.; Homma, A. *CNS Drug Rev.* **2001**, *7*, 353-368.
31. Polinsky, R. J. *Clin. Ther.* **1998**, *20*, 634-647.
32. Cutler, N. R.; Polinsky, R. J.; Sramek, J. J.; Enz, A.; Jhee, S. S.; Mancione, L.; Hourani, J.; Zolnouni, P. *Acta Neurol. Scand.* **1998**, *97*, 244-250.
33. Williams, B. R.; Nazarians, A.; Gill, M. A. *Clin. Ther.* **2003**, *25*, 1634-1653.
34. Farlow, M. R. *Clin. Pharmacokinet.* **2003**, *42*, 1383-1392.
35. Bickel, U.; Thomsen, T.; Fischer, J. P.; Kewitz, H. *Klin. Pharmakol.* **1989**, *2*, 280-283.
36. Lilienfeld, S. *CNS Drug Rev.* **2002**, *8*, 159-176.
37. Tsuno, N. *Expert Rev. Neurother.* **2009**, *9*, 591-598.
38. Rogers, S. L.; Doody, R. S.; Mohs, R. C.; Friedhoff, L. T.; Alter, M.; Apter, J.; Williams, T.; Baumel, B.; Brown, W.; Clark, C.; Cohan, S.; Farlow, M.; Farmer, M.; Folks, D.; Geldmacher, D.; Heiser, J.; Jurkowski, C.; Krishnan, K. R.; Pelchat, R.; Sadowsky, C.; Sano, M.; Strauss, A.; Tune, L.; Webster, J.; Weiner, M.; Stark, S. *Arch. Intern. Med.* **1998**, *158*, 1021-1031.
39. Rogers, S. L.; Friedhoff, L. T. *Eur. Neuropsychopharmacol.* **1998**, *8*, 67-75.
40. Jelic, V.; Haglund, A.; Kowalski, J.; Langworth, S.; Winblad, B. *Dementia Geriatr. Cognit. Disord.* **2008**, *26*, 458-466.
41. Corey-Bloom, J.; Anand, R.; Veach, J. *Int. J. Geriatr. Psychopharmacol.* **1998**, *1*, 55-65.
42. Williams, B. R.; Nazarians, A.; Gillm M. A. *Clin. Ther.* **2003**, *25*, 1634-1653.
43. Farlow, M. R.; Hake, A.; Messina, J.; Hartman, R.; Veach, J.; Anand, R. *Arch. Neurol.* **2001**, *58*, 417-422.
44. Sramek, J. J.; Anand, R.; Wardle, T. S.; Irwin, P.; Hartman, R. D.; Cutler, N. R. *Life Sci.* **1996**, *58* (15), 1201-1207.
45. Raskind, M. A.; Peskind, E. R.; Wessel, T.; Yuan, W.; Allen, F. H., Jr.; Aronson, S. M.; Baumel, B.; Eisner, L.; Brenner, R.; Cheren, S.; Verma, S.; Daniel, D. G.; DePriest, M.; Ferguson, J. M.; England, D.; Farmer, M. V.; Frey, J.; Flitman, S. S.; Harrell, L. E.; Holub, R.; Jacobson, A.; Olivera, G. F.; Ownby, R. L.; Jenkyn, L. R.; Landbloom, R.; Leibowitz, M. T.; Zolnouni, P. P.; Lyketosos, C.; Mintzer, J. E.;

273

Nakra, R. ; Pahl, J. J. ; Potkin, S. G. ; Richardson, B. C. ; Richter, R. W. ; Rymer, M. M. ; Saur, D. P. ; Daffner, K. R. ; Scinto, L. ; Stoukides, J. ; Targum, S. D. ; Thein, S. G. , Jr. ; Thien, S. G. ; Tomlinson, J. R. *Neurology* **2000**, *54*, 2261 - 2268.
46. Sugimoto, H. ; Tsuchiya, Y. ; Higurashi, K. ; Karibe, N. ; Iimura, Y. ; Sasaki, A. ; Yamanashi, Y. ; Ogura, H. ; Araki, S. ; Takashi, K. ; Atsuhiko, K. ; Michiko, K. ; Kiyomi, Y. EP 296560, **1988**.
47. Niphade, N. ; Mali, A. ; Jagtap, K. ; Ojha, R. C. ; Vankawala, P. J. ; Mathad, V. T. *Org. Process Res. Dev.* **2008**, *12*, 731 - 735.
48. Iimura, Y. WO 9936405, **1999**.
49. Peglion, J. L. ; Vian, J. ; Vilaine, J. P. ; Villeneuve, N. ; Janiak, P. ; Bidouard, J. P. EP 534859, **1993**.
50. Gutman, L. A. ; Shkolnik, E. ; Tishin, B. ; Nisnevich, G. ; Zaltzman, I. WO 2000009483, **2000**.
51. Elati, C. ; Kolla, N. ; Chalamala, S. R. ; Vankawala, P. ; Sundaram, V. ; Vurimidi, H. ; Mathad, V. *Synth. Commun.* **2006**, *36*, 169 - 174.
52. Weinstock, R. M. ; Chorev, M. ; Tashma, Z. Phenyl carbamates. EP 193926, **1986**.
53. Stedman, E. ; Stedman, E. *J. Chem. Soc.* **1929**, 609 - 617.
54. Jaweed, M. S. M. ; Upadhye, B. K. ; Rai, V. C. ; Zia, H. WO 2007026373, **2007**.
55. Hu, M. ; Zhang, F. -L. ; Xie, M. -H. *Synth. Commun.* **2009**, *39*, 1527 - 1533.
56. Fieldhouse, R. WO 2005058804, **2005**.
57. Ciszewska, G. ; Pfefferkorn, H. ; Tang, Y. S. ; Jones, L. ; Tarapata, R. ; Sunay, U. B. *J. Labelled Compd. Radiopharm.* **1997**, *39*, 651 - 668.
58. Kueenburg, B. ; Czollner, L. ; Froehlich, J. ; Jordis, U. *Org. Process Res. Dev.* **1999**, *3*, 425 - 431.
59. Barton, D. H. R. ; Kirby, G. W. *J. Chem. Soc.* **1962**, 806 - 817.
60. Shieh, W. -C. ; Carlson, J. A. *J. Org. Chem.* **1994**, *59*, 5463 - 5465.
61. Magnus, P. ; Sane, N. ; Fauber, B. P. ; Lynch, V. *J. Am. Chem. Soc.* **2009**, *131*, 16045 - 16047.
62. Trost, B. M. ; Toste, F. D. *J. Am. Chem. Soc.* **2000**, *122*, 11262 - 11263.
63. Trost, B. M. ; Tang, W. *Angew. Chem. , Int. Ed.* **2002**, *41*, 2795 - 2797.
64. Trost, B. M. ; Tang, W. ; Toste, F. D. *J. Am. Chem. Soc.* **2005**, *127*, 14785 - 14803.
65. Kodama, S. ; Hamashima, Y. ; Nishide, K. ; Node, M. *Angew. Chem. , Int. Ed.* **2004**, *43*, 2659 - 2661.

18 阿瑞匹坦(止敏吐)：一种用于化疗晚期缓解呕吐症状的 NK_1 受体拮抗剂药物

275

John A. Lowe Ⅲ

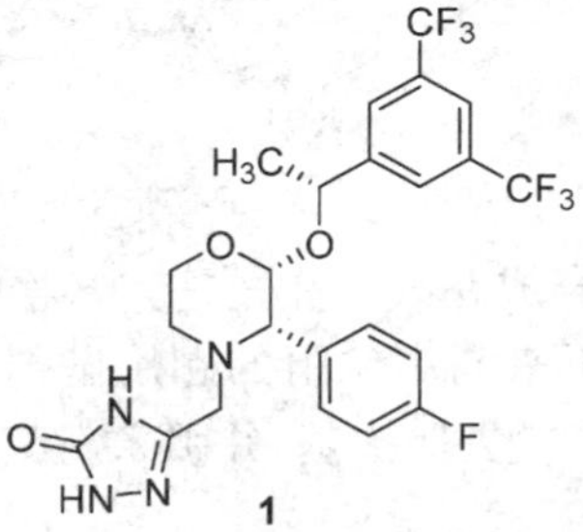

美国通用名: Aprepitant
商品名: Emend®
公司: Merck
上市时间: 2003

18.1 背景

P 物质是一种十一氨基酸多肽激素，它作为一种收缩性物质于 1931 年首次从小肠平滑肌中得到分离。但是直到 1970 年，其结构才被确定下来，随后人们发现它在人体受到外界伤害产生紧张/疼痛和炎症这一过程中起到重要作用。人们发现在 NK_1 神经激肽受体激动剂的作用下，可以调节 P 物质的体内活性[1]。在 20 世纪 70 年代至 80 年代，以 P 物质的多肽结构作为线索，科学家们付出了巨大的努力来寻找 NK_1 受体拮抗剂。然而，直到 1988 年，首个非肽类拮抗剂 CP-96,345(**2**)才被发现，发现者是辉瑞团队。由此开启了基于该靶点发展新疗法的征程[2]。辉瑞公司与其他公司一起努力发展出了大量结构多样的 NK_1 受体拮抗剂，例如 **2**～**5**。根据 P 物质的早期药理学研究结果，初期实验直接针对诸如哮喘与偏头痛这样的炎症，但是没有获得成功。默克公司采用早期发现的化合物在动物体内进行抗呕吐活性测试时，发现临床候选药物阿瑞匹坦(Aprepitant,**1**)具有强效的抗呕吐活性，接下来的临床试验也获得了成

276

功，默克公司遂将缓解呕吐症状作为其临床适用症。我们先来了解一下从 CP－96，345(**2**)出发到阿瑞匹坦(**1**)的合成，然后再详细地从细节上进行研究。

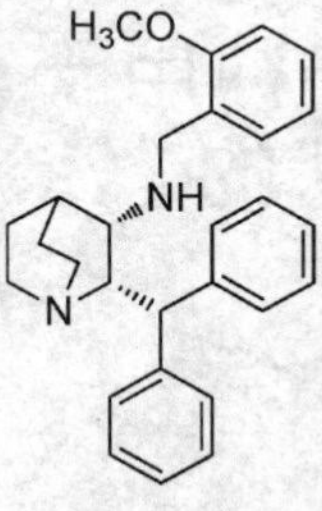

2, CP-96,345 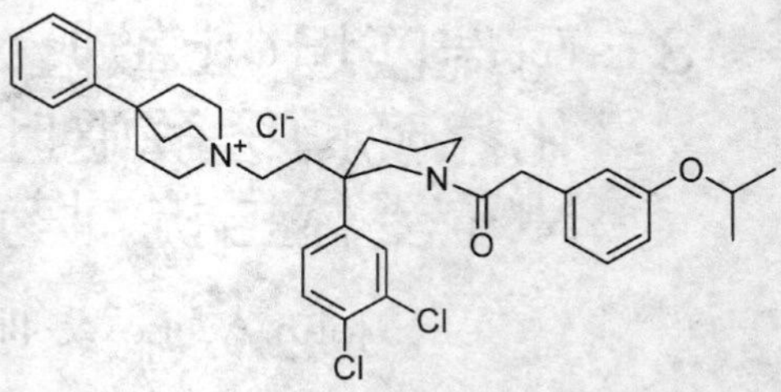　　**3**, SR-140,333

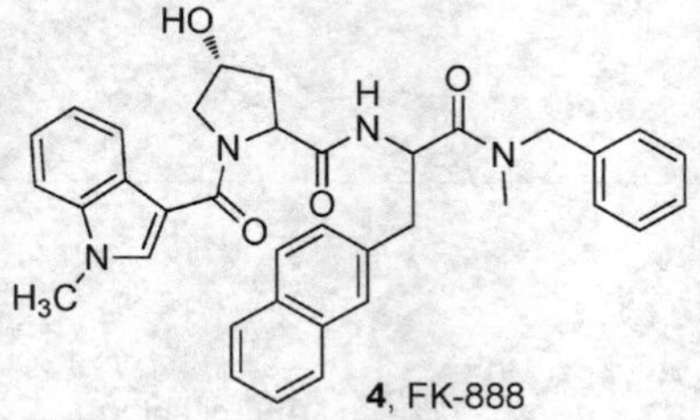

4, FK-888 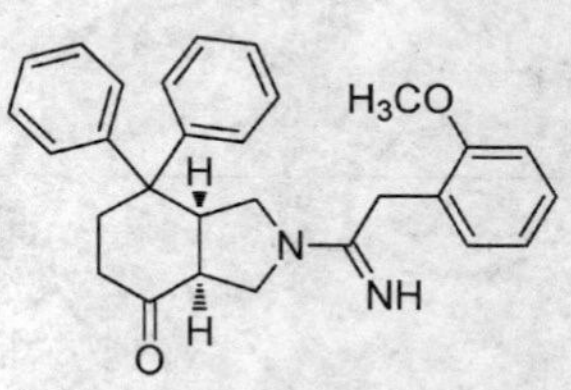　　**5**, RP-67,580

文献报道了一条 CP－96，345(**2**)的合成路线：首先是芳基格式试剂对苯亚甲基奎宁环酮(**6**)进行 1，4－加成[3]，接下来与高位阻的硼烷试剂 9－BBN 反应得到高顺式选择性的化合物 **7**。接下来脱去保护基，并引入新苄基得到一系列化合物 **8**，用于构效关系(SAR)研究。

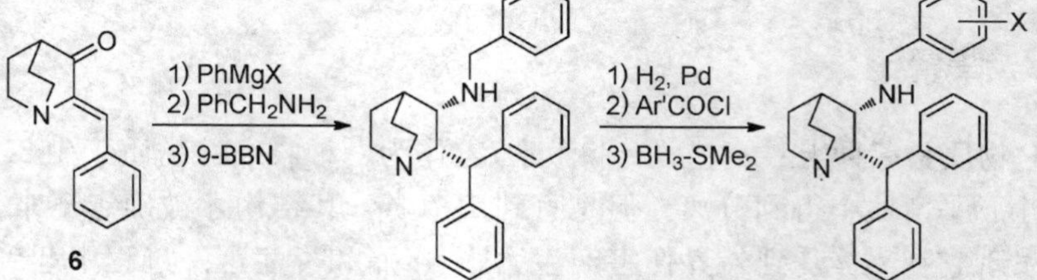

1) PhMgX
2) $PhCH_2NH_2$
3) 9-BBN

1) H_2, Pd
2) Ar'COCl
3) BH_3-SMe_2

6　　**7**　　**8**

277

采用基于手性异氰酸酯的拆分策略合成了具有光学纯的 CP－96，345(**2**)，如示意图 18－1 所示。

接下来的结构优化中，Desai 及其同事将哌啶结构进行简化。用已制备得到的 4－苯基氮杂环丁烷－2－酮(**13**)合成哌啶类化合物 **17**，如示意图 18－2 所示[4]。

关键的顺式构型是在烃化反应中获得的，该反应一开始形成反式构型，接下来的开环与关环反应中发生构型翻转。尽管该路线对 CP－96，345(**2**)上的喹啉环与苯亚甲基部分都进行了简化，但是它得到了一个非常高效的 NK_1 受体拮抗剂 CP－99，994(**17**)。这个简化的结构随之又成了许多类似化合物的母体，包括临床候选药 CP－122，721(**18**，辉瑞)[5]和 GR－205，171 (**19**，葛兰素史克)[6]。

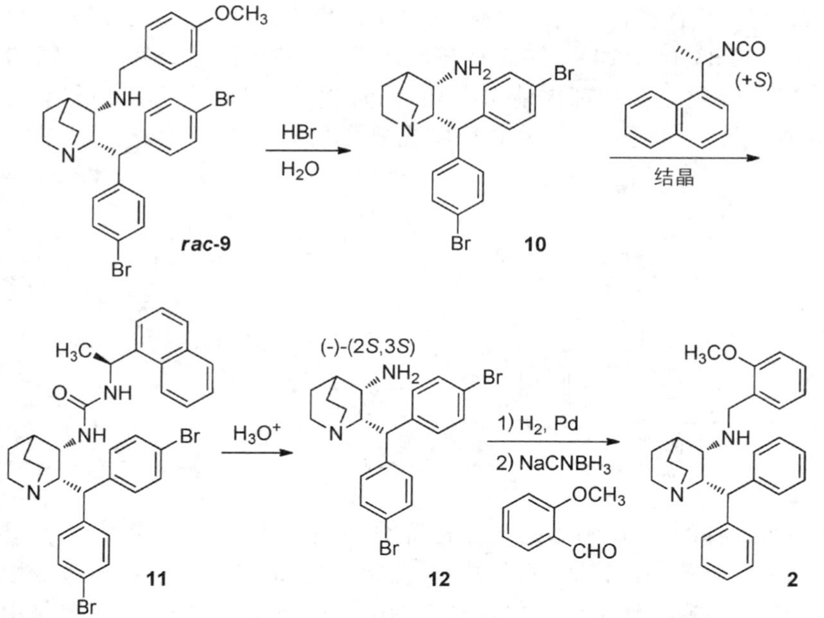

***rac*-9** → HBr, H_2O → **10** → (+*S*) 1-萘乙基异氰酸酯 (NCO)，结晶 → **11** → H_3O^+ → **12** (-)-(2*S*,3*S*) → 1) H_2, Pd　2) $NaCNBH_3$，2-甲氧基苯甲醛 (OCH_3, CHO) → **2**

示意图 18－1

278

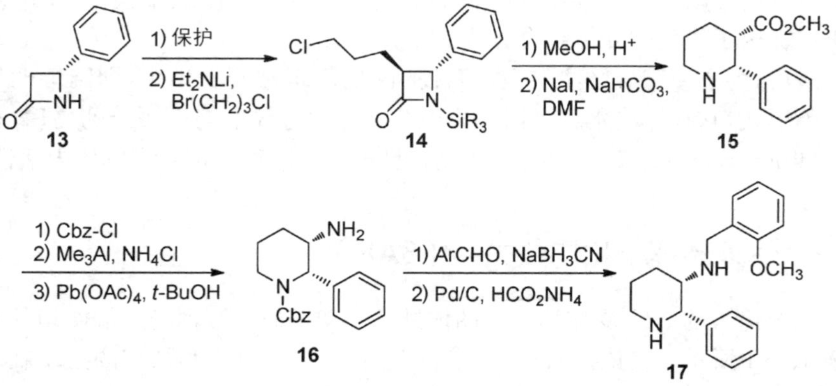

13 → 1) 保护　2) Et_2NLi, $Br(CH_2)_3Cl$ → **14** (N-SiR_3) → 1) MeOH, H^+　2) NaI, $NaHCO_3$, DMF → **15** (CO_2CH_3)

→ 1) Cbz-Cl　2) Me_3Al, NH_4Cl　3) $Pb(OAc)_4$, *t*-BuOH → **16** (NH_2, N-Cbz) → 1) ArCHO, $NaBH_3CN$　2) Pd/C, HCO_2NH_4 → **17** (NH, OCH_3)

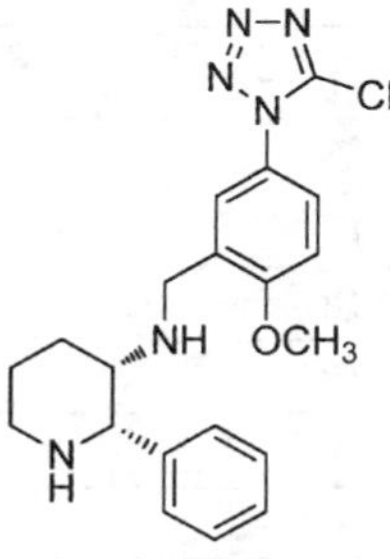

示意图 18－2

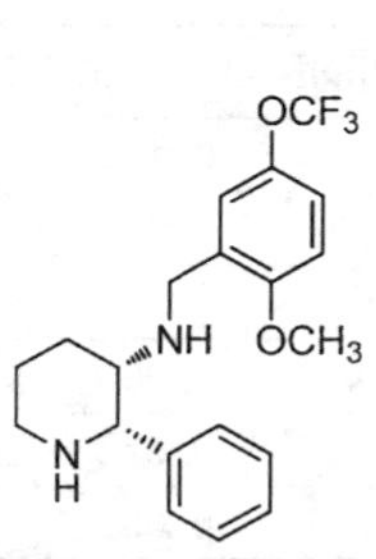

18, CP-122,721 (OCF_3, OCH_3)　　**19**, GR-205,171 (N—N 四唑, CF_3, OCH_3)　　**20**, L-733,060 (CF_3, CF_3)

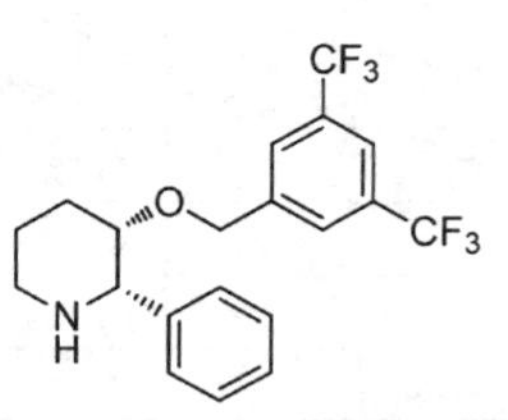

默克公司后续对这个化合物再次结构优化，将苄胺部分改为苄醚，得到新结构如 L－733,060(**20**)[7]，继而将哌啶环改为吗啉环，最终得到了阿瑞匹坦(**1**)。这些优化化合物都申请了专利，同时相对于 CP－96,345 和 CP－99,994，降低了药物分子在离子通道中的脱靶效应。

279

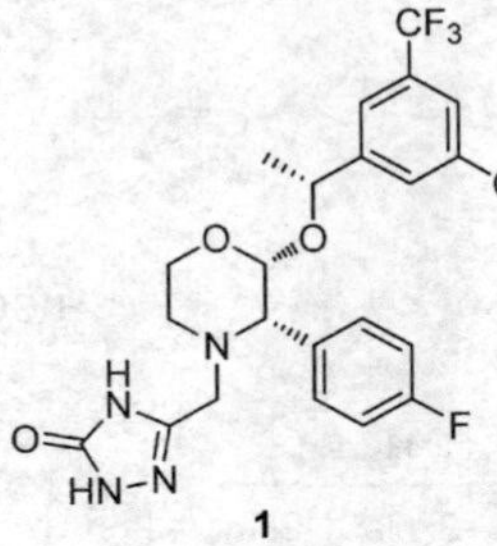

1

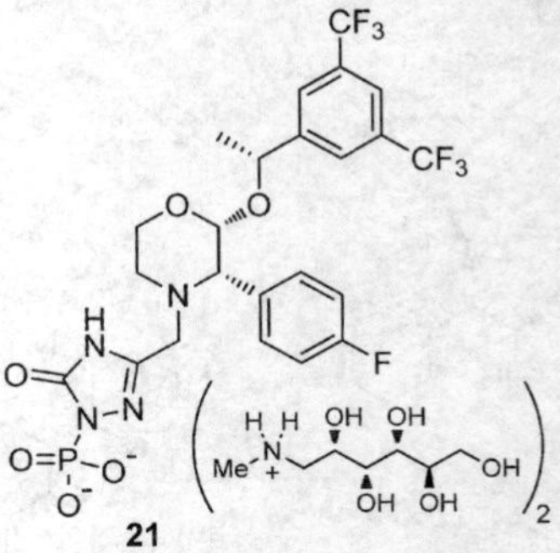

21

值得一提的是，作为 NK_1受体拮抗剂，由于取代基和取代方式的不同，默克公司的同类药物比辉瑞公司的同类药物活性高。随后发现，将苯亚甲基喹啉环换成苯基哌啶环会改变化合物与 NK_1受体的结合方式，这主要是由于苯基哌啶环会移动到远离结合点的地方。在含有苄醚侧链的化合物中，这种向新结合点的移动要求化合物具备新的取代方式，将 2－甲氧基换成 3,5－双三氟甲基提供了最佳的受体结合方式。

最后，为了便于静脉注射，水溶性的阿瑞匹坦被开发出来，即阿瑞匹坦的磷酸酯形式，它在体内水解可以得到原药。在静脉注射与口服给药之后，福沙匹坦(Fosaprepitant，**21**，又名福沙吡坦)显示出与阿瑞匹坦相当的体内活性[9]。

18.2 体外药理学和构效关系(SAR)

几个优秀的 NK_1受体拮抗剂的体外活性初期研究数据与阿瑞匹坦的对比如表 18－1 所示。在该次对比中，来自辉瑞、葛兰素史克和默克的三个临床候选药物脱颖而出，成为最有效的化合物。

表 18－1

条　目	化　合　物	hNK_1 K_i/(nmol/L)[a]
1	**2**	0.4
2	**17**	0.5
3	**18**	0.14
4	**19**	0.08
5	**20**	0.87
6	**1**	0.09

a 人 NK_1受体 K_i值。

280

阿瑞匹坦系列化合物的构效关系总结在表 18－2 中。这些数据说明，三唑啉酮取代基最优，许多它的相似化合物都具有和 **1** 同样的结合能力[8]。但是这些化合物也与 **1** 有不同之处。阿瑞匹坦除了对 NK_1 受体具有强亲和力之外，它同时也是一种反向激动剂——阻止其他激动剂与 NK_1 受体结合，而且这种拮抗效果不会被 P 物质或者其他 NK_1 受体激动剂阻断。阿瑞匹坦之所以在体内具有强大的药效作用，它的 NK_1 受体反向激动剂作用也是一部分原因[8]。

表 18－2

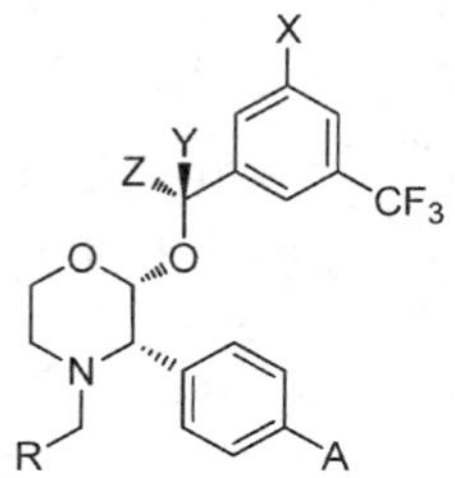

X
Y
Z
CF_3
O
O
N
R
A

条目	化合物	A	X	Y	Z	R	hNK_1 K_i /(nmol/L)[a]
1	**1**	F	CF_3	H	CH_3	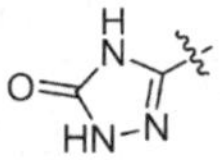 H N O HN-N	0.09
2	**22**	H	CF_3	H	H	CO_2CH_3	1.6
3	**23**	H	CF_3	H	H	CO_2H	66
4	**24**	H	CF_3	H	H	$CONH_2$	1.1
5	**25**	H	CF_3	H	H	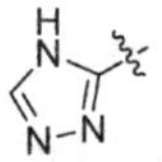 H N N-N	0.13
6	**26**	H	CF_3	H	H	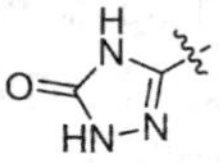 H N O HN-N	0.09
7	**27**	H	CF_3	H	CH_3	"	0.88
8	**28**	H	CF_3	CH_3	H	"	0.09
9	**29**	H	F	H	CH_3	"	0.10
10	**30**	H	H	H	CH_3	"	0.27
11	**31**	F	CF_3	H	H	"	0.07

a 人体内 NK_1 受体的 K_i 值。

281 18.3 体内药理学

为了从表 18－1 与表 18－2 中的所有化合物中筛选出效果最强的化合物，人们设计了体内药理学实验来检测其短期活性(给药 1～4 h 后)和长期活性(给药 24 h 后)。有两种动物模型可用：沙鼠的仙人掌毒素诱发的全身血管破损(SYVAL)模型与 GR－73632 引发的足部脓化物流出(Foot Tap)模型。受伤血管的血液流出是由血管内皮细胞上的 NK_1 受体介导的，这导致循环血液中的白细胞泄漏或者进入伤口，引发炎症。在 SYVAL 试验中，Evans 蓝染料代替白细胞用于试验计数。如表 18－3 所示，阿瑞匹坦(**1**)和其他测试化合物在给药 1 h 后均显示出良好活性，但在给药 24 h 后阿瑞匹坦(**1**)的活性就比其他测试化合物好很多了。这些结果显示，**1** 拥有最佳的药物动力学和最长的半衰期/药效持续时间[8]。

表 18－3

条　目	化　合　物	ID_{50} (p. o.，1 h) /(mg/kg)[a]	ID_{90} (p. o.，24 h) /(mg/kg)[a]
1	**18**	0.010	>10
2	**19**	0.007	>10
3	**26**	0.006	5.4
4	**28**	0.010	2.3
5	**31**	0.008	2.3
6	**1**	0.008	1.8

a *ID*(Inhibitory Dose)是 SYVAL 试验的抑制剂量。

Foot Tap 试验用于显示药物的中枢神经系统(CNS)活性，在此测试中，化合物必须进入中枢神经系统显示出活性。在试验中，肽类 NK_1 受体促进剂 GR－73632用于测试，颅部开孔后直接将 GR－73632 注入脑室引发足部流脓。阿瑞匹坦(**1**)又一次凭借其给药 24 h 后最低的 ID_{50} 值来证明其具有最长的药效持续时间，数据如表 18－4 所示[8]。

表 18－4

条　目	化合物	IC_{50}/(mg/kg)[a]		
		t=0 h	t=4 h	t=24 h
1	**18**	0.03	0.24	5.37
2	**19**	0.04	0.12	>10
3	**26**	0.85	nd	2.88

续 表

条 目	化合物	IC_{50}/(mg/kg)[a]		
		t=0 h	t=4 h	t=24 h
4	**28**	0.16	0.04	1.11
5	**31**	0.30	0.07	1.24
6	**1**	0.36	0.04	0.33

a IC_{50}是 Foot Tap 试验中的半数抑制浓度。

282

最后，用雪貂的 emetogen 细胞测试了阿瑞匹坦抑制呕吐的能力，这也是药物能否进入临床应用的关键指标。雪貂是公认的用于人癌症化疗晚期引起呕吐试验的理想动物模型。阿瑞匹坦(**1**)可以有效缓解使用顺铂(口服 3.0 mg/kg 和静脉注射 0.3 mg/kg)、阿扑吗啡和吗啡所引起的恶心与呕吐症状[8]。

18.4 药代动力学和药物代谢

在雪貂试验中，静脉注射阿瑞匹坦(**1**)(0.5 mg/kg)后，给出 9.7 h 的血浆半衰期。在体内分散容量为 1.3 L/kg 时，得到的代谢清除速率值为 1.5 mL/(min·kg)，这证实了之前体内研究所报道的该化合物具有较慢的代谢清除速率和较长的活性持续时间。口服给药(1 mg/kg)后 3.3 h 达到峰值浓度，口服生物利用度为 45%[11]。使用 C-14 标记的阿瑞匹坦进行试验进一步评价其脑渗透性能，结果表明在口服给药(3 mg/kg)试验中显示的脑离子渗透率为0.8。尽管已经报道了若干种阿瑞匹坦的代谢方式，但是此次研究证明阿瑞匹坦的活性与前药有关。

人类志愿者试验表明阿瑞匹坦的口服生物利用度为 59%～67%，进食对药物吸收没有影响[12]。临床试验中，该化合物是细胞色素 P450 3A4 的中等强度拮抗剂，同时也是 2C9 的诱导剂，但是该化合物在口服给药时仅显示出微弱的 3A4 拮抗作用和微弱的酶诱导作用[13]。

另外，默克公司采用正电子放射技术(PET)来确定人脑中阿瑞匹坦在 NK_1受体中的结合率。口服阿瑞匹坦后，先用 F-18 标记的配体占据 NK_1受体，用 PET 测定配体被取代情况，研究表明，在服药 100 mg 或更多的情况下，阿瑞匹坦获得了超过 90%的 NK_1受体结合率[14]。

最近的研究表明，福沙匹坦(**21**)(115 mg)与阿瑞匹坦前药(150 mg)具有相同的循环剂量，因此它可以作为注射用药代替口服阿瑞匹坦前药[15]。

18.5 药效和安全性

在癌症化疗患者呕吐试验中，阿瑞匹坦(**1**)与康泉(5-HT_3受体拮抗剂)

和地塞米松(当时的标准治疗用药)联合使用[16]。服用顺铂前,阿瑞匹坦单次给药 400 mg,或服用顺氯氨铂之后第 2 天和第 3 天额外给药 300 mg 两次,与服用安慰剂的实验组对照,对阿瑞匹坦在剧烈呕吐(在 24 h 内发生)以及持续呕吐(在第 2～5 天内发生)症状的治疗效果进行评估。相对于安慰剂组,阿瑞匹坦在剧烈型以及持续型(尤其是持续型)呕吐方面明显显示出更为优异的疗效。在后续的研究中,同上述试验一样,阿瑞匹坦单独给药以及与康泉或地塞米松联合给药,同时将以上药物均单独给药作为对照组[17]。研究结果表明,患者服用顺铂治疗后,再单独使用阿瑞匹坦,其在治疗剧烈和持续型呕吐上有效率分别为 43％和 57％。而当与康泉和地塞米松联合用药时,在治疗剧烈和持续型呕吐时有效率分别达到了 80％和 63％,远高于阿瑞匹坦单独与康泉或地塞米松联合用药时的有效率。最终,阿瑞匹坦与 5－HT_3受体拮抗剂和糖皮质激素联合用药用于缓解晚期化疗呕吐症状。福沙匹坦(**21**)与阿瑞匹坦活性相当,因此正在研究其能否作为口服阿瑞匹坦的替代品[18]。

283

18.6 合成方法

阿瑞匹坦(**1**)的第一条合成路线如示意图 18－3 所示,即通过 Tebbe 烯基化和还原苄基醚侧链上的一个甲基[8,19]。采用已报道的对氟苯基甘氨酸合成方法,将手性嗯唑烷酮 **33** 转化为叠氮化合物 **34**,之后苄基化并与 1,2－二溴乙烷反应得到吗啉酮中间体 **36**。

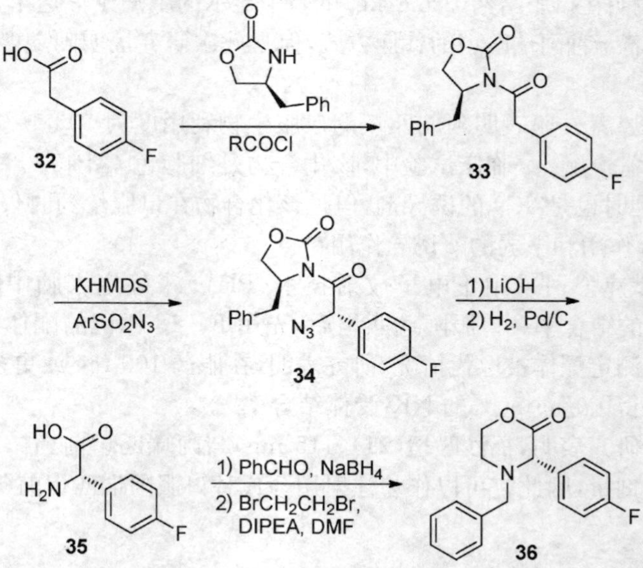

示意图 18－3

中间体 **35** 的合成也可以采用传统的方法,即二苯甲酰酒石酸拆分策略。

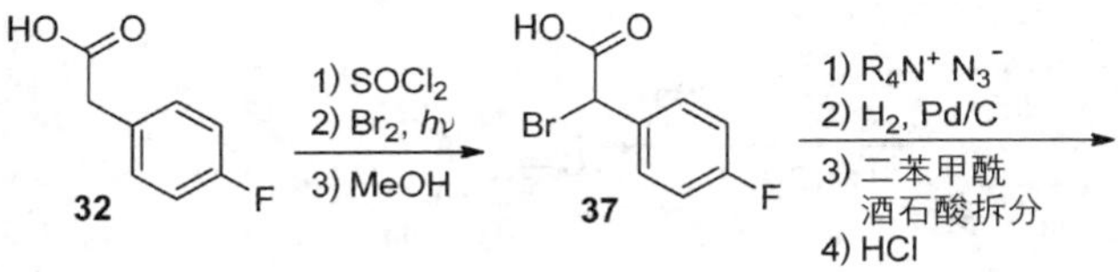

为了引入醚侧链，采用大位阻试剂 L－Selectride 将吗啉酮还原成顺式产物，接着将半缩醛酰化得到中间体 **38**(示意图 18－4)，采用改良的 Tebbe 烯基化法引入甲基得到烯烃 **39**，氢化还原一步将烯键还原的同时也将苄基脱去得到 **40**。接下来的三唑啉酮环是经两步反应合成的，首先吗啉酮 **40** 与 **41** 进行烷基化反应得到中间体 **42**，接下来二甲苯回流条件下关环得到产物阿瑞匹坦(**1**)。 284

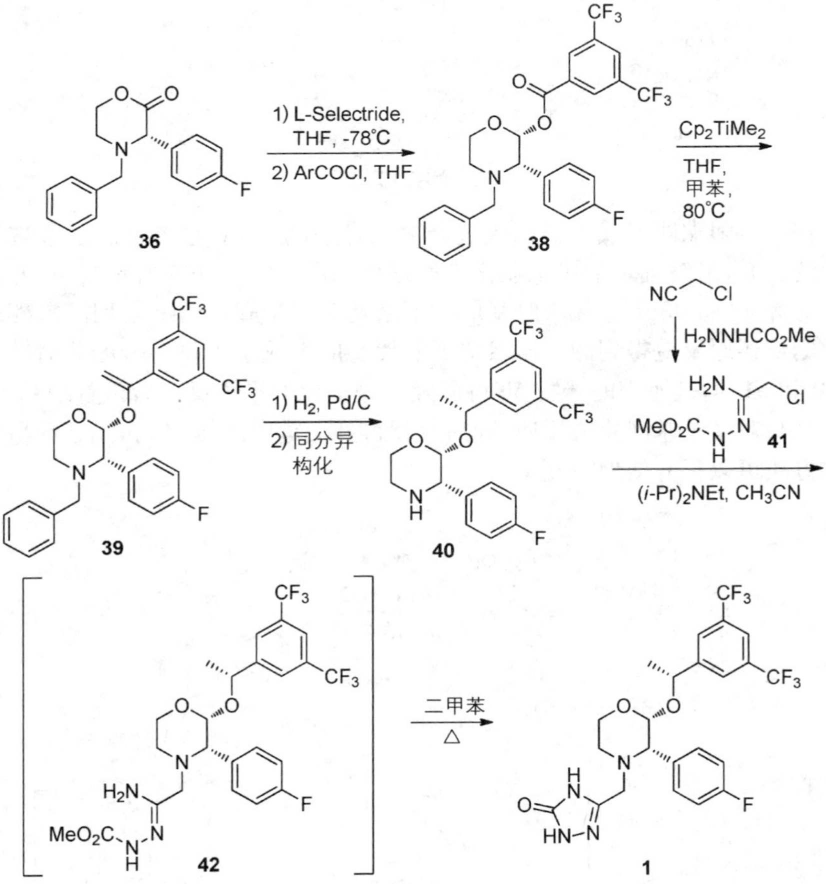

示意图 18－4

默克公司研究出了一种更简单的三唑啉酮环的合成方法，即通过对 **45** 的加成反应得到关键的吗啉中间体 **40**(示意图 18－5)[20]。**45** 可以直接由中间体 **43** 与氯代原乙酸酯反应得到，也可以先与苄基保护的羟基乙酰氯 **1** 反应生成 **44**，再氢化氯化得到。 285

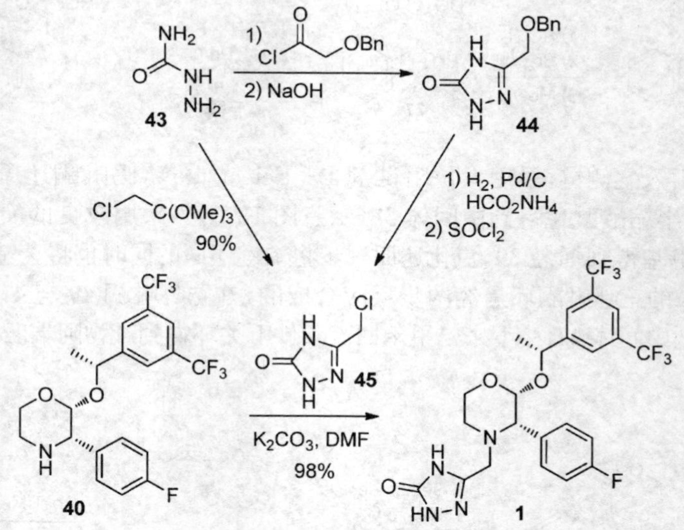

示意图 18－5

在确定阿瑞匹坦成为临床候选药之后，默克公司对它的合成工艺进行了大量的研究，最终确定最优工业化生产路线如示意图 18－6 所示[21,22]。其中用光学纯醇 **49** 将 **48** 中三氟乙酰基取代下来是关键步骤，而 **49** 是用噁唑硼烷催化的硼烷还原反应得到的。虽然这个取代反应生成了等量混合的非对映异构体 **50** 和 **51**，但是所需的产物 **50** 可以经过碱催化的平衡反应后再重结晶得到。接下来与对氟苯基溴化镁反应，随后氢化得到关键中间体 **40**，再用之前所述的合成方法可以很方便地得到 **1**。

286

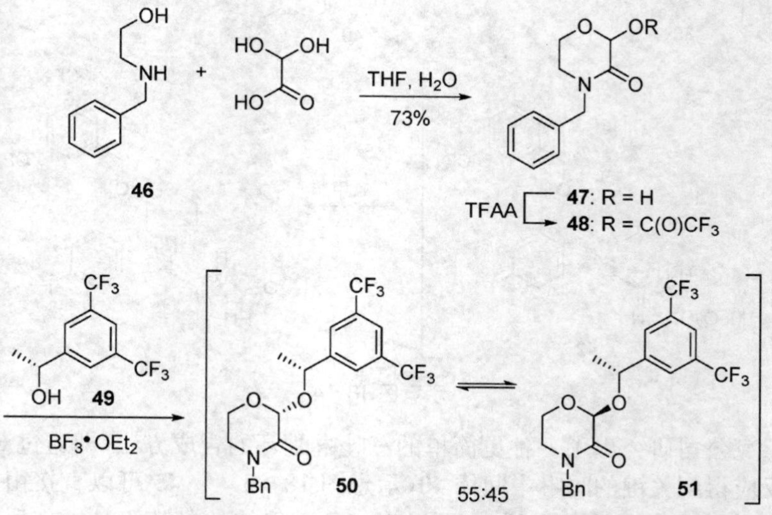

示意图 18－6

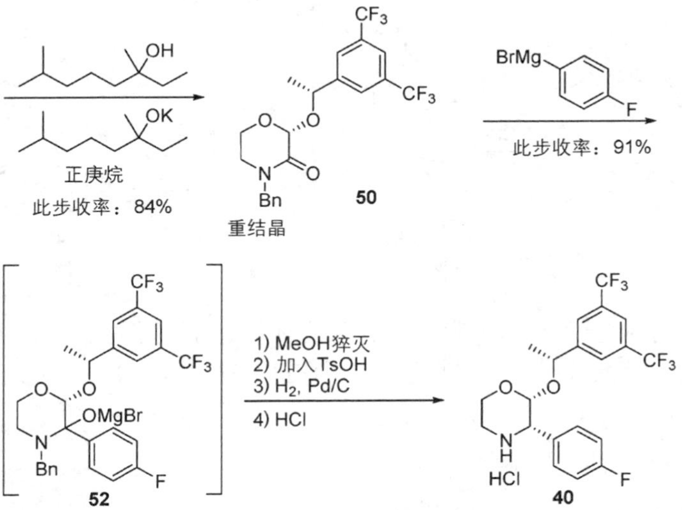

正庚烷

此步收率：84%

50

重结晶

BrMg

此步收率：91%

52

1) MeOH猝灭
2) 加入TsOH
3) H_2, Pd/C
4) HCl

HCl

40

示意图 18-6(续)

Reddy 博士研究团队也发表过一条阿瑞匹坦的合成路线，该路线采用氧化/还原反应作为关键步骤，得到所需的顺式构型的吗啉中间体 **40**。在此之前，默克公司也曾报道过羟基-吗啉中间体的烷基化反应，他们用相应的烷基卤化物引入苄醚侧链，但是没有成功，只得到非环状副产物。但是在示意图 18-7所示的合成路线中，用羟基-吗啉的反式异构体 **57** 进行烷基化反应却获得了成功，很明显是因为反式结构空间位阻更小。接下来用氧化(**59** 到 **60**)还原(**60** 到 **40**)反应得到正确的顺式异构体[23]。

287

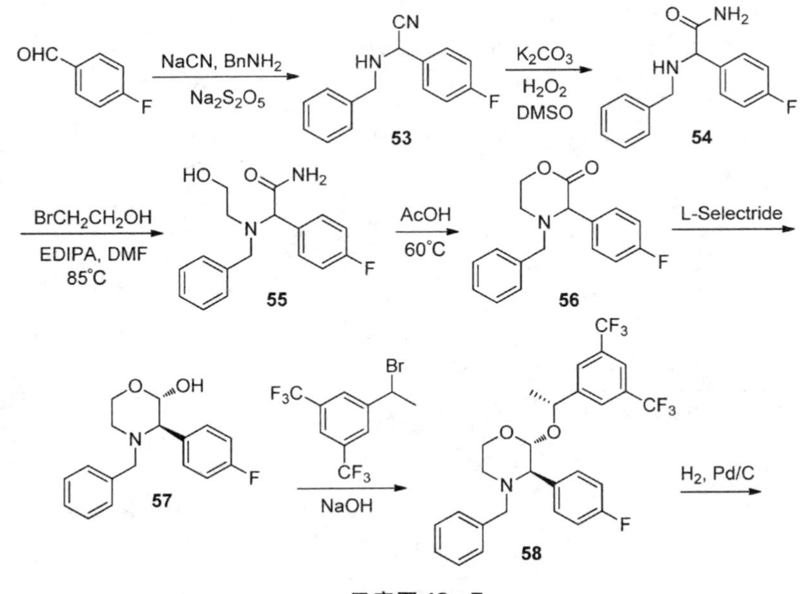

示意图 18-7

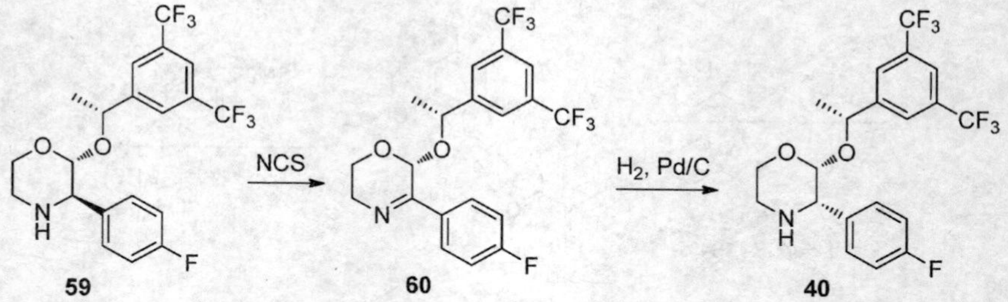

示意图 18-7(续)

288

为了得到光学纯的阿瑞匹坦，该研究团队还报道了一种手性拆分方法，对二甲苯酰酒石酸(D-(+)-DPTTA)用作拆分剂，成功得到了关键的吗啉酮中间体 **36**[24]。

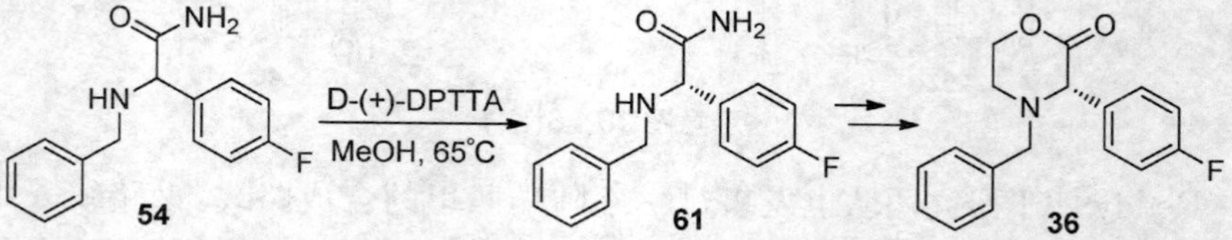

默克公司也开发出了福沙匹坦(**21**)，一种具有更高溶解性的前药——阿瑞匹坦磷酸酯，其合成路线如示意图 18-8 所示。**1** 与苄基保护的磷酸酐反应得到 **62**，然后脱苄基保护，与 *N*-甲基-D-葡糖胺反应成盐，得到 **21**[9]。

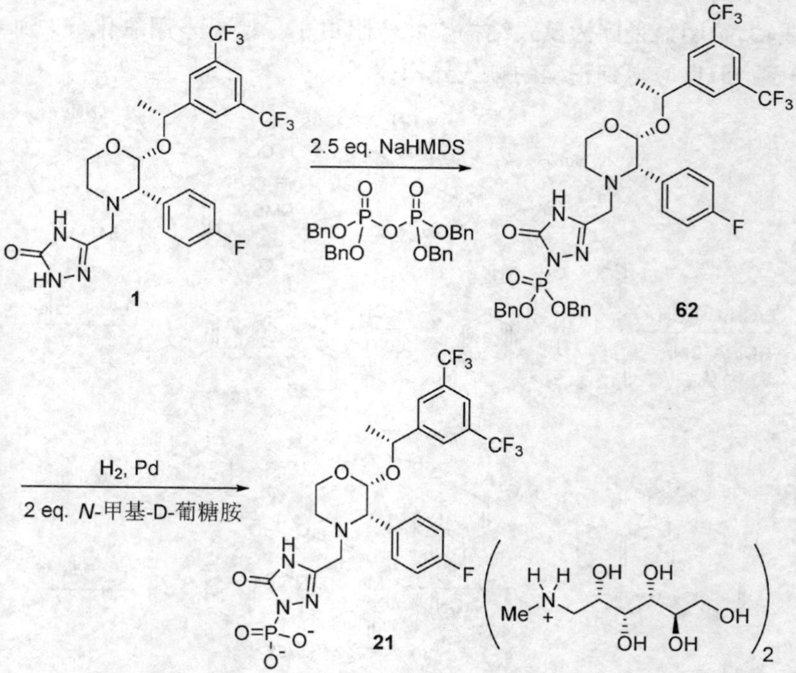

示意图 18-8

第一条**1**的合成路线的一大特征是巧妙采用Tebbe烯基化反应，同时通过取代反应(以及平衡反应)、还原反应得到立体构型单一的环状化合物。尽管这条合成路线在工艺开发过程中可以放大生产，但是却不能满足药物化学中构效关系的研究。

18.7 参考文献

1. Hokfelt, T.; Pernow, B. et al. *J. Intern. Med.* **2001**, *249*, 27-40.
2. Snider, R. M.; Constantine, J. W.; Lowe, J. A., III; Longo, K. P.; Lebel, W. S.; Woody, H. A.; Drozda, S. E.; Desai, M. C.; Vinick, F. J.; Spencer, R. W.; et al. *Science* **1991**, *251*, 435-437.
3. Lowe, J. A., III; Drozda, S. E.; Snider, R. M.; Longo, K. P.; Zorn, S. H.; Morrone, J.; Jackson, E. R.; McLean, S.; Bryce, D. K.; Bordner, J.; et al. *J. Med. Chem.* **1992**, *35*, 2591-2600.
4. Desai, M. C.; Lefkowitz, S. L.; Thadeio, P. F.; Longo, K. P.; Snider, R. M. *J. Med. Chem.* **1992**, *35*, 4911-4913.
5. Rosen, T. J.; Coffman, K. J.; McLean, S.; Crawford, R. T.; Bryce, D. K.; Gohda, Y.; Tsuchiya, M.; Nagahisa, A.; Nakane, M.; Lowe, J. A., III. *Bioorg. Med. Chem. Lett.* **1998**, *8*, 281-284.
6. Gardner, C. J.; Armour, D. R.; Beattie, D. T.; Gale, J. D.; Hawcock, A. B.; Kilpatrick, G. J.; Twissell, D. J.; Ward, P. *Regul. Pept.* **1996**, *65*, 45-53.
7. Harrison, T.; Williams, B. J.; Swain, C. J.; Ball, R. G. *Bioorg. Med. Chem. Lett.* **1994**, *4*, 2545-2550.
8. Hale, J. J.; Mills, S. G.; MacCoss, M.; Finke, P. E.; Cascieri, M. A.; Sadowski, S.; Ber, E.; Chicchi, G. G.; Kurtz, M.; Metzger, J.; Eiermann, G.; Tsou, N. N.; Tattersall, F. D.; Rupniak, N. M.; Williams, A. R.; Rycroft, W.; Hargreaves, R.; MacIntyre, D. E. *J. Med. Chem.* **1998**, *41*, 4607-4614.
9. Hale, J. J.; Mills, S. G.; MacCoss, M.; Dorn, C. P.; Finke, P. E.; Budhu, R. J.; Reamer, R. A.; Huskey, S. E.; Luffer-Atlas, D.; Dean, B. J.; McGowan, E. M.; Feeney, W. P.; Chiu, S. H.; Cascieri, M. A.; Chicchi, G. G.; Kurtz, M. M.; Sadowski, S.; Ber, E.; Tattersall, F. D.; Rupniak, N. M.; Williams, A. R.; Rycroft, W.; Hargreaves, R.; Metzger, J. M.; MacIntyre, D. E. *J. Med. Chem.* **2000**, *43*, 1234-1241.
10. Hale, J. J.; Mills, S. G.; MacCoss, M.; Shah, S. K.; Qi, H.; Mathre, D. J.; Cascieri, M. A.; Sadowski, S.; Strader, C. D.; MacIntyre, D. E.; Metzger, J. M. *J. Med. Chem.* **1996**, *39*, 1760-1762.
11. Huskey, S. E.; Dean, B. J.; Bakhtiar, R.; Sanchez, R. I.; Tattersall, F. D.; Rycroft, W.; Hargreaves, R.; Watt, A. P.; Chicchi, G. G.; Keohane, C.; Hora, D. F.; Chiu, S. H. *Drug Metab. Dispos.* **2003**, *31*, 785-791.
12. Majumdar, A. K.; Howard, L.; Goldberg, M. R.; Hickey, L.; Constanzer, M.; Rothenberg, P. L.; Crumley, T. M.; Panebianco, D.; Bradstreet, T. E.; Bergman, A.

J.; Waldman, S. A.; Greenberg, H. E.; Butler, K.; Knops, A.; De Lepeleire, I.; Michiels, N.; Petty, K. J. *J. Clin. Pharmacol.* **2006**, *46*, 291-300.

13. Shadle, C. R.; Lee, Y.; Majumdar, A. K.; Petty, K. J.; Gargano, C.; Bradstreet, T. E.; Evans, J. K.; Blum, R. A. *J. Clin. Pharmacol.* **2004**, *44*, 215-223.
14. Bergstrom, M.; Hargreaves, R. J.; Burns, H. D.; Goldberg, M. R.; Sciberras, D.; Reines, S. A.; Petty, K. J.; Ogren, M.; Antoni, G.; Langstrom, B.; Eskola, O.; Scheinin, M.; Solin, O.; Majumdar, A. K.; Constanzer, M. L.; Battisti, W. P.; Bradstreet, T. E.; Gargano, C.; Hietala, J. *Biol. Psychiatry* **2004**, *55*, 1007-1012.
15. Navari, R. M. *Expert Opin. Investig. Drugs* **2007**, *16*, 1977-1985.
16. Navari, R. M.; Reinhardt, R. R.; Gralla, R. J.; Kris, M. G.; Hesketh, P. J.; Khojasteh, A.; Kindler, H.; Grote, T. H.; Pendergrass, K.; Grunberg, S. M.; Carides, A. D.; Gertz, B. J. *N. Engl. J. Med.* **1999**, *340*, 190-195.
17. Campos, D.; Pereira, J. R.; Reinhardt, R. R.; Carracedo, C.; Poli, S.; Vogel, C.; Martinez-Cedillo, J.; Erazo, A.; Wittreich, J.; Eriksson, L. O.; Carides, A. D.; Gertz, B. J. *J. Clin. Oncol.* **2001**, *19*, 1759-1767.
18. Navari, R. M. *Expert Rev. Anticancer Ther.* **2008**, *8*, 1733-1742.
19. Sorbera, L. A.; Castaner, J.; Bayes, M.; Silvestre, J. *Drugs Fut.* **2002**, *27*, 211-222.
20. Cowden, C. J.; Wilson, R. D.; Bishop, B. C.; Cottrell, I. F.; Davies, A. J.; Dolling, U.-H. *Tetrahedron Lett.* **2000**, *41*, 8661-8664.
21. Brands, K. M. J.; Payack, J. F.; Rosen, J. D.; Nelson, T. D.; Candelario, A.; Huffman, M. A.; Zhao, M. M.; Li, J.; Craig, B.; Song, Z. J.; Tschaen, D. M.; Hansen, K.; Devine, P. N.; Pye, P. J.; Rossen, K.; Dormer, P. G.; Reamer, R. A.; Welch, C. J.; Mathre, D. J.; Tsou, N. N.; McNamara, J. M.; Reider, P. J. *J. Am. Chem. Soc.* **2003**, *125*, 2129-2135.
22. Nelson, T. D. in *Strategies and Tactics in Organic Synthesis*. Vol. 6, Ed. Harmata, M., Elsevier: Amsterdam, **2005**, 321-351.
23. Vankawala, P. J.; Elati, R. R. C.; Kolla, N. K.; Chlamala, S. R.; Gangula, S. WO 2007/044829, **2007**.
24. Kolla, N.; Elati, C. R.; Arunagiri, M.; Gangula, S.; Vankawala, P. J.; Anjaneyulu, Y.; Bhattacharya, A.; Venkatraman, S.; Mathad, V. T. *Org. Process Res. Dev.* **2007**, *11*, 455-457.

19 莫达非尼(Nuvigil)：一种治疗嗜睡症的精神兴奋剂

291

Ji Zhang 和 Jason Crawford

美国通用名: Armodafinil
商品名: Nuvigil®
公司: Cephalon
上市时间: 2007(USA)

1

19.1 背景

嗜睡症是一种慢性疾病，其特点是白天过度嗜睡，估计影响全世界多达三百万人[1]。这种与神经衰弱性疾病相关的过度嗜睡，常常会影响到人们白天的正常生活。比如，这种病人正在开车或者是在操作机械设备，就会存在重大的安全隐患，可能导致事故损伤甚至是伤亡。在公共场合或社交活动中，过度嗜睡也被看作是不适宜的，令人尴尬或引起身体伤害、情绪变化，包括容易暴怒。在注意力和记忆力方面出现认知性功能障碍也与嗜睡症有关[2]。

有相关报道使用精神振奋性药物治疗嗜睡症，如苯丙胺(安非他明/Amphetamine，**2**，商品名：阿得拉/Adderall)和哌醋甲酯(Methylphenidate，**3**，商品名：利他林/Ritalin)[3]。但是，会产生 DEA 控制的物质，并且它们的使用存在潜在的风险，如滥用、过量和依赖性，因此阻碍了其在世界范围的广泛使用[4]。正因为如此，目前主要的任务是努力寻找新的治疗嗜睡症的治疗剂[5]。

292

莫达非尼(Armodafinil，**1**，商品名：Nuvigil)是 FDA 于 2007 年 6 月 15 日批准的唯一精神兴奋药，用于治疗轮班工作睡眠障碍和与阻塞性睡眠呼吸暂停相关的日间极度嗜睡。莫达非尼 **1** 是外消旋体 **4**(Provigil，莫达非尼)的 *R*-对映异构体的活性成分[6]。

在十九世纪七十年代末，法国 Lafon 制药公司的科学家首先发现莫达非

尼 **4** 和阿屈非尼 **5**[7]。1984 年,阿屈非尼 **5** 在法国首次被提出作为治疗嗜睡症的实验性药物。据报道酰胺莫达非尼 **4** 是羟基酰胺阿屈非尼 **5** 的初级代谢产物,并具有类似的生物活性。1994 年,莫达非尼在法国以商品名 Modiodal 被批准,随后 1998 年在美国以商品名 Provigil 被批准。不同于其他中枢神经(CNS)兴奋剂,莫达非尼很少被报道有滥用倾向。尽管该化合物作为中枢神经系统兴奋剂,不像甲基苯丙胺一样有效,但是,有研究表明,该药物促进警惕和清醒,不与其他兴奋剂的中枢和外周产生副作用。莫达非尼 **1** 是外消旋莫达非尼 **4** 的 *R*-构型异构体,可以持久存在。有人发现,*R*-构型的莫达非尼 **1** 被消耗的速度为外消旋莫达非尼 **4** 中的 *S*-异构体的 1/3[7b],从而使每日单剂量口服具有可行性。

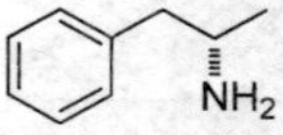

2

美国通用名: Amphetamine
商品名: Adderall®
公司: Shire
上市时间: 1996

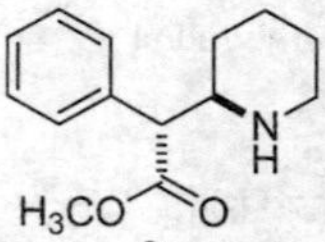

3

美国通用名: Methylphenidate
商品名:
Ritalin® (Novartis, 1955, racemate)
Concerta® (Johnson and Johnson, 2000)
Focalin® (Celgene/Novartis, 2001)
Daytrana® (Shire, 2006)

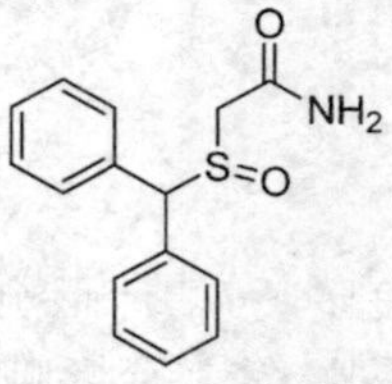

4

美国通用名: Modafinil
商品名: Provigil®
公司: Lafon Laboratories
上市时间: 1998(USA)

293

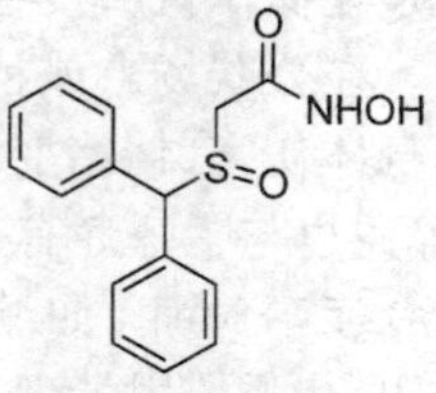

5

美国通用名: Adrafinil
商品名: Olmifon®
公司: Lafon Laboratories
上市时间: 1984 (France)

在一些国家,莫达非尼在持续作战的军队中也被用作一种保持清醒的药丸,已经通过测试,并可以让人们保持清醒几天(大多数军事行动测试的时间是 48～72 h)[8]。例如,法国军队目前的做法是把莫达非尼药片放在战斗机的弹射座椅和救援艇上。[9]为了帮助管理由于睡眠不足导致的疲劳,在长时间的军事行动中,美国已经批准莫达非尼在某些空军任务中使用[10]。一项有关直升机飞行员的研究表明,600 mg 三次剂量的莫达非尼可用于保持飞行员警觉,在 40 h 不休的情况下维持其准确性(虽然避免疲劳驾驶的政策和行为是维持飞行员最佳状态的首选)。据报道,莫达非尼也被证明可有效地治疗抑郁症[11]、可卡因成瘾[12]、帕金森病[13]、精神分裂症[14]和与癌症有关的疲劳。虽然莫达非尼被认为可以有效地治疗注意力不集中症(ADHD)[15],但是FDA没有批准它的使用。

莫达非尼获得批准,标志着在治疗嗜睡症方面取得了重大进展。在本章,我们将详细描述莫达非尼 **1** 和 **4** 的药理和化学合成[16]。

19.2 药理学

莫达非尼的临床前动物研究表明,所产生的兴奋效应与安非他明(Amphetamine)兴奋剂的影响是不同的,可能不涉及大脑中的多巴胺系统[17a-c]。莫达非尼的非多巴胺系统的影响,包括α1肾上腺素能受体的激活、增强羟色胺(5-HT)功能、抑制GABA的释放[17d]、谷氨酸的刺激和组胺的释放[17e]。1994年,米格诺特(Mignot)报道,莫达非尼抑制多巴胺转运蛋白(DAT)结合,其 IC_{50} 值为3.2 μmol/L[18],而马德拉斯(Madras)显示莫达非尼在活体灵长类动物大脑中结合DAT和去甲肾上腺素转运体(NET)[19]。与这些数据一致,服用莫达非尼增加大脑内细胞外的多巴胺水平,与体内微透析检测结果也一致。研究也发现在DAT基因敲除的小鼠中,莫达非尼促醒的行为没有了。根据现有的证据,似乎莫达非尼与大脑中的多个分子靶点相互作用,包括DAT蛋白。

294

虽然开展了一些研究,但有关莫达非尼的药理作用,仍然有些重大的悬而未决的问题。例如,一些研究活动已筛选了莫达非尼在各种中枢神经系统的受体和转运中的活性,但是没有研究致力于莫达非尼在体内对神经化学物质的影响与正在进行的行为的相关性。最近的一项研究试图解决这些问题,首先检查莫达非尼的活性对一系列受体和转运的影响,包括转染的细胞克隆人类G蛋白偶联受体或单胺转运体的结合实验[20a]。转运蛋白介导的摄取和释放研究在大鼠脑突触体中进行,莫达非尼对运动神经活动和神经化学物质的影响,则依靠在大鼠体内微透析负荷来测定。结果发现,莫达非尼只在多巴胺转运蛋白上表现出可测量的效力,抑制氚代的多巴胺($[^3H]$ DA)吸收,IC_{50} 值为4.0 μmol/L。因此,莫达非尼预处理拮抗甲基苯丙胺诱导释放的DAT底物 $[^3H]$1-甲基-4-苯基吡啶。静脉注射莫达非尼(20和60 mg/kg)对肌动活动和细胞外DA产生剂量依赖性增加,但不影响血清素。莫达非尼与DAT位点的相互作用在体外进行了表征,并且莫达非尼给药的效果与那些间接DA激动剂的给药效果进行了比较,如(+)-甲基苯丙胺(METH)。研究结果表明,莫达非尼与DAT蛋白质的摄取阻滞剂相互作用,这一行为涉及了该药物的兴奋作用,显示非多巴胺神经的机制也可能有助于莫达非尼的药理学机制的研究。

19.3 药代动力学[21]和药物代谢[22]

通过对患者单次和多次口服给药的观察，评估了莫达非尼的代谢动力学性质。在给药 50～400 mg、12 周条件下，系统药物暴露被证明与动力学不成正比，在动力学上没有变化。七天的剂量达到稳态，并且在该点，系统药物暴露比单剂量时的高 1.8 倍。莫达非尼 **1**(50 mg)的浓度-时间曲线在本质上与莫达非尼 **4**(100 mg)是等效的。

从临床的显著程度来看，莫达非尼的药代动力学没有受志愿者年龄或食物摄入量的影响，但是在肝或肾受损的患者体内，药物的最大血药浓度或者清除半衰期都会增加。试验发现，健康的志愿者单次口服 200 mg 剂量的莫达非尼，在 2.3 h 后，其血药浓度达到峰值。在剂量为 200～600 mg 时，莫达非尼的药代动力学呈线性和剂量依赖性。口服的莫达非尼在肝脏中进行了广泛的生物转化，生成了非活性代谢物莫达非尼酸 **6**(主要代谢产物)和莫达非尼砜 **7**(次要代谢产物)，在被清除之前主要积聚在尿液中。发现其清除的半衰期是 9～14 h。重要的是证明了莫达非尼的立体定向的药代动力学。相比于 *R*-莫达非尼，*S*-莫达非尼对映体以三倍的速度被清除。

295

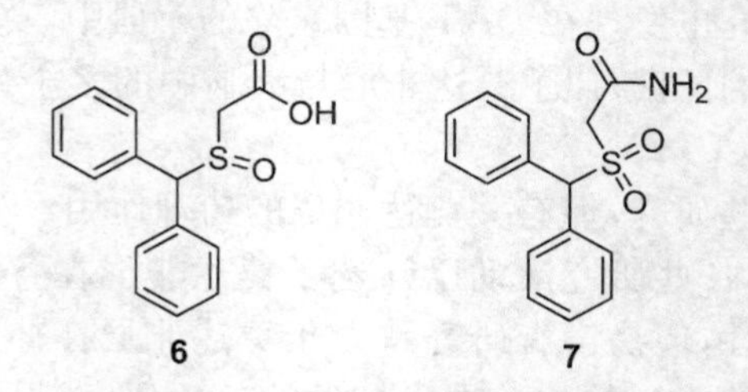

图 19-1 莫达非尼的代谢物

对其新陈代谢和分布的研究发现，莫达非尼的主要代谢途径是通过一个非 CYP-相关的酰胺水解来完成的。因此，伴随 CYP 相互作用的药物可能不会对莫达非尼的药代动力学类型产生有害的影响(或药物间相互作用)。莫达非尼药代动力学的详细资料如表 19-1 所示。

表 19-1 莫达非尼的动力学特性

研 究 设 计	单剂量管理(n=93)	多剂量管理(n=34)(7 天)
c_{max}/(mg/L)	1.3±0.4	1.8±0.4
T_{max}/h	1.5 (0.5～6.0)	2.0 (0.5～6.0)
$t_{1/2\beta}$/h	13.8±3.3	15.3±3.0
AUC_{∞}/[mg/(L·h)]	24.1±6.9	NA

来源：参考文献 23。

19.4 药效和安全性[16]

莫达非尼 **1** 的开发方案类似于先前莫达非尼 **4**(或消旋 API)的开发方案。四个双盲和两个标注开放性临床试验[登记为可接受莫达非尼(**1**)积极治疗的 645 名患者和接受安慰剂治疗的 445 名患者,共计 1 090 例],针对治疗伴随有阻塞性睡眠呼吸暂停(Obstructive Sleep Apnea, OSA)的过度睡眠(Excessive Sleepiness, ES)、轮班工作障碍(SWD)和嗜睡(Narcolepsy)[24],对莫达非尼 **1** 疗效的有效性和安全性做了评估。

通过醒觉维持试验(Maintenance of Wakefulness Test, MWT)和精神运动警觉性测试(Psychomoter Vigilance Testing, PVT)[25],莫达非尼(**1**)在健康志愿者中发生急性失眠的疗效可以初步评估。在这种单剂量、双盲、平行对照试验中,莫达非尼 **1**(100、150、200 或 300 mg),莫达非尼 **4**(200 mg)或安慰剂均给药。通过 MWT 测试发现,所有剂量的莫达非尼 **1** 和莫达非尼 **4**($p<0.0001$)对觉醒都有所改善,以及对 PVT 关注分数也有改善($p<0.0001$)。莫达非尼 **1** 的效应值和持续时间在稍后的时间点可以观察到,并与剂量有关。实验表明,150 mg 和 250 mg 的莫达非尼 **1** 分别与 200 mg 和 400 mg 的莫达非尼 **4** 具有相同的效果。

196 名患有嗜睡发作并伴有过度嗜睡(伴有或不伴有无猝倒症)的患者,每天摄入 150 或 250 mg 莫达非尼 **1**,对其疗效进行评估。对于这个特殊的临床试验,以标准方式进行警觉维持实验(MWT),但在当天晚些时候扩展到研究莫达非尼 **1** 提高警觉的潜力。09:00—15:00 的警觉维持实验 MWT 数据结合了两个治疗组,莫达非尼 **1** 治疗组同比增长 1.9 min,与此相比,安慰剂组减少了 1.9 min ($p<0.01$)。MWT 睡眠潜伏期与安慰剂组相比,有了显著改善,其相差 2.8 min。

296

19.5 合成方法

19.5.1 莫达非尼 4 的合成,外消旋 API

外消旋原料药(API),莫达非尼 **4** 可以经过几条途径合成。例如,α-苯基苄硫醇 **8** 与氯乙酸甲酯 **9** 在 100℃下反应 4 h,生成二苯甲基硫乙酸甲酯 **10**,**10** 与氨气反应生成酰胺 **11**。随后,用双氧水很容易将硫醚氧化生成莫达非尼 **4**(示意图 19-1)[26]。

297

另一条路线如示意图 19-2,在三氟乙酸中,将二苯甲醇 **12** 与巯基醋酸 **13** 混合生成二苯甲基硫乙酸 **14**,其产率达到 99%。**14** 与二氯亚砜混合后再加入浓氢氧化铵溶液,就可以得到乙酰胺 **11**,其产率达 87%。在乙酸中用 30%的双氧水将硫醚部分氧化,就可以生成外消旋莫达非尼 **4**,其产率为 67%。[27]这条路线三个步骤的总产率约为 57%。

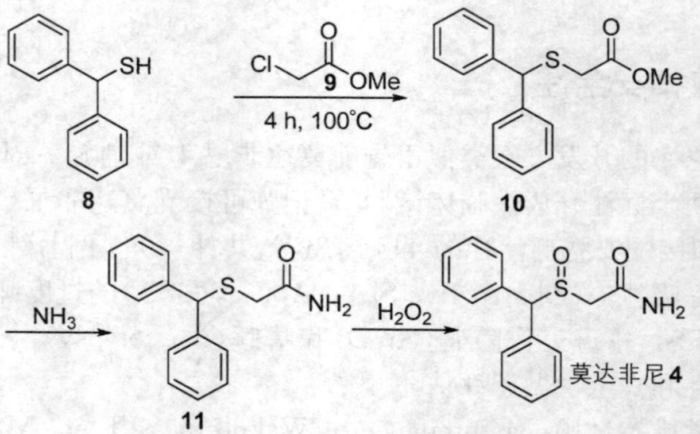

示意图 19－1

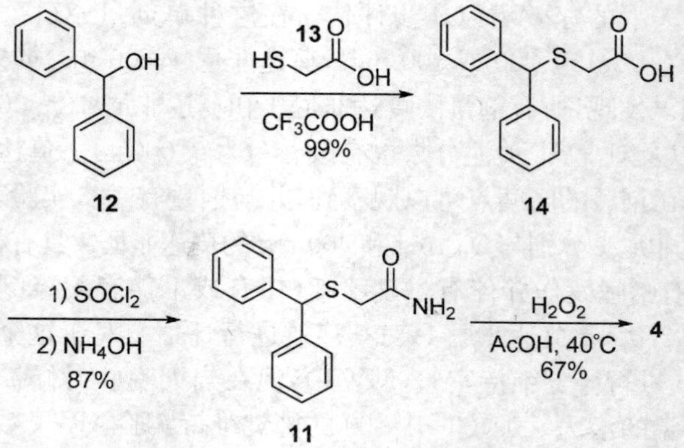

示意图 19－2

另外一条可选择的路线中，二苯甲基硫乙酸 **14** 可以通过二苯甲基溴 **15** 与巯基乙酸 **13** 反应制得，而且有极高的产率（示意图 19－3）。类似的，二苯甲基氯与巯基乙酸 **13** 反应，也可以得到二苯甲基硫乙酸 **14**[28]。

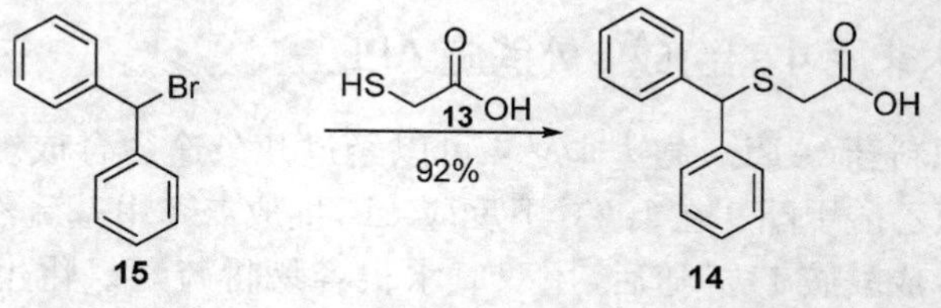

示意图 19－3

为了避免挥发性、刺激性试剂的使用，如巯基醋酸，有一条改进的路线（如示意图 19－4）使用了二苯甲基硫脲溴化𬭩 **16**（该化合物通过二苯基甲醇 **12** 和硫脲在溴化氢的水溶液反应，经过分离提纯，其产率为 99%）[29]。**16** 的溴化氢盐和氯乙酸甲酯 **9** 在溶有碳酸钾的甲醇中反应，得到二苯甲基磺酰基乙酸甲酯 **10**。类似的，**16** 的溴化氢盐与 2－溴乙酰胺在氢氧化钠存在下得到乙酰胺 **11**[30]。

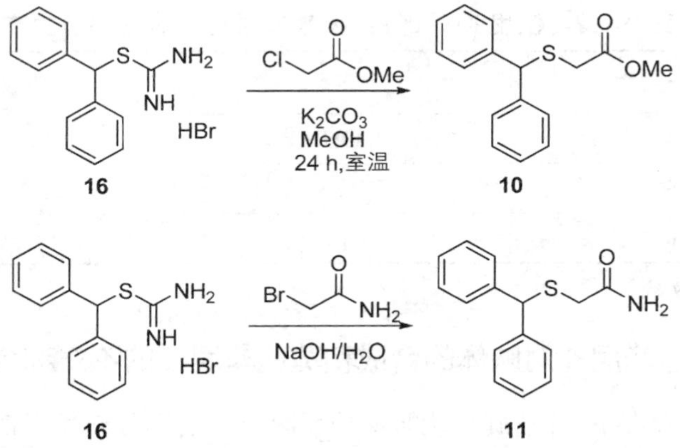

示意图 19－4

(*S*)-对映体作为莫达非尼手性分离的一种副产物可以采用还原方法潜在地被回收。两种新方法是由 Fernandes 和 Romão 发展出来的[31]。让亚砜 **17** 与(1) 苯基硅烷和 5%的二氯二氧化钼在四氢呋喃中回流,或者(2) 与溶于四氢呋喃的硼烷和 5%的二氯二氧化钼在室温下反应,都会得到二苯甲基磺酰基乙酸甲酯 **10**,其产率分别为 96%和 85%(示意图 19－5)。

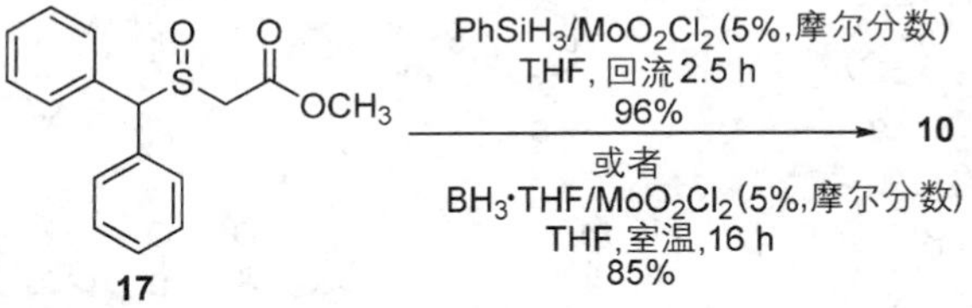

示意图 19－5

最近,一种无过渡金属参与的亚砜还原的方法,工艺完善、环境友好,由 Guillen 及其同事开发出来[32]。4.5 当量的碘化钾与 7.0 当量的乙酰氯反应,几种莫达非尼衍生物在温和的条件下很容易被还原,以极高的产率得到相应的硫化物(表 19－2)。结果发现,降低 KI 的用量或提高反应温度,副产物二苯基甲醇 **12** 将增加。反应中亚砜和 KI 溶液是饱和的(随着反应的进行,其中的固体试剂慢慢溶解,亚砜和 KI 的浓度在反应的大部分时间里保持一个恒定值),另外,相对于溶解的二甲基亚砜,乙酰氯始终过量,从而抑制二苯基甲醇 **12** 的形成。

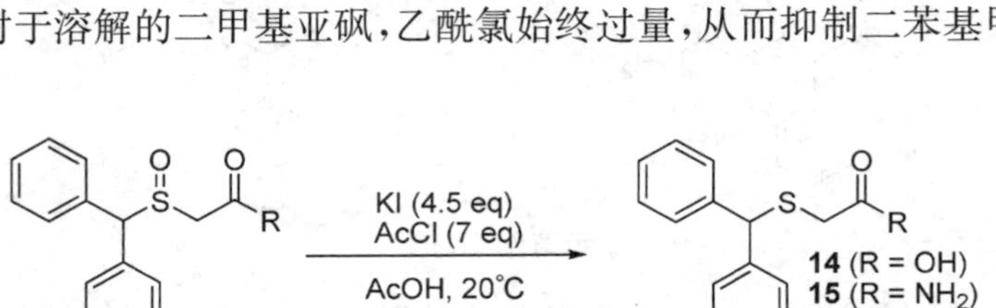

299

表 19-2 使用 KI/AcCl 系统来还原莫达非尼的衍生物

化 合 物	R	反应收率/%
14	OH	88
15	NH_2	87
10	OMe	95

来源：参考文献 32。

19.5.2 莫达非尼 4 对映体的合成和莫达非尼 1 的不对称合成

在 DCC 存在下，外消旋莫达非尼酸 **6** 混合物的拆分使用了四氢噻唑硫酮 **19** 作为手性助剂，获得了 88%的收率（示意图 19-6）[33]。通过硅胶柱色谱法，两个非对映的中间体 **20** 和 **21** 很容易分开，绝对立体化学已经被确定，它基于 X-射线单晶分析。最后，氨与非对映的噻唑烷酮 **20** 加成可以产生莫达非尼 **1**。

19 + 6 → (CH_2Cl_2, DCC, DMAP, 88%) → 20 + 21

20 → (88%, MeOH, NH_3/H_2O, $CHCl_3$) → 1

21 → (97%, MeOH, NH_3/H_2O, $CHCl_3$) → 22

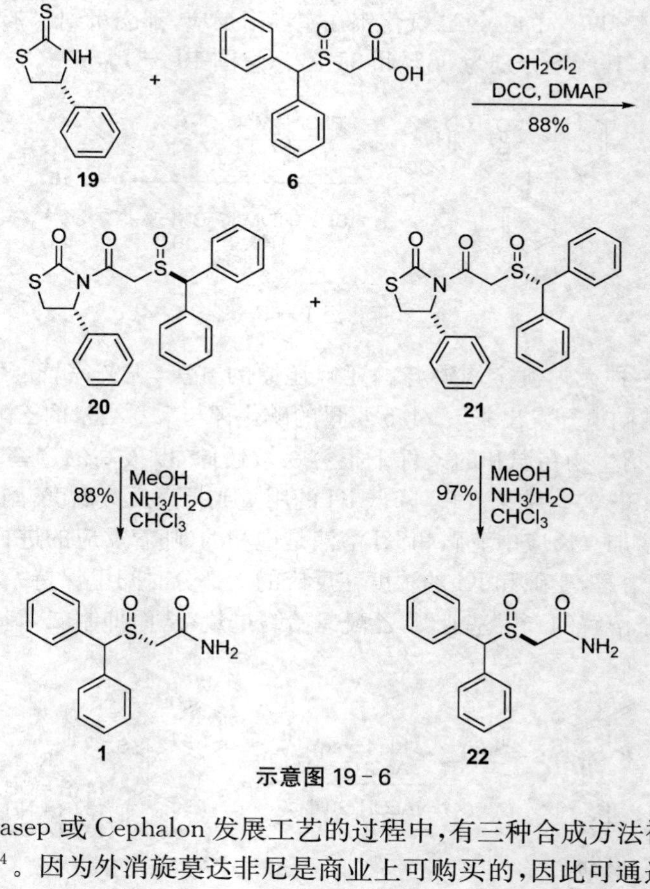

示意图 19-6

在 Novasep 或 Cephalon 发展工艺的过程中，有三种合成方法被用来生成莫达非尼 **1**[34]。因为外消旋莫达非尼是商业上可购买的，因此可通过对莫达非

300

尼酸 **6** 进行优先结晶来进行一期临床试验。随后，它被大规模的手性色谱法取代了。与此同时，一个经济的对映选择性合成路线是通过使用钛(IV)异丙醇盐、酒石酸二乙酯和异丙苯过氧化氢(Sharpless/Kagan 系统)的不对称催化氧化来发展的[36a]。

与奥美拉唑(Omeprazole，商品名：普利乐/Prilosec)和埃索美拉唑(Esomeprazole，商品名：耐信/ Nexium)的发展类似，由外消旋莫达非尼转变为高度对映选择性的莫达非尼利用了硫化物的不对称氧化[35]。尽管生成对映异构体亚砜的几个不对称氧化方法已经被发展，但是最终改进后的 Kagan 系统[$Ti(Oi-Pr)_4$/(*S*,*S*)- DET]被选中用来进行不对称氧化，这是由于它的高收率和优良的光学纯度(% *ee*)[36b]。Kagan 方法非常有用，但它有底物依赖性(表 19-3)。筛选一些莫达非尼 **4** 的硫化物衍生物来确定优化方向。人们发现硫化物酰胺 **11** 提供了优良的光学纯度和最优化条件(表 19-4)。

301

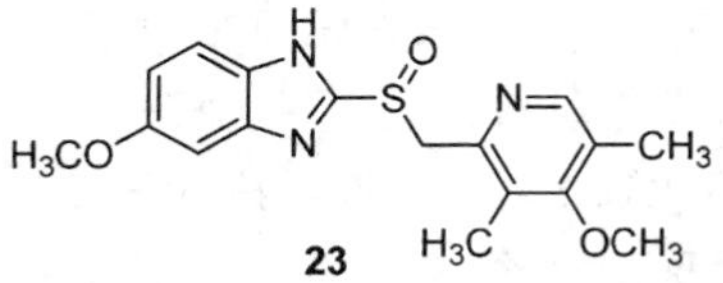

23

美国通用名: Omeprazole
商品名: Prilosec®
公司: AstraZeneca
上市时间: 1985

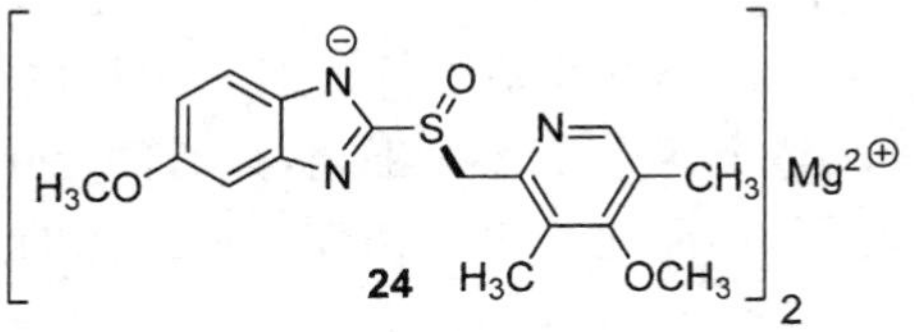

24

美国通用名: Esomeprazole
商品名: Nexium®
公司: AstraZeneca
上市时间: 2001

图 19-2　奥美拉唑 23(外消旋)和埃索美拉唑 24(手性)①

表 19-3　使用 Kagan 方法筛选最初的底物用于不对称氧化

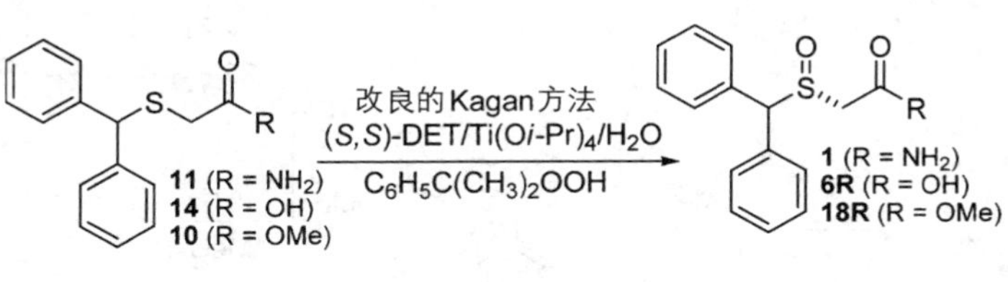

11 (R = NH_2)
14 (R = OH)
10 (R = OMe)

改良的Kagan方法
(*S,S*)-DET/$Ti(Oi\text{-}Pr)_4/H_2O$
$C_6H_5C(CH_3)_2OOH$

1 (R = NH_2)
6R (R = OH)
18R (R = OMe)

条　目	R	反应收率/%	*ee*/%
1	OMe	50	65
2	OH	ND	0
3	NH_2	70	>98

来源：参考文献 34。

① 原著图序有误——译者注。

表 19－4　11 的不对称氧化的最优化条件(产生 1)[34]

反应溶剂	**1** 的 HPLC 纯度/(%,面积分数)	**1** 的 *ee*/%	反应/%
甲　苯	>99	93.0	92
乙酸乙酯	**>99**	**99.5**	**75**
二氯甲烷	>98.5	98.0	61
乙　腈	>98.5	99.3	70
四氢呋喃	>99	99.7	50
丙　酮	>99	99.6	45

来源：参考文献 34。

为了优化产量和手性纯度的不对称氧化条件,对几个反应参数进行了评估,包括(1) 仔细选择溶剂;(2) 水的化学计量;(3) 钛催化剂的化学计量;(4) (*S*,*S*)- DET(酒石酸二乙酯)的化学计量;(5) 异丙苯过氧化氢的化学计量;(6) 催化剂的接触程度。最终的优化条件提供了一个极好的适用于商业规模生产的工艺,使得 API 分离产率达到 75%,手性纯度大于 99.5%。

302

莫达非尼 **1**(示意图 19－7)不对称手性合成路线的效率和相对较低的环境影响是化学工艺的一个重要成就,这项成就由 Novasep 团队获得[34]。它与同分异构拆分方法相比较有几个优势:这个过程始于低成本非手性的原材料,整个过程是一个真正的催化过程。整个四个步骤的工艺,只有两个中间体是孤立的,这不仅节省运营成本和时间,还简化了单元操作。从工艺的角度看,

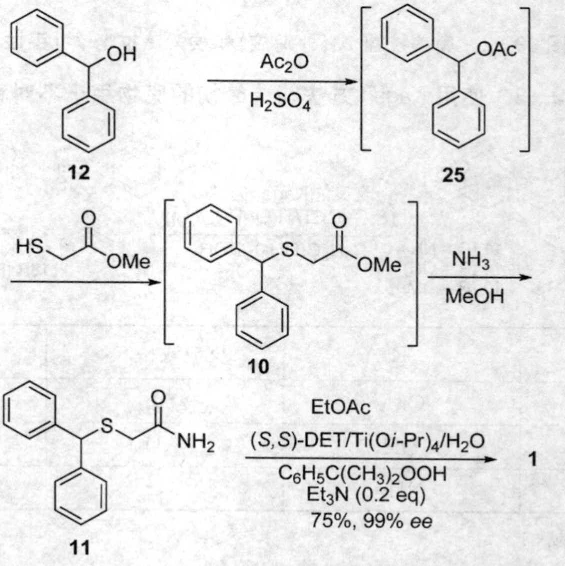

示意图 19－7　诺华赛和瑟法隆(Novasep/Cephalon)制药公司生产莫达非尼 **1** 的工业路线

中间体 **25** 和 **10** 都是液体，因此纯化是不理想的。故 **25** 和 **10** 的形成必须要严格控制纯度，以避免额外的纯化步骤。由此看来这个过程是足够成熟的，它使用中间体作为基础，并且仍然产生作为纯固态化合物的关键中间体 **11**。此外，从不对称氧化反应中分离出的莫达非尼 **1** 通常有大于 99%的化学纯度和大于 99.5%手性纯度，满足 API 各方面的规定。

303

总之，莫达非尼 **1** 是为数不多的专门用来治疗嗜睡症的药物之一。莫达非尼 **1** 是促进清醒的外消旋莫达非尼 **4** 的(*R*)-对映异构体，有长达 10～15 h 的半衰期。在治疗日间极度嗜睡和嗜睡症方面，Ⅲ期临床试验的数据保证了莫达非尼 **1** 的疗效和安全性。在衡量 EDS 上，该药展示了客观疗效以及改进的主观报告。莫达非尼 **1** 的有效性研究证明它比莫达非尼 **4** 有更持久的保持清醒的效果。关于其他临床迹象，莫达非尼 **1** 有可能显示对 EDS 和其他合并症有利的影响，在未来将需要做更多的临床试验。

19.6　参考文献

1. Becker, P. M.; Schwartz, J. R.; Feldman, N. T.; Hughes, R. J. *Psychopharmacology* **2004**, *171*, 133-139.
2. (a) Millman, R. P. *Pediatrics*, **2005**, 115, 1774-1786. (b) Shah, N.; Roux, F.; Mohsenin, V. *Treat. Respir. Med.*, **2006**, *5*, 235-244.
3. (a) Howell, L. L.; Kimmel, H. L. *Handbook of Contemporary Neuropharmacology*, John Wiley & Sons, **2007**, *2*, 567-611. (b) Tafti, M.; Dauvilliers, Y. *Pharmacogenomics* **2003**, *4*, 23-33.
4. Kollins, S. H. *Curr. Med. Res. Opin.* **2008**, *24*, 1345-1357.
5. (a) Abad, V. C.; Guilleminault, C. *Expert Opin. Emerg. Dr.* **2004**, *9*, 281-291. (b) Billiard, M. *Neuropsychiatr. Dis. Treat.* **2008**, *4*, 557-566.
6. (a) Kumar, R. *Drugs* **2008**, *68*, 1803-1839. (b) Ballas, C. A.; Kim, D.; Baldassano, C. F.; Hoeh, N. *Expert Rev. Neurother.* **2003**, *2*, 449-457.
7. (a) L. Lafon U. S. Pat., 4177290, 1979; Ger. Offen, 2809625, 1978; and (b) Wong, Y. N.; Simcoe, D.; Harman, L. N.; et al. *J. Clin. Pharmacol.* **1999**, *39*, 30-40.
8. "UK Army Tested Stay Awake Pills" BBC News, October 26, **2006**.
9. (a) Lagarde, D. *Ann. Pharm. Fr.* **2007**, *65*, 258-264. (b) Buguet, A.; Moroz, D. E.; Radomski, M. W. *Avia. Space Envir. Md.* **2003**, *74*, 659-663.
10. (a) Caldwell, J. A.; Caldwell, J. L. *Avia Space Envir Md.* **2005**, *76*, C39-51. (b) Eliyahu, U.; Berlin, S.; Hadad, E.; Heled, Y.; Moran, D. S. *Mil. Med.* **2007**, *172*, 383-387.
11. Orr, K.; Taylor, D. *CNS Drugs* **2007**, *21*, 239-257.
12. (a) Haney, M. *Addict. Biol.* **2009**, *14*, 9-21. (b) Martinez-Raga, J.; Knecht, C.; Cepeda, S. *Cur. Drug Abuse Rev.* **2008**, *1*, 213-221.
13. van Vliet, S. A. M.; Blezer, E. L. A.; Jongsma, M. J.; Vanwersch, R. A. P.; Olivier, B.; Philippens, I. H. C. H. M. *Brain Res.* **2008**, *1189*, 219-228.

14. Cooper, M. R.; Bird, H. M.; Steinberg, M, *Ann. Pharmacother*. **2009**, *43*, 721–725.
15. Turner, D. *Expert Rev. Neurother*. **2006**, *6*, 455–468.
16. (a) Lankford, D. A, *Expert Opin. Investig. Drugs*, **2008**, *17*, 565–573. (b) Nishino, S.; Okuro, M, *Drugs Today* **2008**, *44*, 395–414. (c) Laffont, F., *Drugs Today* **1996**, *32*, 339–347.
17. (a) Duteil, J.; Rambert, F. A.; Pessonnier, J.; Herman, J. F.; Jean, F.; Gombert, R.; Assous, E, *Eur. J. Pharmacol*. **1990**, *180*, 49–58. (b) Simon, P.; Hemet, C.; Ramassamy, C.; Costentin, J. *Eur. Neuropsychopharmacol*. **1995**, *5*, 509–514. (c) McClellan, K. J.; Spencer, C. M. *CNS Drugs*, **1998**, *9*, 311–324. (d) Ferraro, L.; Tanganelli, S.; O'Connor, W. T.; Antonelli, T.; Rambert, F.; Fuxe, K. *Neurosci. Lett*. **1999**, *220*, 5–8. (e) Ishizuka, T.; Sakamoto, Y.; Sakurai, T.; Yamatodani, A. *Neurosci. Lett*. **2003**, *339*, 143–146.
18. Mignot, E.; Nishino, S.; Guilleminault, C.; Dement, W. C. *Sleep* **1994**, *17*, 436–437.
19. Madras, B. K.; Xie, Z.; Lin, Z.; jassen, A.; Panas, H.; Lynch, L.; Johnson, R.; Livni, E.; Spencer, T. J.; Bonab, A. A. *J. Pharmacol. Exp. Ther*. **2006**, *319*, 561–560.
20. (a) Zolkowska, D.; Jain, R.; Rothman, R. B.; Partilla, J. S.; Roth, B. L.; Setola, V.; Prisinzano, T. E.; Baumann, M. H. *Pharmacol. Exp. Ther*. **2009**, *329*, 738–746. (b) Madras, B. K.; Xie, Z.; Lin, Z.; Jassen, A.; Panas, H.; Lynch, L.; Johnson, R.; Livni, E.; Spencer, T. J.; Bonab, A. A.; Miller, G. M.; Fischman, A. J. *Pharmacol. Exp. Ther*. **2006**, *319*, 561–569.
21. Keating, G. M.; Raffin, M. *CNS Drugs*, **2005**, *19*, 785–803.
22. Robertson, P. J.; Hellriegel, E. T. *Clin. Pharmacokinet*. **2003**, *42*, 123–137.
23. Darwish, M.; Kirby, M.; Hellriegel, E. T.; Yang, R.; Robertson, P. J. *Clin Drug Invest*. **2009**, *29*, 87–100.
24. Harsh, J. R.; Haydak, R.; Rosenberg, R.; et al. *Curr. Med. Res. Opin*. **2006**, *22*, 761–774.
25. Boyd, B.; Castaner, J. *Drugs Fut*. **2006**, *31*, 17–21.
26. Faming Zhuanli Shenqing Gongkai Shuomingshu, Appl.: CN 2005 – 10049330 20050310, 2006.
27. Prisinzano, T.; Podobinski, J.; Tidgewell, K.; Luo, M.; Swenson, D. *Tetrahedron Asymm*. **2004**, *15*, 1053–1058.
28. Faming Zhuanli Shenqing Gongkai Shuomingshu, Appl.: CN 2006 – 10155494 20061227, 2007.
29. Liang, S. PCT Int. Appl. 2005042479, 2005.
30. Eur. Pat. Appl. 1260501, 2002.
31. (a) Fernandes, A. C.; Romão, C. C. *Tetrahedron* **2006**, *62*, 9650–9654. (b) Fernandes, A. C.; Romão, C. C. *Tetrahedron Lett*. **2007**, *48*, 9176–9179.
32. Ternois, J.; Guillen, F.; Piacenza, G.; Rose, S.; Plaquevent, J.-C.; Coquerel, G. *Org. Proc. Res. Dev*. **2008**, *12*, 614–617.
33. Osorio-Lozada, A.; Prisinzano, T.; Olivo, H. F. *Tetrahedron Asymm*. **2004**, *15*, 3811–3815.
34. Hauck, W.; Adam, P.; Bobier, C.; Landmesser, N. *Chirality* **2008**, *20*, 896–899.
35. (a) Kagan, H. B.; Luukas, T. O. In *Transition Metals for Organic Synthesus*

(2nd Edition), 2004, 479 - 495. Eds. Beller, M.; Bolm, C. Wiley-VCH Verlag. (b) Kagan, H. B. In *Catalytic Asymmetric Synthesis*, (2nd Edition), 2000, 329 - 356, Ed. Ojima, I. Wiley-VCH.

36. (a) Philippe, P.; Kagan, H. B. *J. Am. Chem. Soc.* **1984**, *25*, 1049 - 1052. (b) Ternois, J.; Guillen, F.; Plaquevent, J.-C.; Coquerel, G. *Tetrahedron Asymm.* **2007**, *18*, 2959 - 2964. (c) Olivo, H.; Osorio-Lozada, A.; Peeples, T. *Tetrahedron Asymm.* **2005**, *16*, 3507 - 3511.

305

V

多 样 疾 病

20 雷洛昔芬(易维特)：一种选择性雌激素受体调节剂(SERM)

309

Marta Piñeiro-Núñez

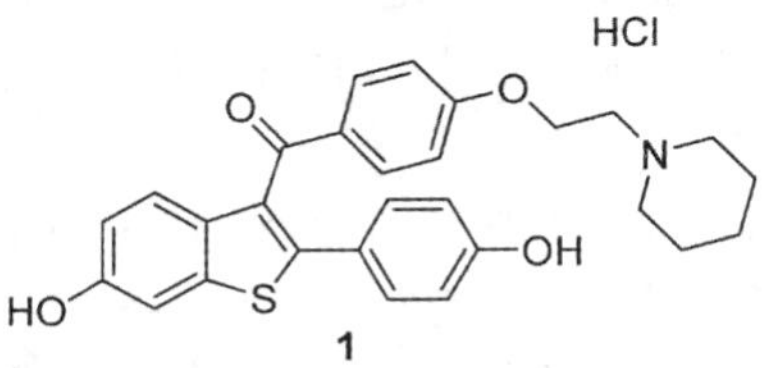

HCl

1

美国通用名: Raloxifene Hydrochloride
商品名: Evista®
公司: Eli Lily
上市时间: 1997 年预防绝经后骨质疏松症
1999 年治疗绝经后骨质疏松症
2007 年减小浸润性乳腺癌风险

20.1 背景

生物体内的雌激素，如 17 -雌二醇(17b - estradiol，**2**)和雌素酮(Estrone，**3**)，在生殖内分泌系统中有重要作用，它们参与雌性生殖器官和乳腺的发育，维持体内雌激素水平。最新研究表明，无论是在雌性还是雄性体内，雌激素水平对其他组织的发育和功能都有重要影响，比如骨骼、心血管系统以及中枢神经系统。女性更年期时，体内循环的雌激素水平明显下降，从而导致许多生理变化，引起不同程度的健康问题：从更年期潮热和泌尿生殖器萎缩，到更严重的骨质疏松症[1-3]。

310

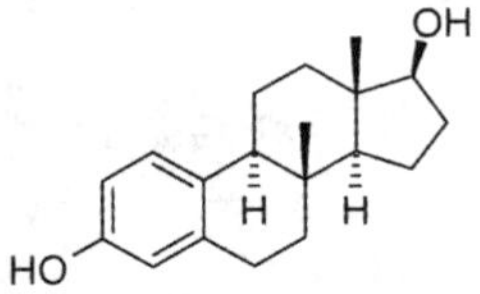

2 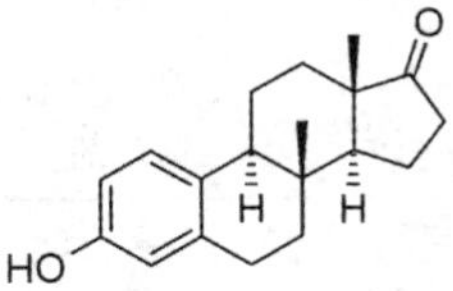　　**3**

骨质疏松症患者的骨头比较脆，即便日常活动也有骨折的风险。更年期后不久骨质就开始流失，但要几年以后才出现身高缩短和驼背等明显骨质流失现象，之后由低骨质量和骨质疏松引起的骨折风险增加。尤其是髋关节和脊柱的骨折，这可能需要住院进行重大手术，还可能导致长期或永久性残疾、畸形甚至死亡。由于骨质疏松症发病率高且严重，人们越来越重视它。每两个 50 岁以上的女性中，就会有一个一生都要遭受由骨质疏松带来的痛苦[4-6]。

同样，当恶性肿瘤细胞通过乳液导管或小叶侵入周围脂肪组织时，浸润性乳腺癌就发生了，最后癌细胞会扩散到淋巴系统和血液循环系统，感染身体其他部分。相对于年轻女性来说，处于更年期的女性被诊断为浸润性乳腺癌的概率更高，66％的浸润性乳腺癌被发现于 55 岁以上的女性[4,5,7,8]。

雌激素补充疗法(Estrogen Replacement Therapy, ERT)可以有效缓解更年期症状，降低发病频率，因此成为治疗女性更年期症的首选方法。不幸的是，ERT 疗法副作用明显，导致患者不愿意使用。大量研究表明，ERT 疗法会增加乳腺癌、子宫内膜癌以及血栓的发病率，这进一步令该疗法的使用大大受到限制[9]。

细胞内有两种雌激素受体(Estrogen Receptors, ER)，即 ERα 和 ERβ，目前已确定天然激素 **2** 和 **3** 可以与细胞内的这些雌激素受体相结合。结合后，调节组织中目标基因的转录，从而引起一系列生理效应。雌激素受体因其分布广泛、药理作用丰富，很快就成为热门靶点，用于一些还未找到合适治疗药物的疾病，例如：骨质疏松症和乳腺癌。过去的几十年间，许多甾体类或非甾体类雌激素受体调节剂被陆续开发出来(见表 20－1)，这反过来又有助于人们进一步了解雌激素受体的生理机制[1-3]。

311

表 20－1　典型的雌激素受体调节剂[1,10-21]

分　子	商品名	药理学	Indication	公　司	状　态
氯米芬 (**4**)①	Clomid Serophene Milophene	部分激动剂	停止排卵	赛诺菲-安万特	批准时间 1967 (US)
泰莫西芬 (**5**)	Nolvadex Istubal Valodex	混合型 激动剂/抑制剂	乳腺癌	阿斯利康制药	批准时间 1977 (US)
托瑞米芬 (**6**)	Fareston	混合型 激动剂/抑制剂	已转移的乳腺癌	GTX 公司	批准时间 1997 (US)
阿非昔芬 (**7**)	TamoGel	混合型 激动剂/抑制剂	乳腺周期性疼痛	Ascend Therapeutics	研发中

① 本章药品名称序号有误，译者已做修改——译者注。

续 表

分 子	商品名	药理学	Indication	公 司	状 态
奥美昔芬 (**8**)	Centron Saheli Sevista	混合型 激动剂/抑制剂	避孕	中央药物所(印度)	批准时间 1991 (印度)
拉索昔芬 (**9**)	Oporia Fablyn	混合型 激动剂/抑制剂	骨质疏松症/阴道萎缩	辉瑞制药	注册前
氟维司群 (**10**)	Faslodex	完全激动剂	已转移的乳腺癌	AstraZeneca	批准时间 2002 (US)
雷洛昔芬 (**1**)	Evista	混合型 激动剂/抑制剂	骨质疏松症预防/治疗/浸润性乳腺癌	礼来制药	批准时间 1997/1999/2007 (US)
巴多昔芬 (**11**)	Viviant Conbriza	混合型 激动剂/抑制剂	骨质疏松症	Wyeth/Ligand	批准时间 2009 (EU)

氯米芬(Clomiphene,**4**)和泰莫西芬(Tamoxifen,**5**)是首批进入临床研究的雌激素受体调节剂,它们是三苯乙烯(TPE)类骨架的典型代表。三苯乙烯类结构刚开始被用作避孕药,但后来发现在乳腺组织中泰莫西芬(**5**)和托瑞米芬(Toremifene,**6**)对雌激素表现出很强的拮抗作用,于是它们被发展为乳腺癌治疗药物。目前,这类结构的新成员,阿非昔芬(Afimoxifene,**7**)的凝胶形式正在被开发用于治疗周期性乳腺疼痛[1,13]。

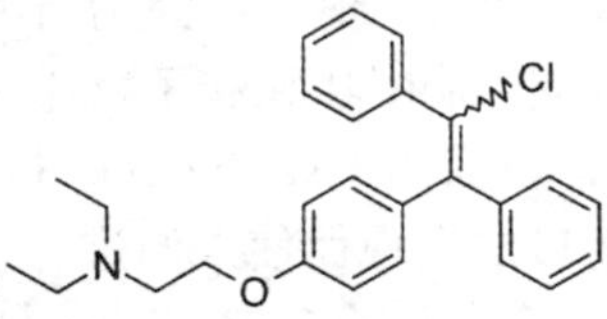

4
Clomiphene

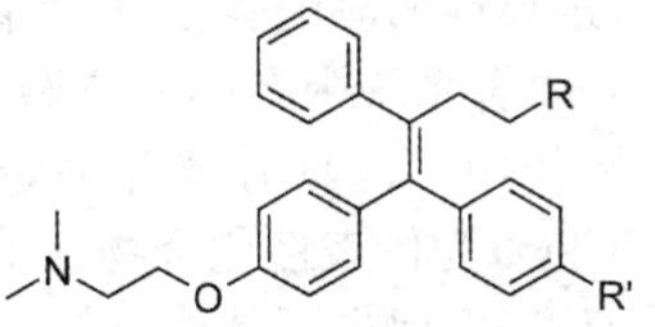

R = R' = H　Tamoxifen (**5**)
R = Cl, R' = H　Toremifene (**6**)
R = H, R' = OH　Afimoxifene (**7**)

312

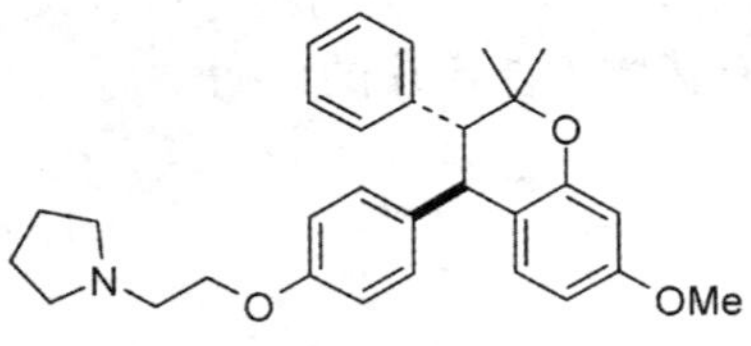

8
Ormeloxifene

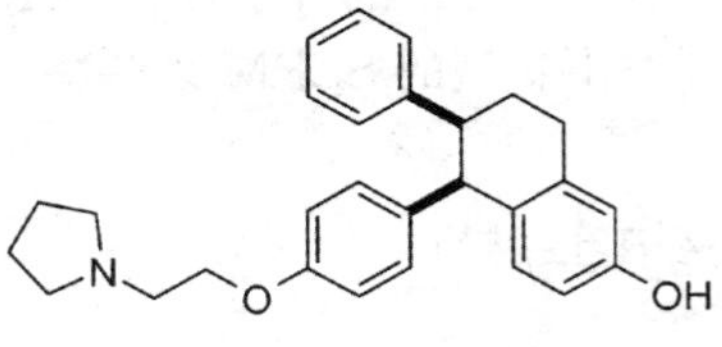

9
Lasofoxifene

另一类雌激素受体调节剂的骨架结构以奥美昔芬(Ormeloxifene,**8**)和拉索昔芬(Lasofoxifene,**9**)为代表。这些分子是三苯乙烯类结构的构象异变体。

20 世纪 90 年代初，在印度奥美昔芬(**8**)被用作避孕药，但是在此之前就有报道称它在稳定骨质方面有重要作用，这预示着它可能还有其他用处[17]。的确，目前拉索昔芬(**9**)正在被评估能否用于治疗骨质疏松症[18]。

早期对天然雌激素衍生物的研究表明其组织选择性很差，但是氟维司群(Fulvestrant，**10**)——一种甾体类骨架药物，是个成功的案例，它在 21 世纪初就被用于治疗乳腺癌。氟维司群(**10**)是雌激素受体完全拮抗剂，其他分子不能与之竞争，之所以效果显著是因为它能有效减少雌激素受体数目和减退雌激素受体功能[1,19,20]。

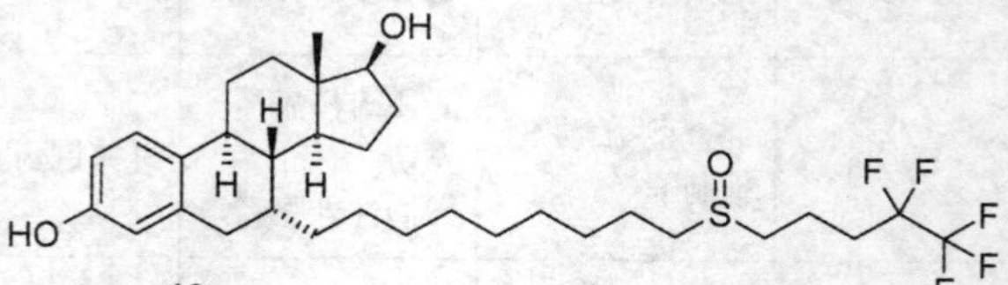

10
Fulvestrant

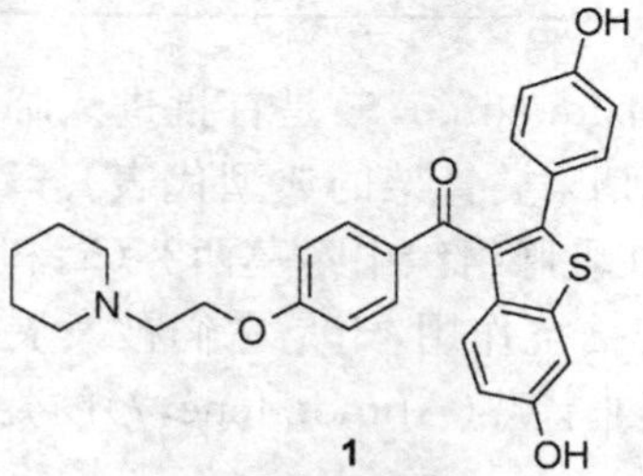

1
Raloxifene

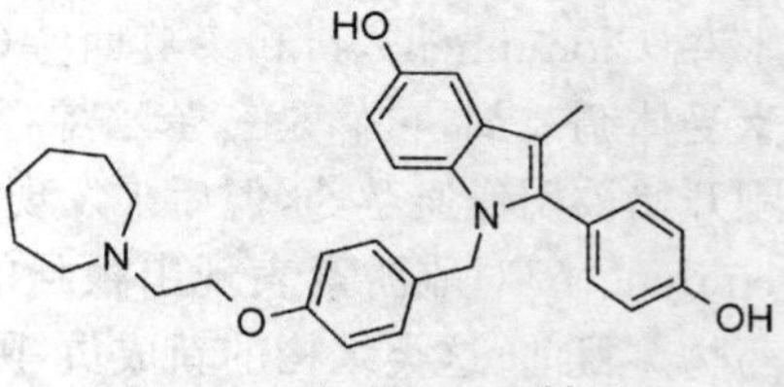

11
Bazedoxifene

最后，选择性的雌激素受体调节剂(SERM)被发现了。因为有些化合物在骨骼及心血管系统中有类似雌激素的作用，同时在乳腺和子宫中又有几乎完全的拮抗作用。以具有苯并噻吩结构的雷洛昔芬(Raloxifene，**1**，商品名：易维特/Evista)为代表性化合物。雷洛昔芬(**1**)的发现促使人们进一步研究苯并噻吩骨架，进而促进了其他类似骨架的发展[1-5,21]。2009 年，基于吲哚骨架的雌激素受体调节剂巴多昔芬(Bazedoxifene，**11**)在欧洲获得批准，用于预防和治疗绝经后的骨质疏松症。目前，巴多昔芬(**11**)正在接受美国 FDA 的审批[11]。

313

除了表 20-1 中的分子，新型 ER 调节剂结构骨架仍然有待开发，相信不久就会开发出新型的 SERM 来解决已有药物不能治疗的疾病[3]。

20.2 药理学[1-3,22-29]

ER 调节剂的作用机理有各种可能，有对所有组织均起作用的完全激动剂(如天然内源性雌激素)，有完全拮抗剂(如氟维司群)，也有一些 ER 调节剂对某些组织是激动剂而对另一些组织则是完全拮抗剂(如表 20-1 所示)。真正的选择性雌激素受体调节剂(SERM)是那些不刺激子宫，却在骨骼组织和心血管系统中表现出激动剂效应的 ER 调节剂。以雷洛昔芬(**1**)为代表，它具有极高的组织选择性，因此可以降低浸润性乳腺癌发病风险并能预防女性绝经后的骨质疏松症。

SERM 表现出组织选择性的原因很复杂。因为 ER 有 ERα 和 ERβ 两种亚型，配体对两种亚型的亲和力不同可能是导致组织选择性的一个原因。另一个原因可能是与配体结合后，受体构象改变，ER 与雌激素或雷洛昔芬(**1**)结合的单晶结构可以证明这一点。每种构象形式均可与靶基因促进剂和共调节蛋白发生特异性反应，共调节蛋白可以是共促进剂(起激动作用)或是共抑制剂(起拮抗作用)。第三个原因可能是细胞内共促进剂与共抑制剂比例的改变。这样，SERM 的药理学效应不仅仅依赖于受体与配体间的相互作用，也依赖于不同细胞中基因促进剂和共调节剂的相对含量。

以泰莫西芬(**5**)为例进一步阐释这种复杂性：它是胸腺拮抗剂，却是子宫激动剂。因为子宫中的共促进剂浓度高于胸腺。与之相比，尽管在子宫中共促进剂的浓度高于共抑制剂，但是雷洛昔芬(**1**)在子宫和胸腺中都是拮抗剂，这是由于在子宫中受体-雷洛昔芬配合物接受共抑制剂的能力比在胸腺中更强。

20.3　药代动力学和药物代谢[21,30-32]

表 20－2 是几种典型的 ER 调节剂的临床试验数据，由于骨架结构不同，它们既有相似之处也有不同之处。由表可知，具有苯并噻吩结构的雷洛昔芬(**1**)以及具有三苯乙烯类结构的泰莫西芬(**5**)和托瑞米芬(**6**)可以口服给药，而具有甾体类结构的氟维司群(**10**)则需要肌肉注射。另一方面，这三种口服药需要每日给药，而肌肉注射药物则每月给药即可，这也与药物消除半衰期的值相符。

表 20－2　几种雌激素受体调节剂的 ADME 性质[21,30-32]

	雷洛昔芬 (**1**)	泰莫西芬 (**5**)	托瑞米芬 (**6**)	氟维司群 (**10**)
适 用 症	降低乳腺癌风险	乳腺癌	乳腺癌	乳腺癌
	骨质疏松症			
骨架结构	苯并噻吩	三苯乙烯	三苯乙烯	类甾体
给药方式	口服	口服	口服	肌肉注射
服药次数	1/天	1/天	1/天	1/月
剂量/mg	60	20～40	60	250
口服生物利用度/%	2	30～100	≈100	低
蛋白结合率/%	＞95	＞95	≥99	99
表观分布容积/(L/kg)	2 348	50～60	8.3	3～5
参与代谢的 CYP	无	3A4, 2C9, 2D6	3A4, 其他	3A4

续 表

	雷洛昔芬(**1**)	泰莫西芬(**5**)	托瑞米芬(**6**)	氟维司群(**10**)
主要代谢途径	粪便	粪便	粪便	粪便
半衰期/天	1.15	5～7	5	40[a]
已知的代谢产物	葡糖苷酸	*N*-去甲基 4-羟基	*N*-去甲基 去氨基羟基 4-羟基 双去甲基	17-酮 3-酮 葡糖苷酸 硫酸酯 砜

a. 不是半衰期：由于采用肌肉注射给药方式，决定半衰期的是吸收速率而不是消除速率。

基本上所有药物与蛋白质结合后的消除途径都相似，除了雷洛昔芬(**1**)，其他几种都会和CYP体系发生明显的相互作用。最后，雷洛昔芬(**1**)的表观分布容积最大，因此它能够在许多组织中发挥药效。而且，它是唯一的一种既可以治疗骨质疏松症又可以降低乳腺癌发病风险的分子。

314

20.4 药效和安全性

雷洛昔芬(**1**)分别在1997和1999年获得批准，分别用于预防和治疗女性绝经后骨质疏松症，这开创了此领域药物开发的新纪元[4]。此外，雷洛昔芬(**1**)用于治疗乳腺癌是另一个里程碑。临床试验MORE、CORE和RUTH均表明雷洛昔芬可以降低绝经后女性乳腺癌发病风险[33-38]。正因为此，2007年，雷洛昔芬(**1**)获得批准，用于治疗绝经后女性的骨质疏松症，同时降低浸润性乳腺癌发病的风险(只在美国)[21,38,39]。

雷洛昔芬可以增加骨密度(Bone Mineral Density, BMD)并降低骨折发生率，在治疗绝经后女性患者骨质流失案例中，它的疗效得到了证实。虽然骨质疏松症的临床表现是骨折，但是世界卫生组织(WHO)给出了准确定义：比年轻人骨密度值小2.5及以上即为骨质疏松。于是，通过测量骨密度值可以诊断骨折高发患者的骨折概率[4]。

MORE试验(评价雷洛昔芬的多重疗效试验)是一个多靶点、随机的、双盲试验，历时4年，共对7 705名患有骨质疏松症的绝经后女性患者进行跟踪调查[5]。结果表明，服用雷洛昔芬60 mg或120 mg并补充了钙和维生素D_3的患者，同安慰剂组相比，其骨密度增加了2%～3%，同时脊柱骨折风险降低[40,41]，浸润性乳腺癌的发病风险降低71%，绝对风险降低1.1%[36]。接下来研究人员选择了MORE试验中的部分患者参与接下来4年的试验，即CORE试验(对雷洛昔芬的疗效持久性进行研究)。结果表明，服用雷洛昔芬之后7年，骨密度持续增加[42]，同时浸润性乳腺癌的发病风险降低56%，绝对风险降低

315

0.9%[37]。还有一个小规模的试验，研究了雷洛昔芬用于预防骨质疏松症的疗效，结果表明，服用雷洛昔芬 30、60 或 150 mg 的患者，其腰椎骨密度比安慰剂组增加 2.6%[43]。

STAR 试验(对泰莫西芬和雷洛昔芬进行研究的试验)表明，雷洛昔芬可以用于预防乳腺癌，19 000 多名绝经后女性参与试验，历时 5 年。这是一个随机、双盲试验，将每天服泰莫西芬 20 mg 的小组与每天服雷洛昔芬 60 mg 的小组进行对比，发现两种疗法的浸润性乳腺癌发病率相同[39]。

最后，RUTH 试验(研究雷洛昔芬能否用于治疗心脏病的试验)是一个用安慰剂组做对比的临床试验，10 000 多名患有冠心病的绝经后女性患者参与试验[44-46]。结果表明，同安慰剂组相比，浸润性乳腺癌发病率降低 44%，绝对风险降低 0.6%。这也进一步验证了 MORE 试验和 CORE 试验的研究结果，同时也表明雷洛昔芬不会影响冠心病和卒中的发病率。然而，卒中死亡率和静脉血栓发病率却增加，在 MORE 试验中也发现了这一点，这导致雷洛昔芬不能用于预防心血管疾病，也不能用于降低心血管疾病的发病率[21]。

尽管 RUTH 试验表明雷洛昔芬的治疗范围有限，但是总体而言，雷洛昔芬表现出良好的耐受性，即使服药量高达 150 mg/天。已知的雷洛昔芬的不良反应有女性更年期热潮红、小腿痉挛、浮肿、类流感症状、关节痛和盗汗。最后，临床实验表明雷洛昔芬不会影响血液、肾脏和肝脏，也不会增加子宫癌、卵巢癌和子宫内膜增生症的发病风险[4,5]。

20.5 合成方法

文献报道了雷洛昔芬骨架的首次合成方法，即采用羧酸片段 **12** 与苯并噻吩片段 **13** 进行偶联。苯并噻吩的 C(3)对 12 的活泼羰基进行亲核进攻，形成最关键的 C—C 键。最后，两个甲基醚断裂得到所需的羟基[48,49]。

316

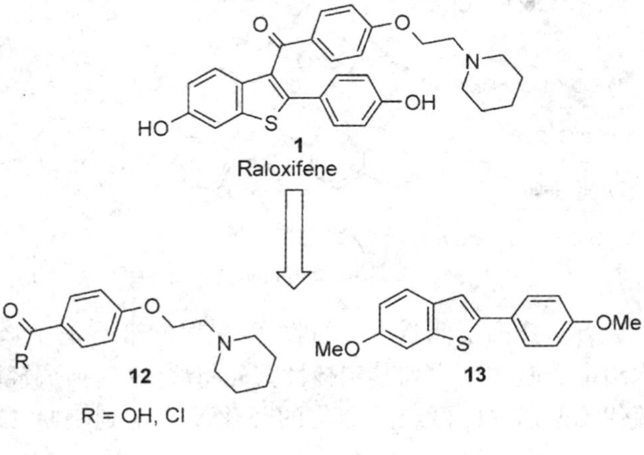

1
Raloxifene

12
R = OH, Cl

13

此处,用苯甲酸酯 **14** 与胺 **15** 反应,以 82%的收率得到羧酸片段 **12a**。用苯硫酚 **16** 和溴代酮 **17** 反应,以 55%的收率得到苯并噻吩 **13**。

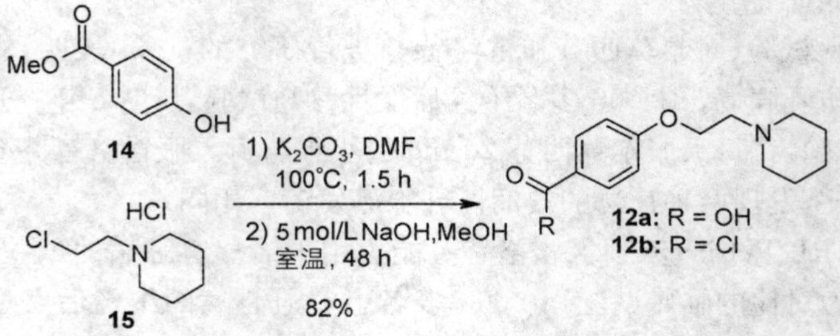

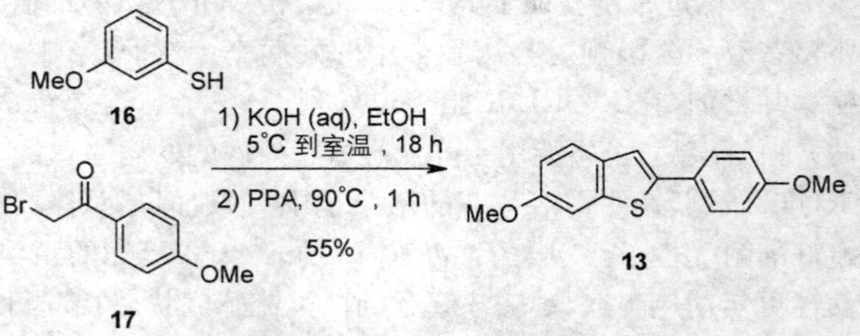

MeO OH **14**
HCl Cl N **15**
1) K_2CO_3, DMF 100°C, 1.5 h
2) 5 mol/L NaOH,MeOH 室温, 48 h
82%
O N R
12a: R = OH
12b: R = Cl

MeO SH **16**
Br O OMe **17**
1) KOH (aq), EtOH 5°C 到室温, 18 h
2) PPA, 90°C, 1 h
55%
MeO S OMe **13**

首先将 **12a** 转换成酰氯 **12b**,接下来,**12b** 与 **13** 发生重要的偶联反应得到双甲基化的雷洛昔芬前体 **18**。再用三氯化铝将两个甲基醚裂解,得到终产物雷洛昔芬(**1**)。后来,此条合成路线被进一步优化,采用一锅法进行酰化-去甲基化反应,即酸 **12a** 与亚硫酰氯反应之后,在三氯化铝的存在下直接加入 **13**,用乙硫醇处理后,得到终产物雷洛昔芬(**1**)的盐酸盐。

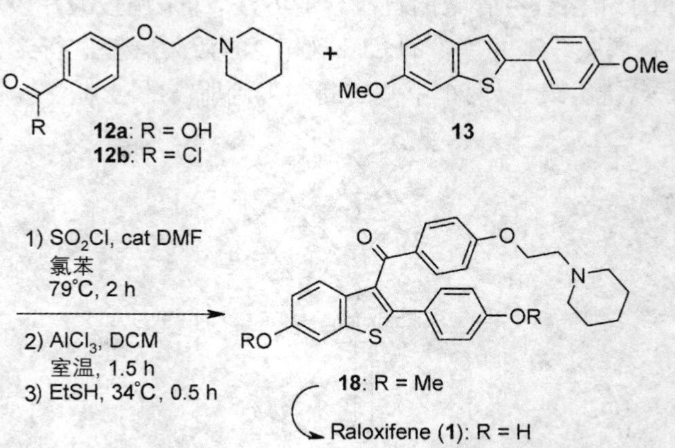

317

O N R
12a: R = OH
12b: R = Cl
+
MeO S OMe **13**

1) SO_2Cl, cat DMF 氯苯 79°C, 2 h
2) $AlCl_3$, DCM 室温, 1.5 h
3) EtSH, 34°C, 0.5 h
O O N RO S OR
18: R = Me
Raloxifene (**1**): R = H

第二代合成方法提高了偶联反应的收率,采用的策略是在苯并噻吩 C(2) 的位置上加入给电子基团来增加其亲核性。先将醛 **19** 转换成羟腈 **20**,再经三步反应得到硫代乙酰胺 **21**,再经酸催化的环化反应得到噻吩 **22**。**22** 与酰氯

12b偶联得到**23**，再与(4-甲氧基苯基)溴化镁反应引入苯基。有趣的是，即使格氏试剂过量，也只生成对**23**中不饱和酮进行1，4-加成的产物。

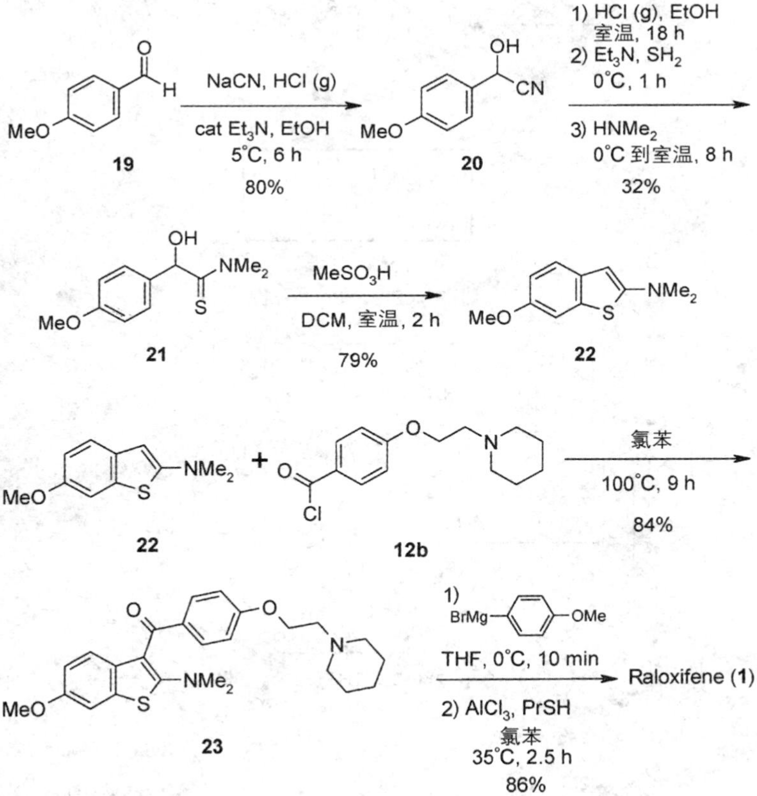

318

用中间体**23**合成雷洛昔芬有一个优势，即从不同取代的**23**出发可以得到多种C(3)位不同的雷洛昔芬衍生物，它们可以用于构效关系研究。这反过来又有利于优化合成路线，基于此优化的合成路线是从醛**19**出发合成**22**。首先**19**与*N*，*N*-二甲基硫代甲酰胺缩合，接下来是酸催化的芳构化得到所需的苯并噻吩**22**。再如前所述将其转化为**23**。将**23**与一系列的格氏试剂反应得到一系列雷洛昔芬衍生物**24**。另外，也可以将**23**与从溴化物A衍生出的格氏试剂反应得到**25a**，再用常规的方法将其转化为**26b**。最后，**25a**和**26a**脱甲基化得到雷洛昔芬衍生物**25b**和**26b**，它们可以用于研究对位羟基构型对生物活性的影响[51]。

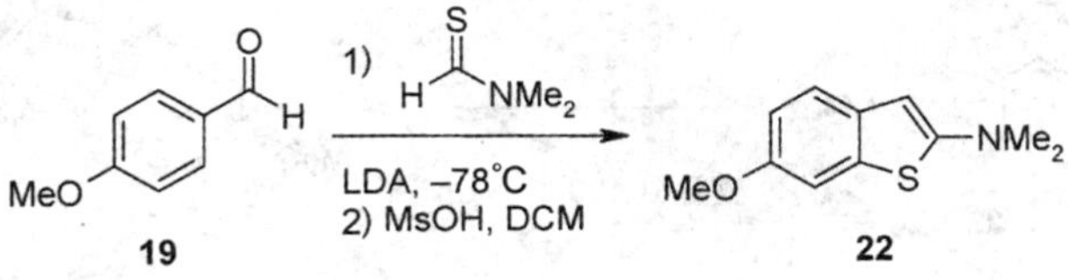

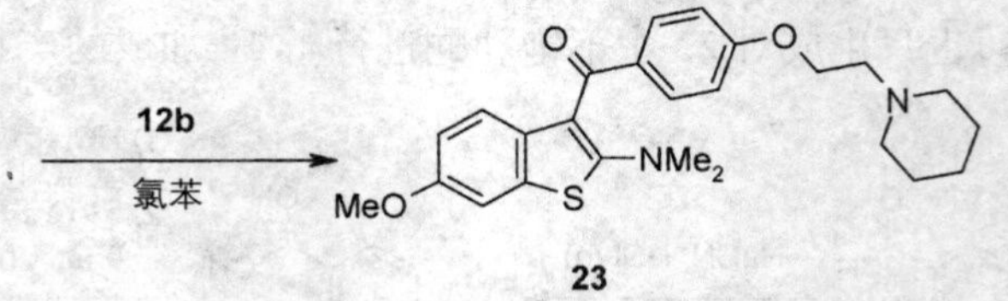

12b
氯苯
NMe2
MeO
S
23

319

X =
1) RMgBr, THF
0°C, 10 min
2) AlCl3, EtSH
DCM, RT
70%~86%
NMe2
MeO
23
24
R = Me, Et, iPr,
环戊基,
环己基
Br
OTBS
A
1) 4-硝基苯甲酸
PPh3, DEAD, THF
2) LiOH, THF
64%
OH
RO
25a: R = Me
脱保护
25b: R = H
26a: R = Me
脱保护
26b: R = H

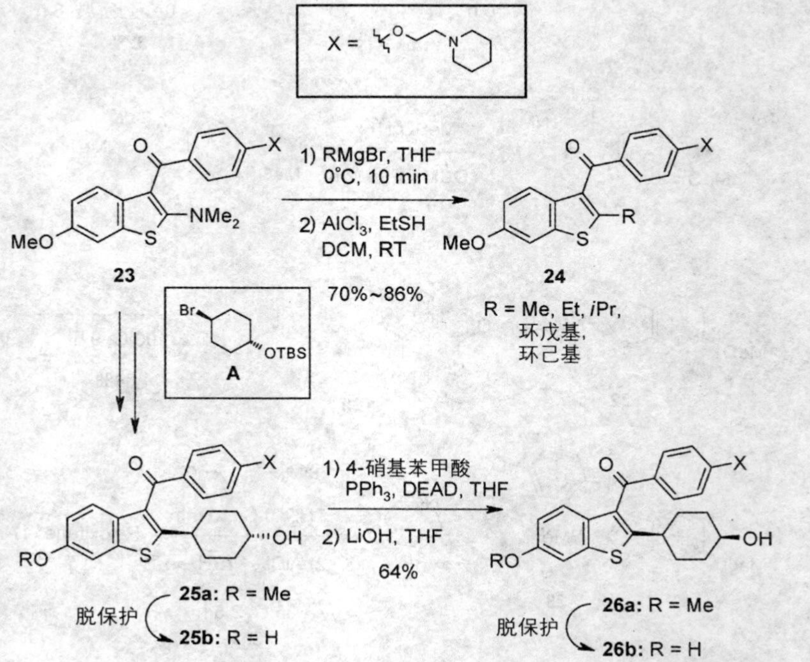

第三代合成方法能得到更多种结构不同的化合物，原因是合成中使用了含两个反应位点的中间体 **27**。**27** 进一步可以通过迈克尔加成-消除和芳香环亲核取代两步反应获得目标产物，两个反应顺序不分先后[53]。从氨基苯并噻吩 **22** 出发以 70%的收率得到中间体 **27**。由中间体 **27** 合成雷洛昔芬(**1**)有两种方法。第一种方法：**27** 先与对甲氧基苯基溴化镁反应得到 **28**，再与羟乙基哌啶进行烷基化，得到雷洛昔芬前体 **18**，收率良好。第二种方法：**27** 先与羟乙基哌啶进行烷基化得到中间体 **23**，再与对甲氧基苯基溴化镁反应得到雷洛昔芬前体 **18**，收率也很好。这两种方法得到的 **18** 都要脱甲基化才能得到雷洛昔芬(**1**)。

Cl
F
NMe2
MeO
S
22
氯苯
室温到 100°C, 12 h
70%
27

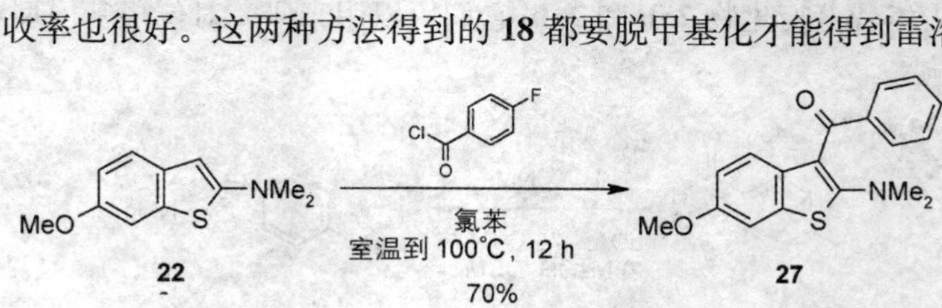

320

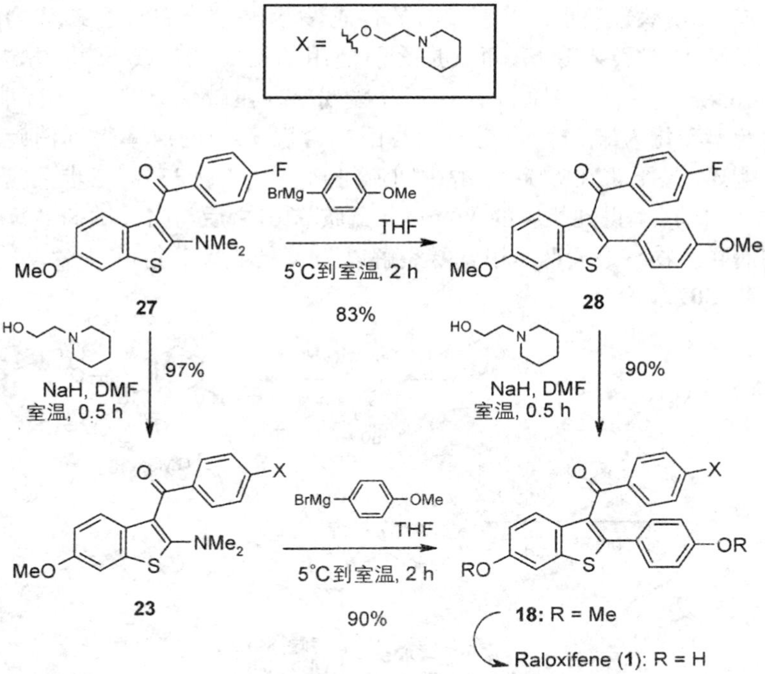

X =

MeO 27 NMe$_2$ F　BrMg–C$_6$H$_4$–OMe, THF, 5°C到室温, 2 h, 83%　→ 28

27 → HO(CH$_2$)$_2$-哌啶, NaH, DMF, 室温, 0.5 h, 97% → 23

28 → HO(CH$_2$)$_2$-哌啶, NaH, DMF, 室温, 0.5 h, 90% → 18

23 → BrMg–C$_6$H$_4$–OMe, THF, 5°C到室温, 2 h, 90% → 18

18: R = Me

Raloxifene (**1**): R = H

上述描述的用芳香环亲核取代反应来引入所需的羟乙基哌啶部分的发现不仅提供了高效合成雷洛昔芬(**1**)的方法，而且也可以用于合成多种 **29** 的衍生物(通过变换不同的亲核试剂)[54]。中间体 **13** 首先被酰化得到关键的芳香取代物 **28**，再与一系列的 O、S、N 等亲核试剂反应生成多种 **29** 的衍生物。**28** 中的双甲基醚裂解后，再经芳香亲核取代反应就可以得雷洛昔芬(**1**)，总产率为 70%。

321

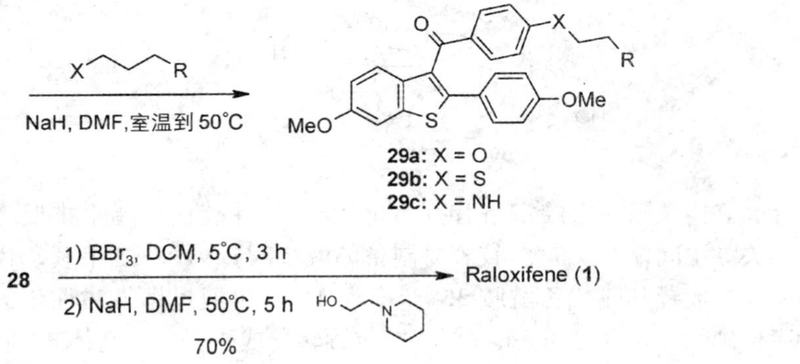

13 → ClC(O)–C$_6$H$_4$–LG, $AlCl_3$, DCM, 5°C 到室温, 3~24 h, 18%~74% → 28

28: LG = F
28b: LG = NO_2
28c: LG = Br

→ X–CH$_2$CH$_2$–R, NaH, DMF, 室温到50°C → 29

29a: X = O
29b: X = S
29c: X = NH

28 → 1) BBr_3, DCM, 5°C, 3 h; 2) NaH, DMF, 50°C, 5 h, HO(CH$_2$)$_2$-哌啶; 70% → Raloxifene (**1**)

反式2,3-双羟基雷洛昔芬(**30**)的合成，采用碱催化的苯并硫代内酯重排反应在C(2)位置引入芳基，而不是之前使用的格氏试剂或Stille方法[55]。首先，合成雷洛昔芬(**1**)的原料氨基苯并噻吩**22**，在碱性条件下进行催化，以80%的产率转化为酮**31**。再与对茴香醛缩合以75%的产率得到消旋的苯并硫代内酯**32**，接下来在哌啶/甲醇中回流得到重排产物**33a**。三步反应连续进行，以40%的产率得到相应的Weinreb酰胺**33b**，之后与格氏试剂**B**反应得到所需的偶联产物。最后两个甲基醚裂解以79%的收率获得反式-2,3-双羟基雷洛昔芬(**30**)。

NMe_2 MeO S **22** —— 1:1 THF/1 N HCl，回流，4 h，80% → MeO S O **31**

OMe OHC，哌啶，MeOH，5℃，16 h，75% → OMe MeO S O **32**

OMe MeO S O **32** —— 1) 哌啶，MeOH，回流，3 h；2) 1 mol/L NaOH，MeOH，5℃，1 h；3) $SOCl_2$，DCM，DMF；4) Pyr，HNMe(OMe)·HCl，室温，16 h；40% →

O R MeO S OMe
33a: R = OMe
33b: R = NMeOMe

—— 1) BrMg O N **B**，THF，5℃，3 h；2) $AlCl_3$，DCM，PrSH，室温，3 h；79% →

O O N HO S OH **30**

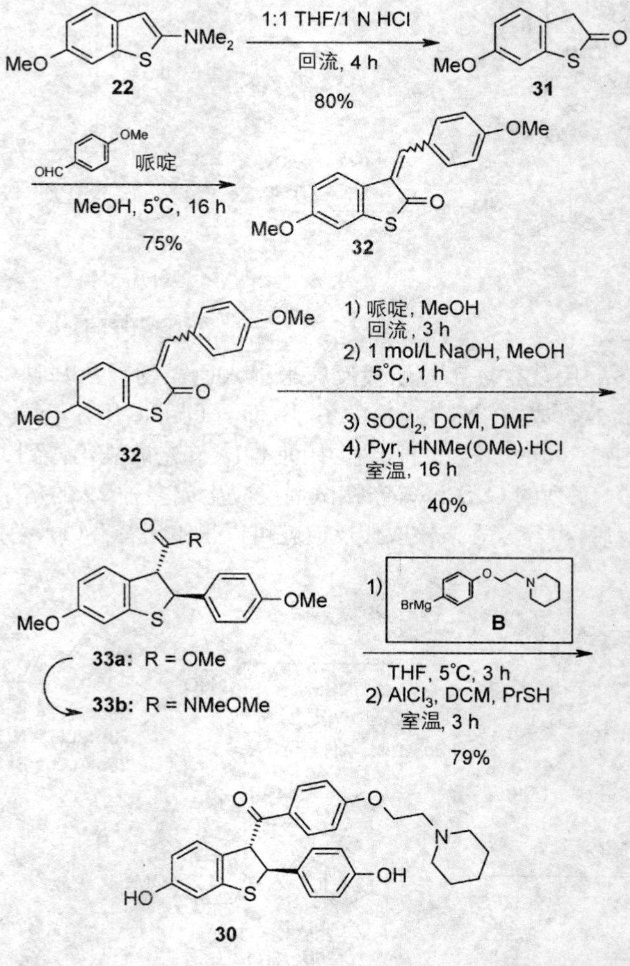

322

在合成立体位阻较大的雷洛昔芬衍生物时，苯并硫代内酯重排反应也用于合成其关键中间体[56]。首先，较容易制备的醛**34**与*N*,*N*-二甲基硫代甲酰铵锂盐反应生成羟基硫代乙酰胺**35**，产率为41%，再通过甲磺酸催化的脱水环合反应得到氨基苯并噻吩**36**。将C(2)位置转化成酮得到中间体**37**，收率为

59%。接下来用二乙胺作催化剂，乙酸作溶剂，回流条件下，与 p-苄氧基苯甲醛缩合得到亚苄基中间体，再用过量二乙胺处理，DDQ(2,3-二氯-5,6-二氰对苯醌)氧化得到 C(2)-C(3)位的双键，共三步反应得到所需的苯并噻吩 **38**，总收率为 43%。用常规反应脱出苄氧基后再通过 Suzuki-Miyaura 偶联引入 C(4)位的芳基，得到 **39**，最后再通过金属催化的偶联方法得到立体位阻较大的雷洛昔芬衍生物 **40**。

34 → **35** → **36**

(1) THF, –78℃到室温 (41%); (2) $MeSO_3H$, DCM, 0℃到室温

323

36 → **37**：EtOH, 3 mol/L HCl，回流，59%

37 → **38**：1) BnO-C₆H₄-CHO, 10 %(摩尔分数) $HNEt_2$, AcOH, 回流；2) $HNEt_2$, AcCN, 回流；3) DDQ, 苯, 回流；43%

38 → → **39** → → **40**

合成含哌嗪侧链的雷洛昔芬衍生物要以苯并噻吩 **13** 为起始原料[57]。首先，通过标准的 Friedel-Crafts 酰化反应得到化合物 **28**，它含有重要的氟取代基，可以用于引入哌嗪部分。脱苄之后得到重要的中间体 **41**，再进行烷基化或酰基化反应。最后，用 $AlCl_3$ 或 BBr_3 使甲基醚裂解得到最终的衍生物 **42**，**42** 与 ERα 结合的亲和力和选择性也已被测定出来。

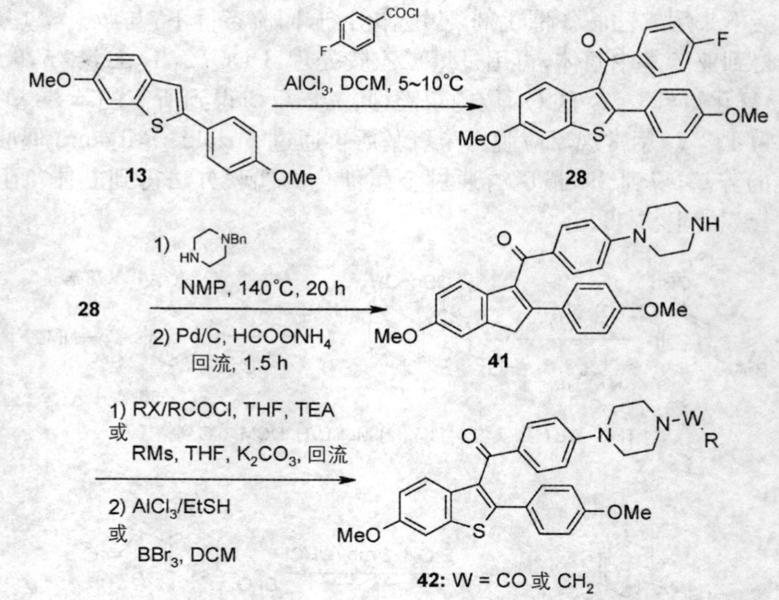

最近有文献报道了一种雷洛昔芬(**1**)的绿色合成方法,几步反应都将离子液体(IL)作为反应介质。作者提出使用离子液体有如下优点:产率提高,副产物减少,溶剂可以回收和再利用[58]。首先,用 Suzuki 偶联反应将硼酸 **43** 芳基化,以 81%的产率得到苯并噻吩 **13**,反应溶剂是离子液体(*N*-甲基,4-丁基咪唑四氟硼酸盐,即[bmim][BF_4])。后处理时将离子液体回收,用于之后的 Friedel-Crafts 酰基化反应,以 79%的产率得到有雷洛昔芬完整骨架的 **28c**。然后通过铜催化的偶联反应引入重要的 2-羟乙基哌啶侧链,得到 **18**,这步反应再次用到了离子液体。这种绿色合成方法避免了使用不太理想的溶剂(如 DMSO 或 DMF)以及强碱(如 NaH 或醇盐)。最后,在路易斯酸性的离子液体(三甲氨基三氯化铝盐,即[TMAH][Al_2Cl_7])中,将两个甲基醚裂解为羟基,两步反应,以 43%的产率得到雷洛昔芬(**1**)。

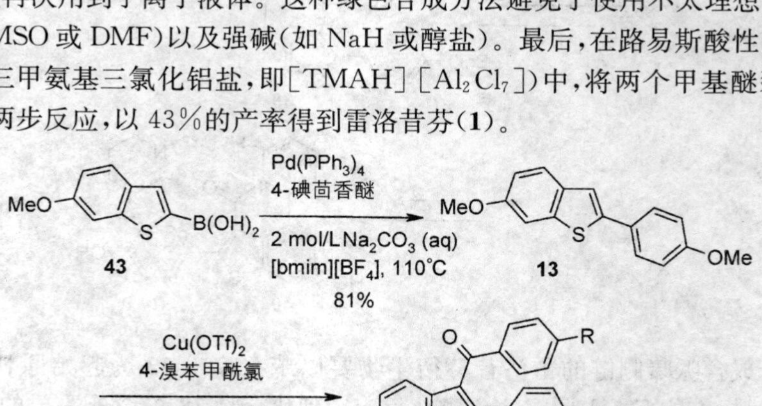

325

1) 2-hydroxyethylpiperidine
CuI, Cs_2CO_3
[bmim][BF_4], 150°C
MeO OMe S O N O
18 → Raloxifene (**1**)
2) [TMAH][Al_2Cl_7]
43%

20.6 参考文献

1. Grese, T. A.; Dodge, J. A. *Ann. Rep. Med. Chem.* **1996**, *31*, 181-190.
2. Jordan, V. C. *J. Med. Chem.* **2003**, *46*, 884-908 (Part I) and 1081-1111 (Part II).
3. Dodge, J. A.; Richardson, T. I *Ann. Rep. Med. Chem.* **2007**, *42*, 147-160.
4. Clemmett, D.; Spencer, C. M. *Drugs* **2000**, *60*, 379-411.
5. Evista information, www. evista. com, and healthcare professional area, www. evista. com/hcp/index. jsp, accessed December 1, 2009.
6. National Osteoporosis Foundation, www. nof. org/osteoporosis/index, accessed December 1, 2009.
7. National Breast Cancer Foundation, www. nationalbreastcancer. org, accessed December 1, 2009.
8. Breast cancer disease advocacy, www. breastcancer. org, accessed December 1, 2009.
9. Principal results from the Women's Health Initiative randomized controlled clinical trials: Rossouw, J. E; Anderson, G. L.; Prentice, R. L.; LaCroix, A. Z.; Kooperberg, C.; Stefanick, M. L.; Jackson, R. D.; Beresford, S. A.; Howard, B. V.; Johnson, K, C; Kotchen, J. M.; Ockene, J. *JAMA* **2002**, *288*, 321-333.
10. Thomson Micromedex Health Care Series database, www. thomsonhc. com, accessed December 1, 2009.
11. Drugs @ FDA database, www. accessdata. fda. gov/Scripts/cder/DrugsatFDA, accessed December 1, 2009.
12. European Medicines Agency, www. emea. europa. eu, accessed December 1, 2009.
13. Nolvadex information on AstraZeneca: www. astrazeneca. com/medicines, accessed December 1, 2009.
14. 泰莫西芬, Jordan, V. C. *Br. J. Pharmacol.* **2006**, *147*, 269-276.
15. Fareston information, www. fareston. com.
16. Mansel, R.; Goyal, A.; Nestour, E. L.; Masini-Etévé, V.; O'Connell, K. *Breast Cancer Res. Treat.* **2007**, *106*, 389-397.
17. Singh, M. *Med. Res. Rev.* **2001**, *21*, 302-347.
18. Gennari, L.; Merlotti, D.; Martini, G.; Nuti, R. *Exp. Opin. Investig. Drugs* **2006**, *15*, 1091-1103.
19. Faslodex information, www. astrazeneca. com/medicines, accessed December 1, 2009.
20. Kansra, S.; Yamagata, S.; Sneade, L.; Foster, L.; Ben-Jonathan, N. *Mol. Cell Endocrinol.* **2005**, *239*, 27-36.

326

21. Evista U. S. Package Insert, http://pi. lilly. com/us/evista-pi. pdf, accessed December 1, 2009.
22. Willson, T. W.; Henke, B. R.; Momtahen, T. M.; Charifson, P. S.; Batchelor, K. W.; Lubahn, D. B.; Morre, L. B.; Oliver, B. B.; Sauls, H. R.; Triantafillou, J. A.; Wolfe, S. G.; Baer, P. G. *J. Med. Chem.* **1994**, *37*, 1550-1552.
23. McDonnell, D. P.; Clemm, D. L.; Hermann, T.; Goldman, M. E.; Pike, J. W. *Mol. Endocrinol.* **1995**, *9*, 659-669.
24. Katzenellenbogen, J. A.; O'Malley, B. W.; Katzenellenbogen, B. S. *Mol. Endocrinol.* **1996**, *10*, 119-131.
25. Grese, T. A.; Sluka, J. P.; Bryant, H. U.; Cullinan, G. J.; Glasebrook, A. L.; Jones, C. D.; Matsumoto, K.; Palkowitz, A. D.; Sato, M.; Termine, J. D.; Winter, M. A.; Yang, N. N.; Dodge, J. A. *Proc. Natl. Acad. Sci.* **1997**, *94*, 14105-14110.
26. Shang, Y.; Brown, M. *Science* **2002**, *295*, 2465-2468.
27. Riggs, B. L.; Hartmann, L. C. *N. Engl. J. Med.* **2003**, *348*, 618-629.
28. Wallace, O. B.; Richardson, T. I.; Dodge, J. A. *Cur. Topics Med. Chem.* **2003**, *3*, 1663-1682.
29. Smith, C. L.; O'Malley, B. W. *Endocr. Rev.* **2004**, *25*, 45-71.
30. Nolvadex, Fareston and Faslodex U. S. Package Inserts, http://dailymed. nlm. nih. gov/dailymed/about. cfm, accessed December 1, 2009.
31. Morello, K. C.; Wurz, G. T.; DeGregorio, M. W. *Clin. Pharmacolkinet.* **2003**, *42*, 361-372.
32. Robertson, J. F. R.; Harrison, M. *Br. J. Cancer* **2004**, *90* (suppl. 1), S7-S10.
33. Cummings, S. R.; Eckert, S.; Krueger, K. A.; Grady, D.; Powles, T. J.; Cauley, J. A.; Norton, L.; Nickelsen, T.; Bjarnason, N. H.; Morrow, M.; Lippman, M. E.; Black, D.; Glusman, J. E.; Costa, A.; Jordan, V. C. *JAMA* **1999**, *281*, 2189-2197.
34. Cauley, J. A.; Norton, L.; Lippman, M. E.; Eckert, S.; Krueger, K. A.; Purdie, D. W.; Farrerons, J.; Karasik, A.; Mellstrom, D.; Ng, K. W.; Stepan, J. J.; Powles, T. J.; Morrow, M.; Costa, A.; Silfen, S. L.; Walls, E. L.; Schmitt, H.; Muchmore, D. B.; Jordan, V. C. *Breast Cancer Res. Treat.* **2001**, *65*, 125-134.
35. Martino, S.; Cauley, J. A.; Barrett-Connor, E.; Powles, T. J.; Mershon, J.; Disch, D.; Secrest, R. J.; Cummings, S. R. *J. Natl. Cancer Inst.* **2004**, *96*, 1751-1761.
36. Data on file, Lilly Research Laboratories (EVI20070730).
37. Data on file, Lilly Research Laboratories (EVI20070913).
38. Barrett-Connor, E.; Mosca, L.; Collins, P.; Geiger, M. J.; Grady, D.; Komitzer, M.; McNabb, M. A.; Wenger, N. K. *N. Engl. J. Med.* **2006**, *355*, 125-137.
39. Vogel, V. G.; Costantino, J. P.; Wickerham, D. L.; Cronin, W. M.; Cecchini, R. S.; Atkins, J. N.; Bevers, T. B.; Fehrenbacher, L.; Pajon, E. R. Jr.; Wade, J. L. III; Robidoux, A.; Margolese, R. G.; James, J.; Lippman, S. M.; Runowicz, C. D.; Ganz, P. A.; Reis, S. E.; McCaskill-Stevens, W.; Ford, L. G.; Jordan, V. C.; Wolmark, N. *JAMA* **2006**, *295*, 2727-2741.
40. Ettinger, B.; Black, D. M.; Mitlak, B. H.; Knickerbocker, R. K.; Nickelsen, T.; Genant, H. K.; Christiansen, C.; Delmas, P. D.; Zanchetta, J. R.; Stakkestad, J.;

Glüer, C. C.; Krueger, K.; Cohen, F. J.; Eckert, S.; Ensrud, K. E.; Avioli, L. V.; Lips, P.; Cummings, S. R. *JAMA* **1999**, *282*, 637 - 645.

41. Delmas, P. D.; Ensrud, K. E.; Adachi, J. D.; Harper, K. D.; Sarkar, S.; Gennari, C.; Reginster, J.-Y.; Pols, H. A. P.; Recker, R. R.; Harris, S. T.; Wu, W.; Genant, H. K.; Black, D. M.; Eastell, R. *J. Clin. Endocrinol. Metab.* **2002**, *87*, 3609 - 3617.
42. Siris, E. S.; Harris, S. T.; Eastell, R.; Zanchetta, J. R.; Goemaere, S.; Diez-Perez, A.; Stock, J. L.; Song, J.; Qu, Y.; Kulkami, P. M.; Siddhanti, S. R.; Wong, M.; Cummings, S. R. *J. Bone Miner. Res.* **2005**, *20*, 1514 - 1524.
43. Johnston, C. C. Jr.; Bjarnason, N. H.; Cohen, F. J.; Shah, A.; Lindsay, R.; Mitlak, B. H.; Huster, W.; Draper, M. W.; Harper, K. D.; Heath, H., III; Gennari, C.; Christiansen, C.; Arnaud, C. D.; Delmas, P. D. *Arch. Intern. Med.* **2000**, *160*, 3444 - 3450.
44. Wenger, N. K.; Barrett-Connor, E.; Collins, P.; Grady, D.; Komitzer, M.; Mosca, L.; Sashegyi, A.; Baygani, S. K.; Anderson, P. W.; Moscarelli, E. *Am. J. Cardiol.* **2002**, *90*, 1204 - 1210.
45. Barrett-Connor, E.; Grady, D.; Sashegyi, A.; Anderson, P. W.; Cox, D. A.; Hoszowski, K.; Rautaharju, P.; Harper, K. D. *JAMA* **2002**, *287*, 847 - 857.
46. Martino, S.; Disch, D.; Dowsett, S. A.; Keech, C. A.; Mershon, J. L. *Curr. Med. Res. Opin.* **2005**, *21*, 1441 - 1452.
47. Data on file, Lilly Research Laboratories (EVI20070914).
48. Jones, C. D.; Suárez, T. U. S. Patent 4,133,814, **1979**.
49. Jones, C. D.; Jevnikar, M. G.; Pike, A. J.; Peters, M. K.; Black, L. J.; Thompson, A. R.; Falcone, J. F.; Clemens, J. A. *J. Med. Chem.* **1984**, *27*, 1057 - 1066.
50. Godfrey, A. G. U. S. Pat. 5,420,349, **1995**.
51. Grese, T. A.; Cho, S.; Bryant, H. U.; Cole, H. W.; Glasebrook, A. L.; Magee, D. E.; Phillips, D. L.; Rowley, E. R.; Short, L. L. *Bioorg. Med. Chem. Lett.* **1996**, *6*, 201 - 206.
52. Grese, T. A.; Cho, S.; Finley, D. R.; Godfrey, A. G.; Jones, C. D.; Lugar, C. W.; Martin, M. J.; Matsumoto, K.; Pennington, L. D.; Winter, M. A.; Adrian, M. D.; Cole, H. W.; Magee, D. E.; Phillips, D. L.; Rowley, E. R.; Short, L. L.; Glasebrook, A. L.; Bryant, H. U. *J. Med. Chem.* **1997**, *40*, 146 - 167.
53. Bradley, D. A.; Godfrey, A. G.; Schmid, C. R. *Tetrahedron Lett.* **1999**, *40*, 5155 - 5159.
54. Schmid, C. R.; Sluka, J. P.; Duke, K. M. *Tetrahedron Lett.* **1999**, *40*, 675 - 678.
55. Schmid, C. R.; Glasebrook, A. L.; Misner, J. W.; Stephenson, G. A. *Bioorg. Med. Chem. Lett.* **1999**, *9*, 1137 - 1140.
56. Kalinin, A. V.; Reed, M. A.; Norman, B. H.; Snieckus, V. *J. Org. Chem.* **2003**, *68*, 5992 - 5999.
57. Yang, C.; Xu, G.; Li, J.; Wu, X.; Liu, B.; Yan, X.; Wang, M.; Xie, Y. *Bioorg. Med. Chem. Lett.* **2005**, *15*, 1505 - 1507.
58. Shinde, P. S.; Shinde, S. S.; Renge, A. S.; Patil, G. H.; Rode, A. B.; Pawar, R. R. *Lett. Org. Chem.* **2009**, *6*, 8 - 10.

329

21 拉坦前列素（舒而坦）：一种治疗绿内障的前列腺素类 FP 激活剂

Sajiv K. Nairt 和 Kevin E. Henegar

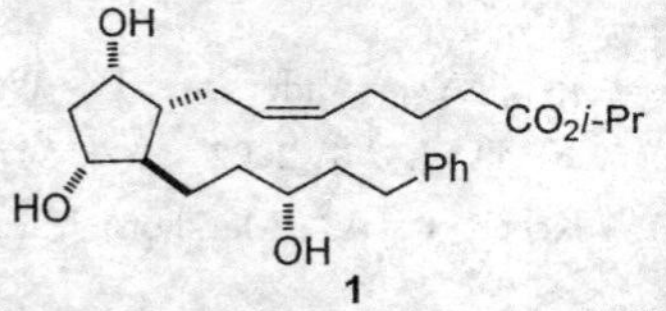

1

美国通用名: Latanoprost
商品名: Xalatan®
公司: Pfizer
上市时间: 1996

21.1 背景

青光眼是一种会导致不可逆性失明的全球性疾病。最常见的青光眼类型为主开角型青光眼，其主要症状为阻碍眼房水通过正常的通道流出，从而导致眼内压(IOP)提高。青光眼会使眼压敏感视神经病变，从而导致视野丧失。因此降低眼压(使其在正常范围内)可以防止额外的视神经损伤和保留剩余的视野[1]。目前治疗青光眼的方法主要是通过长期的局部药物治疗或通过外科手术来降低 IOP。

前列腺素(Prostaglandins，PGs)是来源于环氧合酶介导的花生四烯酸的新陈代谢 PGG/H_2，从而产生了 5 个具有生物活性的前列素类药物：PGE_2、$PGF_{2\alpha}$、PGI_2、TxA_2 和 PGD_2。这些前列腺素类药物可以分别通过与特殊的已经分别与 EP、FP、IP、TP 和 DP 偶合配对的 G 蛋白进行相互作用而发挥其药效[2]。经过试验发现，$PGF_{2\alpha}$(**2**)和 $PGF_{2\alpha}$-IE (**3**)无论是对健康的志愿者还是患有开角型青光眼的志愿者都具有降低眼压的效果。然而，$PGF_{2\alpha}$具有较差的角膜渗透性，对眼部有刺激，会引起结膜炎，这使得其治疗潜力大大受限[3,4]。

330

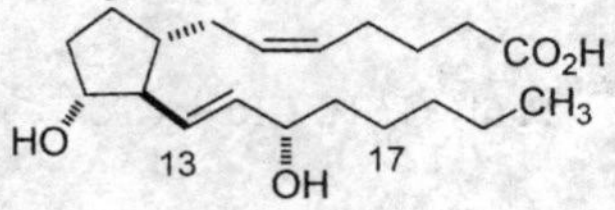

2 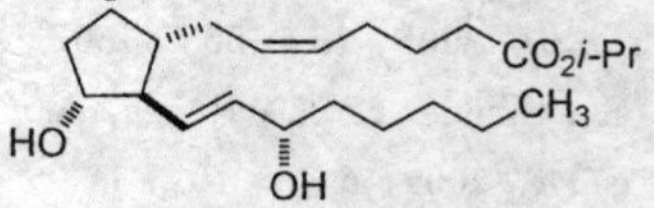　　3

通过 Kabi - Pharmacia AB 公司针对这些问题所做的药物化学方面的努力，人们发现在 $PG2F_{2\alpha}$ 末端链的 C17 位置引入一个苯基，并使 C13 - C14 之间的双键饱和，从药理和安全的角度上考虑都非常有利的[5,6]。异丙酯前药的使用解决了角膜渗透的问题，这个抑制性酯在 pH 为 6～7 的情况下还可以稳定溶解。这样，一类新型的苯基取代的前列腺素就出现了，其中首先进行 IOP - 降低测试的是 PhXA34[6]。虽然这个化合物疗效很好，但它其实是 15*R* 型和 *S* 型差向异构体的混合物。进一步的研究显示，15*R* 型异构体相比较 *S* 型异构体效果更好，这样就筛选出了 PhAX41(拉坦前列素/Latanoprost，**1**)，即舒而坦(Xalatan)的主要活性成分[8]。舒而坦于 1996 年获得 FDA 批准，用于治疗开角型青光眼或高眼内压症患者的高眼内压/青光眼(IOP)。

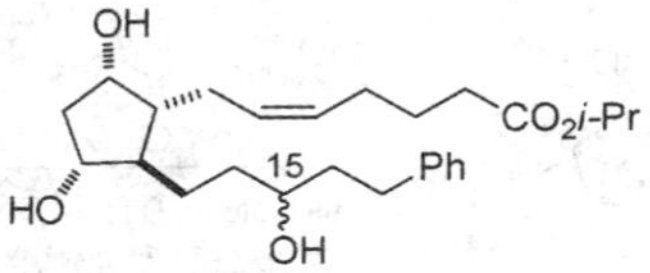

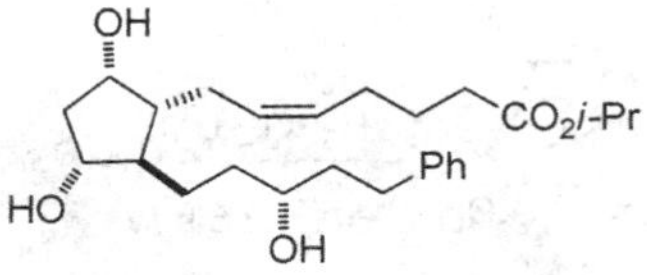

拉坦前列素(**1**)是一种在角膜中于酯酶存在下，能够在母体酸中水解的异丙酯前药。拉坦前列素(**1**)的母体酸是一种选择性的 FP -受体激动剂，并且可以通过增加眼房水的流出量减小眼内压[9]。拉坦前列素为 0.005%的无菌等渗缓冲液，并且作用于眼部。该产品还含有防腐剂氯化苯甲烃铵(0.02%)，溶液 pH 为 6.7[10]。在欧洲，拉坦前列素(**1**)还会与噻吗心安(Timolol)的马来酸盐一同出售，作为一种 β1 和 β2(非选择性)肾上腺素受体阻滞剂。这个产品青康宁(Xalacom)的联合用药与两种药物单独作用的效果相比，可以引起更多的眼内压降低。根据辉瑞制药的年度报告，拉坦前列素/青康宁在 2008 年带来的总体收入为 17 亿美金。

21.2 合成方法

21.2.1 药物发现合成

由内酯 **5** 开始合成拉坦前列素(**1**)的方法主要是源于 Corey 内酯(如示意图 21 - 1)[11,12]。在合成过程中，在内酯上面引入对苯基苯甲酰保护基得到结晶的中间体，这样使得操作和纯化都比较容易。在下一个步骤中，内酯 **5** 的伯醇官能团在 Pfitzner - Moffat 条件下(DCC、DMSO 和磷酸)，被定量氧化为醛 **6**。粗产物 **6** 与二甲基-(2 -羰基- 4 苯基)磷酸酯在 Wadsworth - Emmons 条件下(NaH，DME)反应得到白色晶体 **7**，产率为 59%。

关键的 C15 立体手性中心通过使用三仲丁基硼氢化锂(L - Selectride)在

−120℃/−130℃下还原 α,β-不饱和酮 **7**，得到 15*S*-异构体 **8a** 和 15*R*-异构体 **8b**，比例为 7∶3。这些差向异构体可以通过硅胶柱色谱进行分离，并且经过纯化可以以 52%的产率得到 15*S*-构型 **8a**。而通过硼氢化钠在 Luche 条件下进行还原之后其选择性会降低。**8a** 在氢氧化钠或是亚硝酸钠[13]中经过 Pd/C 氢化，双键被还原后可以得到饱和的醇 **9**。通过碳酸钾可以脱去对苯基苯甲酰保护基，然后使用 DIBAL-H 可以将内酯部分还原成半缩醛结构 **10**。

化合物 **10** 通过与 CTP-溴化物和丁醇钾发生 Wittig 反应引入侧链，从而得到带有烯烃结构的酸 **11**。这个粗产物再与碘代异丙基在丙酮下发生反应生成 PhAX41[5,6,14]。现在 C15 的立体结构归属为 *R* 构型，因为其相对于 $PGF_{2\alpha}$ (**2**)和在 α-位上有双键的中间体 **8a** 具有更优先的极性反转顺序。

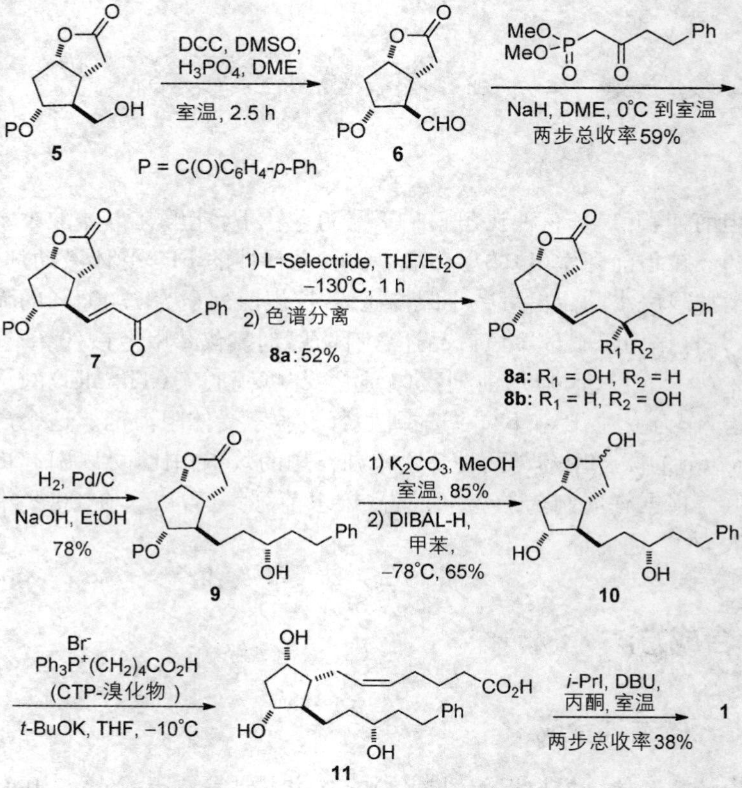

DCC, DMSO, H_3PO_4, DME，室温, 2.5 h；MeO(MeO)P(O)CH_2C(O)CH_2CH_2Ph，NaH, DME, 0℃ 到室温，两步总收率59%

P = C(O)C_6H_4-*p*-Ph

1) L-Selectride, THF/Et_2O, −130℃, 1 h；2) 色谱分离；**8a**:52%

8a: R_1 = OH, R_2 = H
8b: R_1 = H, R_2 = OH

H_2, Pd/C, NaOH, EtOH, 78%；1) K_2CO_3, MeOH, 室温, 85%；2) DIBAL-H, 甲苯, −78℃, 65%

Br^- $Ph_3P^+(CH_2)_4CO_2H$ (CTP-溴化物)，*t*-BuOK, THF, −10℃；*i*-PrI, DBU, 丙酮, 室温，两步总收率38%

示意图 21-1

332

21.2.2 Kabi-Pharmacia 的生产工艺

Kabi-Pharmacia 公司关于拉坦前列素的最初工业生产过程与如示意图 21-2 所示的药物化学合成方法类似[5,15]。虽然在工业化的过程中做了一些改动，但是合成方法基本是相同的[16]。即便在规模化合成中进行了路线优化，其低产率依旧限制了发展，而且整个合成路线需要多次使用柱色谱分离，特别是中间体 **8** 和 C15 中的异构体的纯化。去保护的半缩醛化合物 **10** 使得整个过程变得更加复杂，且化合物 **10** 与 CTP -溴化物发生 Wittig 反应的过程中因为发生水解而生成大量的酸，并且这些副产物都很难除去。要得到最后的产物需要进行两次柱色谱分离。

333

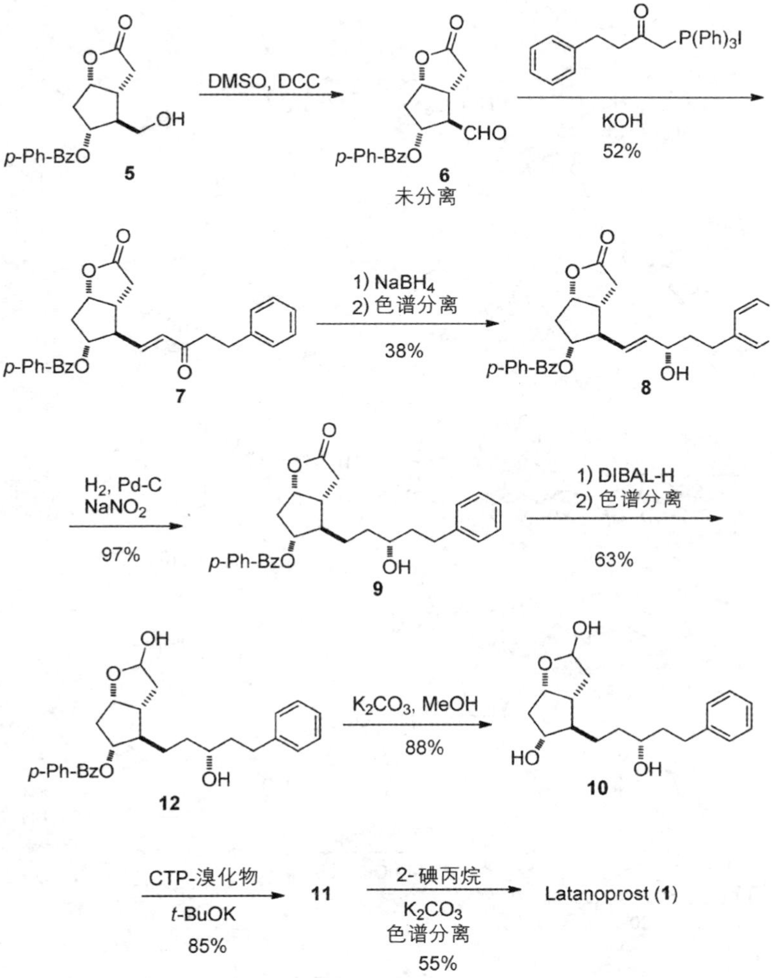

示意图 21 - 2

21.2.3 辉瑞公司工业生产工艺

辉瑞公司以 Corey 醛苄酯(**13**,CAB)开始加工合成拉坦前列素，应用历史上著名的 UpJohn 前列腺素合成法可以有效合成一个相对稳定的固体晶体化合物，如示意图 21 - 3 所示[17]。这个磷酸盐和 CAB 的反应由 Saddler[18] 所发展，以 THF

334

为溶剂，在氯化锂和三乙胺作碱的条件下进行，该反应是对 Masamune - Roush 版本中的 Wadsworth - Emmons 反应的修正。在这个反应中，CAB 的不稳定性是一个主要的问题，并且也影响着这个反应的产率。控制其分解的方法主要有以下几个方面：碱的选择、氯化锂的量、反应的温度以及加料的顺序。而不饱和羰基化合物 **14** 则可以通过乙酸乙酯/MTBE 结晶分离出来。

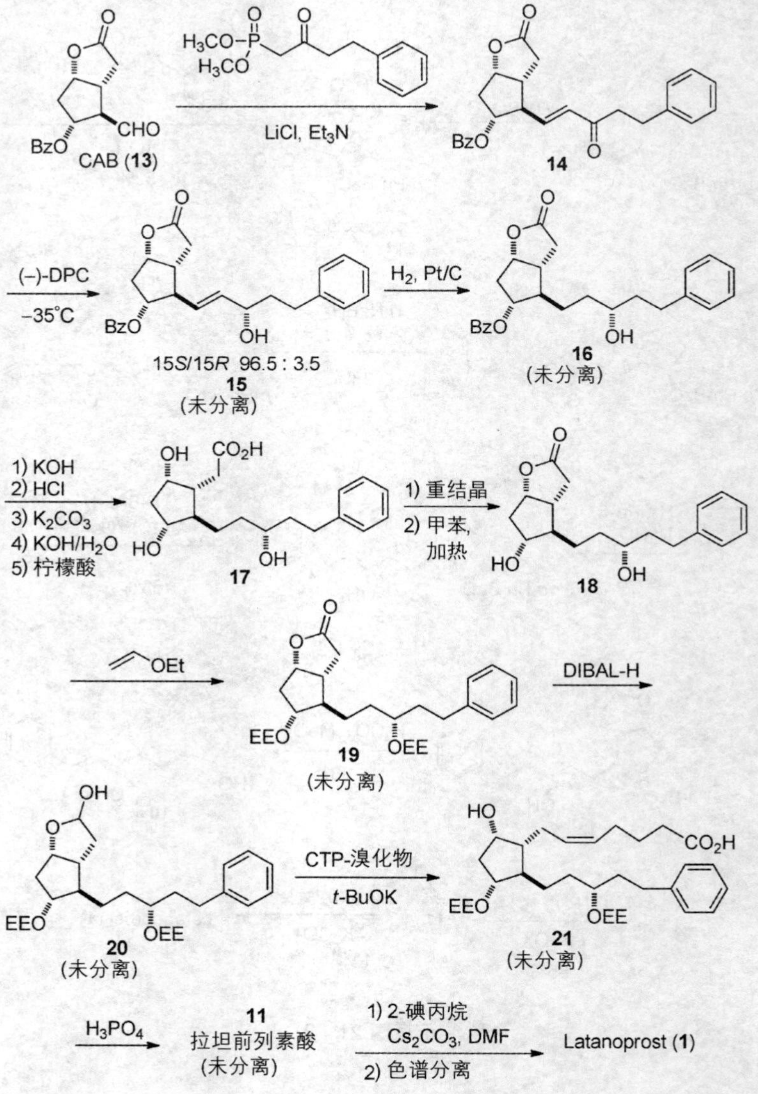

示意图 21 - 3

发展这个方法的一个主要的原因就是寻找一条途径，使非对映异构体 **15** 可以不经过非常苛刻的低温条件而被还原。大量对化合物 **15** 衍生物选择性还原的方法是已知的。第一次是通过使用三异丁基硼氢化锂和一些其他的还

原剂完成了对 **15** 的选择性还原，将 15*S*/15*R* 的比例提高到 93∶7。该过程使用了大量的共轭前列腺素。但是这个方法在比较极端的低温条件下(<－100℃)才能达到最佳的比例[12,19]。通过使用改良过的联苯酚氢化锂铝作为还原剂可以有效地控制 C15 的立体选择性[20]。此时，立体选择性很高，15*S*/15*R* 的比例可以达到 99.5∶0.5 或是更高的比例，但是这样需要至少 3 当量的试剂，而且反应温度低于－100℃才能达到这么高的选择性。据报道，Corey－Itsuno类型的催化剂和硼烷已经被使用来还原共轭前列腺素。另据报道，二苯基脯氨酸醇衍生的催化剂(10%，摩尔分数)在 23℃下，可以使其选择性达到 91∶9。事实上，用这类催化剂还原时，其反应速度非常缓慢，并且其 15*S*/15*R* 比例是不可能超过 90∶10 的，即使是在 0℃下，使用预先经过化学计量的催化剂也是达不到的。不含 11－羟基的烯酮前列腺素在使用 10 当量的 DIBAL－BHT 复合物还原时[22]，可以使(15*S*/13*R*)的高选择性得到 15*S* 98∶2，但需要大量的催化剂复合物和低的反应温度。催化剂量少时，其选择性会遭到破坏，使用 3.5 当量的催化剂，在－85℃下，15*S*/15*R* 的比例大约为 92∶8。加大催化剂的量来提高选择性是不经济的，而且会导致不切实际的反应量。

化合物 **14** 经过[(－)－DPC, DIP－氯化物][23,24]还原可以得到正确的 15*S* (**15**)。反应参数清晰地显示了(1) 至少需要 3.5 当量的 DPC 才能使起始原料彻底反应完。(2) 使用过量的 DPC 并不能改变 15*S*/15*R* 的比例。(3) 这个反应在低温的条件下能得到更高的选择性，其最佳的反应温度为－35～－40℃。在－50℃ 时，其 *de* 值有所提高。但是在低于－40℃ 时，反应速度很慢，因此这个反应在实际生产中并不适用。(4) 立体选择性受试剂的影响很明显，但是其对 *de* 值的影响很小。使用(＋)－DPC 进行还原时，得到的 15*S*/15*R* 的比例被颠倒为 4∶96，过程中也没有观察到对其影响的溶剂效应。(5) 不管是在 THF、二氯甲烷、二甲氧基己烷，或是这些溶剂与庚烷的混合物，*de* 值的本质性都是一样的。(6) *de* 值一般都是随着浓度的增大而增大。过量的 DPC 可以通过加入丙酮来猝灭，然后用碳酸氢钠中和产生的 HCl。当然，用二乙醇胺猝灭也是有效的，但是在大规模的反应中，其实用性不及丙酮。两种猝灭的方法都会产生相同的含硼产物和蒎烯。蒎烯和其他非极性的产物可以通过庚烷和乙腈分离除去。或者，它们都可以通过苯甲酸水解除去。

第二个主要的目标是在不使用柱色谱分离提纯的条件下除去不需要的 C15 的非对应异构体。化合物 **15** 是非常好的晶体，但是在结晶的过程中 15*R*－异构体会富集。化合物 **16** 在结晶过程中不会富集，而化合物 **18** 在结晶过程中会有轻微的富集。然而，羟酸 **17** 经过结晶可以很好地富集。还有另一种可能是，羟酸既不好分离也不好结晶，且由化合物 **15** 衍生而来的二醇熔点非常低。使用钯金属催化对 **15** 的烯烃加氢，反应产率很低，并且有很多杂质形成。经过对催化剂进行系统的调查研究表明，特殊的铂金属催化可以减少反应的副产物。催化氢化之后，混合物与 KOH 发生反应来除去苯甲酸酯。然后用柠檬

336

酸将碱性反应液酸化，再经过乙酸乙酯萃取之后得到**17**。然后将**17**进行重结晶除去**15***S*，这样使得其含量少于0.25%，最后的产率为79%～85%。**17**在甲苯中重新进行内酯化得到**18**，然后**18**可以在甲苯/乙酸乙酯/庚烷中结晶析出。

乙氧基乙酯基团被用来对醇羟基进行保护。研究者对其他的很多保护基团进行了尝试，但是都因为各种原因而被放弃。TMS基团很容易上保护，在DIBAL-H还原过程中也不受影响，但是在Wittig反应中保护基会脱落。更稳定的TBDMS基团也被用来进行最初的立体化学实验，但是其非常难反应也不容易离去。各种碳酸酯也被尝试用来进行反应，但都因为其在DIBAL-H过程中不稳定而受到限制。

DIBAL-H还原**19**的反应在−40℃下能够以稳定的收率发生。虽然反应有时会出现过度还原的情况，但是过度还原的产物在下一个步骤中可以很容易地除去。在合成过程中最棘手的问题是该反应要在65℃下用氢氧化钾和酒石酸钾进行猝灭反应。

Wittig反应通过控制温度来控制化合物**21**的5,6-*trans*构型的产生。表21-1展示了Wittig反应分别在−10℃、0℃、25℃下进行的情况以及温度效应对反应的影响。

表21-1 Witting反应中温度的影响

温度/℃	Ph_3PO(面积比)/%	P-Acid(面积比)/%	拉坦前列素面积比/%	5,6-*trans*面积比/%
−10	ND	ND	99.20	0.80
0	0.08	0.11	98.60	1.12
25	0.07	0.30	96.64	2.99

化合物**21**与磷酸在水和THF存在下反应脱去保护基团得到**11**。在最初的反应过程中，大量的磷酸(1.8当量)在水和THF回流中用来除去乙氧基酯基团。这些相对苛刻的反应条件比较难以控制杂质的形成，因而需要更温和的条件来实现反应。

Kabi公司发现的合成过程中，DMF作为溶剂，化合物**11**与碳酸钾和1.5当量的2-碘丙烷在45℃发生酯化反应。DMF作为溶剂时，反应会产生杂质，但是在其他的溶剂中，比如丙酮、DMSO、乙腈，都没有效果，有的反应非常缓慢，有的搅拌太困难。相对于使用碳酸钾，碳酸铯能使反应更快更高效地进行。拉坦前列素(**1**)是一种非晶体结构，能通过使用MTBE或者二氯甲烷/IPA进行简单的柱色谱分离得到。

337

21.3 参考文献

1. Tsai, J. C.; Kanner, E. M. *Expert. Opin. Emerging Drugs* **2005**, *10*, 109.

2. (a) Burk, R. M. *Ann. Rep. Med. Chem.* **2008**, *43*, 293, (b) Breyer, R. M.; Bagdassarian, C. K.; Myers, S. A.; Breyer, M. D. *Annu. Rev. Pharmacol. Toxicol.* **2001**, *41*, 661.
3. (a) Giuffre, G. *Graefes Arch. Clin. Exp. Ophthalmol.* **1985**, *222*, 139, (b) Lee, P.-Y.; Shao, H.; Xu, L.; Qu, C.-K. *Invest. Ophthalmol. Vis. Sci.* **1988**, *29*, 1474.
4. (a) Villumsen, J.; Alm, A.; Söderström, M. *Br. J. Ophthalmol.* **1989**, *73*, 975, (b) Bito, L. Z. *Arch. Ophthalmol.* **1987**, *105*, 1036.
5. Resul, B.; Stjernschantz, J.; No, K.; Liljebris, C.; Selén, G.; Astin, M.; Karlsson, M.; Bito, L. Z. *J. Med. Chem.* **1993**, *36*, 243.
6. Stjernschantz, J.; Resul, B. *Drugs Fut.* **1992**, *17*, 691.
7. (a) Camras, C. B.; Schumer, R. A.; Marsk, A.; Lustgarten, J. S.; Serle, J. B.; Stjernschantz, J.; Bito, L. Z.; Podos, S. M. *Arch. Ophthalmol.* **1992**, *110*, 1733, (b) Villumsen, J.; Alm, A. *Br. J. Ophthalmol.* **1992**, *76*, 214.
8. Bito, L. Z.; Stjernschantz, J.; Resul, B.; Miranda, O. C.; Basu, S. *J. Lipid Mediat.* **1993**, *6*, 535.
9. Toris, C. B.; Camras, C. B.; Yablonski, M. E. *Ophthalmol.* **1993**, *100*, 1297.
10. Bandyopadhyay, P. in *Prodrugs: Challenges and Rewards Part* 1, Stella, V. J., Borchardt, R. T., Hageman M. J., Oliyai, R., Maag, H., Tilley, J. W., eds. Springer: New York, **2007**; Part 5, pp. 581－588.
11. Corey, E. J.; Weinshenker, N. M.; Schaaf, T. K.; Huber, W. *J. Am. Chem. Soc.* **1969**, *91*, 5675.
12. Corey, E. J.; Albonico, S. M.; Koelliker, U.; Schaaf, T. K.; Varma, R. K. *J. Am. Chem. Soc.* **1971**, *93*, 1491.
13. (a) Dart, M. C.; Henbest, H. B. *Nature* **1959**, *183*, 817, (b) Dart, M. C.; Henbest, H. B. *J. Chem. Soc.* **1960**, 3563.
14. Collins, P. W.; Djuric, S. W. *Chem. Rev.* **1993**, *93*, 1533.
15. Ivanics, J.; Szabo, T.; Hermecz, I.; Dalmadi, G.; Ivanics, J.; Bahram, R. U. S. Pat. 5466833, **1995**.
16. (a) Resul, B. WO 9202496, **1992**. (b) Stjernschantz, J. W.; Resul, B. WO 9002553, **1990**.
17. Kelly, R. C.; Van Rheenen, V. *Tetrahedron Lett.* **1976**, 1067－1070.
18. Saddler, J. C.; Symonds, J. U. S. Pat. 5079371, **1992**.
19. Corey, E. J.; Becker, K. B.; Varma, R. K. *J. Am. Chem. Soc.* **1972**, *94*, 8616－8618.
20. Noyori, R.; Tomino, I.; Nishizawa, M. *J. Am. Chem. Soc.* **1979**, *101*, 5843－5844.
21. Corey, E. J.; Bakshi, R. K.; Shibata, S.; Chen, C. P.; Singh, V. *J. Am. Chem. Soc.* **1987**, *109*, 7925－7926.
22. Iguchi, S.; Nakai, H.; Hayashi, M.; Yamamoto, H. *J. Org. Chem.* **1979**, *44*, 1363－1364.
23. (a) Brown, H. C.; Chandrasekharan, J.; Ramachandran, P. V. *J. Am. Chem. Soc.* **1988**, *110*, 1539－1546, (b) Cha, J. S.; Kim, E. J.; Kwon, O. O.; Kim, J. M. *Bull. Korean Chem. Soc.* **1994**, *15*, 1033－1034.
24. Henegar, K. E. U. S. Pat. 6689901, **2004**.

338

索　引

[1] 原著拼写错误——译者注。